YIBENSHU KANDONG
DUOXUANYI
WURENJI

一本书看懂
多旋翼无人机

李德强 ·············· ⊕ 著

化学工业出版社
·北京·

内 容 提 要

本书以四旋翼无人机为例,讲解多旋翼无人机的飞行理论与控制体系,从螺旋桨、电动机、电调、动力电池、机架等角度介绍硬件结构与飞行原理。通过开源自驾仪 Pixhawk 和开源飞行控制程序 PX4 介绍了全自动多旋翼无人机控制系统的整个实现过程。内容涵盖了从硬件组装清单到飞控程序下载编译的整个过程,并对如何使用地面站程序对飞控进行航前校准和参数设定做了说明。

本书将飞行理论与设计实现相互结合,通过对 PX4 飞控程序的分析、讲解、修改和完善,梳理了多旋翼无人机的相关知识。包括:飞控程序的架构设计、开源操作系统、驱动程序、状态估计、控制算法、自主导航系统等,以及如何通过对多旋翼无人机的动力系统建模实现半物理仿真和趣味航线飞行等。

本书可为从事无人机设计制作的技术人员提供帮助,可供无人机爱好者自学,还可供大学院校相关专业师生学习参考。

图书在版编目(CIP)数据

一本书看懂多旋翼无人机 / 李德强著. —北京:
化学工业出版社,2020.4(2025.4重印)
ISBN 978-7-122-36117-2

Ⅰ. ①一… Ⅱ. ①李… Ⅲ. ①无人驾驶飞机 Ⅳ.
①V279

中国版本图书馆 CIP 数据核字(2020)第 021917 号

责任编辑:贾 娜　　　　文字编辑:陈 喆　　　　美术编辑:王晓宇
责任校对:王鹏飞　　　　装帧设计:水长流文化

出版发行:化学工业出版社(北京市东城区青年湖南街 13 号　邮政编码 100011)
印　　装:北京盛通数码印刷有限公司
787mm×1092mm　1/16　印张 30¾　字数 770 千字　2025 年 4 月北京第 1 版第 5 次印刷

购书咨询:010-64518888　　　　　　　　售后服务:010-64518899
网　　址:http://www.cip.com.cn
凡购买本书,如有缺损质量问题,本社销售中心负责调换。

定　　价:138.00 元

[前言]

    2016年，偶然的一次冲动，我想要自己制作一套四旋翼无人机。虽然当时可以购买现成的商业自驾仪和下载开源飞控程序，但是为了深刻体会无人机的控制原理，我还是决定要自己从零开始。我一边到处查找相关资料，一边向相关朋友请教。同时，购买了很多配件和控制板，自己尝试组装四旋翼无人机和编写控制程序。起初，我买了很多竹条，用手钻打洞，做成机架，安装电动机和螺旋桨。当时的我没有任何理论基础，写完程序之后也没有使用任何仿真程序进行飞行模拟，而是直接用一只手举着飞机，另一只手在电脑上调节参数。我在家里一间10m^{2}的房间里进行测试，有几次程序出现错误，失控的螺旋桨将卧室里的地板、门框都打坏了。有一次螺旋桨甚至在我的右胳膊上割开一条一寸多长的伤口。有朋友对我开玩笑说："这是我听说过唯一一个因为编程而导致的流血事件！"经过不断地修改程序和试飞，不断地分析总结问题并修正，飞机终于在一年之后离开地面飞上了天空。

    虽然我自己开发的飞控程序与商业无人机没有可比性，也没有那些开源飞控程序功能强大、稳定，但是对于我个人来说，这架无人机从无到有的整个过程，让我从本质上理解了多旋翼无人机的控制体系和飞行原理，这对我后来学习并理解PX4开源无人机飞控程序有很大的帮助。之后，我开始接触开源自驾仪Pixhawk和开源飞行控制程序PX4，这使得我从实践回归理论，对多旋翼无人机有了更深入的理解。

    后来我自己创办了"编程外星人"公众号和"问渠网"，每个星期都会通过公众号和网站发布对多旋翼无人机的学习笔记和心得体会。基于这些笔记与心得，在对多旋翼无人机的理论体系做了梳理与思考后，我补充了大量内容，形成了本书。

    本书以四旋翼无人机为例，讲解多旋翼无人机的飞行理论与控制体系。从螺旋桨、电动机、电调、动力电池、机架等角度介绍其硬件结构与原理；讲述多旋翼无人机如何产生飞行动力，如何完成六个自由度的飞行动作。通过开源自驾仪Pixhawk和开源飞行控制程序PX4介绍全自动多旋翼无人机控制系统的整个实现过程，内容涵盖了从硬件组装清单到飞控程序下载编译的整个过程，并对如何使用地面站程序对飞控进行航前校准和参数设定做了说明。

    本书将飞行理论与设计实现相互结合，通过对PX4飞控程序的分析、讲解、修改和完善，梳理了多旋翼无人机的相关知识。包括：飞控程序的架构设计、开源操作系统、驱动程序、状态估计、控制算法、导航系统等，以及如何通过对多旋翼无人机的动力系统建模实现半物理仿真和趣味航线飞行等。

本书编写时所参考的PX4源代码的版本号为1.8.2，在此版本下源代码共有329万行之多，其中包括Nuttx操作系统源代码259万行，PX4飞控程序54万行。并且这只包括C/C＋＋源代码，而不包括Xml、Python、Shell脚本等其他工具类代码。PX4飞控程序中参与编译的模块有50多个，代码量庞大而且复杂。因为PX4源代码中很多函数的参数都非常多，变量的命名也参差不齐，代码为了适应多变的条件，处理逻辑非常之复杂。如果将大量这样的代码直接引用到本书当中，会使得读者理解源代码有很大的困难。因此，为了方便读者对源代码进行阅读和理解，本书中所引用的源代码是从PX4程序中部分摘取的，并进行了大量的简化和修改，所以本书中的源代码与PX4飞控程序中的源代码并不完全一致，但是却更便于学习和掌握。

书中内容涉及的知识很多，在编写过程中难免会出现疏漏和不足，敬请广大读者朋友和专家批评指正！

本书的编写几乎花费了我全部的业余时间和精力，如果没有家人的大力支持和很多好朋友的建议和指导，我根本无法做到。在此特别感谢我的家人、朋友为我所做的一切！

李德强

[目录]

第3章 硬件结构设计

第4章 自驾仪与硬件组装

第5章 开源飞控程序

第 **6** 章 **飞控架构与通信协议**

第7章 **开源操作系统NuttX**

第8章 **进程、线程及工作队列**

第9章 驱动程序

第 10 章 遥控器协议

第 11 章 飞控状态与命令执行

第12章 状态估计

第13章 飞行控制方法

第**14**章　航线规划全自动飞行

第**15**章　动力学建模及半物理仿真

第16章   外部控制与趣味航线

第 **1** 章

多旋翼无人机
简介

近年来，无人机备受瞩目。越来越多的人对无人机开始渐渐了解、熟悉和喜爱。在早期，人们通常认为飞机都是需要由驾驶员驾驶的，飞机的体型和载重都很大，用途通常都是军事或民航。直到近年来，随着互联网的发展，无人机渐渐进入商业市场，才慢慢得到人们的认可和喜爱。顾名思义，无人机指的就是无人驾驶的飞机。与有人机不同，无人机可以被地面操控者通过遥控器或者个人电脑所操控，执行预先设定好的飞行任务。也就是说，无人机的机身上并没有搭载驾驶员，其用途也从早期的军事用途过渡到普通民用。

就目前来说，很多飞机爱好者特别喜欢在地面远程遥控飞机模型，并在特定的情况下，通过手动遥控，使飞机做出各式各样的特技动作。很多社区和企业也举办各种特技飞行表演或比赛，使得整个无人机领域走进了人们的生活。

随着控制理论的日渐成熟，开源自驾仪和开源飞控程序的不断发展，目前的无人机甚至可以在完全脱离地面操控者的控制下，自动完成飞行任务。配合室内定位系统和室外全球定位系统，甚至超声波、雷达、双目、光流等技术与无人机相互配合，飞机可以自由地在室内和户外稳定地飞行。多旋翼飞机可以实现在空中精准地定点悬停，或是精准地飞往目标区域。同时无人机在飞行过程中可以搭载指定的设备执行特定任务。例如：让多旋翼无人机搭载高清相机进行航空拍摄；让固定翼无人机为农田喷洒农药；让无人直升机向灾区运送补给物资等，这也标志着无人机领域迈进了真正"无人驾驶"的新时代。

对于众多机型来说，多旋翼机的结构相对简单，理论成熟，软硬件成本也很低廉，所以备受广大无人机爱好者的喜爱。与多旋翼机相比，固定翼飞机的飞行速度快，无法悬停；单旋翼直升机的机械结构复杂，操作困难。所以多旋翼机就在众多机型中脱颖而出，成为无人机中的领航者。由于多旋翼螺旋桨的安装位置通常都是对称的，所以对于自平衡系统的控制来说，就简单了很多，并且多旋翼机是依靠螺旋桨的不同转速来改变其自身姿态的，从控制上讲，这与单旋翼直升机改变主旋翼螺距和改变尾翼螺距来说要简单得多。而四旋翼机，又称四轴（4个轴臂），是多旋翼机中最具有代表性的一种机型，它既具有空中悬停特性，又具有稳定控制系统，还具有简单的机械结构，所以四旋翼机就成为多旋翼机中最普遍、最畅销的机型。

本书将以四旋翼机为切入点，讲解多旋翼机的飞行原理、控制体系、导航算法、路径规划、通信协议、状态估计等相关知识。希望读者和我们一起了解、分析、学习多旋翼无人机的相关理论与实践方法。

1.1 多旋翼机发展简史

1.1.1 多旋翼机的起源

1097年，法国C.Richet教授指导Breguet兄弟设计的旋翼式直升机是历史上有记录的最早的旋翼式直升机型（图1-1），由于没有采用任何控制系统和自平衡系统，所以飞行效果并不理想，稳定性很差，只飞到1.5m，随后便降落。虽然没有达到预想的高空飞行效果，但是

Breguet兄弟已经实现了能够垂直起降的飞行器。这对于飞机的发展史来说是具有重大意义的。在此之前的飞机都是采用前拉式的螺旋桨为飞机提供前进的动力,随着飞机在跑道上高速滑行,空气在飞机的机翼上流动,为飞机提供向上的拉力,从而使飞机起飞。而此次Breguet兄弟设计的旋翼式直升机将螺旋桨安装在飞机的顶部,与飞机垂直,使得螺旋桨高速旋转所产生的拉力垂直于机身,飞机的垂直起降成为可能。

由于此次飞行仅仅飞到1.5m,并且飞机晃动严重,总体上来说并不能算是成功,但这次飞行让人们对飞机有了新的认识。人们不再认为飞机只有依靠固定翼才能起飞,在没有跑道的机场内,飞机也可能垂直起降。从实用性上讲,虽然不算是真正意义上的飞行,但是已经让人们对垂直起降型飞机有了新的理解和认识,开启了旋翼飞行器的新时代。

1921年,G.De Bothezat在美国俄亥俄州代顿空军部建造了另一架大型的四旋翼直升机(图1-2),除飞行员外,这架四旋翼直升机还能承载3个人。G.De Bothezat在设计这架四旋翼直升机时,预期是在100m高空飞行,但是在试飞当天,只飞到5m的高度就降落了。之后他与同事一起先后进行了100多次的飞行试验。同样,由于没有任何自动平衡系统和自动控制系统,整个飞机完全依靠驾驶员的实时操控,所以飞机并没有达到预想中的飞行效果,在飞行过程中严重摇摆,失衡后驾驶员很难快速地使飞机恢复平衡。鉴于这些问题,美国空军认为,G.De Bothezat设计的四旋翼直升机并没有达到军方要求的标准,因此并没有购买。

1920年,E.Oemichen开始进行多旋翼飞行器的研究和设计,却一直没有成功。但是E.Oemichen经过3年的努力,重新设计和改良之前的飞机,终于在1923年实现了起飞,并创造了新的世界纪录:此飞行器达到14min的留空时间和1000m垂直飞行(图1-3)。这对于整个旋翼直升机领域来说,是一次非常有意义的飞行。E.Oemichen向人们证明了旋翼机垂直起降的巨大潜能和价值。

图1-1　最早的旋翼式直升机

图1-2　大型四旋翼直升机

图1-3　首次1000m垂直飞行的多旋翼飞行器

图1-4 具有两个发动机的四旋翼机

图1-5 VZ-7四旋翼直升机

1956年，Convertawing制造了一架四旋翼机，该飞机的螺旋桨在直径上超过19ft，用了两个发动机，并且通过改变每个螺旋桨提供的推力来控制飞行器（图1-4）。这也是在多旋翼机上的一次改良，目前几乎所有的多旋翼机都采用改变螺旋桨的转速，从而改变螺旋桨产生的拉力来控制整个飞机。从这一角度上讲，Convertawing制造的这架四旋翼机的动力原理是现代多旋翼机的前身，只是现代多旋翼机螺旋桨的驱动都是电动机。

1958年，美国陆军研制的VZ-7四旋翼直升机（图1-5）被称作Flying Jeep，有效载荷250kg，425马力涡轮发动机驱动，比较容易起飞，从飞行控制上讲，也相对稳定，但是不能满足军方速度和高度要求，于1960年被退还给发明人。从此之后，多旋翼机一直没有更好的发展。由于多旋翼机在自我平衡与控制系统上相对于固定翼飞机较为复杂，操控的难度远远大于其他机型，所以在接下来的近半个世纪，多旋翼机的发展一直比较低迷。

1.1.2 逐渐复苏

20世纪90年代以后，微机电系统（Micro-Electro-Mechanical System，MEMS）技术逐步成熟，MEMS惯性导航系统（简称惯导系统，见图1-6）被开发运用到多个不同的领域，这使得制作多旋翼飞行器的自动控制器成为可能。

虽然MEMS惯性导航系统已被广泛应用，但是MEMS传感器数据噪声很大，不能直接读取并使用，于是人们不得不研究去除噪声的数学算法和工程实现。这些算法以及自动控制器需要运算速度较快的计算机处理器，可当时的单片机运算速度较为低下，完全不能满足飞行器的计算需求。接着在计算机处理器快速发展的同时，人们对多旋翼飞行器的非线性系统结构进行建模，而设计控制算法和实现控制方案又有了突破性进展。到2005年前后，真正稳定的多旋翼无人机自动控制器才被制作出来。

早期的多旋翼完全依赖于驾驶员对飞机姿态的感知和控制，这使得飞行员一直不能很好地控制多旋翼机。而MEMS惯导系统可以轻松地检测到当前系统的姿态和速度，并在很短的时间内就可以反馈给控制

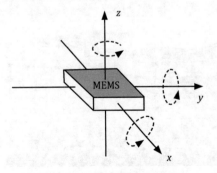

图1-6 MEMS惯性导航系统

器，于是控制器就可以根据当前系统的状态来快速地自动调节动力系统，使整个系统在很短的时间内恢复平衡。与此同时，由于多旋翼机与军事用途渐行渐远，它开始以独特的方式通过遥控玩具市场进入消费领域。从此，多旋翼机不再局限于军事用途，它开始通过遥控玩具市场渐渐与消费者靠近。

20世纪90年代初，名为Keyence Gyro Saucer Ⅱ E-570的迷你四旋翼机在日本市场出现，它被设计者定位成室内娱乐用途，采用电子陀螺仪进行姿态采集和配合嵌入式单片机进行自动平衡控制，并且首次采用电池动力，电池充满电后，可以在空中飞行3min。这是多旋翼机迈出的一大步，MEMS惯导系统与无线电通信相结合，配合电动机的快速响应，基本上实现了现代四旋翼机的基本功能，这也是现代多旋翼机的雏形。虽然多旋翼机经过多年的发展，但是从最基本的控制原理与动力系统上讲，都没有脱离Keyence Gyro Saucer Ⅱ E-570的框架。

1991年，Make Dammar在明尼苏达州Spectrolutions实验室开始研究四旋翼机，并在1999年推出一款四旋翼机，为其命名为Roswell Flyer。从此迷你四旋翼机有了一系列的发展。越来越多的人开始关注四旋翼机，尤其是迷你四旋翼机的应用场景，人们开始意识到，四旋翼机可以面向广大普通人群，就像玩具一样进入人们的生活。事实上这也是四旋翼机发展的正确方向。

但是，就技术而言，多旋翼机还不是十分成熟，加上Draganfly公司收购了Roswell Flyer之后，又申请了此无人机的技术专利。这使多旋翼机虽然开启了走向商业化的道路，却没有让多旋翼机的技术理论公布于世。这对于想要掌握多旋翼机技术的普通人来说，并没有什么好的改善，也使得市场上的多旋翼机价格昂贵，技术封闭。

2005年以后，关注并研发多旋翼机的人日渐增多。具有代表性的是德国Microdrones GmbH公司，它在2006年4月推出了名为MD4-200四旋翼无人机。这款无人机在几个月内销量就超过250架。在2010年，Microdrones GmbH公司继MD4-200之后又推出了型号为MD4-1000的四旋翼无人机。从此之后，越来越多的公司开始研发和推出四旋翼机，但从结构和外形上看，这些四旋翼机都与MD4-200有些渊源。

2006年10月，德国人Holger Buss和Ingo Busker联手创建了首个开源自驾仪社区MikroKopter，并发布了一款与社区同名的MikroKopter开源自驾仪，这也是世界上首次将无人机自驾仪作为开源项目公布于众，使得更多热爱无人机的人可以站在开源项目的肩膀上继续前行。MikroKopter自驾仪可以稳定地控制四旋翼飞机在空中飞行和悬停。有了多旋翼开源自驾仪，人们不必再重复研发多旋翼机的控制体系，而是转为学习和使用这些开源项目。

🔺1.1.3 多旋翼机的春天

2012年2月，美国宾夕法尼亚大学的Vijay Kumar教授在Technology Entertainment Design（TED）上做了四旋翼飞行器的演讲，这次演讲不但展示了微型飞行器编队和协作能力，还介绍了微型飞行器在未来民用和军事上的广泛用途。

2012年以后，很多公司开始设计和研发到手即飞的多旋翼机。例如，大疆研发的Phantom就是将自驾仪与飞机集成到一起、到手即飞、无需组装和调试的四旋翼航拍无人机。自此广大的无人机爱好者可以不用自己学习多旋翼机的飞行理论和机械结构，更不需要自己动手组装无人机，"到手即飞"成为消费级无人机的新的理念。这使得无人机可以更广泛地应用到其他领域，让操控者只关心遥控飞行，而不再关注飞行原理和结构。与大疆精灵无人机所提倡的理念一样，多旋翼无人机终于走向商业化市场，人们可以像购买其他成熟商品一样购买无人机，并像使用其他消费产品一样把无人机当作娱乐型消费产品。大疆精灵也备受广大摄影爱好者的喜爱，它使得人们可以在地面遥控飞机，使其起飞，并悬停在高空，让无人机搭载高清相机拍摄更高难度的视角。

大疆公司所研制的航拍无人机是我国商业无人机走向世界的一大步。目前就无人机领域来讲，大疆精灵在全世界范围内也是无人机的佼佼者。

2016年，由Zero Zero Robotics公司研发的全球首部便携式跟拍无人机Hover Camera问世。Hover Camera的重量只有238g，配有1300万像素摄像头，可拍摄4K高清视频，同时还可以支持720P高清实时数据流，这些数据流可以通过Wi-Fi传到智能手机。Hover Camera采用了碳纤维外壳以及可折叠式设计，从而增强了产品的安全性和便携性。使用者只要展开机翼并开机，它便会自动起飞，以独特视角拍摄视频或照片。Hover Camera的另一个特点是通过其摄像头和麦克风可以与使用者互动。Zero Zero Robotics公司为Hover Camera加入了物体识别和智能跟随系统，使用者通过手势和语音命令可以方便地控制无人机起飞、悬停、降落、跟随等一系列动作。这使得无人机操作更加简化，也使得航拍发烧友可以随时随地使用特殊视角来进行拍摄。

随着多旋翼无人机的发展，无人机不仅被人们用来娱乐和航拍，越来越多依靠大量人力劳动的产业也渐渐被无人机替代。例如：在安全方面，使用无人机搭载高清图像传输设备来代替工作人员监控和排查电力系统，这样既节省了人力，又保障了工作人员的安全。在农业方面，使用无人机搭载农药喷洒系统，通过全自动航线规划代替人工农药喷洒工作，既省时又省力。总而言之，多旋翼无人机渐渐被应用到各个领域，人们也对无人机的未来充满了想象和期待。可以说无人机已经渐渐地改变了人们的生活和工作。无人机正处在一个生机勃勃、多元化、多领域、潜力无限的时代，多旋翼机也必将成为最具有生命力的新兴产业之一。

1.2 无人机与航空模型

1.2.1 机型分类

（1）固定翼飞机

优点：续航时间长，速度快。

缺点：需要跑道，不能垂直起降。

固定翼飞机是历史最久远、机型最多，也是相对最稳定的飞机，如图1-7所示。常见的民航客机和很多军用的战斗机都被设计成固定翼飞机。固定翼飞机以高速飞行见长，普通民航客机的飞行速度通常都在

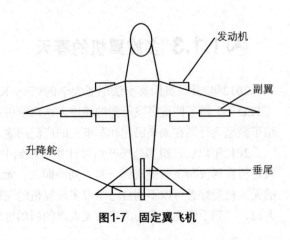

图1-7　固定翼飞机

800km/h左右，高速战斗机的飞行速度可达1400km/h以上，空气稀薄的高空中飞行速度可达2000km/h以上。

早期的固定翼飞机可以依靠前拉式螺旋桨或后推式螺旋桨产生前进的动力，从而使飞机快速前行。现代的民航客机采用的动力引擎通常是涡轮风扇发动机，战斗机通常采用的是涡轮喷气式发动机。当飞机获得了前进的速度后，由于气流作用到飞机的翼展上（伯努利原理）产生上升的拉力，当拉力大于机身重力时，飞机处于上升飞行状态。

固定翼飞机的滚转（左右）动作平衡依靠左右主机翼的掠角大小来调节，俯仰（前后）动作平衡依靠尾舵的掠角来调节，偏航（方向）动作依靠垂向尾舵来调节。当然，固定翼飞机的航向通常是靠滚转和俯仰组合动作来完成，这不是我们的主要研究方向，不再赘述。

（2）单旋翼直升机

优点：可以垂直起降，空中悬停。

缺点：续航时间短，机械结构繁杂，操控难度大。

单旋翼直升机简称为直升机，如图1-8所示。直升机的主动力系统只有一个大型的螺旋桨，主要作用是提供飞行的上升动力，所以，当上升动力大于机身重力时，飞机就可以克服重力起飞。

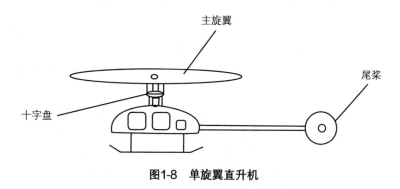

图1-8　单旋翼直升机

近年来，随着直升机的不断发展，出现了共轴双主旋翼直升机和多主旋翼直升机机型。双旋翼的结构使飞机载重更大，但是其机械结构变得较为复杂。尤其是共轴双主旋翼直升机采用双十字盘来控制两个主螺旋桨的螺距，其结构十分复杂，如图1-9所示，这使得对其控制变得相对困难。在本书中不再做过多的介绍，后续提到的直升机均为单旋翼直升机。

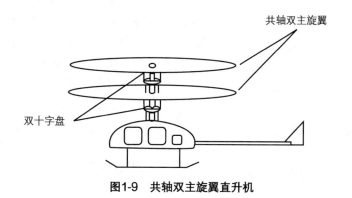

图1-9　共轴双主旋翼直升机

由于直升机只有一个主动力桨，当主动力电机高速旋转时，螺旋桨的旋转会对机身产生一个反向的作用力——反扭力矩。在反扭力矩的作用下，飞机会产生与螺旋桨旋转方向相反的自旋动作。为了解决飞机的自旋，就需要在飞机的尾部安装一个水平方向的小型螺旋桨，其产生的拉力主要用于抵消机身自旋，当直升机需要改变航向时，也可以通过尾部螺旋桨来调节。

除主动力电机与尾翼电机之外，通常还有3个舵机（有的直升机采用4个舵机），用于改变主动力桨的螺距，使机身产生滚转和俯仰姿态，从而使飞机前飞、后飞或向左、向右飞行。

注意：我们在这里所讲述的单旋翼直升机和多旋翼直升机在机械结构、控制原理、飞行理论上有本质的区别，请读者不要混淆。

（3）多旋翼直升机

优点：可以垂直起降，空中悬停，结构简单，操作灵活。

缺点：续航时间短，飞行速度慢。

多旋翼直升机指由三个、四个或更多螺旋桨组成的无人机。最典型、最常见的多旋翼直升机就是四旋翼机，如图1-10所示。四旋翼机有4个轴臂，分别安装有4个电动机和螺旋桨。多旋翼机是由螺旋桨高速旋转产生向上的拉力实现垂直起降的。但与直升机不同的是，多旋翼机的前进、后退、向左、向右飞行靠的是4个螺旋桨不同的转速，而不是像直升机那样，靠改变主动力桨的螺距。因为四旋翼机所有螺旋桨的螺距都是固定的，桨的尺寸也是固定的，4个轴的轴距也是相同的，所以其动力体系也是对称的。对于三旋翼机、六旋翼机、八旋翼机或其他多旋翼机来说，除将动力和力矩分配到多个螺旋桨的方案不同之外，与四旋翼机没有本质上的区别。可以说，学习并掌握四旋翼机之后，就可以举一反三地懂得其他多旋翼机的原理与动力系统。

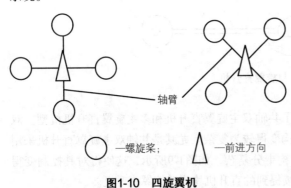

—螺旋桨；　　△—前进方向

图1-10　四旋翼机

最常见的四旋翼机、六旋翼机、八旋翼机这些机型中，螺旋桨安装的位置都是对称的，控制方法相对简单。另外有一些爱好者开发了非对称的多旋翼，例如，三旋翼机和五旋翼机，如图1-11所示。由于三旋翼机和五旋翼机在结构上不对称，所以不能像对称多旋翼机一样，通过相邻螺旋桨的反向转动产生的反扭力矩相互抵消，所以三旋翼机的其中一个螺旋桨的桨平面不平行于机身，而是有一个小的倾斜角，从而使此桨的拉力抵消自身的反扭力矩，消除自旋。而五旋翼机的情况更为复杂，同样需要考虑在各个螺旋桨所产生不同力矩的情况下消除自旋。这种不对称的多旋翼机，不在我们的学习范围之内。本书中我们主要学习对称多旋翼机中最简单的四旋翼机的飞行原理和控制方法。

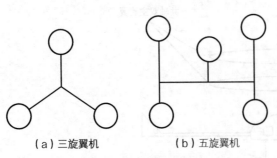

（a）三旋翼机　　　　（b）五旋翼机

图1-11　非对称多旋翼机

（4）垂直起降固定翼机

优点：垂直起降，节省跑道，飞行速度快。

缺点：电量消耗大，飞行时间短，控制体系复杂。

顾名思义，垂直起降固定翼机就是可以垂直起降的固定翼飞机（简称垂起固定翼机），它综合了多旋翼机和固定翼机的特点，在起飞和降落时采用多旋翼的控制方式垂直飞行。在空中飞行过程中，先通过多旋翼模态和主动力桨获得前进的速度，而后依靠固定翼展获得上升的动力维持高空飞行，如图1-12所示。垂起固定翼机在起降时可以节省跑道，起飞后又可以切换到固定翼模态高速飞行。垂起固定翼机也是近年来很多公司和个人研究的对象。

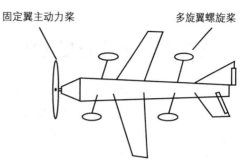

图1-12　垂直起降固定翼机

通常，民用的垂起固定翼都是电动的，当飞机进行多旋翼模态向固定翼模态切换，或是由固定翼模态向多旋翼模态切换时，需要消耗大量的电能，这也使得目前的垂起固定翼机对电池电量的要求颇高，目前电动的垂起固定翼机在充满电之后，往往只能在起飞和降落时各切换一次模态，而不能在空中多次切换。

（5）倾转旋翼机

优点：垂直起降，节省跑道，飞行速度快，用可倾转的多旋翼桨提供主动力。

缺点：电量消耗大，飞行时间短，控制体系复杂。

大型军用倾转旋翼机的机械结构和控制体系十分复杂，如V-22倾转旋翼机（又称鱼鹰）。鱼鹰的首次亮相引起了全世界的广泛关注，这也标志着倾转旋翼机的技术革新。但是，中小型公司和个人是没有能力研发像鱼鹰这样的大型倾转旋翼机的，无论从研发成本或是制造成本上讲，都不是一个小数目。

虽然在早期很少有公司和个人研发倾转旋翼机，但是随着锂电池和无刷电机的发展，使得倾转旋翼机可以采用电动舵机来实现螺旋桨轴臂的转动，从而实现小型电动倾转旋翼机。小型电动的倾转旋翼机与垂起固定翼机类似，也是由4个轴臂安装螺旋桨，形成四旋翼机型，特殊的地方在于安装螺旋桨的轴臂可以由舵机驱动产生倾转，如图1-13所示。

倾转旋翼机在起飞和降落时与垂起固定翼机一样，采用多旋翼模态，起飞后在空中调整倾转轴，使4个螺旋桨与机身产生倾角，为飞机提供前进的拉力。当飞机达到一定速度之后，即可完全依靠翼展提供上升的拉力，而4个螺旋桨可以完全转为垂直于机身的角度，全部作为飞机前进的主动力，也就是完全切换到固定翼模态。与垂起固定翼机不同的是，多旋翼螺旋桨可以改变自身角度，从而在多旋翼模态下提供悬停动力，在固定翼模态下提供前进动力，而在这两个模态切换过程中，倾转的螺旋桨是逐渐改变其倾转角度的，

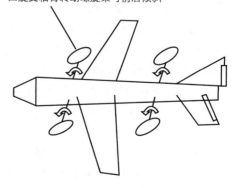

图1-13　倾转旋翼机

这也需要有非常好的控制系统对多模态飞机进行控制。

同样的，在多旋翼模态和固定翼模态下切换需要消耗大量的电能，这也使得倾转旋翼机在飞行过程中不能频繁切换模态，通常只有在起飞和降落时才会切换模态。

1.2.2　航空模型飞机

航空模型飞机，简称航模，是一种依赖于地面操控者的实时控制的遥控飞机，这种遥控飞机都有尺寸限制，动力系统通常是电动马达或者是油动发动机。这一类遥控飞机不能载人，只用于个人娱乐、飞行表演或空中比赛。

航模必须依赖于操控者的实时操控，飞机也必须在操控者的视线和遥控器的有效范围以内，脱离操控者的控制之后，飞机将无法正常飞行。其组成也相对简单，只需要飞机机架、动力系统、简单的平衡系统、遥控通信系统即可。航模的机型通常是固定翼机、多旋翼机、直升机，也有不少爱好者自行研制特殊机型的航模。

控制航模飞机不是一件容易的事情，不同的机型有着不同的操控方式，对于很多初学者来说，目标是能够稳定地起飞、留空飞行、降落。而对于一些喜欢特技飞行或是参加飞行表演和飞行比赛的操控者来说，需要对飞机特性、操控灵敏度、环境复杂度等多种因素具有非常好的把握能力，并在指定的区域内做一系列十分复杂的特技飞行。

虽然航模飞机的成本并没有像行业应用无人机那样高，对于普通人来说却也是价格不菲，但是能够热爱并真正投入金钱和精力到航模领域的人却越来越多。航模已经成为一种有益身心健康的运动，航模运动可以培养人的动手能力、平衡能力和思维能力。在运动中，既有在空中翱翔的非凡体验，还可以锻炼人们的心理素质。因此航模运动也随着时代的发展走进了人们的生活。

1.2.3　全自动无人机

无人驾驶飞机，简称无人机（Unmaned Aerial Vehicle，UAV）。无人机所表示的是没有驾驶员的飞机，飞机通过机载的计算机系统自动对飞机的平衡进行有效控制，并通过预先设定或飞机自动生成的复杂航线进行飞行，在飞行过程中自动执行相关任务和对异常进行处理。

通常无人机分为完全离线飞机与半离线飞机。完全离线飞机可完全不与地面系统进行交互，自动完成一个或多个飞行任务，并在执行完任务之后返航或在指定地点降落。半离线飞机在自动执行飞行任务期间，可由地面系统（地面站）进行指令控制，人工干预其飞行任务，并在紧急情况下执行地面系统所下达的紧急命令，例如返航、迫降、自毁等。可以说，无人机是由机载计算机系统和地面系统组合起来的可以自行完成飞行任务、无驾驶员的飞行器。

从控制上讲，无人机可以完全脱离地面的实时控制，其由飞机机架、动力系统、自平衡系统、导航系统、航线规划系统、感知系统、任务执行系统与地面站通信系统等组成。从用途上讲，无人机主要用于军事用途或特殊民用。在本书中，我们主要学习小型四旋翼无人机的设计、控制与全自动飞行。

近年来，随着计算机软硬件的发展和人工智能领域所取得的卓越成就，人工智能算法也在无人机领域中有了更合适的应用。自2016年3月，由谷歌公司研制的超级计算机AlphaGo与韩国名手李世石对弈围棋并以4∶1的成绩获胜之后，人工智能再一次席卷全球。自此，通用的人工智能算法、语音识别、自然语言处理、机器视觉、环境建模等一系列科学技术迈向新时代。机器视觉中，计算机对图像中各类物体的识别准确率也从2008年的70%上升至2016年的99.7%。这使得装有超级视觉的计算机系统可以被安装在众多无人设备上，例如，无人驾驶汽车和无人驾驶飞机。

具备视觉的无人机可以通过摄像头对周围环境进行感知和建模，让无人机自行构建周围环境的三维地图，从而达到可以自动躲避障碍物、自动规划最优飞行航线等一系列全自动飞行特性。就目前来说，无人机的全自动飞行已经成为最受关注、最有发展潜力的一个研究方向。

除对周围环境进行建模之外，无人机还需要自动完成路径探索和航线规划，能够在复杂的环境下进行全自动飞行，用最优的航线完成最复杂的任务。图1-14中显示的就是全自动无人机的趣味飞行航线。在这个例子中，无人机有4条飞行航线——三角形航线、圆形航线、三叶草航线和阿基米德螺旋线航线。无人机会在没有操控者干预的情况下解锁、起飞、自动完成所有的航线任务。当飞行任务完成后，无人机自动返航、着陆，并自动锁定。

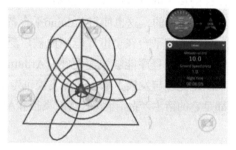

图1-14　全自动无人机的趣味飞行航线

1.3 开源飞控简介

无人机的飞行理论和控制体系较为复杂，在没有任何参考资料的前提下，完全从零开始研发无人机是非常困难的，也是不切实际的。随着互联网的发展，全球技术共享的理念也不断深入人心，越来越多的开源项目诞生。目前全世界最大的开源项目平台Github上有数以万计的开源项目可以作为学习资料。近年来，中国也有了自己的开源网站，例如开源中国，为广大使用者提供了免费开源项目网站码云。

Github网址：https：//github.com/
码云网址：https：//gitee.com/

在无人机方面，也有非常多的开源资源，很多国内外的无人机项目都将自己的设计理论和程序开放给全世界的人们。越来越多的社区开始研制和推出开源的自驾仪和开源控制程序，这使得很多以往没有条件学习和制作无人机的人找到一条捷径。人们可以通过学习开源自驾仪的设计和飞行控制程序快速设计和搭建属于自己的个性化无人机。下面就对开源飞控程序做一些简单介绍。

1.3.1 Arduino飞控

2005年，Arduino开源平台由Massimo Banzi、David Cuartielles、Tom Igoe、Gianluca Martino、David Mellis 和 Nicholas Zambetti在意大利的交互设计学院合作开发而成型。后来，Arduino公司首先将Arduino定位成一款可以让所有创客在编程基础薄弱或没有编程基础的情况下能够快速搭建个性化开发平台的产品。所有用户都可以从Arduino官方网站上下载其硬件的设计文档，并根据需要自行调整。Arduino平台的开源，首先为开源飞控提供了一个良好发展的环境。

Arduino公司还为开发者提供了跨平台的统一开发环境Arduino IED。这是一款可以在Mac OS、Linux和Windows这样的主流操作系统上运行的图形化程序设计工具。使用Arduino IED编译好的程序可以直接烧写到Arduino开发板当中。Arduino IDE对于不同操作系统来说，用户体验都是一样的，这也使得Arduino平台备受广大开发者的喜爱。

随着该平台在全世界范围内被广泛接受，Arduino公司决定将自己开发的飞控程序开源，以便让飞控程序能够快速发展。Arduino飞控的开源使得很多公司开始在此开源飞控的基础上不断地完善与发展，从此开源飞控也走上了多元化发展的道路。很多后来非常成功的开源飞控都是它的衍生产品，例如WMC飞控和APM飞控。

1.3.2 Crazyflie迷你飞行器

Crazyflie是一个迷你四旋翼无人机项目，由瑞士三个工程师设计开发，理念是要做世界上最微小的多旋翼飞行器。Crazyflie适合于家庭娱乐，操控者可以在室内通过游戏手柄或智能手机操控其飞行。该项目的软件和硬件均开源。

Crazyflie到目前为止一共开发了两个版本，分别是1.0和2.0。这两个版本都采用PCB板作为飞行器的框架。1.0版本的处理器是STM32F103；2.0版本的处理器是STM32F405。Crazyflie的设计理念是将惯导传感器和气压计及扩展总线接口都集成在一个92mm×92mm×2.9mm的PCB板上，使用者只需要将电动机安装在机架的4个轴臂上，并将电源线接好即可。

Crazyflie轻巧耐用，在室内飞行时非常灵活，相比大型的四旋翼机来说也比较安全。因为其重量很轻，只有27g，所以，即使在飞行中失控，或是完全失去动力，或是撞上障碍物从空中落下，也能够让损失降到最低。Crazyflie采用的各类电子元件的价格都比较低廉，也就是说，如果有一些元件出现故障，很容易购买新的替代品，并根据需要自行更换。

1.3.3 APM飞控

ArduPilot Mega飞控，简称APM，是在2007年由DIY Drones推出的飞控产品，它是在开源飞控还没有成型前，最早达到成熟阶段的开源硬件项目。APM基于Arduino的开源平台，处理核心使用的是Arduino，16位mega系列单片机对硬件做出了很多改进。其惯导单元包括加速度计、陀螺仪和磁力计。体积小，安装简单方便。

APM有良好的可定制性，可以通过地面站程序对其做非常灵活的配置，它可支持的机型有多旋翼机、固定翼机、直升机和无人驾驶车等。在多旋翼机家族中，APM飞控支持很多主流的四旋翼、六旋翼和八旋翼机型。在接入全球定位系统（Global Positioning System，GPS）之后，能够在空中稳定悬停，并可以完成自动起降、定高、定点、航线飞行、返航等飞行模式。另外，APM还能够连接超声波传感器和光流传感器，在室内实现定高和定点飞行。配合APM飞控的地面站程序，可以使用APM-Planner和Mission-Planner。

🜚 1.3.4 Pixhawk与PX4

Pixhawk是目前十分流行且非常成熟的一款开源无人机自驾仪。它借鉴和兼容了APM的优点和特性，所以很多人将Pixhawk看成是APM的升级版。实际上Pixhawk与APM的区别还是很大的，可以说它们完全不是一个系列的自驾仪。第一代Pixhawk就使用了很流行的STM32F4系列单片机，处理速度比APM高出一个大台阶，突破了Arduino的性能瓶颈。不但处理器的主频提高了，内存也有很大的提升。但是Pixhawk自驾仪实际上是由两部分组成的——FMU和IO两个控制版。FMU负责传感器数据的采集处理、导航算法、控制算法等；IO负责遥控器信号输入和电机控制信号PWM的输出。Pixhawk从第二代开始已经走向成熟，目前最新的版本为Pixhawk4。

Pixhawk向用户开放了丰富的接口资源。用户可以根据自己的需要合理调配周边资源。开源无人机自驾仪也使得硬件平台的个性化、定制化成为可能。全世界由Pixhawk所衍生出来的飞行平台不计其数，这也使得无人机在全世界范围内遍地开花，五彩缤纷。无论是国内还是国外，都有很多企业和个人使用Pixhawk自驾仪，这也从侧面反映出Pixhawk自驾仪从设计和实用性上都是非常优秀的。

与Pixhawk硬件平台相对应的软件是著名的开源飞控程序PX4。PX4飞控程序结构复杂，功能庞大，性能优异，配置灵活。PX4支持常见的多种无人机机型，如四旋翼、六旋翼、八旋翼、直升机、固定翼、垂起固定翼、倾转旋翼机型等。与飞控程序配合可以使用跨平台地面站QGroundControl，通过地面站连接飞控程序，可以轻松配置无人机的各项参数，并实时监控其飞行状态。

PX4并不是传统的STM32嵌入式程序，而是集成了优秀的嵌入式操作系统Nuttx，并在Nuttx操作系统上进行应用级程序的开发。这就让很多没有嵌入式开发经验的人们可以在操作系统之上进行编程，忽略硬件底层的技术细节问题，使开发工作大大简化。Nuttx操作系统支持Posix编程标准接口，这也让PX4程序使用Posix通用编程标准编写的代码可以不加修改地被编译成运行在其他操作系统平台下的可执行文件。例如，PX4程序可以被编译成在Nuttx操作系统下运行的程序，并打包成固件烧写到Pixhawk当中运行；也可以被编译成在Linux操作系统下运行的程序，并在Linux操作系统平台上运行（如RaspberryPI3）；或者在装有Linux操作系统的个人电脑上运行，进行半物理仿真和模拟飞行。

本书中，我们将以Pixhawk自驾仪为硬件平台，以PX4飞控程序为软件平台来讲述多旋翼无人机的相关理论体系、控制系统和编程方法。

第 **2** 章

飞行原理

目前，多旋翼机的理论体系已经较为成熟，其飞行原理和控制系统相对于其他机型也较为简单。四旋翼机是多旋翼机中最简单也是最有代表性的一种机型。它的4个轴臂大小相同，长度一致。4个电动机和螺旋桨的安装位置以机身为中心成对称图形，如图2-1所示。其布局通常分为十字形（也称为＋形布局）与叉形布局（也称为X形布局）。

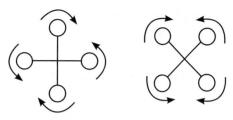

图2-1　十字形和叉形四旋翼机

除四旋翼之外，还有很多种多旋翼布局，例如三旋翼、五旋翼、六旋翼、八旋翼等。但对于不同机型来说，其动力学原理与控制体系都是类似的。四旋翼是多旋翼中最有代表性的，所以我们将以四旋翼为核心内容，介绍多旋翼无人机的相关理论知识。在本书后续章节中均称此机型为四旋翼或四轴。

2.1 基本姿态

2.1.1 动力来源

在讲述四旋翼机的动力来源之前，我们先来了解一下普通扇叶式电风扇的工作原理和效果。当电风扇启动时，带有螺距的扇叶高速旋转，会带动空气向电风扇的前方流动。电风扇的扇叶在高速转动时作用到空气上，对空气产生了一个作用力，这个作用力使得空气向电风扇的前方流动。根据牛顿第三定律——作用力与反作用力原理，当扇叶向前推动空气时，扇叶也会受到空气的反作用力，方向与空气流动的方向相反。

当然，由于电风扇本身质量较大，受到的重力也较大，其底座上通常装有防滑皮垫，所以受到空气的反作用力后，会作用到其底座，使底座与地面产生静摩擦力。静摩擦力会抵消空气对扇叶的反作用力，所以电风扇受到空气的反作用力时，并不会向后移动。

四旋翼螺旋桨产生的动力与电风扇和空气作用力原理相同。四旋翼通过4个高速旋转的螺旋桨而产生对空气的作用力。螺旋桨的桨叶对空气产生向下的作用力，使得空气向螺旋桨的下方流动。与此同时，空气会产生对桨叶的反作用力，这个反作用力作用在螺旋桨的桨叶上，于是气流就产生了对四旋翼的向上的反作用力，如图2-2所示。当这个反作用力足够大时，可以将整个飞机从地面拉起，这也就是旋翼机的动力来源。

螺旋桨在高速旋转时，空气对4个螺旋桨反作用力的总和就是四旋翼机的拉力总和。事实上，人们为了方便描述螺旋桨在旋转时所受到空气对其自

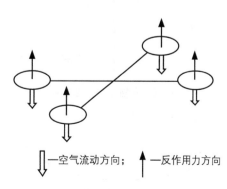

⇩—空气流动方向；　↑—反作用力方向

图2-2　空气对螺旋桨叶的反作用力

身的反作用力，常常简单地认为螺旋桨在高速旋转时会产生向上的拉力。通常情况下，拉力的大小与螺旋桨的转速成正比：

$$f = k\omega^2 \tag{2-1}$$

这里将螺旋桨在产生拉力时的其他因素都简化为参数 k。实际上，在为螺旋桨的动力建模时，除桨的转速之外还需要考虑很多实际因素，例如桨的直径、螺距、当前气压、空气密度等。此处不做过多介绍，读者只需要简单了解四旋翼动力的原理和其基本情况即可。可以简单地认为影响螺旋桨拉力的所有因素都可以融合成一个参数 k 和其自身的转速 ω。从直观上讲，螺旋桨的转速越快，其产生的拉力越大；转速越慢，其拉力越小。

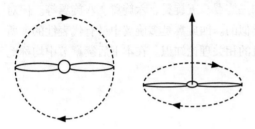

图2-3   拉力方向与桨平面（桨盘）垂直

另外，为了说明螺旋桨的拉力方向，需要引入桨平面的概念。桨平面又称桨盘，是指螺旋桨在旋转过程中经过轨迹所形成的平面。理论上，桨平面是一个圆形的平面，如图2-3所示。当螺旋桨旋转时，所经过的圆形平面区域（虚线部分）就是这个螺旋桨的桨平面。

螺旋桨所产生的拉力都与桨平面垂直。我们将四旋翼中4个螺旋桨所产生的拉力分别设定为 f_0、f_1、f_2、f_3，由于这4个力的方向一致，都垂直于桨平面，所以飞机的总拉力 F 为这4个力的和：

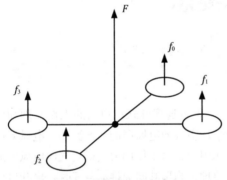

图2-4   总拉力大小与方向

$$F = f_0 + f_1 + f_2 + f_3 \tag{2-2}$$

总拉力 F 的方向与机身平面垂直，如图2-4所示。

事实上，飞机在空中飞行时，动力源于螺旋桨的拉力，也就是说，四旋翼的4个螺旋桨上要承受整个飞机自身的重量，其中还可能包含飞机的负载重量，例如摄像机、监控设备、救灾物资、农药等。而制作螺旋桨的材料通常是碳纤维、塑料或是木材。这些材质的螺旋桨在高速旋转并承受较大重力时往往会发生变形，如图2-5所示。

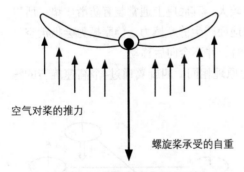

空气对桨的推力

螺旋桨承受的自重

图2-5   螺旋桨受力后变形

承受飞机自身重力的受力点在螺旋桨与电机的安装位置（螺旋桨的中心处），承受空气推力的受力点是整个桨叶，所以螺旋桨会在两端处略微向上弯曲，而弯曲的螺旋桨在旋转时形成的桨平面将不是一个真正意义上的平面，而是一个类似于"碗"状的曲面，如图2-6所示。在物理建模和实际飞行中，螺旋桨的这种变形对拉力的影响并不大，可以忽略不计。

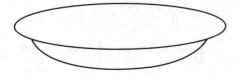

图2-6   桨平面变形

✈ 2.1.2 垂向运动

假设飞机的自身质量加上其负载质量的总和为 m，重力加速度为 g，于是飞机受到的重力为其质量乘以重力加速度 mg（图2-7）。在不考虑飞机姿态变化的情况下，假使机身平面与地平面平行，飞机拉力总是垂直于机身，也就是垂直于地平面，并且不考虑空气阻力。在这种情况下，飞机的总拉力与自身重力关系的变化直接影响飞机的飞行状态。

① 当 $F < mg$ 时，飞机拉力加上地面对飞机的支撑力等于自身重力，飞机不能起飞；如果飞机已经在空中飞行，在此状态下，飞机将保持匀加速下降，其加速度大小为：

$$a = \frac{F - mg}{m} \tag{2-3}$$

② 当 $F = mg$ 时，飞机拉力等于自身重力，达到起飞的临界条件。此时地面没有对飞机的支撑力，但是由于拉力与重力相互抵消，所以飞机不能起飞；如果飞机已经在空中飞行，在此状态下，加速度为0，飞机将保持匀速运动，匀速上升或匀速下降或者在空中悬停。

③ 当 $F > mg$ 时，飞机的拉力大于自身重力，飞机可以起飞，并且保持匀加速上升状态，其加速度大小为：

$$a = \frac{F - mg}{m} \tag{2-4}$$

事实上，当飞机的拉力大于自身重力或是拉力小于重力时，飞机会持续加速升空或下降，无论对于飞机还是操控者来说，都是不合适的。因为加速上升会导致飞机爬升的速度过大，高度不容易控制。而下降的速度过快，容易导致飞机快速接近地面，如果控制不当，会造成飞机接触地面时撞击力过大而对飞机造成破坏。所以，在大多情况下，我们需要飞机匀速上升或匀速下降，这就需要控制系统能够实时检测到飞机当前的运动状态，并在需要时实时调整控制量。

我们希望飞机在上升时能够保持以速度 v 匀速运动，可以在飞机还没有起飞时增加飞机的总拉力，使飞机的拉力大于自重，于是飞机开始向上加速运动，其上升速度由0逐渐加速到 v 时，调整飞机的拉力使拉力等于飞机的自重，于是上升加速度为0，飞机就会以速度 v 匀速向上运动。

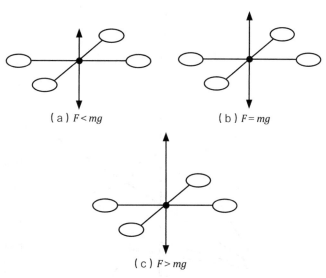

（a）$F < mg$ 　　（b）$F = mg$

（c）$F > mg$

图2-7　飞机拉力与重力的关系

相反，我们希望飞机在下降时也能够保持以速度 v 匀速运动，此时假设飞机正在空中悬停，其初始速度为0。我们可以先减小飞机拉力，使其小于自重，于是飞机开始向下加速运动，当其速度由0逐渐加速到v时，调整飞机的拉力使拉力等于飞机的自重，于是下降加速度为0，飞机就会以速度v匀速向下运动。

事实上，我们不可能去测量每一架飞机的重量，也不可能直接调整飞机的拉力使其与飞机自重保持相等。为了能够快速地让飞机自动调整其自身拉力，使飞机能够按指定的速度匀速运动，我们可以使用IMU惯导传感器、高度传感器配合GPS定位系统，采集并计算飞机当前的姿态和速度，采用经典PID控制方法来对飞机的高度和速度进行控制。PID是非模型控制中最为经典、最为有效的控制方法。本章所提到的PID反馈控制方法，读者只需要简单了解其概念和作用即可。关于这部分内容，我们将在第13章中学习。

🌀 2.1.3 飞行姿态

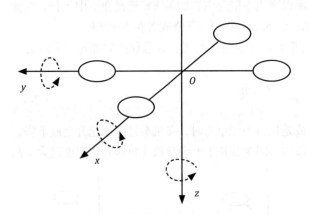

图2-8　多旋翼机飞行运动的6个自由度

前面假设四旋翼4个螺旋桨的拉力完全相同，机身平面与地平面始终平行，拉力与地平面始终垂直。但在实际飞行中，会有众多因素综合作用到飞机上。例如：各个电动机的动力差别，螺旋桨的尺寸差异，飞行时气流影响等。机身并不会始终与地平面保持平行，其运动方式也不只有垂向运动这样简单。飞机飞行时可能会受各种不同因素的共同作用，从而成产生6个自由度的运动组合。我们建立一个3维的坐标系，坐标轴分别为x、y、z，飞机在此坐标下分别为沿x、y、z轴正向和反向运动就是飞行的3个自由度，以x、y、z为轴顺时针或逆时针转动是飞行的另外3个自由度。合起来就是多旋翼机飞行运动的6个自由度，如图2-8所示。

前面已经讲述了6个自由度中的其中1个，就是沿z轴运动（垂向运动）。下面讨论飞机以x、y、z为轴做转动的情况（图2-9）。

• 滚转运动：当飞机以x为转动轴进行转动时，飞机的左右两侧机翼会随着转动方向的不同进行上下运动，这种运动称为飞机的滚转运动（roll）。

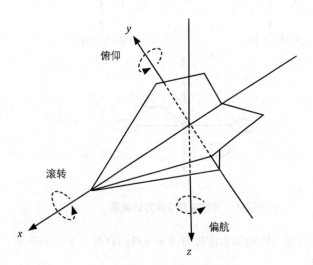

图2-9　俯仰、滚转与偏航运动

- 俯仰运动：当飞机以y为转动轴进行转动时，飞机头部会随着转动方向进行上下运动，这种运动在飞机的飞行姿态中称为俯仰运动（pitch）。
- 偏航运动：当飞机以z为转动轴进行转动时，飞机的航向将随着转动方向的变化而变化，这种运动称为飞机的偏航运动（yaw）。

俯仰、滚转、偏航是飞机的3个基本飞行姿态。多旋翼机中通常也用pitch、roll和yaw来表示飞机当前的姿态。下面以十字形四旋翼为例讨论其产生的过程和运动原理。

在2.1.1节中我们已经知道，四旋翼的拉力来源于其4个高速旋转的螺旋桨。在讲述四旋翼垂向运动时，首先假设4个螺旋桨所产生的拉力都相同，并且机身平面平行于地平面。现在去掉此假设，看一看当4个螺旋桨的拉力不同时，飞机将处于什么状态。我们依然令4个螺旋桨所产生的拉力分别是f_0、f_1、f_2、f_3，假设飞机在这4个拉力的作用下已经可以在空中悬停，并假设飞机是一个质点，其质量完全集中在其中心位置上，于是进行下面的分析。

当f_0和f_2的大小不变，f_1增大而f_3减小时，由于$f_1 > f_3$，所以飞机的整体受力发生了变化，受力不平衡，导致飞机在y轴上受到一个垂直于机身平面的力矩，这个力矩作用在轴臂上，会带动整个机身沿x轴做逆时针转动，于是就产生滚转运动，如图2-10所示。

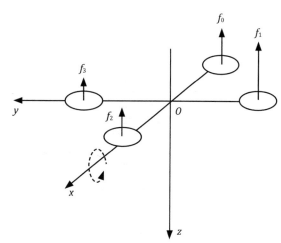

图2-10　滚转运动的产生

由于四旋翼的对称性，我们可以得出同样的结论：当f_1和f_3的大小不变，f_0增大而f_2减小时，由于$f_0 > f_2$，所以飞机的整体受力发生了变化，受力不平衡导致飞机会在x轴上受到一个垂直于机身平面的力矩，这个力矩作用在轴臂上，会带动整个机身沿y轴做逆时针转动，于是就产生了俯仰运动，如图2-11所示。

在滚转运动和俯仰运动时，力矩作用到力臂上，会带动整个机身沿着转动轴进行转动，转动的过程实际上是旋转加速运动，力矩对机身产生的转动加速度分别为a_{roll}和a_{pitch}：

$$a_{\text{roll}} = \frac{f_3 - f_1}{I} \qquad (2-5)$$

$$a_{\text{pitch}} = \frac{f_0 - f_2}{I} \qquad (2-6)$$

式中　I——飞机的转动惯量。

与垂向速度控制一样，我们并不希望飞机一直进行滚转和俯仰，而是希望当飞机出现一个指定的滚转角或俯仰角之后，就保持不变或者恢复水平。同

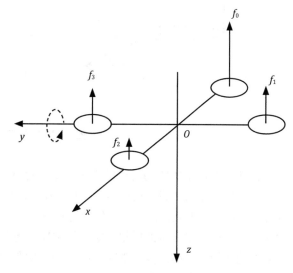

图2-11　俯仰运动的产生

样，对于飞机的控制来说，不可能直接改变螺旋桨的拉力来达到这样的效果，而是需要导航系统对飞机当前的飞行姿态做精确解算，通过欧拉角或四元数（绝大多数都是采用四元数）来表示飞机当前的滚转角、俯仰角和航向角，从而根据这些解算值对其做反馈控制，利用PID控制方法控制桨的转速，从而使飞机达到平衡。

　　与滚转运动和俯仰运动不同，偏航运动的产生并不是直接来源于螺旋桨的拉力，而是依赖于电动机带动螺旋桨转动时所产生的反扭力矩。为了说明这个问题，我们先来看一下电动机带动螺旋桨转动时的受力情况。如图2-12所示，当电动机通电转动时，定子固定在电动机座上不动，转子按顺时针方向转动，并带动螺旋桨产生垂直于桨平面向上的拉力。与此同时，螺旋桨高速旋转时，空气对桨会产生一个阻碍螺旋桨转动的阻力。当空气阻力作用于电动机的转子上时，就产生一个电动机转子对定子的反作用力。

　　简单来说，就是电动机的定子对转子产生一个作用力矩，使得电动机转子顺时针转动；而转子同样会对定子产生一个反作用力矩，使得电动机定子逆时针转动。

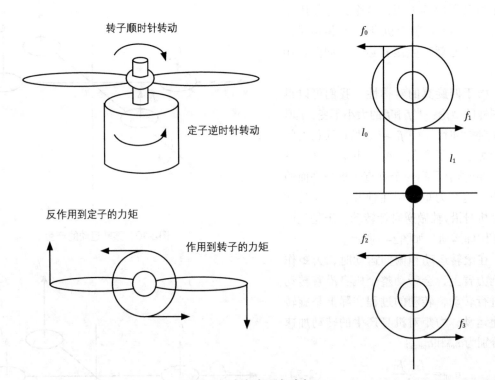

图2-12　扭矩与反扭力矩

　　因此，在电动机驱动转子的作用力带动螺旋桨转动的同时，电动机也会受到螺旋桨对整个机身的反作用力。我们可以看到：f_0的力臂l_0明显大于f_1的力臂l_1，即使电动机在转动过程中扭矩是相同的，但是，由于安装位置的原因，也会导致相同大小的力作用在不同的力臂上。于是电动机就产生对机身的反扭力矩（简称反扭矩）。四旋翼中的4个电机高速旋转时，由于定子和螺旋桨的质量小，转动惯量也就小，所以转动的速度快；而电动机的定子被固定在四旋翼的轴臂上，与整个机身构成一个刚体，相对来说质量大，转动惯量也就大，因此转动速度慢。

4个相同方向转动的电动机会导致机身朝相反的方向转动。飞机在反扭矩的作用下会产生逆时针方向偏航运动，俗称"自旋"，如图2-13所示。

为了解决自旋问题，可以将每两个相邻电动机的转动方向相反，如图2-14所示。使所有相邻电动机的转动方向相反就可以相互抵消掉对机身所产生的反扭矩。

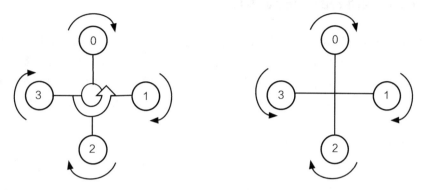

图2-13　反扭矩导致自旋　　　　图2-14　相邻电动机相互抵消反扭矩

事实上，我们并不希望完全消除飞机的自旋，也就是偏航运动。因为在飞行过程中，希望通过控制器调整飞机的航向，所以我们希望可以根据需要在不改变飞机整体拉力的情况下使得飞机产生偏航运动。为了让飞机的整体拉力不变，可以同时增加电动机0和电动机2的转速，并减少电动机1和电动机3的转速，如图2-15（a）所示。此时，逆时针方向的反扭矩大于顺时针方向的反扭矩，所以飞机会产生逆时针的偏航运动。同理，保持飞机的整体拉力不变，同时增加电动机1和电动机3的转速，并减少电动机0和电动机2的转速，如图2-15（b）所示。此时，顺时针方向的反扭矩大于逆时针方向的反扭矩，所以飞机会产生顺时针的偏航运动。

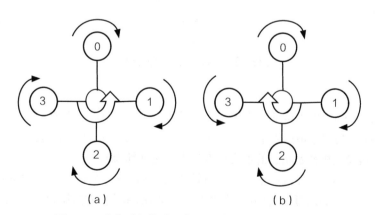

（a）　　　　　　　　　（b）

图2-15　改变对角线轴上电动机的转速实现偏航运动

图2-15中粗箭头表示电动机的转速增加，细箭头表示电动机的转速减少。关于电动机的转速增加和减少的具体数值是不容易计算的，同样需要根据传感器采集当前飞机的航向，再通过PID控制电机的转速来调整飞机的航向。

2.2 飞行原理

2.2.1 滚转角与定高飞行

上一节中学习了多旋翼的滚转运动、俯仰运动和偏航运动的产生原理。多旋翼的动力系统与固定翼和直升机的动力系统完全不同。多旋翼并不是靠翼展或改变螺距来改变姿态，而是通过改变螺旋桨的转动速度来达到改变姿态的目的。由于四旋翼的对称性，俯仰姿态和滚转姿态的产生原理和运动规律完全相同。下面不再对俯仰姿态做特殊说明，只学习在滚转姿态下飞机的运动原理。

我们先来看看飞机在空中悬停并处于水平状态时的整体受力情况。假设飞机4个螺旋桨所产生的拉力的总合F刚好等于飞机自身的重力mg。因为螺旋桨的拉力方向总是垂直于机身平面，飞机没有任何姿态变化（没有滚转角和俯仰角），于是飞机处于悬停状态，如图2-16（a）所示。为了方便理解，图中不再分别显示螺旋桨的拉力，而是将4个螺旋桨的拉力合并为一个总拉力F。

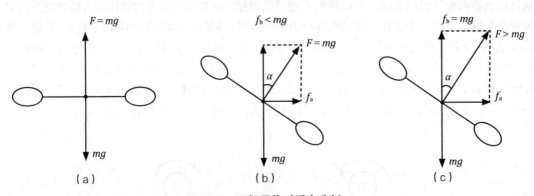

图2-16　飞机悬停时受力分析

首先，图2-16（a）中飞机的拉力等于自身重力$F = mg$，因此在垂直方向上受力总和为0，于是在垂直方向上加速度和速度均为0；在水平方向上拉力总和为0，所以在水平方向的加速度和速度均为0。假设飞机初始状态的垂直速度和水平速度都为0。

其次，图2-16（b）中飞机产生了一个滚转角α，拉力仍然等于自身重力$F = mg$，但是由于F的方向发生了改变，因此可以将F分解为水平方向拉力f_a和垂直方向拉力f_b。于是有：

$$f_a = F \sin \alpha \tag{2-7}$$

$$f_b = F \cos \alpha \tag{2-8}$$

很显然，垂直方向上拉力$f_b < mg$，所以飞机将获得一个垂直向下的加速度，其大小为：

$$a_v = \frac{mg - f_b}{m} \tag{2-9}$$

在水平方向上拉力为$f_a > 0$，所以飞机将获得一个水平向右的加速度，其大小为：

$$a_h = \frac{f_a}{m} \qquad (2\text{-}10)$$

我们稍后讨论水平方向上的运动。现在分析一下垂直方向上的受力与运动规律。飞机的滚转角从0变化到α，总拉力F的大小虽然没有变化，但是方向却发生了改变，因此导致垂直方向上的拉力由F减小到f_b，所以飞机获得向下的加速度。飞机会向下加速运动，这也是我们常常说的飞机"掉高"。实际上我们并不希望在飞机改变姿态时"掉高"。而是希望飞机在飞行过程中通过改变自身的姿态产生水平方向的加速度，进而在水平方向上运动，同时在垂直方向上保持速度不变、高度不变。这也是一个常用的飞行模式——定高飞行模式。

接下来分析图2-16（c）中的飞机受力情况。为了让飞机在出现滚转角后，垂直方向上的拉力不变，因此要增加总拉力F，使得F在垂直方向上的分力f_b的大小等于机身重力mg，这样就可以保证飞机在垂直方向上的受力总和为0，飞机在垂直方向上的加速度和速度为0。

在飞机产生滚转角之后，为了保持一定的高度飞行，使其在垂直方向上受力为0，所以要增大飞机的总拉力F，F的大小应该增大为：

$$F = \frac{mg}{\cos \alpha} \qquad (2\text{-}11)$$

事实上，直接调整飞机的拉力，使其达到指定数值是十分困难的。由于存在多种因素影响飞机的姿态和动力系统，所以在实际对飞机的控制系统中，拉力F的值并不是直接通过上述公式计算出来的，而是通过PID进行控制的。

2.2.2 滚转角与水平运动

现在我们讨论当四旋翼产生一个滚转角α之后，其在水平方向上的受力情况和运动规律。在图2-17中，我们已经分析了飞机在水平方向上的受力情况：当飞机受到水平拉力f_a时，由于受到此拉力的作用，飞机在水平方向上将保持向右加速运动。

与定高飞行类似，我们并不希望飞机一直加速运动，而是希望飞机可以匀速运动。所以需要在飞机达到一定速度之后，就使在水平方向的拉力减小到0，也就是使其滚转角由α变为0。下面具体分析飞机的滚转角与其水平运动的关系。定义：时间t、滚转角α、垂向拉力f_b、水平拉力f_a、水平加速度a、水平速度v、于是有：

① 在t_0时刻，滚转角为0，垂直方向和水平方向上的加速度和速度均为0，飞机处于悬停状态，如图2-17（a）所示。

② 在t_1时刻，飞机调整左右两个螺旋桨的拉力，使滚转角α由0增大到α'，且为保证飞机在产生滚转角后，仍然能维持垂向拉力，需要使总拉力F增大到F'，f_b增大到$f_b' = mg$，飞机水平方向受力f_a由0增大到f_a'，其加速度［图2-17（b）］为：

$$a = \frac{f_a'}{m} \qquad (2\text{-}12)$$

③ 在水平拉力f_a的作用下，飞机向右侧加速运动，速度由0逐渐增大，假设在t_2时刻飞机的水平速度达到v'，如图2-17（c）所示。

④ 在t_3时刻，飞机调整左右两个螺旋桨的拉力，使其滚转角α由α'减小到0，且为保证飞机在没有滚转角后仍然能维持垂向拉力，需要使总拉力F减小到mg。不计空气阻力，飞机在水平方向上受力为0，加速度为0，速度为v'，因此飞机将以速度v'向右匀速运动，如图2-17（d）所示。

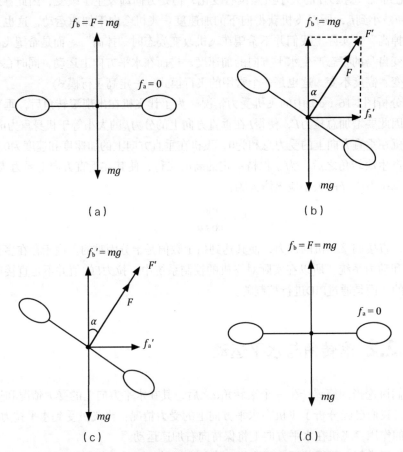

（a）　　　　　　　　　　　　（b）

（c）　　　　　　　　　　　　（d）

图2-17　通过滚转角的变化产生水平匀速运动过程

在图2-17中，飞机在水平方向通过滚转角产生加速度，进而产生速度，当速度达到目标值之后消除滚转角，使加速度变为0，从而保证水平方向匀速直线运动。

接下来，如果希望飞机在水平方向上的速度变为0，也就是希望飞机在水平方向上停止运动，需要采取与上面步骤的相反过程。先让飞机产生一个向左的滚转角，从而使飞机产生一个与其运动方向相反水平拉力，这个拉力使飞机产生一个反向加速度，使飞机减速，当水平速度减小到0时，调整左右螺旋桨的拉力，使滚转角变为0。具体来说：

① 在t_4时刻，滚转角为0，垂直方向和水平方向上的加速度为0，速度为v'，飞机处于悬停状态，如图2-18（a）所示。

② 在t_5时刻，飞机调整左右两个螺旋桨的拉力，使滚转角α由0变为$-\alpha'$，且为保证在飞机在产生滚转角后仍然能维持垂向拉力，需要使总拉力F也增大到F'，f_b增大到mg，飞机水平方向受力f_a由0减小到$-f_a'$，其加速度［图2-18（b）］为：

$$a = -\frac{f_a'}{m} \tag{2-13}$$

③ 水平拉力的作用下，飞机向右侧减速运动，速度由 v' 逐渐减小，假设在 t_6 时刻飞机的水平速度减小0，如图2-18（c）所示。

④ 在 t_7 时刻，飞机调整左右两个螺旋桨的拉力，使其滚转角由 $-\alpha$ 变为0，且为保证飞机在没有滚转角后仍然能维持垂向拉力，需要使总拉力 F' 同时减小到 mg。不计空气阻力，飞机在水平方向上受力为0，加速度为0，速度为0，因此飞机停止运动，在空中悬停，如图2-18（d）所示。

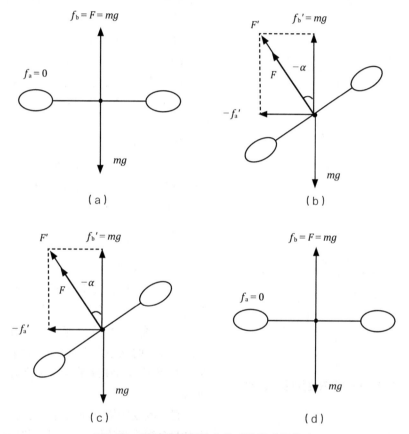

图2-18　通过滚转角的变化减速运动至停止

下面归纳一下上面所描述的四旋翼在水平方向停止运动—加速运动—匀速运动—减速运动—停止运动的整个过程。

① 在悬停状态下，通过产生一个滚转角，从而获得一个水平方向的拉力。

② 在水平方向拉力作用下，产生加速度并加速运动。

③ 当达到目标速度后，消除滚转角，消除水平方向拉力。

④ 水平方向加速度为0，速度不变，即匀速直线运动。

⑤ 通过产生一个反向滚转角，从而获得一个与运动方向相反的拉力。

⑥ 在反向拉力的作用下，产生反向加速度，即减速运动。

⑦ 当速度减小至0时，消除滚转角，消除水平方向拉力，加速度为0，运动停止。

2.3 十字形与叉形四旋翼

2.3.1 运动方向与姿态

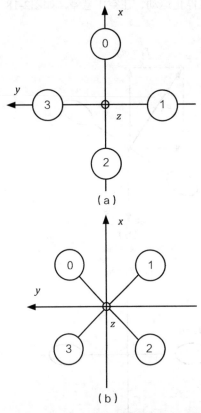

图2-19   十字形和叉形四旋翼的运动方向

如果从结构上划分四旋翼的机型，可以分为十字形四旋翼和叉形四旋翼。这两种机型从本质上讲并没有太大的区别，只是它们的结构和6个运动自由度的方向有所不同，我们先来看一看这些不同之处。如图2-19所示，其中x轴正向为飞行的前进方向，反向为飞机的后退方向；y轴的正向为飞机的左侧向运动方向，反向为飞机的右侧向运动方向。

从图2-19中可以看到，如果想要使十字形四旋翼产生一个前进方向俯仰角，只需要减少螺旋桨0的拉力，同时增加螺旋桨2的拉力即可。而对于叉形四旋翼来说，却无法通过直接改变两个螺旋桨的拉力来产生俯仰姿态，而需要同时减少螺旋桨0和螺旋桨1的拉力，并且同时增加螺旋桨2和螺旋桨3的拉力。

同理，如果希望使十字形四旋翼产生一个向右侧的滚转角，只需要减少螺旋桨1的拉力，同时增加螺旋桨3的拉力即可。而在叉形四旋翼中，需要同时减小螺旋桨1和螺旋桨2的拉力，同时增加螺旋桨0和螺旋桨3的拉力，如图2-20所示。

想要改变四旋翼的航向，需要同时增加对角线上两个螺旋桨的拉力，并且同时减小另外两个螺旋桨的拉力。在偏航运动过程中，十字形四旋翼和叉形四旋翼的控制方法都是相同的。为了达到飞机的偏航运动，所以需要让转动顺序相同的螺旋桨和反向的螺旋桨产生扭矩差，从而使飞机通过扭矩差来改变航向，与此同时又不能改变飞机总拉力。例如，让飞机做逆时针偏航运动，需要同时增加螺旋桨0和螺旋桨2的拉力，并且同时减小螺旋桨1和螺旋桨3的拉力，所有螺旋桨增加或减小的拉力数值相同。

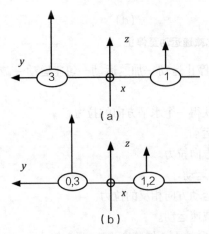

图2-20   十字形和叉形四旋翼的滚转

🔆2.3.2 混合控制方法

在之前的分析中，我们仅仅考虑了只存在俯仰运动或只存在滚转运动的情况，并没有分析俯仰运动和滚转运动同时存在的情况。对于十字形四旋翼来说，螺旋桨0和螺旋桨2可以控制飞机的俯仰运动，螺旋桨0和螺旋桨2可以控制飞机的滚转运动。也就是说，控制俯仰和控制滚转的螺旋桨之间可以互不干扰地独立工作，这也使得十字形四旋翼俯仰和滚转的控制方法简单明了。而对于叉形四旋翼来说，无论飞机产生俯仰运动或是滚转运动，都需要改变4个螺旋桨的拉力。所以想要同时产生俯仰运动和滚转运动就相对复杂了。

在飞机没有产生俯仰角和滚转角时，设4个螺旋桨的拉力均为f，使飞机产生一个俯仰角所期望螺旋桨拉力的变化量为Δf_{pitch}，使飞机产生一个滚转角所期望螺旋桨拉力的变化量为Δf_{roll}。对于十字形四旋翼来说，每一个螺旋的拉力如下：

$$\begin{cases} f_0 = f - \Delta f_{\text{pitch}} \\ f_1 = f - \Delta f_{\text{roll}} \\ f_2 = f + \Delta f_{\text{pitch}} \\ f_3 = f + \Delta f_{\text{roll}} \end{cases} \tag{2-14}$$

而对于标准叉形四旋翼来说，可以根据其结构上的几何关系来分解，将受力增量在轴臂上作投影，如图2-21所示。

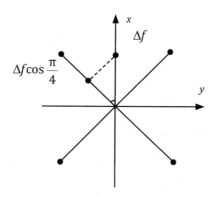

图2-21　几何分解拉力变化量

于是可以得出每一个螺旋桨的拉力：

$$\begin{cases} f_0 = f - \Delta f_{\text{pitch}} \cos \dfrac{\pi}{4} + \Delta f_{\text{roll}} \cos \dfrac{\pi}{4} \\ \\ f_1 = f - \Delta f_{\text{pitch}} \cos \dfrac{\pi}{4} - \Delta f_{\text{roll}} \cos \dfrac{\pi}{4} \\ \\ f_2 = f + \Delta f_{\text{pitch}} \cos \dfrac{\pi}{4} + \Delta f_{\text{roll}} \cos \dfrac{\pi}{4} \\ \\ f_3 = f + \Delta f_{\text{pitch}} \cos \dfrac{\pi}{4} - \Delta f_{\text{roll}} \cos \dfrac{\pi}{4} \end{cases} \tag{2-15}$$

不难看出，叉形四旋翼从控制上较十字形四旋翼略微复杂。除俯仰和滚转之外，还需要将航向的拉力变化量Δf_{yaw}分别加入十字形四旋翼和叉形四旋翼的拉力计算式中。

① 十字形4个螺旋桨拉力计算公式：

$$
\begin{cases}
f_0 = f - \Delta f_{pitch} + \Delta f_{yaw} \\
f_1 = f - \Delta f_{roll} - \Delta f_{yaw} \\
f_2 = f + \Delta f_{pitch} + \Delta f_{yaw} \\
f_3 = f + \Delta f_{roll} - \Delta f_{yaw}
\end{cases}
\tag{2-16}
$$

② 叉形4个螺旋桨拉力计算公式：

$$
\begin{cases}
f_0 = f - \Delta f_{pitch}\cos\dfrac{\pi}{4} + \Delta f_{roll}\cos\dfrac{\pi}{4} + \Delta f_{yaw} \\[2mm]
f_1 = f - \Delta f_{pitch}\cos\dfrac{\pi}{4} - \Delta f_{roll}\cos\dfrac{\pi}{4} - \Delta f_{yaw} \\[2mm]
f_2 = f + \Delta f_{pitch}\cos\dfrac{\pi}{4} + \Delta f_{roll}\cos\dfrac{\pi}{4} + \Delta f_{yaw} \\[2mm]
f_3 = f + \Delta f_{pitch}\cos\dfrac{\pi}{4} - \Delta f_{roll}\cos\dfrac{\pi}{4} - \Delta f_{yaw}
\end{cases}
\tag{2-17}
$$

对于偏航运动的控制来说，十字形四旋翼和×形四旋翼的控制方法是一样的。为了使飞机产生偏航运动，需要使飞机产生一个反扭矩，但是4个螺旋桨拉力的总和不能发生变化，这就需要同时增加对角线上两个螺旋桨拉力，并同时减少另外两个螺旋桨的拉力，它们的变化量相同，都为Δf_{yaw}。

事实上，叉形四旋翼的4个轴臂中两两相邻的轴臂不一定是垂直的，很多时候也有一些特殊设计，例如如图2-22所示窄型和宽型两种不同的设计结构，并且其轴臂也可以有多种安装方式。

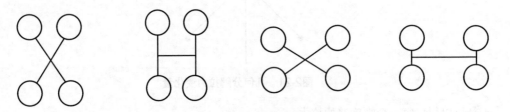

图2-22　多种布局的叉形四旋翼

虽然多旋翼的结构设计种类很多，但是从几何角度去理解和计算每一个螺旋桨的拉力，就可以清晰地得出每一种机型的混合控制公式。本章只是简单地介绍了十字形四旋翼和叉形四旋翼的控制方法，除这两种机型外，还有很多多旋翼机型，例如普通六旋翼、普通八旋翼、共轴六旋翼和共轴八旋翼等。我们会在第13章中介绍复杂机型的混合控制方法与实现方式。

第**3**章

硬件结构设计

3.1 螺旋桨

3.1.1 制作材料

目前多旋翼无人机螺旋桨所使用的材料通常有塑料、碳纤维、木质等。这些材质的螺旋桨从用途和效率上来讲各有优点和缺点。

使用塑料制作的螺旋桨价格低廉，形状多样，非常适合业余爱好者使用。因为初学者对飞机的手动操控和自动操控都不是十分熟练，飞机常常会出现异常并摔落，或者撞到建筑物和其他障碍物上，螺旋桨往往极易折断，采用塑料材质的螺旋桨可以在很大程度上降低成本。随着3D打印技术的发展，也有很多爱好者使用3D打印机直接打印出飞机的机架和螺旋桨。但是塑料螺旋桨重量和转动惯量较大，飞机在空中飞行时，高速旋转的塑料螺旋桨更容易发生变形，而其产生的力效并不十分理想，甚至在高速旋转时，离心力可能扯断强度较低的塑料螺旋桨（俗称射桨），这是相当危险的，所以很多专业级无人机螺旋桨的材料并不会用塑料材质来制作。

碳纤维螺旋桨的重量和转动惯量都很小，这样会减少一部分飞机自重，并能提高整体力效，因此会减少动力消耗，提高飞机的续航能力。碳纤维材质很轻且强度很高，既耐腐蚀又耐潮湿，既耐高温又耐低温，作为螺旋桨较为适合。目前很多制造商生产的螺旋桨都是碳纤维的，所以多旋翼无人机最常用的螺旋桨也都是碳纤维的。虽然其成本较塑料螺旋桨高，整体来说，其性价比还是非常高的。由于碳纤维强度高，飞机在空中飞行时，桨平面变形较少，力效较高。但是，其旋转所经过的桨平面如同高速旋转的电锯齿轮，会轻松将接触到它的物体切断，所以，螺旋桨在高速旋转时非常危险。

早期飞机的螺旋桨都是木质的，直到第一次世界大战之后，才出现金属材质的螺旋桨，但是木质螺旋桨强度高、韧性大、材质轻，一直是飞机螺旋桨的主流，所以木质螺旋桨也被沿用至今。人们通常采用榉木作为制作螺旋桨的材料，木质螺旋桨的制造工艺烦琐，难度大，成品精度低，因此较碳纤维螺旋桨的价格更高，而且较碳纤维桨重。但是木质的螺旋桨光滑美观，同样耐磨，耐潮，强度高，在高速旋转时不易断裂，而且天然的榉木密度分布均匀，制作成螺旋桨后，其动平衡比较好。木质桨通常作为固定翼飞机的主动力桨，也有少量四旋翼无人机采用木质的螺旋桨。

3.1.2 直径、螺距与弦长

螺旋桨有两个比较重要的指标：直径和螺距。制造商生产的螺旋桨都会为螺旋桨标记上一个4位数字组成的号码，例如7045、8045、9045、1045等。这4个数字其实就是直径和螺距这两个指标的数值，单位为in（英寸）。前2个数字，表示其直径的大小。例如，7045表示桨的直径为7.0in，8045表示桨的直径为8.0in，9045表示桨的直径为9.0in。需要注意的是：1045表示桨的直径是10in，而不是1.0in。后两个数字表示螺旋桨的螺距。例如，7045、8045、9045、1045这些指标的后两个数字表示其螺距为4.5in；7050、8050、9050、1050表示它们的螺距为5.0in。另外，螺旋桨还有一个指标叫做弦长。弦长通常是指螺旋桨从中心位置到桨叶三分之二处的宽度，如图3-1所示。

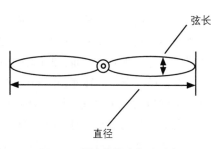

图3-1　螺旋桨的直径和弦长

螺旋桨的螺距并不是特别直观，我们可以先从螺钉的螺距上进行观察和理解。螺距是沿螺旋线方向两个相同螺纹之间的距离，如图3-2（a）所示。

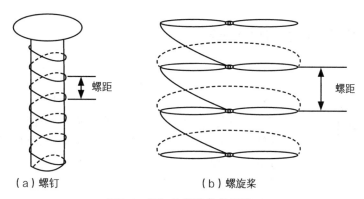

（a）螺钉　　　　　　　　（b）螺旋桨

图3-2　螺钉和螺旋桨的螺距

对于螺旋桨来说，叶片与桨平面是有一个夹角的，所以在转动时才会对空气产生推力。正因为这个夹角的存在，就可以对这个夹角做度量，称为螺距。假设螺旋桨与螺钉一样沿着螺旋线转动并延伸下去，如图3-2（b）所示，沿着螺旋线转动一周，螺纹之间的距离就是桨的螺距。通常4.5in的螺距用在多旋翼上力效较高，所以很多多旋翼都采用4.5in的螺旋桨。

🚁3.1.3 多叶螺旋桨

螺旋桨的叶数非常好理解，就是指螺旋桨桨叶的个数。常见螺旋桨有2叶桨、3叶桨、4叶桨、5叶桨等。对于不同叶数的桨来说，为了达到静平衡和动平衡，每个桨叶之间的夹角都是相同的，而且长度、宽度都相同，如图3-3所示。

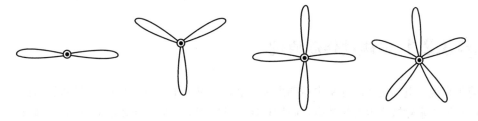

图3-3　不同叶数的螺旋桨

　　桨的叶数越少，其最大拉力越小，但是其力效越大；叶数越多，其最大拉力越大，但是其力效越小。例如，在最大拉力方面，2叶桨要小于相同直径的3叶桨，3叶桨的最大拉力也小于4叶桨。但是，在力效方面，2叶桨的力效要高于同直径的3叶桨，3叶桨的力效也高于4叶桨。

　　在直径、螺距、转速相同的情况下，桨的叶数越多，其拉力越大，但是其转动惯量与空气阻力也就越大。电机使3叶桨达到与2叶桨相同转速时，需要的电流就更大。而当电流增加到十几安培乃至几十安培时，电机的内阻和电调的内阻就会消耗掉一定的功率产生热量，而电机对桨产生的动能相对减少了一些，这就使得3叶桨、4叶桨达到与2叶桨相同转速时，需要消耗的功率更大。因此，通常情况下，3叶桨与4叶桨的力效并没有2叶桨的力效高，所以，对于多旋翼无人机来说，最常用的是2叶桨。

3.1.4 静平衡与动平衡

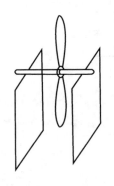

图3-4　静平衡检测支架

　　影响螺旋桨性能的另外一个指标就是静平衡和动平衡。所谓平衡性就是指桨的密度、质量、尺寸都分布均匀，这样桨在旋转时对其转轴才不会造成受力不均，由此可以很好地降低飞机的振动，从而降低危险系数。测量桨的静平衡较为简单，可以利用简单的支架通过重力来检测其是否达到静平衡，如图3-4所示。在测量支架上转动时，静平衡良好的桨可以停止在任何角度上，而静平衡较差的桨的重心将一直在最低处。

　　螺旋桨动平衡的检测较为复杂，动平衡必须在其高速旋转时测量其对转轴的作用力变化，如果螺旋桨对称位置上的转动惯量或螺距有略微差异，在高速旋转时会使转轴受力不均匀，从而使飞机产生剧烈振动。所以螺旋桨的动平衡就成为飞机安全飞行的一个重要指标。如何测量和消除螺旋桨的动平衡也成为人们研究的方向。简单的动平衡测量办法是将螺旋桨和动力电机安装在弹性支架上。如果桨在高速旋转时，弹性支架出现明显振动，则说明其动平衡不是很理想。事实上，完全达到桨的动平衡是不可能的，通常允许桨在一个安全系数范围内达到动平衡。

3.2 有刷电机与无刷电机

3.2.1 电磁铁转动原理

　　简单来说，电动机转动的基本原理来源于电磁感应定律，当有电流经过导线圈后产生电磁场，电磁场与永磁铁产生力学效应：同性相斥，异性相吸，从而导致电动机的转子旋转。电流经过导线所产生磁场的极性可以根据右手螺旋定则来确定，右手螺旋定则又称为安培定则，具体内容如下。

右手握住螺旋导线圈，四指弯曲的方向为电流方向，伸直拇指，拇指所指向的方向为导线圈所产生磁极的N极，如图3-5所示。

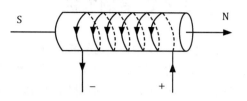

图3-5　右手螺旋定则

我们将由线圈缠绕铁棒构成的这种器件称为电磁铁，当线圈通电后，铁棒即生产磁性，由于电流流经线圈产生了磁效应，再根据磁极同性排斥、异性吸引的原理，如果在电磁铁中心加入一个可旋转的轴，并将其两侧各加入一个永磁铁，如图3-6（a）所示，在磁场的相互作用下，电磁铁受到永磁铁的两个力矩，使得铁棒以转轴为中心转动。我们可以将转动过程分解成以下4个阶段。

第1阶段：如图3-6（a）所示，电磁铁的N极会受到永磁铁N的排斥，同时电磁铁的S极会受到永磁铁S的排斥，所以会顺时针转动。

第2阶段：如图3-6（b）所示，当电磁铁转动90°后，电磁铁的N极会受到永磁铁S极的吸引，同时电磁铁的S极会受到永磁铁N极的吸引，所以仍然进行顺时针转动。

第3阶段：如图3-6（c）所示，当电磁铁转动到180°后，由于惯性，电磁铁会转过大于180°的角度。

第4阶段：如图3-6（d）所示，当电磁铁转动大于180°后，由于电磁铁的N极会受到永磁铁S极的吸引，同时电磁铁的S极会受到永磁铁N极的吸引，所以电磁铁将会逆时针转动，回到180°的位置上，随后在180°位置上轻微地摆动几次，最终停留在这个位置上。

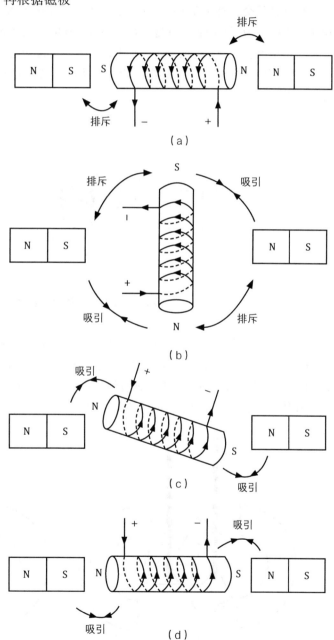

图3-6　电磁铁转动原理

3.2.2 有刷电机

在图3-6（d）中，电磁铁转动到180°之后就会停留在此位置上，并保持不动。事实上我们希望电磁铁能够持续转动下去，我们可以让电磁铁在转到180°时改变电流的方向，这样电磁铁原来的N极变为S极，而S极变为N极，于是电磁铁因永磁铁的作用继续顺时针转动。当再转过180°时，我们再次改变电磁铁的磁极，从而使电磁铁每转动180°就会改变一次磁极方向，电磁铁就会一直转动下去。但是，如何让电机的电磁铁每当转动180°之后就自动改变其电流方向呢？为了解决这个问题，可以在电磁铁的转轴两侧加入两个半圆形金属环，并让电源线通过两个电刷接触到这两个金属环上，电磁铁在转动过程中电刷始终与金属环接触，以保持一直有电流经过导线圈产生磁场，如图3-7所示。这种为了改变电磁铁极性的半圆形金属环和电刷被称为换向器。

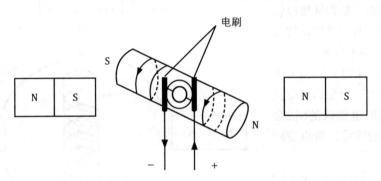

图3-7   电磁铁通过电刷自动改变电流方向

事实上，为了避免电磁铁在0°和180°陷入死角，或者按非预期的方向转动，同时，也为了防止一个电刷同时接触到两片金属环进而导致电源短路，电动机常常采用3个金属片组成环形和3组导线圈形成电磁铁，电磁铁每经过120°就重新改变电磁铁的磁极，这样就使得电磁铁无论在什么位置都可以正常转动，如图3-8所示。

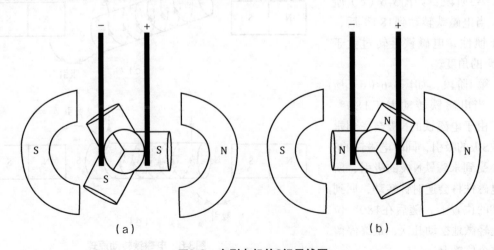

图3-8   有刷电机的3组导线圈

电刷接触3片金属环,电磁铁每转动120°就会改变2组电磁铁的磁性,从而使电磁铁持续旋转,并且不会存在无法转动的死角,转动方向完全依赖于电源的正负极。也就是说,只要改变电源的正负极就可以改变电磁铁的转动方向。

直流有刷电机就是采用电刷和换向器驱动电磁铁持续转动的设备,电动机转动的部分称为转子,固定不动的部分称为定子。由于换向器中的电刷需要始终与金属环接触,所以转子在转动过程中需要克服电刷与金属环之间的摩擦力,这个过程需要消耗掉电动机的一部分功率。

⚙ 3.2.3 无刷电机

无刷电机的运动原理与有刷电机没有本质区别,它们都是通过电流流经导线圈而产生磁效应,从而与永磁铁发生同性排斥、异性吸引的效果,发生转动。

顾名思义,无刷电机就是没有电刷的电动机。无刷电机的电磁铁是定子,不能转动,而永磁铁作为转子进行转动,如图3-9所示。

与有刷电机不同的是,无刷电机不需要依靠转子的转动来改变电磁铁的磁极,电磁铁被设计成定子,永磁铁则被设计成转子,所以需要另外一种设备根据需要改变电磁铁的电流产生不同的磁场,从而使永磁铁转动。

对于无刷电机来讲,通常是三相桥式连接来控制输出的电压,每当电机的转子转动120°,如图3-10所示。3个电磁铁到线圈的相位发生变化,从而改变电磁铁的极性。但是此换向器不在无刷电机的内部,而是在另外一个叫做直流无刷电调的设备当中。直流无刷电调可以将两相直流电源转为三相交流电源输出给无刷电机。

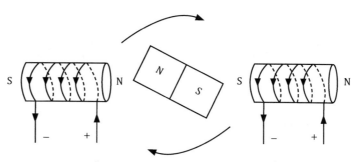

图3-9 电磁铁固定,永磁铁转动

下面分析无刷电机的转子旋转一个周期(360°)的整个过程。这个过程可以分解为6个阶段,也就是说每当转子旋转60°,电磁铁的磁极就会变化一次。可根据电压的正负来判断电磁铁的极性,相位变化与磁极关系见表3-1。

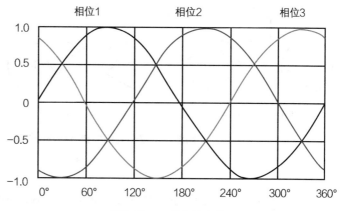

图3-10 三相交流电位

表3-1　相位变化与磁极关系

定子转角 α	相位1		相位2		相位3	
	电压	磁极	电压	磁极	电压	磁极
0°	0	无	−	S	+	N
60°	+	N	−	S	0	无
120°	+	N	0	无	−	S
180°	0	无	+	N	−	S
240°	−	S	+	N	0	无
300°	−	S	0	无	+	N

根据表3-1绘制出整个转子旋转时磁极变化的过程，如图3-11所示。

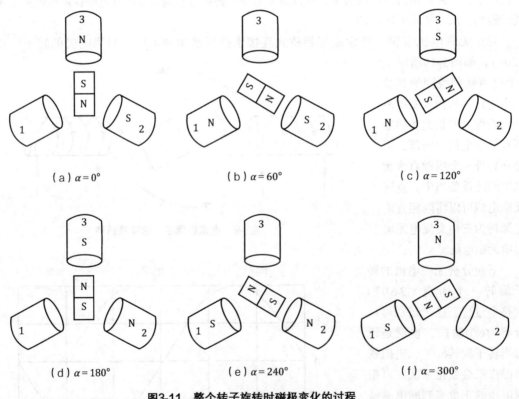

（a）α=0°　　　　　　　　（b）α=60°　　　　　　　　（c）α=120°

（d）α=180°　　　　　　　（e）α=240°　　　　　　　（f）α=300°

图3-11　整个转子旋转时磁极变化的过程

1～3—相位

转子在旋转到360°之后与0°的情形完全相同，不再赘述。实际投入使用的无刷电机的定子通常在转子的内部，转子被设计成外壳罩在定子的外部，如图3-12所示。

🌀 3.2.4 相关参数

① 定子高度与直径。无刷电机型号通常用4个数字来表示，如2206、2216、2312等。前2个数字表示电机定子的直径，后2个数字表示电机定子的高度，这2个尺寸的单位都是mm。例如：2206表示电机定子直径为22mm，定子高度为6mm；2312表示电机定子直径为23mm，定子高度为12mm；2216表示电机定子直径为22mm，定子高度为16mm。无刷电机结构示意图如图3-12所示。

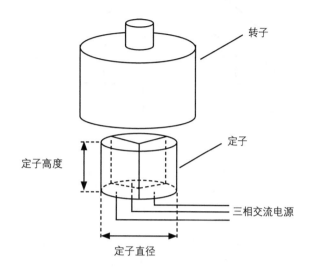

图3-12　无刷电机结构示意图

② 铁芯极数。定子上的电磁铁数量。

③ 磁钢极数。转子上磁钢（可以认为是永磁铁）的数量。

④ 匝数。定子电磁铁上导线（漆包线）缠绕圈数，单位为T。

⑤ 最大持续电流。电机正常工作情况下可以接受的电流范围，单位为A。通常情况下，电机都会标注其最大电流范围，例如10A、20A、30A等。如果电机的电流过大，将会烧毁电机，使飞机动力系统出现严重故障。

⑥ 空载电流。电机在空载的情况下（不安装螺旋桨），为电机施加一定电压时的电流值。

⑦ KV值。电机转动的速度，在电机空载的情况下，每为电机施加1V电压，电机每分钟所增加的转数。例如：2200KV值表示为电机施加的电压每增加1V，其每分钟转数增加2200转。电机匝数越多，其内阻越大，也就可以承受越大的功率，其相应的KV值就越小。电机的动力越大，转速越低；电机匝数越少，其内阻越小，其电流越大，KV值越大。电机的动力越小，速度越快。

▶ **3.3** 电调与PWM信号 ◀

🌀 3.3.1 电调

所谓电调就是电压调节器，也可以通俗地说成是电机调节器。电调可以通过接收PWM信号来将输入的电源转化为不同的电压，并输出到电机，从而达到使电机产生不同转速的目的。

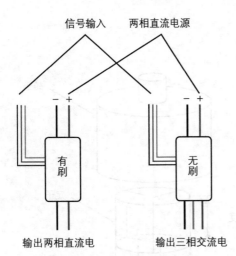

信号输入　　两相直流电源

有刷

无刷

输出两相直流电　　　输出三相交流电

图3-13　有刷电调和无刷电调

有刷电调可以改变电机的电流方向，从而可以改变电机的转动方向。而无刷电调却不能改变电机的转动方向，但是可以将两相直流电转为三相交流电，从而输出到无刷电机上（图3-13）。电调还有两个比较重要的指标：最高电压和最大电流。

最高电压表示电调所支持的最高电压。通常在电调上会标有Li-Po3（3节锂电池）、Li-Po4（4节锂电池）或Li-Po6（6节锂电池）等字样，表示电调所支持的最高电压是12.6V、16.8V或25.2V。电调的最高电压并不是越高越好，从直观感受上讲，最高电压越大，电调的体积就越大，重量也就越大，飞机的负载也就越大。所以，在飞机设计中需要选择合适的电调，而不是一味地选择高电压电调。

另一个重要指标就是电调的最大电流。它表示流经电调本身的电流的最大值，通常是10A、15A、20A、30A或40A。如果在无人机飞行过程中，需要电机高速转动，就需要更高的电压和更大的电流，如果电流值超过电调所能承受的最大电流，就会导致电调过载，电调烧毁，电机停转，进而坠机的情况。在电调最大电流的选择上也要慎重，通常在450mm轴距以下的多旋翼中，采用20A以下的电调就可以满足需要。电调制造商通常会预留一部分最高电压和最大电流的超额范围（通常为8%～12%），以防电压和电流过大烧毁电调。另外，当实际电流很大时，电调的内阻不能完全忽略，但这通常不太好计算，我们只需要了解电调是有内阻的，当电流很大时，电调本身也会消耗掉一部分功率即可。

🌀3.3.2　PWM信号

PWM英文全称为Pulse-Width Modulation，也称占空比信号。它表示高电平时长占整个信号周期的比例。例如：PWM的整个周期为2ms，而高电平时长为0ms，低电平时长为2ms，那么占空比的值为0；高电平时长为1ms，而低电平时长为1ms，那么占空比信号则为50%；如果高电平时长为1.5ms，而低电平时长为0.5ms，那么占空比信号为75%；如果高电平时长为2ms，而低电平时长为0ms，那么占空比信号为100%，如图3-14所示。

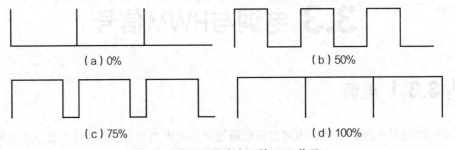

（a）0%　　　　　　　　　　（b）50%

（c）75%　　　　　　　　　　（d）100%

图3-14　表示不同占空比的PWM信号

PWM信号的频率通常是没有规定的，可以是50Hz、100Hz、200Hz或500Hz等。控制频率越高，其信号周期越短，控制间隔也就越短，电调和电机响应速度也就越快。反之，控制频率越低，其周期就越长，控制间隔就越长，电调和电机的响应速度就越慢。早期电调响应PWM信号的频率是50Hz，但随着科技的发展和对控制流畅度要求的不断提高，现在多数电调都支持500Hz以上的PWM信号，并且电调内部自带滤波器，可以很好地响应并控制电机的转动。

🌀 3.3.3 直流有刷电调

有刷电调是用于有刷电机的。我们可以通过向电调输入PWM信号，从而使电调控制有刷电机。在前面我们已经知道，想要改变直流有刷电机的转动方向，只需要改变其电源的正负极即可，也就是改变电流的方向。有刷电调可以通过内部电路来改变输出电流的方向，从而达到电机不同方向的转动。使用者可以通过信号线向电调输出PWM信号，来控制电调的输出电压和电流方向。多数的有刷电调可接收的PWM信号和电机控制效果如表3-2所示。

表3-2　有刷电调可接收的PWM信号和电机控制效果

有刷电调			有刷电机	
PWM	输出1	输出2	转动方向	转动速度
50%	−	+	反转	快
…	−	+	反转	慢
75%	0	0	停止	无
…	+	−	正转	慢
100%	+	−	正转	快

从表3-2中可以清楚地看到，当PWM为75%时，电机停止转动；当PWM为50%时，电机反向转动；当PWM为100%时，电机正向转动。当然电调不仅会让电机正反转，而且可以通过PWM的占空比大小来调节电机转动的速度。当PWM由75%逐渐变化到50%时，电机就会由停转不断反向加速转动，直到反向转动达到最大值。而PWM由75%逐渐变化到100%时，电机由停转不断正向加速，直到正转达到最大值。也就是说，PWM是一个可以连续变化的信号，有效范围是50%～100%，但是通常电调可接收的PWM值范围都会大于这个范围，例如有些电调的PWM范围是40%～100%。

除通过改变PWM信号来改变电机转动方向之外，还可以直接将电调输出的2条电源线和电机的电源线反向接通，就可以在PWM信号不变的情况下使电机反向转动。

🌀 3.3.4 直流无刷电调

对于无刷电调来说，它的作用是将直流电源转为三相交流电，并可以通过改变输出电压，从而改变无刷电机的转动速度。由于无刷电调不能改变电机的转动方向，所以PWM占空比由50%～100%逐渐变化的过程就是电机由停转到越转越快的过程，直至达到最大转速，如表3-3所示。

表3-3　无刷电调PWM信号控制无刷电机转动

无刷电调	无刷电机	
PWM	转动方向	转动速度
50%	停止	无
60%	正转	较慢
70%	正转	适中
…	正转	较快
100%	正转	最快

无刷电调有3根电源线为无刷电机供电。与有刷电调不同的是，大多数常用的无刷电调不能改变电机的转动方向，也就是说，PWM信号所有的有效值都只能改变无刷电机的转动速度，想要改变无刷电机转动方向，只需要将电机的3根电源线的任意2根反接即可。一些较为特殊的无刷电调可以直接通过PWM信号来改变无刷电机的转动方向，通常用在航空模型特技表演或特制无人车或无人船中，本书中提到的无刷电调通常都是不能改变其转动方向的。

☗ 3.3.5 电调安全保护机制

细心的读者可能会注意到这样一个有趣的现象：电机转动的PWM范围是50%～100%的占空比信号，而不是0～100%。这是为什么呢？让我们先来看看电调的初始化过程，再来给大家解答这个问题。电调从上电到进入工作状态需要经过以下3个阶段。

第1阶段：上电，没有接收到PWM信号，每经过3s进行一次短鸣。除接收3s以上的50%PWM信号之外，不对任何PWM输入做响应，处于电机保护状态。

第2阶段：接收到3s以上的50%PWM信号，根据当前锂电池的节数短鸣n次，再长鸣1次，表示初始化完成，解除电机保护，进入工作状态。

第3阶段：在工作状态下接收50%～100%的PWM信号，控制电机由停转到最大转速之间变化。

在电调上电时，如果没有任何PWM信号，电调会每隔3s短鸣1次，表示没有接收到PWM信号。当给电调输入70%、90%、100%的PWM信号时，电调都不会向电机输出电压，因为电调目前还处于电机保护状态。也就是说，在电机保护状态下，无论给电调输入多大的PWM信号（50%除外），电调都不会驱动电机转动。此时电调需要接收3s以上50%的PWM信号，表示信号源正常、稳定，此时电调会根据锂电池的节数短鸣n次，再长鸣1次。例如电源为3S锂电池时，电调在初始化时短鸣3次，再长鸣1次，表示初始化完成；如果是4S锂电池，则短鸣4次，再长鸣1次；如果是6S锂电池，则长鸣6次，短鸣1次。此时电调初始化完成，并对电机解除保护，再输入70%、90%、100%的PWM信号时，电机则会以不同的速度转动。

现在我们来回答前面的问题，为什么电调可接收的PWM信号是50%～100%而不是0～100%？原因是为了对电机做保护。如果电调可以接收0～100%的PWM信号，那么如果电调上电，却没有接收到任何PWM信号，注意，此时的信号一直是低电平，那么也就是PWM信号为0。这时如果电调把为0的PWM信号作为初始化的条件，经过3s之后，电调就会解除对电机的锁定，进入工作状态。在此之后，如果遥控器的油门控制杆不小心处于最大值（不当使用或误触碰到油门控制杆时），电调就会收到100%的PWM信号，电机就会立即高速转动起来。这对于已经安装了螺旋桨的飞机来说是非常危险的。所以电调的保护PWM值为50%，而不是0。

⊕ 3.3.6 最大和最小行程校准

电调还有一个功能，叫做最大和最小行程校准。通常电调能接收的PWM信号范围是50%～100%，但有一些电调的可接收范围更大。假设对其输入的PWM信号频率为500Hz，周期为2.0ms，那么PWM的50%和100%对应的高电平持续时长为1.0ms和2.0ms。而我们需要让电调接收更大的PWM范围，如0.88～2.0ms，那么就需要对电调做最大和最小行程校准，其过程如下。

第1阶段：为电调断电，此时要给电调持续输出PWM最大值信号。

第2阶段：给电调上电，PWM最大值不变，并持续3s，此时电调会发出3次音乐鸣响do re mi。

第3阶段：当电调发出音乐鸣响do re mi之后，需要在很短的时间内（通常是2s内）将PWM信号立即降低到最小值并保持3s以上。此时电调会根据锂电池的节数发出n次短鸣，再加上1次长鸣，表示校准完成，解除电机保护，进入工作状态。

在工作状态下接收最小值和最大值之间的PWM信号，控制电机由停转到最大转速之间变化。在大多数情况下，电调的最大和最小行程校准并不是必须的，当电调出厂前，制造商会预先对电调的行程进行校准。当实际需要对电调做最大和最小行程校准时，可以使用遥控器操作，也可以通过软硬件设备输出PWM信号操作。

▶ **3.4** 动力电池 ◀

⊕ 3.4.1 电池电压

对于电动无人机来说，动力电池通常采用聚合物锂芯电池，也就是我们日常所说的锂电池，用LiPo表示。每节锂电池的正常工作电压范围通常为3.7～4.2V，即每一节锂电池的空电电压为3.7V、满电电压为4.2V。制造商也会为锂电池预留一个保护电压范围，通常锂电池的实际电压范围可以是3.2～4.5V。但是，在为锂电池充电或放电时，为了安全起见，往往认为电池的满电电压为4.2V，空电电压为3.7V，如果电池满电后，继续为其充电（过充），或是空电后继续使其放电（过放），则会严重影响锂电池的性能和寿命，情况严重时，可能会引起电池直接失效。

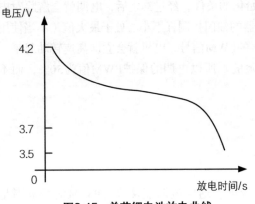

图3-15　单节锂电池放电曲线

锂电池的放电效果要比普通镍氢电池或镍锂电池好，所以广受无人机爱好者的喜爱。但是锂电池由满电到空电的放电过程，电压的变化并不是线性的。也就是说，锂电池在放电过程中，电压值并不是按比例呈时间变化的直线，而是一条曲线，如图3-15所示。

通过图3-15所示的曲线可以清楚地看到，锂电池在刚开始放电时，电压降低的速度比较接近于线性变化，而后逐渐平缓，并持续一段较长时间，然后电压迅速降低。从典型放电曲线图上可以看出，电池放电电流越大，放电速度越快，电压下降也就越快。

但是在实际使用过程中，4.2V的电压是不够的，不足以驱动具有更强动力的电动机，所以人们想到将多节锂电池串联起来提高电压。只有1节锂电池的电源称为LiPo 1S电池，由2节锂电池串联起来的电池称为LiPo 2S，由3节、4节或6节串联的分别称为LiPo 3S、LiPo 4S或LiPo 6S，如图3-16所示。

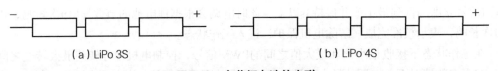

（a）LiPo 3S　　　　　　　　　　（b）LiPo 4S

图3-16　多节锂电池的串联

对于多数市场上出售的动力电池，除会注明电池节数之外，还会注明其空电电压值，通常都是3.7的倍数。将常用的锂电池节数与其电压的关系列于表3-4。

表3-4　锂电池节数与其电压的关系

节数	标识	空电电压/V	满电电压/V
1	LiPo 1S	3.7	4.2
2	LiPo 2S	7.4	8.4
3	LiPo 3S	11.1	12.6
4	LiPo 4S	14.8	16.8

节数	标识	空电电压/V	满电电压/V
6	LiPo 6S	22.2	25.2
12	LiPo 12S	44.4	50.4

动力电池的电压越高，越可以驱动动力更强的电机。在微型有刷四旋翼机上使用的通常都是1S或2S锂电池，这些微型四旋翼通常都是在室内飞行，尺寸也很小。而中小型多旋翼上使用的通常是3S、4S电池，6S电池通常用在更大的无人机上。

🛩 3.4.2 电池容量与放电倍率

锂电池还有另外两个非常重要的指标：容量和放电倍率。

容量就是电池从满电开始放电，直到空电时一共能够对外释放多少电量。我们常用的电量指标有3000mAh、4000mAh、5300mAh或10000mAh等，单位为mAh（毫安时）。为了扩大电池的容量，通常采取的办法就是将多节串联的电池再并联到一起，容量越大，需要并联的电池就越多，如图3-17所示。

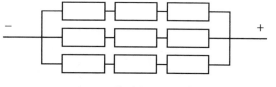

图3-17　并联电池扩大容量

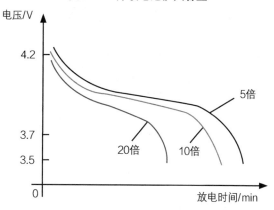

图3-18　锂电池在不同倍率下的放电曲线

放电倍率指放电的速率，通常有15C、20C、25C或30C等。例如，我们有一块10000mAh 20C的电池，则：

① 按每小时10000mA的放电速度持续放电1h。

② 以5倍速度放电，即以每小时50000mA的放电速度持续放电12min（60/5）。

③ 以10倍速度放电，即以每小时100000mA的放电速度持续放电6min（60/10）。

④ 以20倍速度放电，即以每小时200000mA的放电速度持续放电3min（60/20）。

锂电池的放电倍率直接影响电池的放电时间，放电倍率越大，其电压衰减速度就越快，如图3-18所示。

在实际飞行过程中，按多少倍率放电，主要取决于电调和电机的功率，也就是负载的电流消耗。影响电池容量的因素有以下几个。

① 电池的放电电流。电流越大，输出容量越少。

② 电池的放电温度。温度越低，输出容量越少。

③ 电池的充放电次数。电池经过多次充放电后，由于电极材料的失效，电池的放电容量会相应减少。

④ 电池的充电条件。充电倍率、温度、截止电压等影响充入电池的容量，从而决定放电容量。

3.5 遥控器

3.5.1 遥控器与接收机

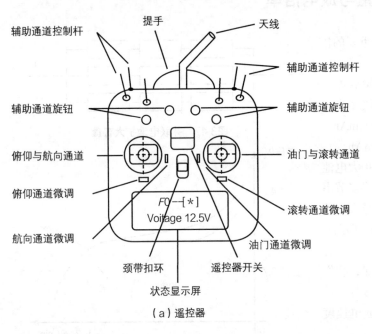

（a）遥控器

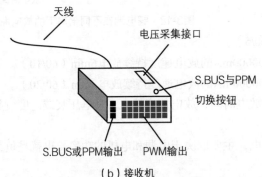

（b）接收机

图3-19　遥控器与接收机

遥控器是航模爱好者遥控飞机最重要的部件。无人机的遥控器像电视机遥控器、空调遥控器一样，可以不用接触到被控设备，而通过一个手持器件，使用无线电与被控设备进行通信，从而达到对设备的控制。遥就是远距离，控就是可以控制设备，器指的就是一个电子器件。

遥控器想要达到与无人机通信的功能，需要由两部分配合完成，即发射器与接收机。人们常说的遥控器实际上指的就是发射器，遥控器上的控制杆将信号转为无线电波发送给接收机，而接收机通过接收无线电波，读取遥控器上控制杆的读数，并转为数字信号发送到无人机的控制器中，如图3-19所示。

目前用于无人机遥控器主流的无线电频率是2.4GHz，这样的无线电波的波长更长，可以通信的距离较远，普通2.4GHz遥控器与接收机的通信距离在空旷的地方大概在1km以内。2.4GHz无线技术如今已经成为无线产品的主流传输技术。2.4GHz指的是一个工作频段，其范围为2400～2483MHz，这个频段是全世界免申请使用的频段。

因为无线电波在传输过程中可能存在受到干扰或是数据丢失等问题，当接收机无法接收到发射器的数据时，通常会进入保护状态，也就是仍旧向无人机发送控制信号，此时的信号就是接收机收到遥控器发射器最后一次的有效数据。这样因为信号丢失而发送的保护数据通常叫做FailSafe数据。

关于接收机与无人机的通信协议也有很多种，常见的数据协议如下。

① PWM需要在接收机上接上全部PWM输出通道，每一个通道就要接一组线，解析程序需要根据每一个通道的PWM高电平时长计算通道数值。

② PPM按固定周期发送所有通道PWM脉宽的数据格式，一组接线，一个周期内发送所有通道的PWM值，解析程序需要自行区分每一个通道的PWM时长。

③ S.BUS每11个bit位表示一个通道数值的协议，串口通信，但是S.BUS的接收机采用的是反向电平，连接到无人机时，需要接电平反向器，大部分支持S.BUS的自驾仪已经集成了反向器，直接将接收机连接到自驾仪即可。

④ XBUS常规通信协议，支持18个通道，数据包较大，串口通信有A、B两种传输模式，可以在遥控器的配置选项中配置。接收机无需做特殊配置。

🛩 3.5.2 美国手与日本手

无人机的遥控器根据其操作方式不同可以简单分为两种：日本手遥控器和美国手遥控器。日本手遥控器的右侧控制杆是油门与滚转通道，左侧控制杆是俯仰与航向通道，如图3-20（a）所示。美国手遥控器的左侧控制杆是油门和航向通道，右侧控制杆是滚转与俯仰通道，如图3-20（b）所示。

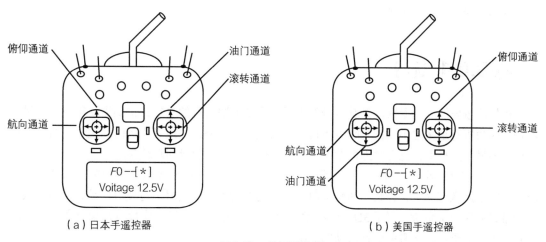

（a）日本手遥控器　　　　　　　　　（b）美国手遥控器

图3-20　常用遥控器

对于主控制面板上的这4个控制杆，通常情况下，只有油门不会自动回到中位，而其他3个控制杆在被拨动离开中间位置之后，松开手指后会自己回至中位。这就是油门通道与其他通道的不同之处。油门通道不自动回中也是对无人机的一种保护，以免操控者手指与油门控制杆之间意外滑开使油门回中后发生意外。

对于一些小众品牌的遥控器，却有一些极少数操控方式，既不属于美国手，也不属于日本手，它们主控制面板上的4个控制杆都可以自动回中，而由哪一个杆控制油门，哪一个杆控制滚转、俯仰、航向，并没有明确规定。通常在多数飞行控制程序中，可以通过遥控器校准功能来让使用者自行定义遥控器中每一个通道在飞机中所对应的功能。而所有控制杆都可以自动回中的遥控器，并不适合用来控制无人机，更适合控制无人小车。因为无人小车的动力系统通常是有刷电调和有刷电机，油门回中则是停止，油门最大和最小分别用于控制小车的前进和后退。

由于主控制面板中的4个控制杆分别对应油门、航向、滚转、俯仰，所以也是控制无人机最关键的4个通道。除这4个主控制通道以外，遥控器还有其他一些控制杆或控制旋钮，叫做遥控器的辅助通道，留给用户自行定义和使用。这些辅助通道从原理上讲没有任何区别，它们通常作为无人机的一些特殊功能开关。例如：对云台姿态的控制、对照相机快门的控制，或是对其他功能开关的控制等。这些辅助通道的读数会由遥控器发送给接收机，并由接收机将这些数值发送给无人机控制程序，再由无人机控制程序决定这些辅助通道的控制量用来控制哪一项功能。

3.6 机架设计

机架需要承载无人机的全部设备，包括飞行控制器、电调、电机、螺旋桨、遥控器接收机、电池、电源、云台等。因此机架设计的好坏直接影响到整个无人机的性能与安全。下面介绍无人机机架设计的相关内容。

3.6.1 选材

机架最重要的一个参数就是其自身的重量，为了克服机身的自重，机架需要被设计得尽可能轻。因为机身重量越小，就意味着飞机可以搭载更多的外设，或者飞行时间更长。所以，在对机身的材料选择上，也需要谨慎考虑。常见的机身材料有塑料和碳纤维。

塑料的密度较小，重量较轻，但强度和刚度不大，制作比较容易，多个机身部件在组装时，通常采用螺钉固定，在桨高速转动时，产生的振动可能会使得螺钉变得松动，从而导致机身的轴臂有脱落的危险。随着3D打印技术的成熟，使用3D打印机一次性将机架打印出来，既节省了螺钉的重量，又避免轴臂松动的危险。

采用碳纤维材料作为无人机的机架也是比较常用的选择。碳纤维的密度低，强度和刚度都很高，非常适合作为无人机的机架材料。但碳纤维的加工比较困难，需要对整个碳纤维板做切割、打孔，并与起落架等其他部件连接固定，相对来说比较困难。由于其强度和刚度都比较大，所以在飞机飞行过程中会有减振效果，使飞行更加稳定。

因此，塑料材质的机架价格低廉，更适合普通无人机和航模爱好者，而碳纤维材质的机架更多时候被用于商业无人机的设计当中。

3.6.2 布局

常见的多旋翼布局有四旋翼、六旋翼和八旋翼。当然也有一些比较奇怪的布局，例如三旋翼和五旋翼。在开源飞行控制程序中，通常分为两大类——十字形和叉形，也就是我们常说的十字形布局和叉形布局。图3-21中列举了不同布局的多旋翼无人机。对于不同布局的多旋翼，PX4飞控程序中要对其做不同的混控处理。表3-5列举了PX4飞控程序对不同布局多旋翼的命名和标识。

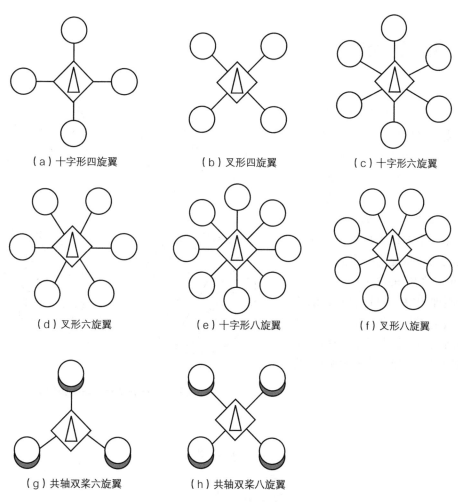

（a）十字形四旋翼　　　（b）叉形四旋翼　　　（c）十字形六旋翼

（d）叉形六旋翼　　　（e）十字形八旋翼　　　（f）叉形八旋翼

（g）共轴双桨六旋翼　　　（h）共轴双桨八旋翼

图3-21　多旋翼的布局方案

表3-5   多旋翼布局与PX4飞控命名和标识

布局方式	PX4命名	PX4标识
叉形四旋翼	QUAD X	4001
十字形四旋翼	QUAD +	5001
叉形六旋翼	HEXA X	6001
十字形六旋翼	HEXA +	7001
叉形八旋翼	OCTO X	8001
十字形八旋翼	OCTO +	9001
共轴双桨六旋翼	HEXA COA X	11001
共轴双桨八旋翼	OCTO COA X	12001

🌀 3.6.3 轴距

轴距是多旋翼无人机中非常重要的一个参数，通常被定义为电机轴心围成外接圆周的直径，单位为mm（毫米）。在对称的多旋翼无人机中，轴距即为对角线上的两个电机轴心的距离，轴距的大小限定了螺旋桨的尺寸上限，从而限定了螺旋桨所能产生的最大拉力，直接影响无人机的载重能力。螺旋桨尺寸与轴距的关系如图3-22所示。

轴距即为2R。可以看到，随着轴臂数量的增加，螺旋桨的最大半径在不断减小，桨半径r_{max}与机身半径R、轴臂个数n和相邻轴臂夹角α的关系如下：

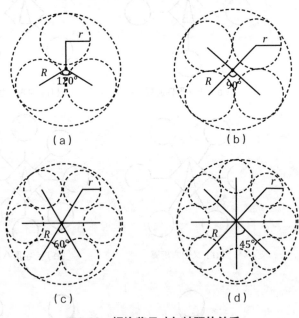

图3-22   螺旋桨尺寸与轴距的关系

$$r_{max} = R \sin \frac{\alpha}{2}$$

$$\alpha = \frac{2\pi}{n}$$

为了在不增加轴距的情况下增加螺旋桨半径，通常做法是将普通六旋翼改装成共轴六旋翼，其最大桨尺寸可以按三旋翼的公式进行计算。同理，可以将普通八旋翼改装成共轴八旋翼，增加螺旋桨尺寸，从而提高整体拉力。

✺3.6.4 涵道

在不改变电机和螺旋桨的情况下，可以在螺旋桨的外侧增加涵道来增加螺旋桨的拉力。带有涵道的多旋翼拉力由螺旋桨本身产生的拉力和涵道产生的附加拉力两部分组成。根据伯努利原理，涵道内侧由于有螺旋桨的高速旋转，带动气流快速下降，涵道外侧气流流动缓慢，所以涵道外侧气压会大于内侧气压，于是空气会产生一部分向上的拉力，也就是会提高飞机的动力，如图3-23所示。

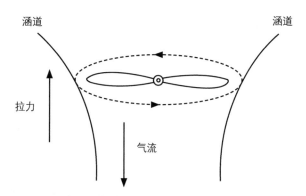

图3-23 在螺旋桨外侧增加涵道提供额外拉力

涵道除可以为飞机增加整体拉力之外，还可以保护桨叶、保证人身安全，同时减少螺旋桨高速旋桨转所产生的噪声。但是，从机架设计上讲，如果为每一个螺旋桨都增加涵道，也就增加了飞机自身的重量，飞机要克服自重需要的拉力就更大，因此是否一定使用涵道，或是涵道的材料如何选择，也就需要仔细斟酌。

✺3.6.5 脚架

通常在多旋翼机的底部都会装有脚架（也称起落架），如图3-24所示。

脚架的作用是使得机身与地面之间有一个安全距离，使飞机在离地面不远处起飞或降落时，由于不稳定因素所造成的机身倾斜不至于使螺旋桨与地面发生碰撞。另外，脚架使得螺旋桨与地面之间有足够的空间，飞机起飞和降落时，可以有效减小气流对地面产生的干扰。当然，脚架的安装加大了飞机自身的重量，也就减小了飞机的载重。

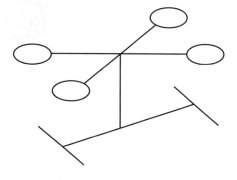

图3-24 装有脚架的四旋翼机

第**4**章

自驾仪与
硬件组装

4.1 Pixhawk自驾仪

4.1.1 概览

目前最新的Pixhawk自驾仪为Pixhawk4，不过从学习角度上讲，本书还是推荐使用Pixhawk2，因为虽然第四代Pixhawk比第二代运算速度、内存空间、总线接口上都高出很多，但是其价格也非常昂贵，而飞控软件平台PX4除与底层硬件接口部分不同之外，其上层应用几乎没有太大区别，所以从性价比上讲，还是选用Pixhawk2较为合适。Pixhawk2与Pixhawk4对照见表4-1。

表4-1 Pixhawk2与Pixhawk4对照

比较项目	Pixhawk2	Pixhawk4
FMU处理器	STM32F427	STM32F765
FMU内存	256KB	512KB
IO处理器	STM32F100	STM32F100
IO内存	8KB	8KB
惯导传感器	MPU6000/L3GD20	ICM-2068/MI055
磁罗盘	LSM303D	IST8310
气压计	MS5611	MS5611
PWM输出	FMU 8通道/IO 8通道	FMU 8通道/IO 8通道
PWM采集	FMU 1通道	FMU 3通道
SPI接口	1个	4个
I2C接口	1个	3个
串口	2个	5个
CAN口	1个	2个
S.BUS接口	1个	1个

Pixhawk中集成了惯导传感器、高度传感器、输入输出功能及嵌入式处理芯片的电路板，它主要由FMU和IO两部分构成。

FMU主要负责对传感器的数据进行采集并进行姿态和位置解算，通过经典PID控制程序输出控制量到IO程序中，生成飞行控制量，进而控制飞机的飞行。

IO主要负责输入和输出。输入部分是指带有S.BUS协议的遥控器串口信号。在遥控器一节中，我们已经讲述S.BUS协议通常是以反向电平接入的，所以在电路设计上需要接入一个高低电平反向器。这个细节Pixhawk已经处理好了，不需要再额外加入反向器。输出部分共有14个PWM信号接口，其中M1~M8为主动力通道，接主动力电调电机，而A1~A6为可选外设的辅助通道，可以接入一些其他设备，例如云台和相机等。

　　Pixhawk将这些具有复杂功能的处理器、传感器和输入输出接口集成在一个电路板中，并为使用者提供了简单易用的对外接口，如图4-1所示。

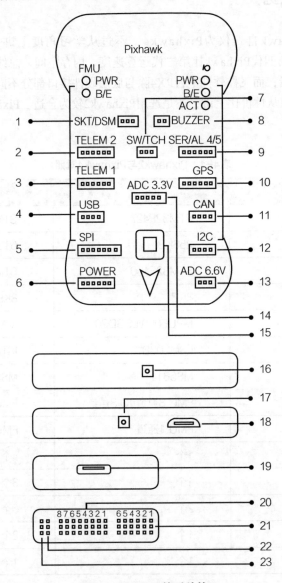

图4-1　Pixhawk的对外接口

1—Spektrum DSM接收机；2—数传2接口；3—数传1接口；4—USB接口；5—SPI接口；
6—电源接口；7—安全开关；8—蜂鸣器接口；9—串口4/5接口；10—GPS接口；11—CAN接口；
12—I2C接口；13—电压采集6.6V接口；14—电压采集3.3V接口；15—RGB LED指示灯；
16—IO重置按钮；17—飞控重置按钮；18—迷你USB接口；19—SD卡插槽；20—主PWM输出；
21—辅PWM输出；22—S.BUS遥控信号；23—RC遥控信号

① 接收机。Pixhawk支持多种接收机接口，例如Spektrum DSM接收机、PPM格式接收机、S.BUS接收机等。对于S.BUS协议的信号处理，Pixhawk已经集成了高低电平反向器，使用者无需再做额外处理。虽然Pixhawk支持多种协议的遥控器信号输入，但是飞控程序PX4中通常只处理一种遥控器信号。也就是说，通常情况下只允许有一个操控者来操作飞机。

② 数传。接入数传设备与地面站进行通信，在PX4飞控程序中采用的通信协议是Mavlink，这是一款无人机领域中的轻量级通信协议，可以通过配置文件生成多种不同编程平台的协议代码。目前Mavlink协议的版本为2.0。

③ 串口。串口5为PX4默认的调试接口。使用者可以通过串口5连接普通电脑，远程登录PX4程序，终端程序采用的是Nuttx操作系统中的Shell环境（简称NSH），使用者可以根据自己的需要打开或关闭串口5的调试功能。如果关闭，则串口5就作为一个普通串口与串口4一样供使用者使用。可以接入其他串口设备与其通信，并在PX4程序中做出相应的处理。

④ GPS。GPS接口实际上也是一个串口，只不过在PX4的驱动程序中，默认将此串口作为GPS接口，在户外定点飞行或者做任务飞行时，就需要接入GPS定位系统。GPS定位系统的精度并不是很高，只能精确到10m左右，高度定位更加不准确，所以现代很多无人机采用RTK差分GPS来提高无人机的定位精度，装有RTK的无人机定位精度在毫米级别，可以非常精准地定点飞行。对于初学者来说，普通GPS定位精度已经够用。

⑤ SPI接口。SPI接口同样为使用者预留，可以接入一些传感器或者其他设备。SPI属于高速传输接口，通过片选管脚可以接入多个SPI协议的传感器或元件。

⑥ I2C。通常接入GPS模块中的磁罗盘，也可以接入I2C扩展板，并接入多个I2C协议的设备。通常情况下，一个I2C接口接入磁罗盘就够了。

⑦ CAN。适合接入多个低速CAN模块，为使用者预留。

⑧ USB和迷你USB。可以通过USB线将Pixhawk接入电脑，并通过地面站程序进行固件烧写和调试。

⑨ ADC。电压采集模块可以采集外部电压大小，从而判断外部电源的剩余电量，分为3.3V和6.6V两个接口。

⑩ 重置按钮。具有FMU和IO两个重置按钮，相当于将控制芯片复位（即重启）。

⑪ SD卡。存储飞控中的相关数据，例如飞行日志、任务航线、飞控参数、用户自定义数据等。

⑫ PWM输出。分为主输出和辅助输出两个部分。主输出是向主动力电调输出的PWM信号，例如四旋翼中的4个主动力电调的PWM就来源于Pixhawk主输出。辅助输出是向其他电机或舵机输出的PWM信号。

⑬ 航灯（RGB LED）。航灯用于表示飞控当前的状态，可以让使用者通过航灯的颜色来区分飞控是否正常。例如：绿色表示有GPS解锁状态；蓝色表示无GPS解锁状态；黄色表示电量低；紫色表示安全保护等。

🜂 4.1.2 接口说明

Pixhawk中每一个接口与外部设备接线时都有严格要求，每一个针脚都不能出错。下面对常用接口的接线方式加以说明，见表4-2～表4-11。

表4-2 数传1/2线序表

针脚号	信号	电压/V
1（红）	VCC	+5
2（黑）	TX (OUT)	+3.3
3（黑）	RX (IN)	+3.3
4（黑）	CTS (IN)	+3.3
5（黑）	RTS (OUT)	+3.3
6（黑）	GND	+0.0

表4-3 串口4/5线序表

针脚号	信号	电压/V
1（红）	VCC	+5
2（黑）	TX (#4)	+3.3
3（黑）	RX (#4)	+3.3
4（黑）	TX (#5)	+3.3
5（黑）	RX (#5)	+3.3
6（黑）	GND	+0.0

表4-4 GPS线序表

针脚号	信号	电压/V
1（红）	VCC	+5
2（黑）	TX (OUT)	+3.3
3（黑）	RX (IN)	+3.3
4（黑）	CAN2 TX	+3.3
5（黑）	CAN2 RX	+3.3
6（黑）	GND	+0.0

表4-5 ADC6.6V线序表

针脚号	信号	电压/V
1（红）	VCC	+5
2（黑）	ADC IN	+0.0~+6.6
3（黑）	GND	+0.0

表4-6 ADC3.3V线序表

针脚号	信号	电压/V
1（红）	VCC	+5
2（黑）	ADC IN	+0.0~+3.3
3（黑）	GND	GND
4（黑）	ADC IN	up to +3.3
5（黑）	GND	+0.0

表4-7 I2C线序表

针脚号	信号	电压/V
1（红）	VCC	+5
2（黑）	SCL	+3.3
3（黑）	SDA	+3.3
4（黑）	GND	+0.0

表4-8 CAN线序表

针脚号	信号	电压/V
1（红）	VCC	+5
2（黑）	CAN_H	+12
3（黑）	CAN_L	+12
4（黑）	GND	+0.0

表4-9　SPI线序表

针脚号	信号	电压/V
1（红）	VCC	+5
2（黑）	SPI_EXT_SCK	+3.3
3（黑）	SPI_EXT_MISO	+3.3
4（黑）	SPI_EXT_MOSI	+3.3
5（黑）	!SPI_EXT_NSS	+3.3
6（黑）	!GPIO_EXT	+3.3

表4-10　电源线序表

针脚号	信号	电压/V
1（红）	VCC	+5
2（黑）	VCC	+5
3（黑）	CURRENT	+3.3
4（黑）	VOLTAGE	+3.3
5（黑）	GND	+0.0
6（黑）	GND	+0.0

表4-11　安全开关线序表

针脚号	信号	电压/V
1（红）	VCC	+3.3
2（黑）	!IO_LED_SAFETY	+0.0
3（黑）	SAFETY	+0.0

4.2 硬件清单与组装说明

4.2.1 硬件清单

目前市场上到手即飞的一体式飞机价格昂贵，出现状况摔坏后代价很高，很多无人机爱好者喜欢自己动手组装无人机，即使摔坏了，也只需要更换个别部件即可，这样可以降低无人机的维护成本。组装无人机并不是一件容易的事情，需要对飞机的各个配件、自驾仪、遥控器、动力电源等有足够深入的了解，并需要有一定的动手能力。下面介绍组装一架四旋翼机需要的硬件清单，如表4-12所示。

表4-12　四旋翼机硬件组装清单

硬件	个数	说明	必选
Pixhawk自驾仪	1	2.4.6	是
无刷电机	4	2312 960KV 15T	是
无刷电调	4	4S LiPo 20A	是
螺旋桨（正转）	2	9045	是
螺旋桨（反转）	2	9045	是
动力电池	1	4S LiPo 5300mAh	是
电源模块	1	2S-6S LiPo	是
遥控器	1	2.4G	是
接收机	1	S.BUS 2.4G	是
机架	1	450MM	是
GPS＋磁罗盘	1	GPS/HMC5883	是
数传（机载）	1	915MHz	否（但推荐）
数传（电脑）	1	915MHz	否（但推荐）
安全开关	1	—	否
蜂鸣器	1	—	否
云台	1	—	否
相机	1	—	否

针对上述的硬件清单做以下简单说明。

① 螺旋桨。在第2章中已经讲过,为了消除四旋翼机在飞行过程中的反扭力矩,4个螺旋桨需要2个按顺时针转动(正桨)和2个按逆时针转动(反桨)。

② 无刷电机。需要选择小于1000KV值的电机,这样电机的大扭矩可以安装更大尺寸的螺旋桨,提高飞机整体的拉力。

③ GPS + 磁罗盘。为了能在户外定点飞行并执行自动飞行任务,GPS必不可少。

④ 遥控器与接收机。从无人机的本质上讲,遥控器并不是必需的,但是对于初学者来说,为了保证飞机安全和飞行稳定,遥控器还是需要配备的。目前遥控器的遥控距离通常在1km左右,接收机也支持S.BUS和PPM两种模式。

⑤ 机架。自行组装的四旋翼机架可以选用碳纤维或塑料材质的。塑料材质的机架相对较重,但是价格低廉,推荐初学者使用。

⑥ 数传。航模飞机在操控者的视野内飞行,并由操控者实时控制,也可不使用数传与地面通信。但对于无人机来说,我们还是希望飞机能通过数传模块实时将飞机状态回传到地面站。地面站也可以直接向无人机发送飞行指令。数传需要一对:一个接飞控;另一个接电脑。

4.2.2 组装说明

四旋翼的组装过程比较烦琐,需要注意以下几个方面。

① 安装电机。安装4个电机到机架轴臂上。每一个电机的底座上都有4个螺钉孔,螺钉可由机架轴臂穿过,固定在电机的螺钉孔中。需要注意螺钉不要太长,以免螺钉在深入电机内部时顶坏其中的线圈,如图4-2(a)所示。

② 电调与电机接线。这里讨论无刷电调与无刷电机的接线方法,原理很简单,只需将电调的3根输出线接入电机的3根输入线上即可。如果需要改变电机的转动方向,可将任意两根电源线反接。通常情况下,并不是将电调与电机的线直接固定焊接在一起,而是将两端采用插头(香蕉头)的方式连接在一起,方便重新插拔,如图4-2(b)所示。

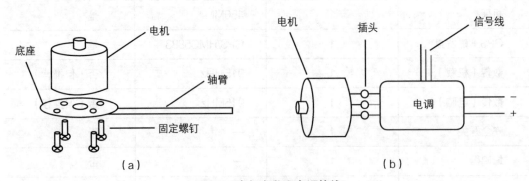

图4-2 电机安装和电调接线

③ 动力电池与供电系统。动力电池是无人的电源,所有电力都来源于动力电池,包括自

驾仪、电调等。需要将动力电池的电源分为多路电源，并分别为其他设备供电，如图4-3所示。另外，自驾仪会为接入其自身的所有传感器和外部设备供电，包括接收机、数传、GPS、磁罗盘、安全开关、蜂鸣器等。

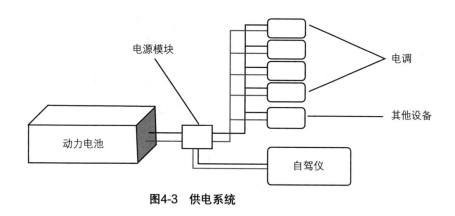

图4-3　供电系统

④ 自驾仪的安装位置要处于整个机架的中心，尽量保证飞机的重心与几何中心重合。自驾仪的安装方向与飞机前进方向一致，如图4-4（a）、（b）所示。由于自驾仪中集成了IMU惯导传感器，所以飞机飞行时，电机转动会导致整个飞机高频振动，从而影响IMU传感器的读数，因此需要在自驾仪与机架之间加入减振海绵或胶皮减振钮，以保证飞机在飞行过程中，传感器尽量减少振动。

⑤ 在安装GPS时，常常使用一个支架将其远离电动机平面，以免电动机的电磁干扰影响磁罗盘的读数，如图4-4（c）所示。

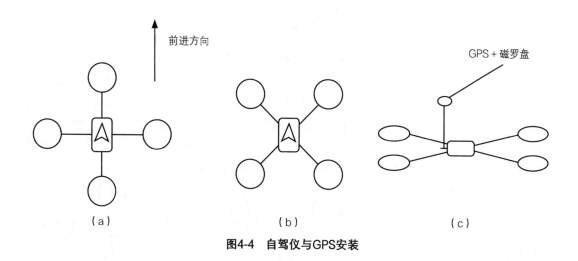

图4-4　自驾仪与GPS安装

⑥ 其他设备，如数传、安全开关、蜂鸣器、接收机等，按图4-5中的接口说明进行安装即可。需要注意的是，除电机和机架可以使用螺钉固定之外，其他部件多数都没有固定措施，所以建议用扎带或胶带将其与机架固定好，以免在飞行过程中出现危险。

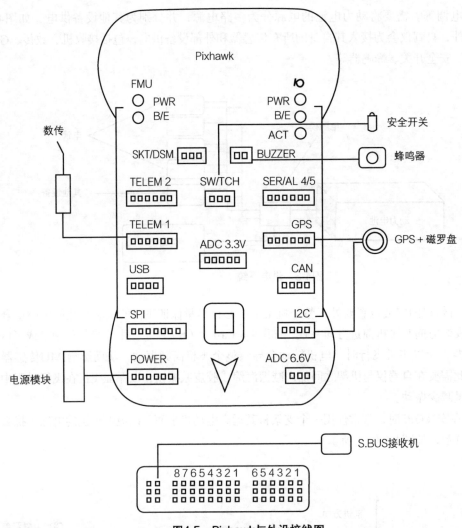

图4-5 Pixhawk与外设接线图

⑦ 电调上的信号线需要接入自驾仪当中。Pixhawk提供了8路主PWM输出接口，根据不同的机型选择不同的接线方式，如图4-6所示。其中1～8编号就是Pixhawk中主PWM的M1～M8输出接口。在不同的机型下需要按指定的方式接入电调信号线，否则飞控对电调的控制将出现错误，会导致飞机无法起飞或直接在地面翻滚倒地。其中共轴多旋翼的电调接线没有列出，共轴六旋翼、共轴八旋翼和共轴十二旋翼并不是我们主要的研究范围，这里不再赘述。

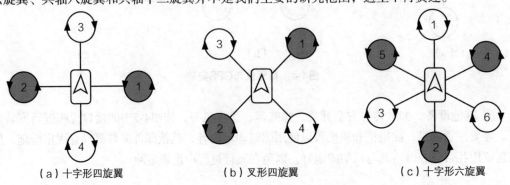

（a）十字形四旋翼　　　　　　　　（b）叉形四旋翼　　　　　　　　（c）十字形六旋翼

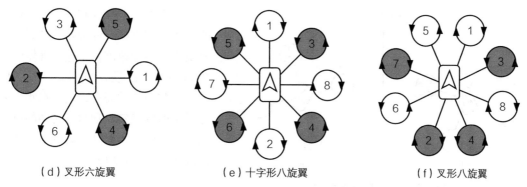

（d）叉形六旋翼　　　　　　　（e）十字形八旋翼　　　　　　　（f）叉形八旋翼

图4-6　主PWM通道与机型对应图

　　螺旋桨的安装应该放在试飞前的最后一刻，为了保证安全，在没有确定飞机一切正常之前一定不能安装螺旋桨。并且在飞机安装好之后需要进行电机检测，确保每一个电机的安装位置和转动方向完全正确。具体检测方法是：可以手动对飞机进行俯仰、滚转、航向等姿态调整，确认电机转动的速度是否正常。与此同时，还要检测电机的转动方向是否与安装机型保持一致。如果电机转动方向不是预期的，需要将电机与电调之间导线的任意两根反接。通过遥控器对飞机解锁（需要飞控对遥控器校准，遥控器的校准方法将在第5章中介绍），并按下面步骤对四旋翼进行仔细检测。

　　① 俯仰。调整飞机的姿态，使其向前方倾斜，此时前侧电机转动速度快，后侧电机转动速度慢，如图4-7（a）所示。调整飞机的姿态，使其向后方倾斜，此时前侧电机转动速度慢，后侧电机转动速度快，如图4-7（b）所示。

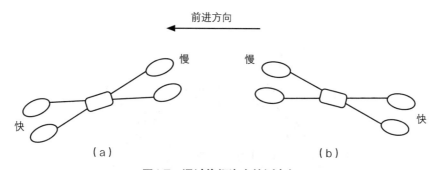

图4-7　通过俯仰姿态检测电机

　　② 滚转。调整飞机的姿态，使其向左侧倾斜，此时左侧电机转动速度快，右侧电机转动速度慢，如图4-8（a）所示。调整飞机的姿态，使其向右侧倾斜，此时左侧电机转动速度慢，右侧电机转动速度快，如图4-8（b）所示。

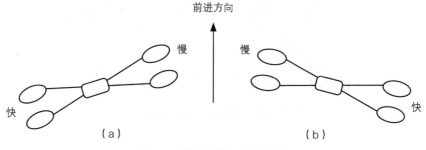

图4-8　通过滚转姿态检测电机

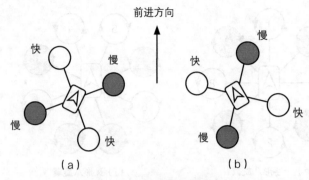

③航向。调整飞机的姿态，使其在水平姿态下顺时针旋转，顺时针转动的电机转动速度快，逆时针转动的电机转动速度慢，如图4-9（a）所示。调整飞机的姿态，使其在水平姿态下逆时针旋转，顺时针转动的电机转动速度慢，逆时针转动的电机转动速度快，如图4-9（b）所示。

图4-9 通过航向姿态检测电机

除通过手动改变飞机姿态之外，还可以将飞机水平放置在地上。在遥控器上分别拨动其俯仰、滚转、航向控制杆，同时观察飞机4个电机的转动速度和转动方向，如图4-10所示。

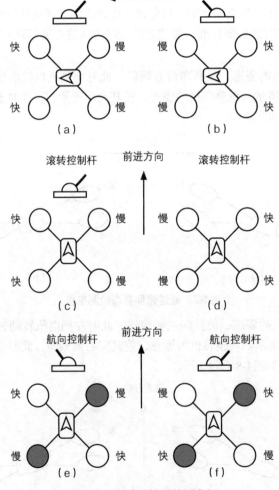

图4-10 通过遥控器检测电机

第 **5** 章

开源飞控程序

本章介绍开源无人机控制程序的下载、编译与安装。我们选用的开源无人机飞行控制程序为PX4，这是一款非常优秀的无人机开源控制程序，支持多种无人机、无人车和无人船。PX4飞控程序的开发环境很灵活，支持Linux、MacOS和Windows。读者可以根据需要选择一个开发环境进行开发。本书推荐在Linux操作系统下完成飞控程序开发环境的搭建。同时PX4飞控程序所编译的运行在Pixhawk当中的固件采用的嵌入式操作系统是Nuttx。这是一款类Linux的开源操作系统。PX4的程序大多都是基于这个操作系统开发的，所以其开发方式与在Linux下开发程序非常相近。为了更好地学习和理解PX4飞控程序，希望读者要对Linux操作系统有一些基础的了解，学会使用Linux做一些简单的操作并可以在Linux下做C/C++的程序开发。

5.1 飞控程序下载与编译

5.1.1 PX4飞控程序下载

PX4的项目主页地址为：

http：//px4.io

PX4的项目主页中对飞控程序和相关模块有很多详细介绍，例如开源地面站QGround Control、开源无人机通信协议Mavlink、开源无人机控制SDK等。PX4开源程序的项目地址为：

启动程序：https：//github.com/PX4/Bootloader
固件程序：https：//github.com/PX4/Firmware

PX4飞控程序分为启动程序（Bootloader）和固件程序（Firmware）两个程序，启动程序在Pixhawk上电后自检，并检测USB接口中的数据，是否已经连接个人电脑、是否需要为飞控烧写固件程序。如果需要，则与USB总线通信读取需要烧写的固件数据，并烧写到Pixhawk当中，烧写完成后，系统跳转到飞控程序中运行。如果USB接口并没有连接个人电脑，也不需要烧写固件，则系统自动跳转到飞控程序中运行。

启动程序可以说是飞控程序的一个安全保障，它可以通过USB或串口向Pixhawk中烧写固件，而不像普通的STM32程序需要STLink或JLink工具来烧写固件。当然，启动程序本身需要使用STLink或JLink烧写到Pixhawk当中。采用这种设计方式，主要是为了使烧写固件的过程更加简便，一旦启动程序稳定并烧写到Pixhawk当中，就可以使用启动程序通过USB或串口来烧写飞控固件，这样就不必每次烧写固件时都使用JLink工具。Pixhawk的电路板上有预留的启动程序烧写管脚，但管脚通常都不会像串口、SPI、I2C这些接口一样暴露给使用者。通常

Pixhawk的制造商都会为其烧写好启动程序，使用者如果需要烧写特定版本的启动程序，只需烧写一次，之后就不需要再烧写了。

PX4的启动程序和固件程序的源代码可以通过直接下载的方式下载，也可以通过git仓库管理工具克隆其项目源代码。打开项目地址之后，可以在左侧的branch选项中选择需要的分支，然后在右侧Clone or download选项中单击Download ZIP下载启动程序和固件程序，如图5-1所示。

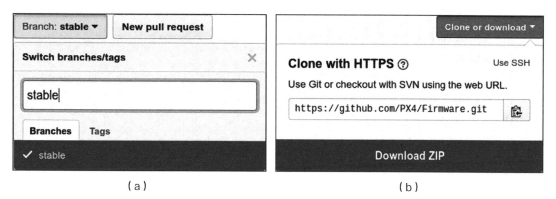

（a）　　　　　　　　　　　　　　　　（b）

图5-1　选择代码分支和下载程序

另一种获取源代码的方式是通过git工具来克隆源代码仓库到本地计算机。git是目前全世界公认最好的源代码版本控制器，支持在线和离线版本控制，自带优秀的代码差分工具，支持Linux、MacOS、Windows等多种不同的操作系统。使用者可以使用git命令在命令行界面下完成所有版本控制工作，也可以使用图形化界面gitk、git-gui来完成相关工作。采用git克隆源代码：

```
git clone https：//github.com/PX4/Bootloader.git
git clone https：//github.com/PX4/Firmware.git
```

使用git克隆启动程序和固件程序之后，会在本地创建两个文件夹Bootloader和Firmware，我们可以使用tree-d Bootloader命令来查看启动程序目录结构：

```
$ tree -d Bootloader
Bootloader/
├── kinetis
├── lib
│       └── kinetis
│               └── NXP_Kinetis_Bootloader_2_0_0
├── libopencm3
├── stm32
└── Tools
```

使用tree -d -L 3 Firmware命令查看固件程序的目录结构：

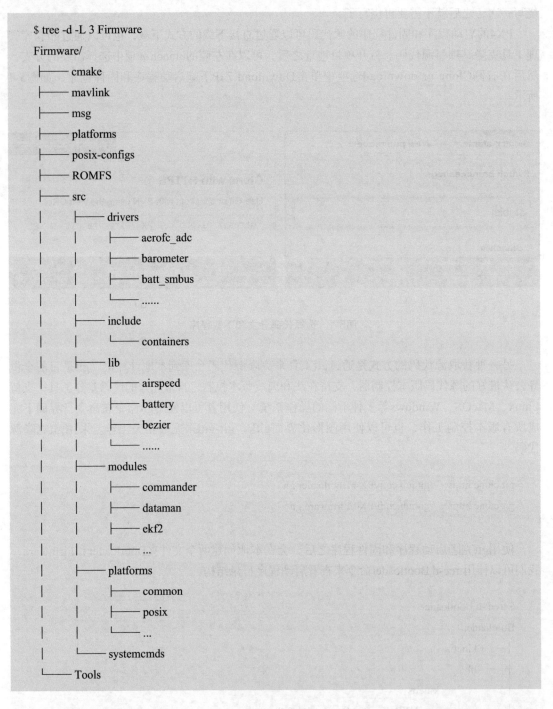

```
$ tree -d -L 3 Firmware
Firmware/
├── cmake
├── mavlink
├── msg
├── platforms
├── posix-configs
├── ROMFS
├── src
│   ├── drivers
│   │   ├── aerofc_adc
│   │   ├── barometer
│   │   ├── batt_smbus
│   │   └── ......
│   ├── include
│   │   └── containers
│   ├── lib
│   │   ├── airspeed
│   │   ├── battery
│   │   ├── bezier
│   │   └── ......
│   ├── modules
│   │   ├── commander
│   │   ├── dataman
│   │   ├── ekf2
│   │   └── ...
│   ├── platforms
│   │   ├── common
│   │   ├── posix
│   │   └── ...
│   └── systemcmds
└── Tools
```

飞控固件程序结构比较复杂，其子文件夹和文件非常多，包括飞控所有的通信协议、驱动程序、规划程序、导航程序、控制算法等，还集成了Nuttx操作系统的所有源代码（采用git子模块的方式进行管理）以及配置文件和辅助工具。关于飞控的架构设计和说明，我们会在第6章做详细介绍。在本节只介绍源代码下载、编译与固件烧写的相关内容。

由于PX4固件程序中使用了很多git子模块，所以在克隆固件程序之后，需要对git的子模块进行初始化和更新操作：

```
$ cd Bootloader
$ git submodule update --init --recursive
$ cd Firmware/
$ git submodule update --init --recursive
```

命令执行完毕之后，可以使用git branch -a命令查看所有分支（远程分支和本地分支）内容，并使用git tag命令查看版本号信息：

```
$ git branch -a
* master
  remotes/origin/master
  remotes/origin/master_fmuv5_comment
  ...
  remotes/origin/stable
  remotes/origin/temp_fix
  ...
$ git tag
NuttX-6.16
v1.0.0
v1.1.0
v1.2.0
...
v1.8.0
v1.8.1
v1.8.2
```

最后可以选择一个需要的分支或版本来创建一个本地分支，用于自己学习和开发。例如，选择远程稳定分支remotes/orgin/stable创建本地分支stable，或者选择最新版v1.8.2创建本地分支study，命令如下：

```
$ git checkout -b stable origin/stable
$ git checkout -b study v1.8.2
```

以上两条命令任选其一，然后使用git branch -1查看本地分支，并通过git log命令查看其所有历史记录：

```
$ git branch –l
  master
  stable
* v1.8.2

$ git log
f13bbacd52 (HEAD -> study，tag：v1.8.2，origin/stable，stable) copy topic
82aa24adfc (tag：v1.8.1) tap_esc increase stack 1100 -> 1180 bytes
a7969de738 cmake fix BUILD_URI
33e86d25b9 FMU relocate MOT_SLEW_MAX and THR_MDL_FAC parameters centrally
...
```

可以看到git已经切换到study分支上，study就是本地分支名称。当然，上述过程也可以使用git的图形化界面工具git-gui来操作，如图5-2所示。

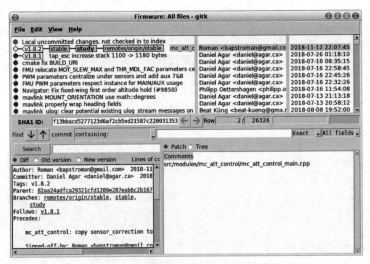

图5-2　使用git-gui进行代码管理

读者可以根据操作习惯选择适合自己的操作方式。

5.1.2 Fedroa编译环境搭建

Linux的发行版非常多，最常见的个人桌面发行版有Fedroa、Debian、Ubuntu、open SUSE、Gentoo、ArchLinux等。在不同的Linux发行版中，搭建开发环境的过程大同小异，本书将以较为常见的两个发行版Fedroa和Ubuntu来向读者介绍PX4开发环境的搭建。

Fedroa是RedHat公司面向个人电脑所发布的Linux发行版，采用RPM（Red-Hat Package

Manager）管理软件包。通常情况下，直接使用rpm命令安装软件包非常烦琐，需要自行解决操作系统对软件包的兼容性问题和对其他软件包的依赖性问题。用户使用rpm命令安装一个软件包时，往往需要同时安装一些额外软件包，以解决依赖问题，而这些额外的软件包又依赖于另外一系列软件包，这样的操作对用户来说非常麻烦，也不方便。为了解决这个问题，Fedroa、CentOS、openSUSE等发行版Linux通常使用yum解决安装软件包时的依赖问题。Yum (Yellow dog Updater，Modified)可以自行解决软件包安装时的依赖问题，并自动在互联网上Linux的开源镜像站去下载所有依赖软件包。

（1）GCC与交叉编译器

GCC是一款遵循GNU自由软件协议的非常优秀的C程序编译器，其中包括C＋＋程序编译器g＋＋。绝大多数Linux内核和软件包都是通过GCC和g＋＋编译的。PX4飞控程序可以通过g＋＋编译成在Linux平台上运行的程序，也可以在Linux下通过GCC的交叉编译工具编译成STM32F427VI芯片可以运行的可执行程序。在一个环境下编译源代码，并生成在另外一个环境下的可执行程序（大多数情况下都是在Linux下编译嵌入式程序）的过程叫做交叉编译。编译源代码的编译器被称为交叉编译器，因此需要安装Linux下的GCC程序和交叉编译器arm-linux-gnueabihf。

GCC可以使用yum命令安装，其中gcc-c＋＋软件包在安装之后的可执行命令就是g＋＋，可以通过gcc --version和g＋＋--version确认安装是否成功。

```
$ sudo yum install gcc gcc-c＋＋

$ gcc --version
gcc (GCC) 8.2.1 20181105 (Red Hat 8.2.1-5)
Copyright (C) 2018 Free Software Foundation，Inc.
This is free software; see the source for copying conditions.
There is NO
warranty; not even for MERCHANTABILITY or FITNESS FOR A PARTICULAR PURPOSE.

$ g＋＋--version
g＋＋(GCC) 8.2.1 20181105 (Red Hat 8.2.1-5)
Copyright (C) 2018 Free Software Foundation，Inc.
This is free software; see the source for copying conditions.
There is NO
warranty; not even for MERCHANTABILITY or FITNESS FOR A PARTICULAR PURPOSE.
```

GCC的交叉编译器需要使用GCC 7-2017-q4版本，但是它不能通过yum来安装，需要手动下载交叉编译器到本地，使用tar命令解压交叉编译器的软件包，配置编译器所在路径中的bin目录到系统环境变量PATH当中，可以将环境变量添加到~/.profile当中（当前用户所独享），也可以添加到/etc/profile当中（系统中所有用户共享），如果需要使环境变量生效，可以使用source /etc/profile命令，或者重新启动计算机。

```
$ wget https：//armkeil.blob.core.windows.net/developer/Files/downloads/gnu-rm/7-2017q4/gcc-arm-
none-eabi-7-2017-q4-major-linux.tar.bz2
$ tar -jxf gcc-arm-none-eabi-7-2017-q4-major-linux.tar.bz2
$ exportline = "export PATH = $HOME/gcc-arm-none-eabi-7-2017-q4-major/bin：\$PATH"
$ if grep -Fxq"$exportline" ~/.profile; then echo nothing to do ; else echo $exportline >> ~/.profile; fi
```

通过arm-none-eabi-gcc --version命令来确认交叉编译器是否安装成功。

```
$ arm-none-eabi-gcc --version
arm-none-eabi-gcc (GNU Tools for Arm Embedded Processors 7-2017-q4-major) 7.2.1 20170904
(release) [ARM/embedded-7-branch revision 255204]
Copyright (C) 2017 Free Software Foundation，Inc.
This is free software; see the source for copying conditions. There is NO
warranty; not even for MERCHANTABILITY or FITNESS FOR A PARTICULAR PURPOSE.
```

（2）CMake构建器

PX4飞控程序中的各个模块都是采用CMake构建的，CMake可以方便地构建大型工程中的模块与子模块，可以灵活地使用构建方法和构建工具。使用者可以根据需要自行定义编译选项和编译过程。下载CMake软件安装程序，并为其配置环境变量。

```
$ wget https：//cmake.org/files/v3.3/cmake-3.3.2-Linux-x86_64.sh
$ chmod + x cmake-3.3.2-Linux-x86_64.sh
$ mkdir cmake-3.3.2
$ ./cmake-3.3.2-Linux-x86_64.sh --prefix = $HOME/cmake-3.3.2 --exclude-subdir
$ exportline = "export PATH = $HOME/cmake-3.3.2/bin：\$PATH"
$ if grep -Fxq"$exportline" ~/.profile; then echo nothing to do ; else echo $exportline >> ~/.profile; fi
```

通过cmake-version命令确认交叉编译器是否安装成功。

```
$ cmake –version
cmake version 3.3.2
CMake suite maintained and supported by Kitware (kitware.com/cmake).
```

（3）Ninja构建器

Ninja与CMake的功能相同，都可以对PX4的程序进行构建。Ninja的下载和配置过程如下。

```
$mkdir ninja-1.8.2
$cd ninja-1.8.2
$wget https：//github.com/ninja-build/ninja/releases/download/v1.8.2/ninja-linux.zip
```

```
$unzip ninja-1.8.2.zip
$ exportline = "export PATH = $HOME/ninja-1.8.2：\$PATH"
$ if grep -Fxq"$exportline" ˜/.profile; then echo nothing to do ; else echo $exportline >> ˜/.profile; fi
```

通过ninja-version命令确认交叉编译器是否安装成功。

```
$ ninja-version
1.8.2
```

实际上，CMake和Ninja二者任选其一，就可以构建PX4飞控程序，但是，由于Ninja的构建速度要高于CMake，所以我们还是推荐使用Ninja。

（4）Python环境

PX4飞控程序中，集成了大量的Python脚本，用于根据消息模板生成uORB源代码文件，生成飞控程序参数的XML文件，烧写飞控固件程序等。通过执行yum命令安装Python环境，安装完成后，可以执行python -version查看其是否已经安装成功，命令执行的结果中，如出现Python的版本号，就表示安装成功。

```
$ sudo yum groupinstall"Development Tools"
$ sudo yum install python-setuptools python-numpy
$ sudo easy_install pyserial
$ sudo easy_install pexpect
$ sudo easy_install toml
$ sudo yum install openocd libftdi-devel libftdi-python python-argparse flex bison-devel ncurses-devel
ncurses-libs autoconf texinfo libtool zlib-devel cmake：
```

通过python-version命令确认Python是否安装成功。

```
$ python -version
Python 2.7.15
```

⚙ 5.1.3 Ubuntu编译环境搭建

在Ubuntu系统下搭建PX4的开发环境与Fedroa类似，但其软件包的安装方式略有不同。Ubuntu是基于Debian发展起来的一个Linux发行版，倍受Linux爱好者的欢迎。与Debian一样，Ubuntu使用dpkg来管理和安装deb软件包。与Fedroa类似，dpkg无法很好地解决各个软件包之间的依赖问题，因此Ubuntu中采用apt来管理和安装软件包，可以很好地解决系统兼容和软件包依赖的问题。

（1）GCC编译器

在Ubuntu中安装GCC开发环境软件命令，并通过gcc --version和g＋＋--version确认安装是否正确。

```
$ sudo apt-get install build-essential

$ gcc --version
gcc (Ubuntu 7.2.0-8ubuntu3.2) 7.2.0
Copyright (C) 2017 Free Software Foundation，Inc.
This is free software; see the source for copying conditions. There is NO
warranty; not even for MERCHANTABILITY or FITNESS FOR A PARTICULAR PURPOSE.

$ g＋＋ --version
g＋＋ (Ubuntu 7.2.0-8ubuntu3.2) 7.2.0
Copyright (C) 2017 Free Software Foundation，Inc.
This is free software; see the source for copying conditions. There is NO
warranty; not even for MERCHANTABILITY or FITNESS FOR A PARTICULAR PURPOSE.
```

Ubuntu中安装配置GCC的交叉编译器与Fedroa相同，这里不再赘述。

（2）CMake构建器

安装与配置方式与Fedroa相同。

（3）Ninja构建器

安装与配置方式与Fedroa相同。

（4）Python环境

使用apt-get来安装Python环境。

```
$ sudo apt-get update -y
$ sudo apt-get install git zip qtcreator cmake \
      build-essential genromfs ninja-build exiftool -y
$ sudo apt-get install python-argparse \
      python-empy python-toml python-numpy python-yaml \
      python-dev python-pip -y
$ sudo -H pip install --upgrade pip
$ sudo -H pip install pandas jinja2 pyserial cerberus
$ sudo -H pip install pyulog
```

通过python-version命令确认Python是否安装成功。

```
$ python -version
Python 2.7.15
```

✈ 5.1.4　PX4飞控程序编译与烧写

PX4架构非常灵活，支持在多个不同平台上运行，支持Pixhawk系列的Nuttx操作系统，支持遵守Posix标准的Linux操作系统。可以分别编译运行在Linux和Pixhawk2个人计算机上的可执行程序以及运行在Pixhawk上的FMU和IO的Bootloader程序。

（1）编译Bootloader

进入PX4飞控启动程序所在的路径，执行make all命令编译启动程序。

```
$ make all
arm-none-eabi-objcopy -O binary build/*
   text    data      bss      dec      hex    filename
  10456      88     1960    12504     30d8    build/px4fmu_bl/px4fmu_bl.elf
  10520      88     1960    12568     3118    build/px4fmuv2_bl/px4fmuv2_bl.elf
  10520      88     1960    12568     3118    build/px4fmuv3_bl/px4fmuv3_bl.elf
  10584      88     1960    12632     3158    build/px4fmuv4_bl/px4fmuv4_bl.elf
   4084      28     1576     5688     1638    build/px4io_bl/px4io_bl.elf
   4164      28     1576     5768     1688    build/px4iov3_bl/px4iov3_bl.elf
...
```

其中，px4fmuv(*)_bl.elf就是启动程序在Pixhawk的FMU所用到的固件程序，px4io_bl.elf就是Pixhawk的IO所用到的固件程序。

（2）编译运行在Linux下的Firmware

使用make posix_sitl_test命令编译固件程序。

```
$ make posix_sitl_test
-- PX4 VERSION：v1.8.2
-- CONFIG：posix_sitl_test
-- Found PythonInterp：/usr/bin/python (found version"2.7.15")
-- Found PY_jinja2：/usr/lib/python2.7/site-packages/jinja2
-- C compiler：cc (GCC) 8.2.1 20181105
-- C++compiler：c++(GCC) 8.2.1 20181105
[628/628] Linking CXX executable px4
```

编译完成后，会在Firmware/build/posix_sitl_test/目录下生成一个名为px4的可执行文件，这个可执行文件可以在当前Linux环境下直接运行。

（3）编译运行在Pixhawk下的Firmware

使用make px4fmu-v3_default命令编译固件程序。

```
$ make px4fmu-v3_default
[0/998] Building px4io-v2
-- PX4 VERSION：v1.8.2
-- CONFIG：nuttx_px4io-v2_default
-- Build Type：MinSizeRel
-- Found assembler：arm-none-eabi-gcc
-- Found PythonInterp：/usr/bin/python (found version "2.7.15")
-- Found PY_jinja2：/usr/lib/python2.7/site-packages/jinja2
-- C compiler：arm-none-eabi-gcc 7.2.1 20170904
-- C++ compiler：arm-none-eabi-g++ 7.2.1 20170904
[193/193] Creating Firmware/build/nuttx_px4io-v2_default/px4io-v2_default.px4
[998/998] Creating Firmware/build/nuttx_px4fmu-v3_default/px4fmu-v3_default.px4
```

值得注意的是：在执行make px4fmu-v3_default编译命令时，PX4会生成两个固件程序，分别是nuttx_px4fmu-v3_default.px4和px4io-v2_default.px4，对应的就是FMU固件程序和IO固件程序。FMU固件程序可以通过Bootloader烧写到FMU的Flash当中，而IO固件程序会通过IO上面的Bootload而自动烧录到IO的Flash当中。

（4）烧写固件程序到Pixhawk2当中

烧写固件时，需要使用USB数据线将Pixhawk和计算机连接，并通过ls命令查看USB设备。内容如下：

```
$ ls /dev/ttyACM*
/dev/ttyACM0
```

如果/dev目录下出现ttyACM(*)设备，就表示系统已经识别了Pixhawk设备。接下来可以使用烧写命令make px4fmu-v3_default upload进行固件烧写。

```
$ make px4fmu-v3_default upload
[0/1] uploading px4
Loaded firmware for 9, 0, size: 1590784 bytes
Found board 9, 0 bootloader rev 5 on
/dev/serial/by-id/usb-3D_Robotics_PX4_BL_FMU_v2.x_0-if00
idtype: ffff
vid: ffffffff
pid: ffffffff
coa: ////////
chip: 20016419
family: STM32F42x
```

```
revision: 3
flash 2080768
Erase   : [ ==================== ] 100.0%
Program: [ ==================== ] 100.0%
Verify  : [ ==================== ] 100.0%
Rebooting.
```

如果在烧写过程中，Linux系统无法识别Pixhawk，或者烧写时经常出现失败的情况，则需要将当前用户加入dialout组当中，并且移除ModemManager软件包。

```
$ sudo usermod -a -G dialout $USER
$ sudo yum remove ModemManager        # Fedroa
$ sudo apt-get remove modemmanager    # Ubuntu
```

烧写完成后，飞控会自动重启并运行，如果看到Pixhawk的LED航灯闪亮，就表示飞控程序已经正常启动。另外，除使用make [Firmware] upload命令来烧写固件之外，还可以使用QGroundControl地面站来烧写固件程序。

5.1.5 QGroundControl下载与编译

QGroundControl是使用Qt开发的一款非常优秀的地面站程序，使用Qt开发的软件通常都是跨平台的，QGroundControl同时支持Linux、MacOS、Windows，甚至是手机和平板电脑的操作系统，如IOS、Android。下面列出不同平台下所使用地面站程序的下载地址。

Linux：https://github.com/mavlink/qgroundcontrol/releases/download/v3.4.4/QGroundControl.tar.bz2

Linux：https://github.com/mavlink/qgroundcontrol/releases/download/v3.4.4/QGroundControl.AppImage

MacOS：https://github.com/mavlink/qgroundcontrol/releases/download/v3.4.4/QGroundControl.dmg

Windows：https://github.com/mavlink/qgroundcontrol/releases/download/v3.4.4/QGroundControl-installer.exe

Android：https://github.com/mavlink/qgroundcontrol/releases/download/v3.4.4/QGroundControl.apk

上述下载地址中使用的是v3.4.4版本，如果需要其他版本的程序，请读者修改下载地址中的版本号自行下载。

QGroundControl也是一个开源项目，也可以下载其源代码，自行编译运行程序。但是需要在计算机中安装Qt运行环境，Qt环境安装相对简单，安装程序都是带有图形化界面的，只需要按照安装界面中提示内容进行操作即可。我们采用的Qt版本号为5.10.1。具体安装过程如下。

```
$ wget http：//download.qt.io/archive/qt/5.10/5.10.1/qt-opensource-linux-x64-5.10.1.run

$ chmod ＋x ./qt-opensource-linux-x64-5.10.1.run

$ ./qt-opensource-linux-x64-5.10.1.run
```

执行上述命令后，Qt安装程序会打开安装界面，让使用者选择安装路径和安装组件，通常只需要选择Desktop gcc 64-bit即可。其他组件可以根据需要自行选择（图5-3）。

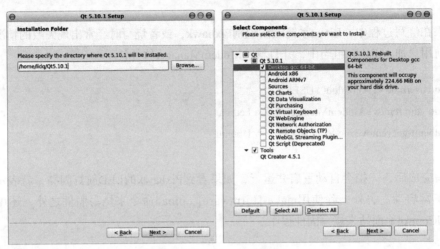

图5-3　Qt5.10.1的安装界面

使用git克隆QGroundControl的代码仓库，使用qmake命令生成Makefile文件，最后再执行make命令编译QGroundControl程序。

```
$ git clone https：//github.com/mavlink/qgroundcontrol.git

$ cd qgroundcontrol

$ git submodule update --init --recursive

$ cd ..

$ mkdir qgroundcontrol_build

$ qmake qgroundcontrol/qgroundcontrol.pro -o qgroundcontrol_build/Makefile

$ cd qgroundcontrol_build/

$ make
```

编译完成后，在qgroundcontrol_build文件夹中会生成一个叫做release的子文件夹，其中包含名为QGroundControl的可执行文件。运行此文件，就可以打开此地面站程序。

```
$ ./ release/QGroundControl
```

在QGroundControl中单击“设置”按钮 ，选择Firmware，根据提示重新拔插Pixhawk，在固件烧写选项中勾选Advanced settings，并选择Custom firmware file...，如图5-4所示。

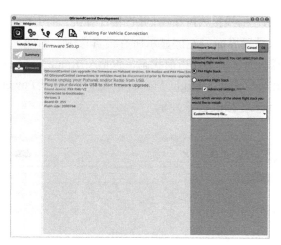

图5-4　选择自定义固件烧写方式

之后在弹出的文件选择对话框中选择需要烧写的固件文件，例如：nuttx_px4fmu-v3_default.px4，QGroundControl会进行固件烧写程序。烧写完成后，地面站提示Upgrade complete，表示飞控固件烧写完成，如图5-5所示。

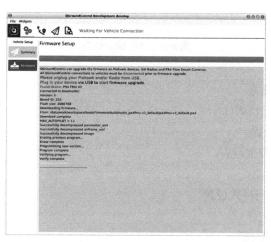

图5-5　飞控固件烧写完成

5.2 航前准备与航前校准

将PX4飞控固件烧写到Pixhawk当中后，下一步就需要对飞控程序做相应的设置和校准工作，包括机型选择、遥控器校准、安全保护设置、加速计校准、陀螺仪校准、磁罗盘校准、水平仪校准、控制参数调节等一系列操作。这些操作都可以通过Pixhawk调试接口中的NSH指令完成，也可以通过QGroundControl地面站完成。通常使用带有图形化界面的地面站对飞控进行设置较为直观方便。

首先，需要使用USB数据线接入Pixhawk并连接计算机，打开QGroundControl地面站，单击"设置"按钮 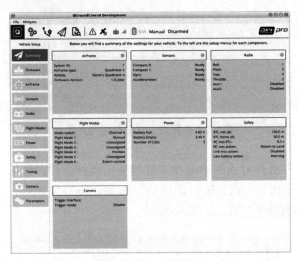 进入设置界面，左侧显示所有设置选项，右侧显示指定选项中的具体内容，如图5-6所示。概览画面显示飞控当前状态，包括Airframe（飞机状态）、Sensors（传感器状态）、Radio（遥控器状态）、Flight Modes（飞行模式）、Power（电源状态）、Safety（安全保护状态）、Camera（相机状态）等。

图5-6　飞控状态概览

设置选项如下。
- Summary：飞机概览。
- Firmware：升级飞控固件。
- Airframe：机型设置。
- Sensors：传感器校准设置。
- Radio：遥控器设置。
- Flight Modes：飞行模式设置。
- Power：电源设置。
- Safety：安全保护设置。
- Tuning：操控调节。
- Camera：相机设置。
- Parameters：参数设置。

无人机在飞行前大致需要进行两类设置：航前准备和航前校准。下面对这两类设置分别进行介绍。

5.2.1　航前准备

（1）机型选择

在设置选项中选择Airframe，进入机型设置界面。在此界面中可以选择PX4所支持的无人机机型，此处以通用叉形四旋翼为例，选择Generic Quadrotor x机型，如图5-7所示，读者也可以根据实际情况选择自己需要的机型。

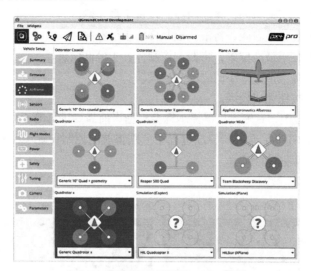

图5-7　设置机型为通用叉形四旋翼

（2）遥控器校准

常用遥控器都有8个以上的通道，通常前4个通道用于油门、滚转、俯仰和航向，其他辅助通道用于飞行模式切换或其他自定义功能。但是不同遥控器通道的极小值（控制杆在最低位置）和极大值（控制杆在最高位置）往往都是不同的。例如，有的遥控器的油门通道的极小值和极大值分别为800和1900，有的遥控器的油门通道则是900和2000。甚至有的遥控器的极小值和极大值是反向的，例如极大值是800，而极小值为1900。这仅仅是油门通道，其他通道的有效值范围也都不尽相同，因此，在飞控中接入一个新的遥控器时必须进行校准，以保证遥控器的有效读数能够被飞控程序读取和使用。

在设置选项中选择Radio，进入遥控器校准界面，如图5-8所示。在右侧模式选择中，根据自己的需要选择日本手遥控器（Mode 1）或美国手遥控器（Mode 2），并单击Calibrate校准按钮进行遥控器校准。校准时按提示依次进行以下操作。

图5-8　遥控器校准界面

①将油门通道置于最低位置，并单击Next按钮。

②将油门通道置于最高位置，将油门通道置于最低位置。

③将航向控制杆置于最右侧，将航向控制杆置于最左侧。

④将滚转控制杆置于最右侧，将滚转控制杆置于最左侧。

⑤将俯仰控制杆置于最高位置，将俯仰控制杆置于最低位置。

⑥将辅助通道在最大值和最小值之间来回拨动。

⑦单击"完成"按钮完成校准。

在遥控器校准过程中，右侧遥控器提示框会根据当前需要进行的步骤对使用者进行提示，例如图5-9中显示的是日本手遥控器校准过程中分别将航向控制杆置于最右侧和最左侧，滚转控制杆置于最右侧和最左侧的提示。

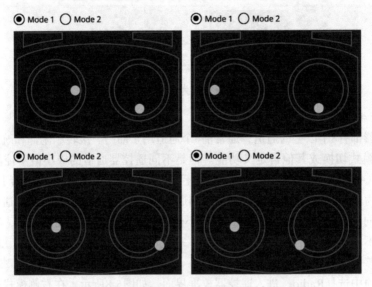

图5-9　日本手遥控器校准航向通道与滚转通道

（3）飞行模式

在设置选项中选择Flight Modes，进入飞行模式设置界面（见图5-10）。飞行模式设置必须在遥控器通道校准完成之后才能进行。在此界面的所有设置项都是将遥控器的辅助通道设置成飞行模式切换功能。

在Flight Mode Settings中选择一个辅助通道，例如通道5，假设通道5是一个三挡位通道，其1、2、3挡位对应的飞行模式就是Flight Mode 1、Flight Mode 4和Flight Mode 6，接下来为这3个飞行模式分别选择适合的飞行模式，例如Manual、Position和Mission。于是通道5的3个挡位就被设置成Manual模式、Position模式和Mission模式。不同飞行模式的具体功能将在5.3节中介绍。

右侧Switch Setting选项中有3个保护模式需要设置，分别是Return switch（返航）、Kill switch（自毁）和Offboard switch（离线）。同样，根据需要设置成指定的遥控器通道。因为这3个飞行模式都是开关式的，即只有开或关，所以将其设置到2个挡位的遥控器通道上较为适合。

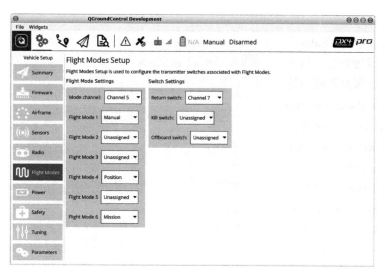

图5-10 飞行模式设置界面

（4）电源设置

在设置选项中选择Power，进入电源设置界面。在电源设置界面中，分为动力电池设置和电调行程校准两个部分。

动力电池设置中有3个设置项，分别是锂电池节数、单节电池满电电压、空电电压。我们需要根据实际情况进行设置，如图5-11 "Battery" 中所示。

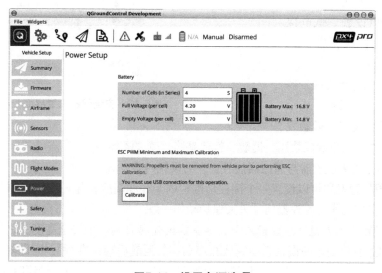

图5-11 设置电源选项

为了安全起见，电调行程校准时必须将螺旋桨从电机上拆下。校准时，首先要断开动力电源，只使用USB数据线连接飞控。然后单击电调校准按钮Calibrate，此时地面站会提示"请使用锂电池为飞控供电"，之后将动力电源接入飞控。飞控程序自动对电调的最大和最小行程进行校准，校准时电机会发出do re mi的音乐鸣响，之后根据锂电池的节数短鸣n次，再长鸣一次，表示校准完成。

（5）安全保护

在设置选项中选择Safety，进入安全保护设置界面。如图5-12所示，安全保护界面中的设置选项有Hardware in the Loop Simulation（半物理模式）、Low Battery Failsafe Trigger（低电量触发器）、RC Loss Failsafe Trigger（遥控器信号丢失触发器）、Data Link Loss Failsafe Trigger（数传信号丢失触发器）、Geofence Failsafe Trigger（电子围栏触发器）、Return Home Settings（返航设置）和Land Mode Settings（着陆模式设置）。

① 半物理模式在普通飞行时禁用，只在仿真飞行时激活。

② 低电量触发器有低电警告、低电保护、超低电紧急处置3个级别可以设置。低电保护动作可以设置成警告、返航、就地降落等。

③ 遥控器信号丢失触发器可以设置信号丢失时长，表示当遥控器信号丢失多久后触发

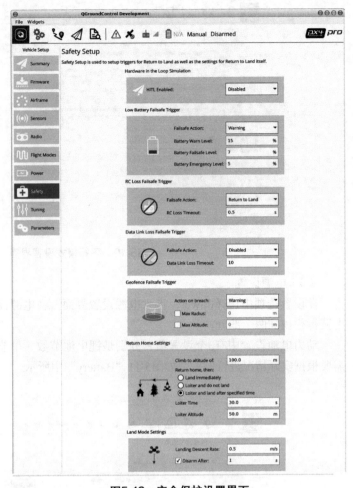

图5-12　安全保护设置界面

保护，保护动作可以设置成禁用、返航、就地悬停、就地降落等。

④ 数传信号丢失触发器与遥控器信号丢失的设置内容一致。

⑤ 电子围栏触发器可以设置一个圆柱形围栏的半径和高度，当飞机不在围栏范围内时，触发保护动作。保护动作与遥控器信号丢失保护动作一致。

⑥ 反航设置。无人机在返航模式下，通常需要先爬升到一个安全高度，之后再返回起飞点，然后根据返航后动作的设置选项完成相应动作。返航后动作有3种：立即降落、悬停不降落、悬停一段时间后降落，其中需要设置返航的爬升高度、返航后动作、悬停时间和悬停高度。

⑦ 着陆模式设置中可以设置无人机在着陆时下降的速度以及着陆是否需要锁定飞控（锁定电机）。下降速度通常设置成0.5m/s。如果下降速度过大，会造成飞机过快降落，地面会对飞机产生过大的冲击力，容易对飞机造成损伤；下降速度过小，会导致飞控程序判断着陆不准确，着陆后不会自动锁定飞控。

（6）手感调节

在设置选项中选择Tuning，进入遥控器手感设置界面。此处设置用于调整无人机的飞行特

性，如图5-13所示。

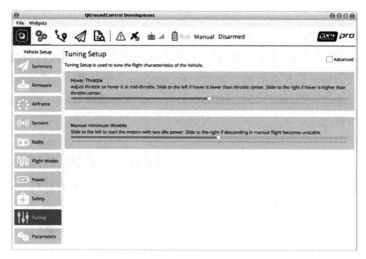

图5-13　悬停油门和手动最小油门调节

① 悬停油门。使悬停位于油门控制杆中间位置。如果悬停低于油门中间位置，则向左滑动滑块。如果悬停高于油门中间位置，则向右滑动滑块。

② 手动最小油门。将滑块滑动到左侧来使较少的空转功率启动电机。如果在手动飞行中，飞机下降变得不稳定，则向右滑动滑块。

（7）参数设置

在设置选项中选择Parameters，进入飞控参数设置界面，如图5-14所示。在参数设置界面中可以设置PX4飞控程序中的所有参数，虽然在此界面中已经为参数做了分类和分组，但每个参数的功能和效果并不是十分直观，需要有一定的使用经验，才能很好地对参数进行配置和调节。目前PX4的参数有600多个，并且各有用途，在这里不做过多的介绍。后续我们会根据需要向读者介绍一些常用参数的功能和配置经验。

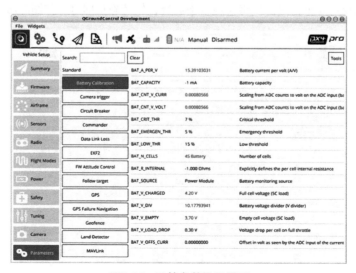

图5-14　飞控参数设置界面

🌀5.2.2 航前校准

航前校准是保证飞机稳定飞行的前提，Pixhawk中集成的传感器并不是工业级高精度传感器，其噪声和误差较大，因此需要对加速计、陀螺仪、磁罗盘和水平仪进行校准。在设置选项中选择Sensors，进入传感器校准界面。界面中有Compass（磁罗盘）、Gyroscopt（陀螺仪）、Accelerometer（加速计）和Level Horizon（水平仪）校准选项以及Set Orientations（传感器安装方向设置）等内容。

（1）加速计

校准加速计时，需要使飞机分别在6个方向上保持静止，等到地面站提示需要切换到另外一个方向时，再换另外一个方向保持静止，直到完成6个方向上的加速计校准，如图5-15所示。

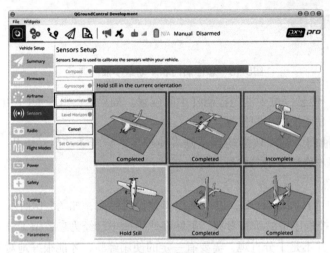

图5-15　校准加速计

（2）陀螺仪

校准陀螺仪相对简单，只需要将飞控水平放置，保持静止即可，如图5-16所示。

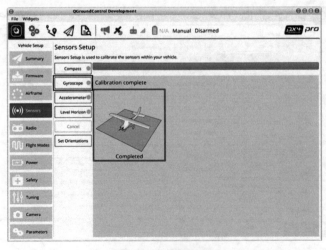

图5-16　校准陀螺仪

（3）磁罗盘

校准磁罗盘也需要对飞机的6个方向做设置，首先使飞机在一个方向上保持静止，当飞控识别当前方向后，按提示对飞机进行旋转，直到地面站提示需要切换到另一个方向后，再切换到另一个方向上进行校准，最终完成6个方向上的磁罗盘校准，如图5-17所示。

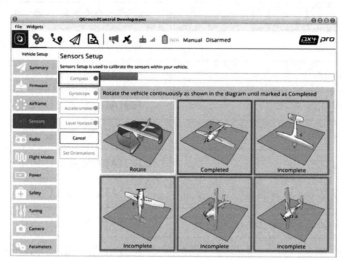

图5-17 校准磁罗盘

（4）水平仪

事实上，水平仪并不是Pixhawk上的传感器，而是PX4飞控程序根据导航算法对传感器的读数进行分析和解算，用来计算传感器与机身的夹角。校准时需要将飞机放置在水平地面上，单击水平仪校准按钮并等待其完成即可，如图5-18所示。

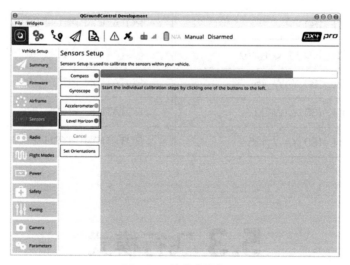

图5-18 校准水平仪

（5）传感器安装方向设置

通常采用Pixhawk内部的传感器是不需要做此项配置的，只需要按默认选择（ROTATION_NONE）即可。如果接入外部传感器，并且正方向与Pixhawk的方向不一致时就需要进行设置。可以按俯仰、滚转、航向3个姿态角度的基本组合进行设置。PX4支持的安装角度组合如表5-1所示。

表5-1　安装方向设置选项

安装方向	安装方向
ROTATION_YAW_45	ROTATION_ROLL_180_YAW_225
ROTATION_YAW_90	ROTATION_ROLL_180_YAW_270
ROTATION_YAW_135	ROTATION_ROLL_180_YAW_315
ROTATION_YAW_180	ROTATION_ROLL_270
ROTATION_YAW_225	ROTATION_ROLL_270_YAW_45
ROTATION_YAW_270	ROTATION_ROLL_270_YAW_90
ROTATION_YAW_293_PITCH_68_ROLL_90	ROTATION_ROLL_270_YAW_135
ROTATION_YAW_315	ROTATION_ROLL_270_YAW_270
ROTATION_ROLL_90	ROTATION_PITCH_90_YAW_180
ROTATION_ROLL_90_YAW_45	ROTATION_PITCH_45
ROTATION_ROLL_90_YAW_90	ROTATION_PITCH_90
ROTATION_ROLL_90_YAW_135	ROTATION_PITCH_9_YAW_180
ROTATION_ROLL_180	ROTATION_PITCH_90_ROLL_90
ROTATION_ROLL_180_PITCH_270	ROTATION_PITCH_90_ROLL_270
ROTATION_ROLL_180_YAW_45	ROTATION_PITCH_180
ROTATION_ROLL_180_YAW_90	ROTATION_PITCH_270
ROTATION_ROLL_180_YAW_135	ROTATION_PITCH_315

5.3 飞行模式

PX4飞控程序中预先定义了13种飞行模式：Manual、Altitude、Position、Mission、Hold、Takeoff、Land、Return、Acro、Offboard、Stabilized、Rattitude、Follow Me。下面介绍这些飞行模式的特点和作用。

🛩 5.3.1 Stabilized增稳模式

① 滚转与俯仰。遥控器的滚转通道和俯仰通道控制的是多旋翼的滚转角度和俯仰角度，如果滚转通道和俯仰通道控制杆保持在中心位置，飞机则保持水平姿态。当滚转通道和俯仰通道控制杆与中心位置有一定夹角时（手动拨动控制杆），飞机也会出现滚转角或俯仰角，并与遥控器滚转通道和俯仰通道偏离中心位置的角度成正比，如图5-19所示。

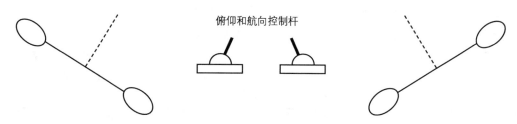

图5-19　滚转和俯仰杆控制飞机的姿态

② 航向。遥控器的航向通道控制的是多旋翼偏航运动的角速度，也就是说，当遥控器的航向通道在中心位置时，多旋翼的航向会保持在当前航向上，没有偏航运动。当遥控器的航向通道与中心位置有一定夹角时（手动拨动控制杆），飞机出现偏航运动，运动的角速度即与遥控器航向通道偏离中心位置的角度成正比。

③ 油门。遥控器的油门通道控制的是多旋翼垂向的动力大小，也就是我们常说的油门大小（注意不是高度）。当遥控器的油门通道处于最低位置时，电机不转。当油门通道由最低位置逐渐向最高位置推动时（手动拨动控制杆），电机转动逐渐加快，直到螺旋桨转动产生的拉力大于飞机自身重力时，飞机逐渐爬升；当油门向最低位置减少时，飞机逐渐下降。

注意：当多旋翼油门不变，并处于滚转或俯仰姿态时，飞机的总拉力不变，但方向发生了变化，在垂直方向上的分力会减小。所以当飞机处于滚转和俯仰姿态时，如果不改变油门通道的控制量，飞机的高度会下降（因为垂直方向拉力减小了），为了不使飞机高度下降，在手动飞行滚转和俯仰时，需要适当增大油门。

🛩 5.3.2 Manual手动模式

手动模式是将遥控其的油门通道、滚转通道、俯仰通道以及航向通道直接输出到飞机的混合控制器当中。在手动控制模式下，飞机的飞行姿态完全依赖于遥控器的控制。因此，手动模式的控制难度比增稳模式要大。

🛩 5.3.3 Altitude高度模式

高度模式与手动模式在滚转和俯仰姿态中没有任何区别，同样是根据控制杆来改变滚转和俯仰的姿态角，这里不再赘述。

在高度控制模式下，无人机会根据各个传感器的数据进行高度融合，并对其自身做高度控制。遥控器的油门通道对应到无人机的控制量为实际飞机在垂直方向上的速度。当油门通道处于中心位置时，飞机垂直方向上的控制速度为0。此时如果无人机出现滚转或俯仰姿态，飞机不会像在手动模式下一样降低高度，而是会自动补偿飞机的整体拉力，从而达到在当前高度水平飞行的功能；当遥控器油门通道从中心位置向最大值方向推动，飞机向上爬升的速度增加；当遥控器油门通道从中心位置向最小值方向推动时，飞机向下降落的速度增加，如图5-20所示。高度模式相关参数见表5-2。

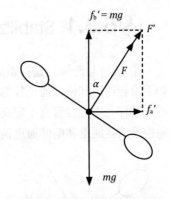

图5-20　改变姿态时控制程序自动补偿油门

表5-2　高度模式相关参数

参数	默认值	说明
MPC_Z_VEL_MAX_UP	3m/s	最大上升速度
MPC_Z_VEL_MAX_DN	1m/s	最大下降速度

为保护飞机在下降时速度过快而在着陆时受到地面的冲击，一般下降速度默认值设置得比较小。

5.3.4　Position位置模式

在油门控制方面，位置模式与高度模式相同。当油门在中间位置时，保持定高飞行；推高油门时，飞机上升；拉低油门时，飞机下降。

遥控器的滚转和俯仰通道控制的是飞机前、后、左、右飞行的速度，如图5-21所示。也就是说，当遥控器的滚转和俯仰通道在中心位置时，飞机会在当前位置上保持不动。这通常需要全球定位系统GPS的支持，如果没有GPS定位，无人机将无法进入位置模式。位置模式相关参数见表5-3。

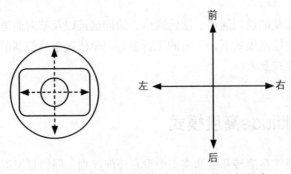

图5-21　滚转和俯仰通道控制4个方向的飞行速度

表5-3　位置模式相关参数

参数	默认值	说明
MPC_HOLD_DZ	0.1（10%）	滚转和俯仰通道的定点阈值
MPC_VEL_MANUAL	5m/s	水平飞行速度最大值

　　滚转和俯仰通道的定点阈值设定的目的是让遥控器的控制杆滚转和俯仰通道偏离中心位置，当小于此阈值时，进入Hold模式，保持当前位置不动，从而避免当控制杆在中心位置由于读数误差导致飞机以很小的速度飞行，偏离当前位置。

🛩5.3.5 Mission任务模式

　　任务模式通常也被称为航迹点模式，也就是说，我们可以事先在地面站上为飞机规划出一条飞行航线，然后再将这条航线上传到无人机当中。当无人机切换到任务模式时，可以按预先指定的航迹点进行飞行。如图5-22所示，我们任意定义了6个航迹点上传到飞控当中，并希望无人机按这些航迹点进行自动飞行。当然，任务模式能按航迹点飞行的前提与位置模式一样，需要无人机能够准确地定位，才能进行任务飞行。

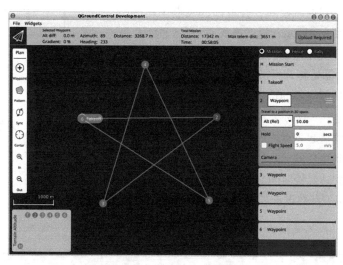

图5-22　自由规划6个航迹点

🛩5.3.6 Hold定点模式

　　定点模式的功能非常单一，当飞控切换到定点模式后，飞机将在当前位置保持悬停，此时方向控制杆将不起作用。

⊕ 5.3.7 Takeoff/Land起飞降落模式

起飞模式与降落模式是一个相对独立的飞行功能，可以实现一键起飞和降落，只需对其参数做一些说明即可，见表5-4。

表5-4　起飞和降落相关参数

参数	默认值	说明
MIS_TAKEOFF_ALT	2.5m	起飞高度，到达此高度后悬停
MPC_TKO_SPEED	1.5m/s	起飞速度，在起飞模式下上升的速度
MPC_LAND_SPEED	1m/s	着陆速度，在降落模式下下降的速度
COM_DISARM_LAND	0.5s	着陆后多久自动锁定电机

⊕ 5.3.8 Return返航模式

返航模式是一个安全保护模式，它允许无人机在紧急情况下切换到返航模式，并返回起飞点（Home Position），如图5-23所示，返航模式一共有5个阶段。

① 爬升。飞机在返航前，为了避免与途中障碍物发生碰撞，通常都是爬升到指定高度。

② 返航。向起飞点的位置飞行，并一直保持当前高度，避免与途中障碍物发生碰撞。

③ 下降。到达起飞点之后，开始下降。

④ 悬停。到达悬停点之后，开始悬停。

⑤ 降落。到达悬停时间之后，降落。

飞机返航相关参数设置如表5-5所示。

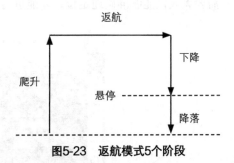

图5-23　返航模式5个阶段

表5-5　飞机返航相关参数设置

参数	默认值	说明
MIS_TAKEOFF_ALT	30m	返航高度
RTL_DESCEND_ALT	15m	悬停高度
RTL_LAND_DELAY	30s	悬停时间
RTL_MIN_DIST	2m	触发上升到安全高度的最小水平距离

5.3.9 Acro/Rattitude特技姿态模式

在特技模式下，遥控器的滚转和俯仰控制的是无人机滚转和俯仰的角速度（注意是角速度，而不是角度），当滚转通道和俯仰通道控制杆与中心位置有一定夹角时（手动拨动控制杆），飞机会出现滚转或俯仰，其滚转与俯仰的角速度与遥控器滚转通道和俯仰通道偏离中心位置的角度不是成比例关系，而是一个3次曲线关系：

$$y = \frac{r[x^3 + x(1-f)](1-g)}{1-g|x|}$$

遥控器通道与控制量函数曲线如图5-24所示，特技姿态相关参数见表5-6。

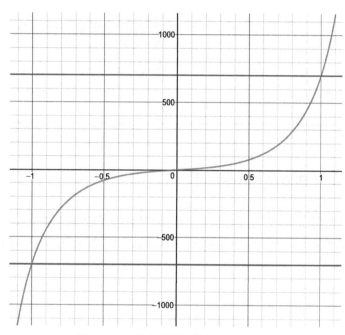

图5-24 遥控器通道与控制量函数曲线

表5-6 特技姿态相关参数

参数	默认值	说明
MC_ACRO_EXPO	0.69	用于优化滚转和俯仰的摇杆输入曲线形状
MC_ACRO_EXPO_Y	0.69	用于优化偏航的摇杆输入曲线形状
MC_ACRO_P_MAX	720.0°/s	最大俯仰速度
MC_ACRO_R_MAX	720.0°/s	最大滚转速度
MC_ACRO_Y_MAX	540.0°/s	最大航向速度
MC_RATT_TH	0.8	偏离中心位置阈值，在小于此值时，保持姿态模式；在大于此值时，进入特技模式

5.3.10 Offboard离线模式

离线模式指的是无人机可以在脱离遥控器控制的情况下离线飞行，但前提是需要有地面站采用Mavlink协议对飞机进行控制。在此模式下，地面站向无人机发送控制指令。例如：起飞、悬停、执行预设任务、指定目标点飞行、返航、着陆等离线模式相关参数，见表5-7。

表5-7　离线模式相关参数

参数	默认值	说明
COM_OF_LOSS_T	10s	数传信号丢失时间
COM_OBL_ACT	2	数传信号丢失后，保护动作。0—着陆；1—定点；2—返航
COM_OBL_RC_ACT	3	数传信号丢失，但遥控器信号正常，切换模式。1—高度模式；2—手动模式；3—返航模式；4—着陆模式

5.3.11 Follow Me跟随模式

跟随模式通过使用GPS和其他定位信息，能够在指定的位置和距离处自动偏航，以面向并跟随目标。通常需要摄像头和目标识别算法一起配合无人机控制程序实现跟随模式。

第**6**章

飞控架构与
通信协议

6.1 架构总览

PX4飞控程序架构较为复杂，其中涉及软硬件通信、内外通信总线、导航算法、控制算法、命令与状态机、混合控制输出等一系列功能。PX4总体架构如图6-1所示。

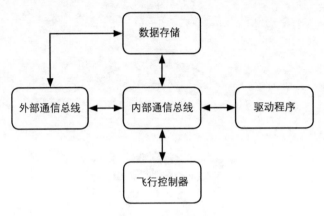

图6-1　PX总体架构

6.1.1 数据存储

数据存储分为通用数据存储（Database）、飞控参数存储（Parameters）和飞行日志存储（Logging）3个部分，如图6-2所示。

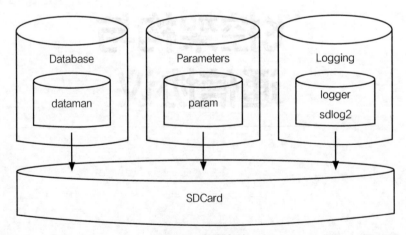

图6-2　数据存储

① 通用数据存储。处理存储内容的模块为dataman，保存的目标位置可以是SDCard中。dataman为上层应用提供了可以随时存储指定飞行任务的通用函数，上层应用可以通过调用dataman所提供的两个接口函数dm_write()和dm_read()来读写飞行任务，通常用于读写飞行航迹点的坐标和电子围栏的坐标等相关信息。

②飞控参数存储。飞控程序中定义了大量的飞行参数，例如，串级PID控制参数、导航参数、状态切换参数、传感器校准参数、遥控器校准参数、通信协议参数等。同样的，param程序为上层应用提供了param_get()、param_set()、param_save()和param_load()函数。其中param_get()和param_set()函数可以对参数进行读取或设置，param_save()函数可以将参数存放到Flash和SDCard中，param_load()函数可以将参数由Flash或SDCard加载到程序中。

③飞行日志存储。飞控程序中提供了两种飞行日志的记录方式（二选一），早期的日志记录方式为sdlog2，可以将需要记录的数据用字符方式存储到SDCard中的csv格式文件中，飞行结束后，可以通过其他软件程序来查看。最新的飞控程序推荐使用logger来记录飞行日志，它可以将飞控程序中的uORB记录下来并保存。需要时可以通过replay模块将uORB的内容回放。

6.1.2　内部通信总线

飞控程序中，内部消息传递采用的是异步消息机制uORB（见图6-3），它的设计理念很有趣，可以实现不同模块中的数据快速通信，并且以异步通信为基本原则。也就是说，在通信过程中，发送者只负责发送数据，而不关心数据由谁接收，也不关心接收者是否能将所有数据都接收到；而对于接收者来说，并不关心数据是由谁发送的，也不关心在接收过程中是否能将所有数据都接收到。

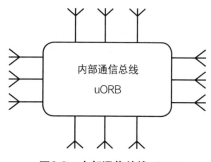

图6-3　内部通信总线uORB

uORB在数据发布与接收过程中，并不保证发送者的所有数据都可以被接收者接收到，而只保证接收者在想要接收时能收到最新的数据。而发送与接收的分离可以使飞控程序中各个模块相互独立，互不干扰。实际上同一个uORB可以由多个发送者发布，也可以被多个接收者接收。

飞控程序中，所有模块之间的通信方式几乎都是uORB，每个模块之间并不需要了解数据的来源或是数据流向，只关心当前数据内容。这也使得飞控中的各个模块之间的耦合度大大降低，模块之间相对独立。

6.1.3　外部通信总线

外部通信总线指的是飞控程序与地面站程序的通信总线。目前主流的开源飞控系统中采用的外部通信协议都是Mavlink。它是一个轻量级、简洁、跨平台的通信协议，目前最新的版本号为2.0，支持C/C++、Java、Python等编程语言。Mavlink协议可以通过工具生成不同编程语言环境下的通信协议，并在不同的操作系统上运行，如图6-4所示。

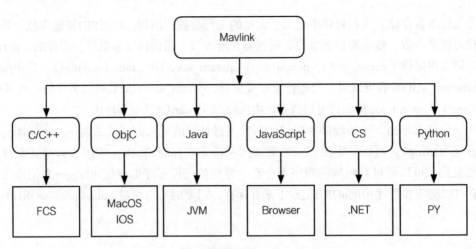

图6-4   支持多种编程语言的Mavlink协议

图6-4中C/C＋＋所用的Mavlink协议用在飞行控制系统（Flight Control System，FCS，即飞控）当中，也可以用在由C/C＋＋所开发的地面站程序中，例如运行在个人电脑上的地面站程序QGroundControl中。由于飞控与地面站的通信都采用Mavlink协议，所以我们也可以使用其他编程语言来编写一个个性化的地面站程序。例如使用Java编写一个手机地面站程序运行在Android手机或平板电脑上，也可以使用ObjC编写一个可以运行在MacOS上的地面站程序，这样就有效地避免了不同平台上、不同类型程序之间的差异，总之，不同程序中采用的协议通信都是相同的。

6.1.4 驱动程序

PX4中的驱动程序有很多，虽然在普通飞行当中并不会用到所有的驱动程序，但是IMU惯导传感器驱动是必须要用的，其他GPS驱动、遥控器驱动、数传驱动等都推荐使用。常用的驱动程序如图6-5所示，在编译程序时可以根据需要进行选择，而不必将所有驱动模块都编译到固件程序中。

（1）IMU惯导传感器驱动

IMU传感器是飞控驱动程序中最重要组的部分，通过初始化，校准，读取加速计、陀螺仪、磁罗盘等传感器，为上层状态融合和导航系统提供最基本的数据支撑。加速计

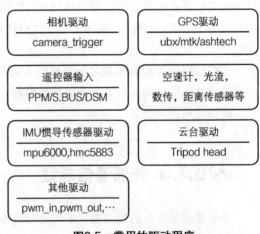

图6-5   常用的驱动程序

是检测飞机当前3轴的加速度，陀螺仪可以检测飞机的旋转角速度，而为了消除陀螺仪的航向积分误差，需要使用磁罗盘对其做航向修正。IMU的数据采集的频率通常都高于其他驱动程序。

（2）遥控器驱动

目前常见的遥控器通信协议为S.BUS和PPM，就实用性来说，S.BUS通信协议更高一点，但在电路上需要接入一个反向器（Pixhawk上已经加入反向器），采用串口来传输S.BUS协议。

（3）GPS驱动

前面已经讲过，在室外自动飞行过程中，无人机需要执行定点飞行模式，然而定点飞行模式的前提是，要有GPS数据对IMU的积分数据进行修正，所以GPS是自动飞行功能的基础，它通常有ashtech、mtk和ubx等。驱动程序会根据当前插入的GPS协议进行自动切换并解析。

（4）相机驱动

通常可以控制相机的拍照功能，并可以对其指定拍照参数，例如光圈、快门、感光度、焦距、白平衡、曝光补偿等，这些控制功能主要取决于相机的功能。对于最初级拍照相机来说，飞控程序只需要对其发送"拍照"命令即可。

（5）云台驱动

云台通常安装在多旋翼机架正下方，在云台上挂载相机或其他设备。云台通常有自己的软件程序，可以很好地达到自平衡的状态。也就是说，当飞机产生俯仰或滚转角度时，云台会自动修正其3轴（简易云台通常只有两个转动轴）舵机的角度，从而自动恢复平衡。而飞控程序也可以通过向云台发送相关指令，控制其当前俯仰、滚转、航向角度。

（6）空速计、数传、光流、距离传感器等

这些传感器驱动并不是在所有的飞机上都要使用，通常根据实际需要来使用其中的一个或几个。空速计可以测量当前空气流动速度；数传支持无线传输设备的数据发送与接收；光流定位系统驱动可以检测当前移动速度与位置；距离传感器可以检测传感器前方物体与其之间的距离，例如超声波、雷达、双目摄像头、激光测距仪等。

（7）其他驱动

PWM信号输入、输出等。PWM信号输入是为了方便接入其他设备，用于采集带有PWM信号占空比值和频率。PWM信号输出是无人机中控制系统的最终输出内容，其信号会直接输出给电调，并驱动电动机转动产生无人机的飞行动力，因此PWM驱动程序尤为重要，准确、及时的信号输出会使无人机的控制更为精准，电机响应更为灵敏。

🎮 6.1.5　飞行控制器

飞行控制器是飞行控制系统中最核心的模块，其主要控制程序如图6-6所示。

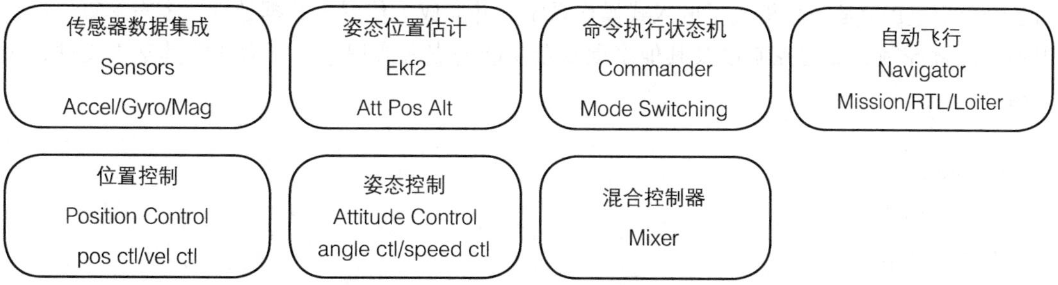

传感器数据集成 Sensors Accel/Gyro/Mag	姿态位置估计 Ekf2 Att Pos Alt	命令执行状态机 Commander Mode Switching	自动飞行 Navigator Mission/RTL/Loiter
位置控制 Position Control pos ctl/vel ctl	姿态控制 Attitude Control angle ctl/speed ctl	混合控制器 Mixer	

图6-6　飞行控制器的主要控制程序

（1）传感器数据集成（Sensors）

Sensors模块收取了所有传感器的数据，包括加速计、陀螺仪、磁罗盘、空速计、高度计、电量计等传感器的读数，并对这些数据进行初步过滤与处理。之后将处理后的数据向Ekf2模块发送。

（2）姿态位置估计（Ekf2）

Ekf2中主要对传感器的数据进行融合，并采用扩展卡尔曼滤波对其做进一步的处理，进而对飞机当前的姿态和位置做出估计。

（3）命令执行状态机（Commander）

Commander处理飞机当前状态（正常、异常）和用户命令，在多种状态下切换。例如飞控锁定/解锁、飞机模式切换、安全保护启动与关闭、启动传感器或遥控器校准功能等。

（4）自动飞行（Navigator）

Navigator配合dataman中存储的任务信息进行自动飞行功能，给定飞机当前的飞行目标点（将位置期望传递给位置控制模块），并以指定高度和航向飞行，到达目标点执行特定任务（例如拍照、鸣笛等），并继续向下一点飞行。

（5）位置控制（Position Control）

串级PID反馈控制，外环PID将当前期望位置输出为期望速度，内环PID根据期望速度计算出期望姿态，输出给姿态控制模块。

（6）姿态控制（Attitude Control）

串级PID反馈控制，外环PID将当前期望状态输出为期望角速度，内环PID根据期望角速度计算出期望控制量，输出给控制输出模块。

（7）混合控制器（Mixer）

得到姿态控制最终输出的控制量，根据不同机型（四轴、六轴、八轴等）Mixer混控文件，将实际多路控制PWM信号输出到电调中，实现电机的控制。但是实际上控制输出属于驱动部分，这在飞行控制系统中也是很重要的内容。

6.2 源代码结构设计

PX4的源代码架构较为复杂，下面只针对必要的和常用的文件目录向读者做相关介绍。前面已经介绍过PX4是一套集成了嵌入式操作系统，并完成了传感器数据处理、姿态解算、航线规划、位置控制、姿态控制以及其他多项复杂功能的嵌入式程序。下面介绍其基本文件目录结构。

```
Firmware
├── build
├── cmake
├── mavlink
```

6.2.1 编译目标目录（build）

build是编译目标目录，其中包括程序源代码编译之后所生成的编译选项、中间文件、目标文件等，它按不同的编译选项分为多个不同的目录。例如，当我们执行不同的编译选项时，就会出现多个编译目标目录。

```
build/
├──── nuttx_px4fmu-v2_default
├──── nuttx_px4fmu-v3_default
├──── posix_sitl_default
└──── posix_sitl_test
```

在编译结束之后，最终生成的目标文件格式与目标平台有关，例如：使用nuttx_px4fmu-v2_default和nuttx_px4fmu-v3_default编译选项编译之后生成的文件即运行在STM32F系列的FMU中，并采用Nuttx操作系统运行整个飞控程序；而使用posix_sitl_default和posix_sitl_test即运行在支持Posix标准的平台上，如运行Linux内核的Arm平台，或个人电脑上。

下面以nuttx_px4fmu-v3_default编译选项为例，介绍源代码编译到目标目录的过程。当执行make nuttx_px4fmu-v3_default编译指令时，在build目录下创建具体的编译目录nuttx_px4fmu-v3_default，其子目录内容如下。

```
nuttx_px4fmu-v3_default/
├──── genromfs
│       └──── px4fmu_common
│               ├──── extras
│       └──── px4io-v2.bin
│               ├──── init.d
│               └──── mixers
├──── msg
│       ├──── CMakeFiles
│       ├──── tmp
```

```
|       |         ├──── headers
|       |         └──── sources
|       ├──── topics_sources
|       └──── libuorb_msgs.a
├──── NuttX
|       ├──── apps
|       |       ├──── builtin
|       |       ├──── canutils
|       |       ├──── examples
|       |       ├──── ...
|       |       └──── libapp.a
|       ├──── CMakeFiles
|       └──── nuttx
|               ├──── arch
|               ├──── audio
|               ├──── configs
|               └──── ...
├──── platforms
|       └──── nuttx
|               ├──── CMakeFiles
|               └──── src
├──── ROMFS
|       ├──── CMakeFiles
|       └──── px4fmu_common
|               ├──── CMakeFiles
|               ├──── init.d
|               └──── mixers
├──── src
|       ├──── drivers
|       ├──── lib
|       ├──── modules
|       ├──── platforms
|       └──── systemcmds
├──── uORB
|       └──── topics
├──── px4fmu-v2.bin
└──── px4fmu-v3_default.px4
```

① 将需要编译的操作系统Nuttx文件夹（包括两个子文件夹nuttx和apps）由源代码目录复制到编译目录——Nuttx中，之后根据cmake构建选项，将其编译成静态链接库libapp.a。

② 将msg文件复制到目标目录，并根据模板将每一个msg都生成一个头文件和一个源文件。将所有消息的头文件复制到uORB目录中，将所有消息源文件编译成静态链接库libuorb_msgs.a。

③ 根据编译选项，将需要在IO控制板上运行的源代码生成px4fio-v2.bin固件程序，生成的目录在genromfs/extras/中。

④ 根据ROMS中所定义的文件系统，生成genromfs目录，这一目录被打包到fmu固件程序中，当fmu固件程序启动后，可以以genromfs的结构读取文件系统。其子目录为px4fmu_common，其中还包括extras、init.d和mixers 3个子目录。

extras/存放了IO固件程序px4io-v2.bin，方便fmu固件程序烧写IO程序固件。

init.d/中存放的是Nuttx操作系统所支持的启动脚本rcS。还有一些用于飞控程序的脚本，例如传感器相关脚本rc.sensors、多旋翼启动脚本rc.mc_default和不同机型的特有启动脚本4001_quad_x、6001_hexa_x、8001_octo_x等。

mixers/中存放了指定机型所用到的混控文件，例如quad_+.main.mix、octo_+.main.mix、hexa_+.main.mix等。固件程序会根据不同的机型，选择性调用这些混控文件，根据混控文件中的配置内容，生成不同的控制信号，通常都是PWM。

⑤ 根据编译选项，将需要在FMU控制板上运行的源代码生成px4fmu-v2.bin固件程序，其中集成了所有中间过程中生成的文件，包括libapp.a、libmsg_uorba、genromfs等。为了能够将px4fmu-v2.bin通过USB烧写到Pixhawk上，PX4的编译选项中将px4fmu-v2.bin文件重新打包成名为px4fmu-v3_default.px4的可烧写固件程序，并通过烧写工具进行固件烧录。

注意：由于px4fmu-v3与其上一个版本px4fmu-v2没有功能上的区别，只是在目标Pixhawk的flash大小上略有不同，因此采用的固件仍然是px4fmu-v2.bin，但在烧写固件文件时命名为px4fmu-v3_default.px4。

🜨 6.2.2 编译配置目录（cmake）

cmake目录中存放了整个PX4项目工程的编译选项、编译工具配置项以及自定义编译命令等相关内容。其目录结构如下：

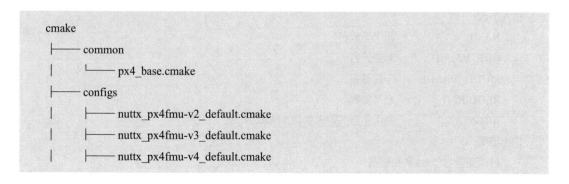

```
cmake
├── common
│     └── px4_base.cmake
├── configs
│     ├── nuttx_px4fmu-v2_default.cmake
│     ├── nuttx_px4fmu-v3_default.cmake
│     ├── nuttx_px4fmu-v4_default.cmake
```

```
|        ├── nuttx_px4fmu-v5_default.cmake
|        ├── nuttx_px4io-v2_default.cmake
|        ├── posix_rpi_native.cmake
|        ├── posix_rpi_cross.cmake
|        ├── posix_sitl_default.cmake
|        └── posix_sitl_test.cmake
└── toolchains
         ├── Toolchain-arm-linux-gnueabihf.cmake
         ├── Toolchain-arm-none-eabi.cmake
         ├── Toolchain-arm-xilinx-linux-gnueabi.cmake
         ├── Toolchain-gcc-arm-linux-gnueabihf.cmake
         └── Toolchain-native.cmake
```

（1）common目录

common目录中的px4_base.cmake配置文件中定义了一些公共编译函数为其他模块所调用。具体编译函数如表6-1所示。

表6-1　PX4定义的编译函数

函数	说明
px4_parse_function_args	解析命令并转化为参数表
px4_join	将列表中多个内容连接到一起
px4_add_module	添加一个模块到编译列表中
px4_add_common_flags	添加编译选项
px4_add_executable	添加可执行文件编译选项

px4_parse_function_args函数可以实现解析命令并转化为参数表，其输入参数和返回结果如下：

```
输入参数：
    NAME        ：调用函数名
    ONE_VALUE   ：单变量名
    MULTI_VALUE ：多变量名
    REQUIRED    ：必须参数
    ARGN        ：调用函数的输入参数 ${ARGN}
输出结果：
    ${单变量名}，${多变量名}
```

　　实际上此函数用于对具有动态参数的函数进行参数解析，并将函数名和参数分别转到相应的变量当中。例如我们来定义一个叫做test()的函数，在其中执行px4_parse_function_args函数，其运行结果如下：

```
function test()
    px4_parse_function_args(
        NAME TEST
        ONE_VALUE NAME
        MULTI_VALUE LIST
        REQUIRED NAME LIST
        ARGN ${ARGN})
endfunction()
test(NAME"hello" LIST a b c)
输出结果:
    name: hello
    list: a b c
```

　　px4_join()函数的功能与px4_parse_function_args相反，它可以将指定的多值变量的内容通过一个连接符号拼接到一起。其输入参数和返回结果如下：

```
输入参数:
    LIST            : 需要连接到一起的多值变量
    GLUE            : 连接符号
输出结果:
    OUT             : 连接结果
```

　　同样，我们可以编写一个例子查看px4_join()的运行结果：

```
px4_join(OUT test_join LIST a b c GLUE";")
输出结果:
"a;b;c"
```

　　px4_add_module()函数用于添加编译模块，这个函数的参数和返回值定义如下：

```
输入参数:
    MODULE          : 模块名称
    MAIN            : 函数入口（主函数）
    STACK_MAIN      : 为主函数分配的栈内存
    STACK_MAX       : 最大函数栈内存
```

```
    COMPILE_FLAGS      : 编译选项
    LINK_FLAGS         : 连接选项
    SRCS               : 源代码文件列表
    INCLUDES           : 头文件包含目录
    DEPENDS            : 依赖模块
输出结果:
    编译成静态链接库lib${MODULE}.a
```

PX4中所有的编译模块都是采用px4_add_module()函数完成的动态编译。例如:Commander模块的编译内容就是调用的px4_add_module()函数来完成编译的:

```
Commander模块:
px4_add_module(
    MODULE modules__commander
    MAIN commander
    STACK_MAIN 4096
    STACK_MAX 2450
    COMPILE_FLAGS
        -Wno-sign-compare
    SRCS
        commander.cpp
        commander_helper.cpp
        ...
    DEPENDS
        git_ecl
        ecl_geo
    )
```

px4_add_common_flags()函数的功能是为编译过程中加入公共的编译选项,其参数和返回值定义如下:

```
输入参数:
    BOARD                   : 单板名称


输出结果:
    C_FLAGS                 : C程序编译选项
    CXX_FLAGS               : C++程序编译选项
    OPTIMIZATION_FLAGS      : 优化编译选项
    EXE_LINKER_FLAGS        : 可执行文件连接选项
```

INCLUDE_DIRS	：头文件包含目录
LINK_DIRS	：连接目录
DEFINITIONS	：编译时加入宏定义

单板名称就是需要编译的固件，也就是运行在指定硬件平台上的固件名称，例px4fmu-v2、px4io-v2等。其中定义了很多默认的编译选项：

```
通用编译选项：
set(warnings
    -Wuninitialized             #未初始化变量
    -Wunused-variable           #未使用变量
    -Wno-unused-parameter       #未使用参数
    ...
    )


C程序编译选项：
set(c_compile_flags
    -g                          #启用调试
    -std = gnu99                #使用gnu99标准
    ...
    )


C + +程序编译选项
set(cxx_compile_flags
    -g                          #启用调试
    -std = gnu + + 11          #使用gnu + + 11标准
    ...
    )

头文件包含目录：
include_directories(
    ${PX4_BINARY_DIR}
    ${PX4_BINARY_DIR}/src
    ${PX4_BINARY_DIR}/src/lib
    ${PX4_BINARY_DIR}/src/modules
    ${PX4_SOURCE_DIR}/src/include
    ${PX4_SOURCE_DIR}/src/platforms
    ...
    )
```

px4_add_executable()函数可以将指定模块的源代码编译成可执行文件，其参数和返回值定义如下：

```
输入参数：
    EXEC_NAME          ：可执行文件名
    SRCS               ：源代码文件列表
输出结果：
    编译成可执行文件
```

通常希望编译运行特有操作系统下的飞控程序。例如编译一个遵循Posix标准的Linux下运行的飞控程序，可以如下定义其编译选项：

```
px4_add_executable(px4
    src/main.cpp
    apps.cpp
    ...
    )
```

（2）configs目录

configs目录下存放的是执行make命令所调用的编译选项。在前面我们已经知道PX4固件的编译方法可以是make [目标程序]。实际上目标程序就是configs/目录中的所有配置文件，表6-2中列出了各项编译目标所对应的编译配置文件。

表6-2   常用的编译目标和编译配置文件

编译命令	对应的编译配置文件	目标平台
make px4fmu-v2_default	nuttx_px4fmu-v2_default.cmake	Pixhawk1的FMU处理器
make px4fmu-v3_default	nuttx_px4fmu-v3_default.cmake	Pixhawk2的FMU处理器
make px4fmu-v4_default	nuttx_px4fmu-v4_default.cmake	Pixhawk4的FMU处理器
make px4io-v4_default	nuttx_px4io-v2_default.cmake	Pixhawk1、Pixhawk2、Pixhawk4的IO处理器
make posix_sitl_default	posix_sitl_default.cmake	当前系统平台
make posix_sitl_test	posix_sitl_test.cmake	当前系统平台
make posix_rpi_native	posix_rpi_native.cmake	当前RaspberryPI平台
make posix_rpi_cross	posix_rpi_cross.cmake	交叉编译RaspberryPI平台

　　除表6-2中所列出来的编译配置文件之外，还有一些其他不太常用的配置，这里不做过多介绍，请有兴趣的读者自行了解。下面针对nuttx_px4fmu-v3_default.cmake的内容，向读者介绍在执行编译命令时所编译的模块相关内容。nuttx_px4fmu-v4_default.cmake文件内容如下：

```
1  # FMUv3 is FMUv2 with access to the full 2MB flash
2  set(BOARD px4fmu-v2 CACHE string"" FORCE)
3  set(FW_NAME nuttx_px4fmu-v3_default.elf CACHE string"" FORCE)
4  set(FW_PROTOTYPE px4fmu-v3 CACHE string"" FORCE)
5  set(LD_SCRIPT ld_full.script CACHE string"" FORCE)
6
7  px4_nuttx_configure(HWCLASS m4 CONFIG nsh ROMFS y ROMFSROOT px4fmu_common
   IO px4io-v2)
8
9  set(config_module_list
10     drivers/gps                      #GPS驱动
11     drivers/imu/l3gd20               #陀螺仪驱动
12     drivers/imu/lsm303d              #加速计驱动
13     drivers/imu/mpu6000              #加速计 + 磁罗盘
14     drivers/imu/mpu9250              #加速计 + 陀螺仪 + 磁罗盘
15     drivers/pwm_input                #PWM输入采集
16     drivers/px4fmu                   #FMU中PWM处理
17     drivers/px4io                    #FMU与IO通信
18     drivers/rgbled                   #彩色LED灯
19     drivers/stm32                    #STM32驱动
20     systemcmds/bl_update             #为IO烧写固件
21     systemcmds/config                #配置命令
22     systemcmds/dumpfile              #文件备份命令
23     systemcmds/nshterm               #nsh重定向命令
24     systemcmds/param                 #参数命令
25     systemcmds/pwm                   #PWM配置命令
26     systemcmds/reboot                #重启命令
27     systemcmds/top                   #查看CPU使用及系统进程占用内存资源
28     modules/sensors                  #传感器数据中间件
29     modules/commander                #命令执行状态机
30     modules/land_detector            #着陆判断
31     modules/mavlink                  #Mavlink外部通信
32     modules/navigator                #自动飞行
33     modules/ekf2                     #扩展卡尔曼滤波
34     modules/mc_att_control           #多旋翼姿态控制
```

```
35    modules/mc_pos_control        #多旋翼位置控制
36    modules/logger                #日志记录（ulog格式）
37    modules/sdlog2                #日志记录（csv格式）
38    modules/dataman               #数据存储
39    ...
40  )
```

▶ 代码说明：

第2～5行所配置的内容：运行的硬件平台为px4fmu-v2，elf可执行对象文件名为nuttx_
px4fmu-v3_default.elf，编译固件名为px4fmu-v3，采用的连接脚本为ld_full.script。

第7行配置了Nuttx操作系统的相关配置项，支持nsh环境，支持ROM文件系统，并且依赖
px4fmu_common和px4io-v2两个模块。其中px4io-v2为IO固件的编译目标，配置文件是nuttx_
px4io-v2_default.cmake。

第9～40行配置了在执行此编译目标时需要编译的所有模块，其中第10～19行配置的是各
个驱动模块，第20～27行配置的是系统相关命令，第28～38行编译的是飞控程序中的主要模
块。这些模块都在源代码目录下，根据每个模块CMakeList.txt中所配置的选项进行编译。使用
者可以根据自己的需要，动态调整想要编译的模块和内容。

（3）toolchains目录

toolchains目录中存放了编译工具的配置选项。其中比较特殊的是Toolchain-native.cmake文
件，它定义了使用者可以通过其配置使用当前系统环境所用到的编译器，并将PX4源代码编译
成当前系统所能够运行的程序。

```
# 编译工具配置
foreach(tool nm ld)
    string(TOUPPER ${tool} TOOL)
    find_program(${TOOL} ${tool})
    if(NOT ${TOOL})
        message(FATAL_ERROR"could not find ${tool}")
    endif()
endforeach()


# 检查必要的系统工具
foreach(tool echo grep rm mkdir nm cp touch make unzip)
    string(TOUPPER ${tool} TOOL)
    find_program(${TOOL} ${tool})
    if(NOT ${TOOL})
        message(FATAL_ERROR"could not find ${TOOL}")
    endif()
endforeach()
```

如果希望在编译时生成当前系统的可执行文件，就需要指定编译工具为Toolchain-native，例如，在posix_sitl_default.cmake文件中，首先就指定了编译时所需要的编译工具配置文件：

```
set(CMAKE_TOOLCHAIN_FILE ${PX4_SOURCE_DIR}/cmake/toolchains/Toolchain-native.cmake)
```

另外，其他编译工具配置文件都是交叉编译工具。交叉编译工具的命名规则为：

arch [-vendor] [-os] [-(gnu)eabi]

其中　　arch——编译目标的体系架构，如ARM、MIPS等；

vendor——此工具链的提供商；

os——编译目标所运行的操作系统；

eabi——嵌入式可执行程序的二进制编码接口。

可以根据交叉工具的命名确定出交叉工具所编译的目标架构体系、所运行的操作系统和二进制编码接口。例如，在前面执行编译命令make px4fmu-v3_default时，所使用的交叉编译工具配置文件为Toolchain-arm-none-eabi.cmake，其交叉编译工具为arm-none-eabi-gcc。又如，执行make posix_rpi_cross命令来编译可以在RaspberryPI平台上运行的飞控程序，所使用的交叉编译工具配置文件为Toolchain-arm-linux-gnueabihf.cmake，其交叉编译工具为arm-linux-gnueabihf-gcc。

🜂 6.2.3 外部通信接口（Mavlink）

Mavlink为无人机与外部通信的接口，在Mavlink文件夹中的内容是Mavlink协议所要用的头文件内容，实际上就是Mavlink各类协议的定义部分和公共调用函数部分。文件夹中的内容如下：

```
mavlink/
└──include
    └── mavlink
        └── v2.0
            ├── common
            │       ├── common.h
            │       ├── mavlink_msg_actuator_control_target.h
            │       ├── mavlink_msg_adsb_vehicle.h
            │       ├── mavlink_msg_altitude.h
            │       └── ...
            ├── protocol.h
            ├── checksum.h
            ├── mavlink_helpers.h
            └── mavlink_types.h
```

需要注意的是，在此文件夹中所存放的只是Mavlink协议的头文件和公共调用函数，而不是飞控与地面站通信的功能实现。飞控与地面站的通信功能将在后面介绍。目前Mavlink的版本为2.0，在mavlink/include/mavlink/v2.0中定义了此版本中所有头文件。

（1）protocol.h

定义了Mavlink协议发送数据所用的宏定义MAVLINK_START_UART_SEND和处理Mavlink协议节数组的函数相关函等，这些宏定义和函数在发送Mavlink协议包时，函数被调用。

（2）mavlink_types.h

定义了Mavlink协议包的具体格式。内容如下：

```
typedef struct __mavlink_message {
    uint8_t magic;                                    //协议头V2.0中为0xFD
    uint8_t len;                                      //协议包中负载长度
    uint8_t incompat_flags;                           //兼容性必须理解的标志（如果不理解，则丢弃数据包）
    uint8_t compat_flags;                             //如果不理解，可以忽略的标志（如果不理解，仍然可以
                                                        处理数据包）
    uint8_t seq;                                      //用于检测丢包，每个发送消息的增量值
    uint8_t sysid;                                    //系统ID
    uint8_t compid;                                   //组件ID
    uint32_t msgid : 24;                              //消息ID
    uint64_t payload64[PAYLOAD_LEN + OTHER_LEN];      //数据负载
    uint8_t ck[2];                                    //校验码
    uint8_t signature[MAVLINK_SIGNATURE_BLOCK_LEN];   //防篡改签名
}) mavlink_message_t;
```

（3）mavlink_helpers.h

定义了Mavlink协议包的封装和解析函数，内容如下。

```
42 uint16_t mavlink_msg_to_send_buffer(uint8_t *buf, const mavlink_message_t *msg)
43 {
44    uint8_t signature_len, header_len;
45    uint8_t *ck;
46    uint8_t length = msg->len;
47
48    length = _mav_trim_payload(_MAV_PAYLOAD(msg), length);
49    header_len = MAVLINK_CORE_HEADER_LEN;
50    buf[0] = msg->magic;
51    buf[1] = length;
52    buf[2] = msg->incompat_flags;
```

```
53    buf[3] = msg->compat_flags;
54    buf[4] = msg->seq;
55    buf[5] = msg->sysid;
56    buf[6] = msg->compid;
57    buf[7] = msg->msgid & 0xFF;
58    buf[8] = (msg->msgid >> 8) & 0xFF;
59    buf[9] = (msg->msgid >> 16) & 0xFF;
60    memcpy(&buf[10], _MAV_PAYLOAD(msg), length);
61    ck = buf + header_len + 1 + (uint16_t)length;
62    signature_len = MAVLINK_SIGNATURE_BLOCK_LEN;
63
64    ck[0] = (uint8_t)(msg->checksum & 0xFF);
65    ck[1] = (uint8_t)(msg->checksum >> 8);
66    if (signature_len > 0) {
67        memcpy(&ck[2], msg->signature, signature_len);
68    }
69
70    return header_len + 1 + 2 + (uint16_t)length + (uint16_t)signature_len;
71 }
```

▶▶▶ **代码说明：**

第50～59行将Mavlink协议包头、负载长度、系统ID、组件ID和消息ID等相关信息转存到字节数组当中。

第60行将Mavlink的消息体msg的内容通过memcpy函数复制到mailing的Payload字段当中，完成负载内容的转存。

第64～68行计算Mavlink协议包的CRC校验码和签名，校验码存储在ck[0]和ck[1]中，其中ck[0]为校验码的高8位，ck[1]中为低8位。

第70行返回整个Mavlink协议包的长度。

下面是通过字节数组解析Mavlink协议包的函数：

```
73 uint8_t mavlink_frame_char_buffer(mavlink_message_t* rxmsg,
74                                    mavlink_status_t* status,
75                                    uint8_t c,
76                                    mavlink_message_t* r_message,
77                                    mavlink_status_t* r_mavlink_status)
78 {
79    int bufferIndex = 0;
```

```
80    status->msg_received = MAVLINK_FRAMING_INCOMPLETE;
81    switch (status->parse_state)
82    {
83    case MAVLINK_PARSE_STATE_UNINIT:
84    case MAVLINK_PARSE_STATE_IDLE:
85        //空闲时开始解析协议
86        ...
87        break;
88    case MAVLINK_PARSE_STATE_GOT_STX:
89        //消息头0XFD
90        ...
91        break;
92    case MAVLINK_PARSE_STATE_GOT_LENGTH:
93        //负载长度
94        ...
95        break;
96
97    //处理INCOMPAT_FLAGS、COMPAT_FLAGS、SEQ、SYSID、COMPID略
98    ...
99
100    case MAVLINK_PARSE_STATE_GOT_MSGID:
101        //负载消息ID
102        ...
103        break;
104    case MAVLINK_PARSE_STATE_GOT_PAYLOAD:
105        //负载内容
106        ...
107        break;
108    case MAVLINK_PARSE_STATE_GOT_CRC:
109        //CRC校验码
110        ...
111        break;
112    case MAVLINK_PARSE_STATE_SIGNATURE:
113        //数字签名
114        ...
115        break;
116    }
117
```

```
118    bufferIndex + + ;
119    if (status->msg_received = = MAVLINK_FRAMING_OK) {
120        status->current_rx_seq = rxmsg->seq;
121        if (status->p_rx_success_count = = 0) status->p_rx_drop_count = 0;
122        status->p_rx_success_count + + ;
123    }
124
125    r_message->len = rxmsg->len;
126    r_mavlink_status->parse_state = status->parse_state;
127    r_mavlink_status->packet_idx = status->packet_idx;
128    r_mavlink_status->current_rx_seq = status->current_rx_seq + 1;
129    r_mavlink_status->packet_rx_success_count = status->packet_rx_success_count;
130    r_mavlink_status->packet_rx_drop_count = status->parse_error;
131    r_mavlink_status->flags = status->flags;
132    status->parse_error = 0;
133
134    return status->msg_received;
135 }
```

▶ **代码说明：**

第81～116中的switch语句用于根据当前解析状态来解析协议包，判断当前字符是否为Mavlink包头0xFD，并根据后续内容按字节解析。逐步将系统ID、组件ID、负载长度、负载内容、CRC校验码和数字签名等内容取出。

第118～123行解析协议包之后，记录接收字节数和丢弃字节数。

第125～132行设置本次解析的状态内容，包括解析状态、当前解析位置、成功字节数、丢弃字节数等。

第134行返回本次解析状态：成功或失败。

（4）checksum.h

定义了Mavlink协议中所用到的CRC校验算法函数。内容如下：

```
void crc_accumulate(uint8_t data，uint16_t *crcAccum);
uint16_t crc_calculate(const uint8_t* pBuffer，uint16_t length);
```

此CRC校验算法较为常用，这里不再赘述。

（5）common

文件夹中以mavlink_msg_开头的文件，都是Mavlink的消息，目前支持的消息有164个。表6-3列出了一些常用的Mavlink消息。

表6-3　常用的Mavlink消息

消息ID	消息文件名	说明
9	mavlink_msg_heartbeat.h	飞控与地面站之间的心跳包
30	mavlink_msg_attitude.h	姿态信息，包括欧拉角和角速度
33	mavlink_msg_global_position_int.h	全局坐标系下位置和速度
39	mavlink_msg_mission_item.h	航迹点协议，包括点坐标和其他命令及参数
65	mavlink_msg_rc_channels.h	遥控器通道读数
76	mavlink_msg_command_long.h	飞控指令与参数
125	mavlink_msg_power_status.h	电源状态，当前电压
242	mavlink_msg_home_position.h	起飞点坐标，全局坐标系和本地坐标系
253	mavlink_msg_statustext.h	文字消息

实际上每一个消息的格式、使用方法都是相同的，不同的只是消息内容。下面以姿态信息为例，对消息包的组成做相应的说明。

```
137 #define MAVLINK_MSG_ID_ATTITUDE 30
138
139 MAVPACKED(
140 typedef struct __mavlink_attitude_t {
141  uint32_t time_boot_ms;        //启动时间
142  float roll;                   //滚转角，单位为弧度
143  float pitch;                  //俯仰角，单位为弧度
144  float yaw;                    //航向角，单位为弧度
145  float rollspeed;              //滚转角速度，单位为弧度每秒
146  float pitchspeed;             //俯仰角速度，单位为弧度每秒
147  float yawspeed;               //航向角速度，单位为弧度每秒
148 }) mavlink_attitude_t;
149
150 #define MAVLINK_MSG_ID_ATTITUDE_LEN 28
151 #define MAVLINK_MSG_ID_ATTITUDE_CRC 39
152
153 static inline void mavlink_msg_attitude_send(mavlink_channel_t chan,
                                                uint32_t time_boot_ms,
                                                float roll,
                                                float pitch,
                                                float yaw,
```

```
                                       float rollspeed,
                                       float pitchspeed,
                                       float yawspeed)
154 {
155 }
156
157 static inline void mavlink_msg_attitude_send_struct(mavlink_channel_t chan, const
                                    mavlink_attitude_t* attitude)
158 {
159 }
160
161 static inline void mavlink_msg_attitude_decode(const mavlink_message_t* msg,
                                    mavlink_attitude_t* attitude)
162 {
163 }
```

>> **代码说明：**

第137行定义了此消息ID为30。

第139～148行定义了此消息的具体内容，即欧拉角和角速度等相关内容。

第150、151行定义了此消息的长度28和CRC校验码39。

第153～157行定义了两个发送消息函数。分别按具体消息内容作为函数参数发送消息和按结构体整体发送消息函数。通过调用这两个函数，就可以将此消息发送到Mavlink总线上。

第161行定义了解析此消息的函数，可以通过此函数将mavlink_message_t消息解析到mavlink_attitude_t结构当中。

（6）common/common.h

文件中定义了所有Mavlink消息协议的ID、长度、CRC等相关信息，并包含所有消息头文件。另外，还定义了Mavlink协议中需要用到的相关指令和状态。其内容如下：

```
165 #define MAVLINK_MESSAGE_CRCS {{0, 50, 9, 0, 0, 0}, {1, 124, 31, 0, 0,
0}, ...}
166 #define HAVE_ENUM_MAV_AUTOPILOT
167 typedef enum MAV_AUTOPILOT
168 {
169   MAV_AUTOPILOT_GENERIC = 0,
170   MAV_AUTOPILOT_RESERVED = 1,
171   ...
172 } MAV_AUTOPILOT;
```

```
173
174 #define HAVE_ENUM_MAV_TYPE
175 typedef enum MAV_TYPE
176 {
177    MAV_TYPE_GENERIC = 0,
178    MAV_TYPE_FIXED_WING = 1,
179    ...
180 } MAV_TYPE;
181
182 ...
183
184 #include "./mavlink_msg_heartbeat.h"
185 #include "./mavlink_msg_attitude.h"
186 #include "./mavlink_msg_global_position_int.h"
187 #include "./mavlink_msg_mission_item.h"
188 #include "./mavlink_msg_rc_channels.h"
189 ...
```

>>> **代码说明：**

第165行定义了所有消息的定义内容，格式为："消息ID，长度，CRC校验码，0，0，0"，其中后3个值预留，默认值为0。

第166～180行定义了Mavlink协议中需要用到的枚举类型，以便在飞控和地面站统一状态和命令内容。

第184～188行包含消息的头文件。

6.2.4　内部通信接口（msg）

msg文件夹下存放了内部通信接口uORB所要用到的消息定义文件，文件夹结构如下：

```
msg
├── templates
│   └── uorb
│       ├── msg.cpp.template
│       └── msg.h.template
├── tools
│   └── px_generate_uorb_topic_helper.py
```

```
├──── CMakeLists.txt
├──── home_position.msg
├──── sensor_accel.msg
├──── sensor_gyro.msg
├──── sensor_mag.msg
└──── ...
```

其中包含4类文件。

（1）文件名以".msg"结尾的文件为uORB的消息文件

该文件定义了此消息体所用到的所有属性内容。例如，home_position.msg中的属性定义为：

```
float64 lat                        #全局坐标系纬度
float64 lon                        #全局坐标系经度
float32 alt                        #全局坐标系高度
float32 x                          #本地坐标系X
float32 y                          #本地坐标系Y
float32 z                          #本地坐标系Z
float32 yaw                        #航向
bool valid_alt                     #高度有效
bool valid_hpos                    #位置有效
bool manual_home                   #手动设置起飞点
```

注意：在消息文件中定义属性时，其变量类型并非C/C++语法。定义属性变量时，可根据现有msg文件中的变量类型进行定义。

（2）CMakeList.txt文件

此文件配置了当msg文件夹在被编译时所执行的编译选项。其代码如下：

```
191 set(msg_files
192        home_position.msg
193        sensor_accel.msg
194        sensor_gyro.msg
195        sensor_mag.msg
196        ....
197    )
198
199 set(msg_out_path ${PX4_BINARY_DIR}/uORB/topics)
```

```
200 set(msg_source_out_path ${CMAKE_CURRENT_BINARY_DIR}/topics_sources)
201
202 foreach(msg_file ${msg_files})
203    get_filename_component(msg ${msg_file} NAME_WE)
204    list(APPEND uorb_headers ${msg_out_path}/${msg}.h)
205    list(APPEND uorb_sources ${msg_source_out_path}/${msg}.cpp)
206 endforeach()
207
208 add_custom_command(OUTPUT ${uorb_headers}
209        COMMAND ${PYTHON_EXECUTABLE} tools/px_generate_uorb_topic_files.py
210            --headers
211        DEPENDS
212            ${msg_files}
213            templates/uorb/msg.h.template
214            tools/px_generate_uorb_topic_files.py
215    )
216
217 add_custom_command(OUTPUT ${uorb_sources}
218        COMMAND ${PYTHON_EXECUTABLE} tools/px_generate_uorb_topic_files.py
219            --sources
220        DEPENDS
221            ${msg_files}
222            templates/uorb/msg.cpp.template
223            tools/px_generate_uorb_topic_files.py
224    )
```

▷▷ 代码说明:

第191～196行定义了需要编译的msg文件列表。

第199、200行定义了编译后的结果输出目录。

第202～206行根据所有参与编译的".msg"文件名生成其对应的".h"文件名和".cpp"文件名。

第208～215行定义了头文件的命令生成,使用px_generate_uorb_topic_files.py脚本工具将所有".msg"文件生成".h"头文件。

第217～224行定义了源代码文件的生成命令,使用tools/px_generate_uorb_topic_files.py脚本工具将所有".msg"文件生成".cpp"头文件。

(3)px_generate_uorb_topic_files.py文件

此文件为Python脚本文件,用于将".msg"文件生成其对应的".h"文件和".cpp"文件。此脚本代码不是我们学习的重点，这里不做讲解。

（4）msg.h.template和msg.cpp.template文件

它们是".msg"文件生成代码文件时用到的模板文件。其内容同样为Python脚本所解析的内容，不做讲解。

所有参与编译的消息文件在编译之后会生成相应的头文件和源代码文件，例如：home_position.msg文件在编译后，会在"build/目标文件夹/uORB/topics/"目录下生成home_position.h内容如下：

```
#include <uORB/uORB.h>
struct home_position_s {
    uint64_t timestamp;
    double lat;
    double lon;
    float alt;
    float x;
    float y;
    float z;
    float yaw;
    bool valid_alt;
    bool valid_hpos;
    bool manual_home;
};
ORB_DECLARE(home_position);
void print_message(const home_position_s& message);
```

也就是说，我们将home_position.msg中定义的内容编译到struct home_position_s结构体中。同时px_generate_uorb_topic_files.py脚本工具在原有的内容基础上添加一个属性uint64_t timestamp，用于记录消息时间戳。

而消息的源代码文件home_position.cpp则生成在"build/目标文件夹/msg/topics_sources/"目录下，其内容如下：

```
#include <px4_defines.h>
#include <uORB/topics/home_position.h>
#include <drivers/drv_hrt.h>
constexpr char __orb_home_position_fields[] = "uint64_t timestamp;double lat;...";
ORB_DEFINE(home_position, struct home_position_s, 47, __orb_home_position_fields);
void print_message(const home_position_s& message)
{
    printf(" home_position_s\n");
```

```
        printf("\ttimestamp：%" PRIu64，message.timestamp);
        printf("\tlat：%.3f\n"，message.lat);
        printf("\tlon：%.3f\n"，message.lon);
        printf("\talt：%.3f\n"，(double) message.alt);
        ...
    }
```

其中生成了此消息的字段内容描述和头文件中声明的函数print_message()的具体实现。实际上，在飞控程序开发过程中，主要使用uORB消息的头文件，而源代码文件已经在编译时被编译到固件当中去，使用者通常不需要关心。

🜨 6.2.5 运行平台（platforms）

platforms中存放的是飞控程序运行平台代码，此文件夹的内容如下：

```
platforms/
├── nuttx
└── posix
```

（1）nuttx文件夹

包含了开源操作系统Nutxx的内核和外壳程序，以及飞控程序在不同硬件平台中针对Nuttx的配置。其子文件夹结构如下：

```
nuttx/
├── Images
│   ├── px4fmu-v2.prototype
│   ├── px4fmu-v3.prototype
│   ├── px4fmu-v4.prototype
│   ├── px4fmu-v5.prototype
│   └── px4io-v2.prototype
├── NuttX
│   ├── apps
│   ├── nuttx
│   └── tools
├── nuttx-configs
│   ├── px4fmu-v2
│   ├── px4fmu-v4
```

```
|       ├──── px4fmu-v5
|       └──── px4io-v2
└──── src
        └──── px4_layer
```

① Images文件夹。定义了运行在不同硬件平台上固件程序的相关属性，例如px4fmu-v3.prototype中。内容如下：

"board_id"：9,	#板卡ID
"magic"："PX4FWv1",	#标识名
"description"："Firmware for the PX4FMUv3 board",	#描述内容
"build_time"：0,	#编译时间
"summary"："PX4FMUv3",	#概览名
"version"："0.1",	#版本号
"image_size"：0,	#镜像大小
"image_maxsize"：2080768	#镜像最大值

前面已经介绍过，在编译px4fmu-v3_default固件时，会生成一个叫做px4fmu-v3.bin的固件文件。但是，为了方便使用Bootloader烧写固件，需要将px4fmu-v3.bin文件打包成px4fmu-v3_default.px4，而这个文件的文件头就是上面在px4fmu-v3.prototype中定义的属性内容。这样，Bootloader程序就会根据这些属性内容将固件程序烧写到硬件平台当中。

② NuttX文件夹。它是嵌入式开源操作系统的源代码文件夹。其中有3个子文件夹：apps、nuttx和tools。apps中包含了操作系统所用到的可执行程序的源代码；nuttx中包含了操作系统内核程序、驱动程序、启动程序源代码；tools中包含了一些配置和编译操作系统的工具。关于开源操作系统Nuttx的相关内容，我们会在第7章中讲解，这里只做简单介绍。

③ nuttx-configs文件夹。其中存放了针对不同硬件平台飞控程序对Nuttx操作系统内核的配置和编译连接脚本文件。其内容如下：

```
nuttx-configs/
├──── px4fmu-v2
|     ├──── include
|     |     ├──── board.h
|     |     └──── nsh_romfsimg.h
|     ├──── nsh
|     |     └──── defconfig
|     └──── scripts
|           └──── ld.script
├──── px4fmu-v4
|     └──── ...
```

```
├── px4fmu-v5
│      └── ...
├── px4io-v2
│      └── ...
└── px4-stm32f4discovery
       └── ...
```

在同一个操作系统下，对于不同的硬件平台有着不同的配置选项，以px4fmu-v2为例。

● board.h文件：其中存放的是当前平台的硬件配置定义，如串口管脚、SPI、定时器配置等。

```
//串口1配置
#define GPIO_USART1_RX   GPIO_USART1_RX_1
#define GPIO_USART1_TX   GPIO_USART1_TX_1
//CAN口1配置
#define GPIO_CAN1_RX     GPIO_CAN1_RX_3
#define GPIO_CAN1_TX     GPIO_CAN1_TX_3
//SPI1配置
#define GPIO_SPI1_MISO   GPIO_SPI1_MISO_1
#define GPIO_SPI1_MOSI   GPIO_SPI1_MOSI_1
#define GPIO_SPI1_SCK    GPIO_SPI1_SCK_1
//定时器配置
#define BOARD_TIM1_FREQUENCY   STM32_APB2_TIM1_CLKIN
#define BOARD_TIM2_FREQUENCY   STM32_APB1_TIM2_CLKIN
...
```

● nsh_romfsimg.h文件：它是飞控程序启动后，ROM文件系统的头文件，多数情况下，使用者不需要关心和修改其内容。

● defconfig文件：它是Nuttx操作系统的内核配置选项，其中定义了操作系统内核中所有编译选项，其条目多达1000多项。例如针对串口1的配置项：

```
CONFIG_USART1_RXBUFSIZE = 128              #接收缓冲区大小128字节
CONFIG_USART1_TXBUFSIZE = 32               #发送缓冲区大小32字节
CONFIG_USART1_BAUD = 115200                #波特率115200bps
CONFIG_USART1_BITS = 8                     #8个数据位
CONFIG_USART1_PARITY = 0                   #无奇偶校验
CONFIG_USART1_2STOP = 0                    #1个停止位
```

```
# CONFIG_USART1_IFLOWCONTROL is not set        #未配置输入流控
# CONFIG_USART1_OFLOWCONTROL is not set        #未配置输出流控
# CONFIG_USART1_DMA is not set                 #未配置DMA
```

在大多数情况下，使用者并不需要修改操作系统内核选项，采用飞控程序中的默认配置即可。如果需要修改，可以使用Nuttx系统提供的内核配置工具进行配置。这部分内容将在第7章介绍。

- ld.script文件：它是将各个模块编译后的目标文件链接成可执行文件的脚本。其中配置了运行平台的内存大小、程序的运行地址、入口点、中断向量等。这不是我们学习的重点，不再赘述。

④ px4_layer文件夹。实现了操作系统运行相关接口函数。在px4_nuttx_tasks.c中，实现了4个重要的函数：

```
void px4_systemreset(bool to_bootloader);              //重启系统
int px4_task_spawn_cmd(const char *name,               //创建进程
                       int scheduler,
                       int priority,
                       int stack_size,
                       main_t entry,
                       char *const argv[]);
int px4_task_delete(int pid);                          //删除进程
const char *px4_get_taskname(void);                    //获取进程名
```

（2）posix文件夹

包含遵循POSIX标准接口的源代码。使用POSIX编译选项，可将此源代码编译成指定的可执行文件。main.cpp中定义了运行POSIX标准的主程序和入口函数main()。

与nuttx文件夹中内容类似，px4_posix_tasks.cpp实现了操作系统运行相关接口函数。其中函数的定义与px4_nuttx_tasks.c中一致，不同的是，在POSIX标准中，这些函数有着与Nuttx操作系统不同的实现方式。

px4_sem.cpp中定义了飞控程序中用到的信号量操作相关函数：

```
px4_sem_init(px4_sem_t *s, int pshared,               //初始化信号量
             unsigned value);
int px4_sem_wait(px4_sem_t *s);                       //等待信号量
int px4_sem_post(px4_sem_t *s);                       //释放信号量
int px4_sem_getvalue(px4_sem_t *s, int *sval);        //获取信号量的值
int px4_sem_destroy(px4_sem_t *s);                    //销毁信号量
```

✈ 6.2.6 ROM文件系统（ROMFS）

ROMFS中存放了飞控程序启动之后自动执行的nsh脚本文件和不同机型的混合控制文件，其内容如下：

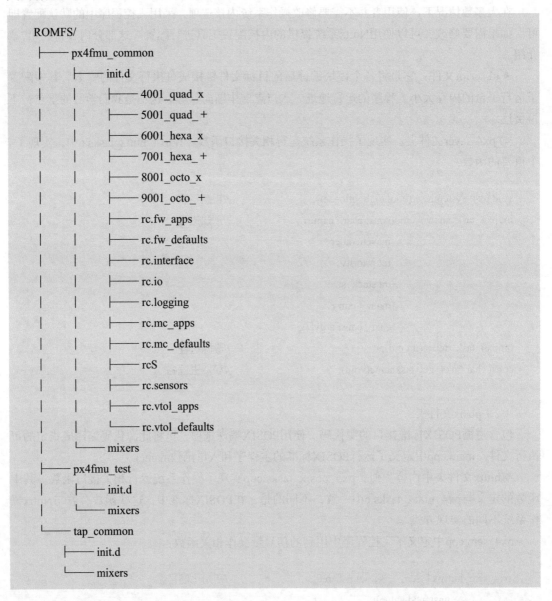

```
ROMFS/
├── px4fmu_common
│   ├── init.d
│   │   ├── 4001_quad_x
│   │   ├── 5001_quad_+
│   │   ├── 6001_hexa_x
│   │   ├── 7001_hexa_+
│   │   ├── 8001_octo_x
│   │   ├── 9001_octo_+
│   │   ├── rc.fw_apps
│   │   ├── rc.fw_defaults
│   │   ├── rc.interface
│   │   ├── rc.io
│   │   ├── rc.logging
│   │   ├── rc.mc_apps
│   │   ├── rc.mc_defaults
│   │   ├── rcS
│   │   ├── rc.sensors
│   │   ├── rc.vtol_apps
│   │   └── rc.vtol_defaults
│   └── mixers
├── px4fmu_test
│   ├── init.d
│   └── mixers
└── tap_common
    ├── init.d
    └── mixers
```

（1）init.d文件夹

存放了所有启动脚本文件，入口脚本为rcS，而其他脚本文件通常都由rcS调用，不同文件功能如下。

① rcS。入口脚本，挂载SDCard，启动通用模块，烧写IO固件，调用其他脚本等。

② rc.sensors。根据不同的硬件平台，启动不同的传感器驱动程序。

③ rc.interface。配置主通道和辅助通道PWM输出相关的选项，如保护值、最大值、最小值等。

④ rc.logging。根据参数配置启动日志记录模块logger或者sdlog2。

⑤ rc.mc_defaults。配置多旋翼机型启动时相关参数的默认值。

⑥ rc.mc_apps。启动多旋翼机型所用到的模块，例如mc_att_control和mc_pos_control。

⑦ rc.fw_apps。启动固定翼机型所用到的模块，例如fw_att_control和fw_pos_control1。

⑧ rc.vtol_defaults。配置倾转旋翼机型启动时相关参数的默认值。

⑨ rc. vtol _apps。启动倾转旋翼型所用到的模块，例如mc_att_control、mc_pos_control、fw_att_control、fw_pos_control1和vtol_att_control等。

⑩ 4001_quad_x、5001_quad_+、6001_hexa_x、7001_hexa_+等。配置当前机型的混合控制器及PWM输出通道相关内容。

下面以rcS脚本内容为例介绍启动脚本是如何根据不同条件来启动相应功能模块的，其他脚本文件中的内容类似，不做过多介绍。

```
227 #!nsh
228 set +e
229
230 if mount -t vfat /dev/mmcsd0 /fs/microsd
231 then
232 else
233    if mkfatfs /dev/mmcsd0
234    then
235      if mount -t vfat /dev/mmcsd0 /fs/microsd
236      then
237      fi
238    else
239      set LOG_FILE /dev/null
240    fi
241 fi
242
243 if [ -f /etc/extras/px4io-v2.bin ]
244 then
245    set IO_FILE /etc/extras/px4io-v2.bin
246    if px4io checkcrc ${IO_FILE}
247    then
248    else
249      if px4io forceupdate 14662 ${IO_FILE}
250      then
251      fi
```

```
252   fi
253 fi
254
255 mavlink start -d ${MAVLINK_COMPANION_DEVICE} -b 57600 -m minimal -r 1000
256
257 sh /etc/init.d/rc.sensors
258
259 if [ $VEHICLE_TYPE = = mc ]
260 then
261    sh /etc/init.d/rc.interface
262    sh /etc/init.d/rc.mc_apps
263 fi
264
265 sh /etc/init.d/rc.logging
266
267 commander start
268 rgbled start
269 ...
270 mavlink boot_complete
```

▶▶ 代码说明：

第227行为nsh脚本的标识，表示此文件是一个nsh脚本文件。

第228行中set ＋e 表示当执行某一个命令时出现异常，忽略此命令并继续向下执行其他脚本。如果设置为set－e，表示当执行某一个命令时出现异常，终止后续所有的命令，并直接退出脚本程序。

第230～241行所执行的是一个条件判断语句。其判断条件是将SDCard的设备文件mmcsd0挂载到文件系统/fs/microsd当中。如果成功，则结束此判断语句；如果失败，则对mmcsd0进行格式化。在格式化的代码中，又嵌套了另一个条件判断语句，其判断条件是格式化是否成功。如果成功，则再次将mmcsd0挂载到文件系统当中；如果失败，则将用于记录系统日志的LOG_FILE变量设定为/dev/null，即不记录系统日志。

第243～253行同样是一个条件判断语句，用于向IO板中烧写固件程序。首先判断IO固件程序是否存在，如果存在，则通过px4io checkcrc命令判断其CRC校验码与准备烧写的IO固件CRC校验码是否相同。如果相同，则表示当前IO控制板中的固件与准备烧写的固件相同，不需要烧写；如果CRC校验码不同，则通过px4io forceupdate命令将px4io-v2.bin固件程序烧写到IO控制板当中。实际上，px4io forceupdate命令只是将固件文件通过串口发送给IO控制板。IO控制板中的Bootloader程序会将此固件程序烧写到Flash当中，然后运行。

第255行启动mavlink总线服务。

第257行使用sh命令执行rc.sensors脚本。

第259～263行判断当前机型如果是多旋翼，则执行rc.interface和rc.mc_apps脚本。

第265行执行rc.logging脚本，启动飞控日志模块logger或者sdlog2。

第267、268行启动commander模块和rgbled模块。

第270行通知mavlink服务飞控程序启动完毕。

（2）mixers文件夹

文件夹中存放的是不同机型的混合控制文件，如表6-5所示。

表6-4　混合控制文件

文件名	功能
quad_＋.main.mix	十字形四旋翼混控文件
quad_x.main.mix	叉形四旋翼混控文件
hexa_＋.main.mix	十字形六旋翼混控文件
hexa_x.main.mix	叉形六旋翼混控文件
octo_＋.main.mix	十字形八旋翼混控文件
octo_x.main.mix	叉形八旋翼混控文件
quad_＋_vtol.main.mix	十字形倾转四旋翼混控文件
quad_x_vtol.main.mix	叉形倾转四旋翼混控文件

关于混控配置文件的格式与作用，我们将在第13章中介绍。

🚁 6.2.7　功能源代码（src）

src文件夹下包含了所有飞行控制相关的功能代码，在这里暂时向读者简单介绍一下主要功能模块所在的文件夹和相关功能，后续会根据需要，针对飞控中关键模块进行着重讲解。src文件夹中的内容分为以下6个部分。

```
src
├──── drivers
├──── include
├──── lib
├──── modules
├──── platforms
└──── systemcmds
```

（1）drivers文件夹

包含飞控程序中所有的驱动程序，常用的传感器驱动模块功能如表6-5所示。

表6-5　传感器驱动模块功能

模块名称	功能说明	模块名称	功能说明
bmp280	气压计	camera_trigger	相机触发器
ms5611	气压计	linux_gpio	Linux下GPIO驱动
hc_sr04	超声波测距	linux_pwm_out	Linux下PWM输出
mb12xx	超声波测距	linux_S.BUS	Linux下S.BUS输入
gps	全球定位系统	pwm_input	PWM输入采集
l3gd20	陀螺仪	px4fmu	辅助通道PWM处理
lsm303d	加速计＋磁罗盘	px4io	FMU与IO通信
mpu6000	加速计＋陀螺仪	rgbled	彩色LED航灯
mpu9250	加速计＋陀螺仪＋磁罗盘	telemetry	数传驱动

（2）include文件夹

存放了飞控程序需要包含的头文件。在编译固件时，指定此目录为gcc的include目录。px4.h中包含常用的头文件内容：

```
#include"../platforms/px4_includes.h"
#include"../platforms/px4_defines.h"
#include"../platforms/px4_middleware.h"
#include"../platforms/px4_nodehandle.h"
#include"../platforms/px4_subscriber.h"
```

（3）lib文件夹

包含很多公共的控制算法函数和数学工具函数，飞控程序将这些公共的函数都放在lib/文件夹下，以便其他模块可以方便调用，见表6-6。

表6-6　公共库功能列表

模块名称	功能说明	模块名称	功能说明
airspeed	空速计算	mathlib	数学函数库
battery	电源功能	matrix	矩阵运算
controllib	控制算法	mixer	混合控制器
conversion	旋转转换	parameters	参数功能

模块名称	功能说明	模块名称	功能说明
EKF	扩展卡尔曼滤波	pid	经典PID控制
geo	坐标系转换	pwm_limit	PWM限幅保护
l1	l1规划算法	rc	遥控器协议解析

（4）modules文件夹

包括无人机相关的所有上层应用的控制模块，如导航、规划、控制、命令执行、地面站通信等内容，见表6-7。

表6-7　上层应用控制模块

模块名称	功能说明	模块名称	功能说明
commander	命令执行与状态切换	sensors	传感器中间件
dataman	数据读写与存储	fw_att_control	固定翼姿态控制
ekf2	扩展卡尔曼滤波（导航）	fw_pos_control_l1	固定翼位置控制
events	事件处理器	mc_att_control	多旋翼姿态控制
logger	日志记录	mc_pos_control	多旋翼位置控制
sdlog2	日志记录	vtol_att_control	倾转旋翼姿态控制
navigator	全自动航线规划	uORB	uORB相关功能
mavlink	与地面站通信模块	px4iofirmware	IO固件程序

（5）platforms文件夹

文件夹中定义了运行平台相关的头文件作为飞控程序与系统之间的交互接口，并实现信号量、工作队列、多进程、多线程等相关系统特性。

（6）systemcmds文件夹

文件夹中实现了多个系统命令，可以为其他应用和nsh启动脚本所调用，如表6-8所示。

表6-8　系统命令模块

模块名称	功能说明	模块名称	功能说明
bl_update	固件升级	mixer	混控命令
config	系统配置	nshterm	nsh重定向命令
dumpfile	文件备份归档	param	参数命令
esc_calib	电调校准	pwm	PWM命令
hardfault_log	硬件异常日志	reboot	重启系统
led_control	LED灯控制	top	当前资源占用情况

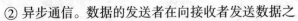

需要说明的是，系统命令是为nsh环境中实现的一些命令，其很多功能的实现需要调用驱动程序的相关功能。例如systemcmds文件夹中的pwm命令是调用drivers文件夹中px4io中的PWM驱动接口。

🜂 6.2.8 其他工具（Tools）

PX4飞控程序中，除正常源代码采用C/C＋＋编写之外，还在Tools中用其他语言编写了很多工具脚本，便于对整个飞控程序进行优化和简化操作。

① astyle。代码格式化工具。在Linux下使用astyle命令对指定的文件或文件夹进行代码格式化操作，使其对齐方式和书写样式统一成相同风格。

② jMAVSim。是一个无人机3D视角的模拟器，采用Posix标准编译PX飞控程序，可以在jMAVSim中进行模拟飞行，便于测试程序中的代码逻辑。

③ sdlog2。用于解析飞控程序中sdlog2进程所记录的飞行日志文件，将飞行日志文件解析成csv文件，方便使用其他软件工具进行日志分析和绘图。

④ upload.sh和px_uploader.py。分别是使用Linux的Shell脚本和Python脚本烧写飞控固件到Pixhawk上的固件升级工具。

▶ **6.3** uORB ◀

🜂 6.3.1 基本通信原理

PX4中采用uORB消息作为整个飞控程序的内部通信总线。其设计理念是基于异步通信机制类实现的。为了说明uORB的原理和优点，先来讲述一下数据在传输过程中常见的两种通信方式：同步通信和异步通信。

① 同步通信。数据的发送者在向接收者发送数据之后，必须要等待接收者的回应，表示已经收到相应的数据，然后才能继续发送后续的数据内容。这与电话两端的通话者A和B交流的过程很类似：当A向B说完一句话之后，需要等待B的回应；当B听到A所说的话之后，向A做出应答；而后A听到B的回应之后再说下一句话。整个通信过程如图6-7所示。

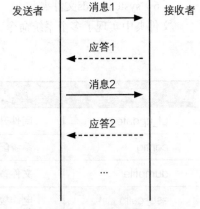

图6-7　同步通信过程

② 异步通信。数据的发送者在向接收者发送数据之后，不需要等待接收者的回应，发送者可以随时继续发送后续的数据内容。这与电子邮件系统

中发送者A和接收者B收发邮件的过程很类似：发送者A编写好了一封电子邮件，并发送给了B，之后并不需要等待B对此做出回应；随后A可以继续编写另一封电子邮件并再次发送给B。

有时候发送者在采用广播方式时不需要面向接收者，发送者只需要将消息发送出去，并不关心消息会被谁接收到，甚至不关心有没有人接收到此消息。这与广播电台的广播内容和收听者很类似：发送者将广播内容由电台发送，之后可以随时再次发送广播内容。接收者采用收音机接收广播信号，如图6-8所示。

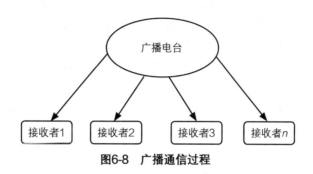

图6-8　广播通信过程

uORB采用的通信方式是异步的，优点是可以很好地降低模块之间的耦合性，发送者与接收者的时间不需要因为相互等待而产生数据延迟。下面举一个简单的例子来说明uORB的设计原理。

某学校的教学楼中一间编号为1001的教室，允许老师在教室的黑板上留言。假设有以下场景。

老师A：每隔2h到1001教室，先将黑板上原来的留言擦除，并在黑板上写下一段新留言，之后离开此教室。

同学B：每隔1h到1001教室，查看黑板上的留言是否有变化。如果没有变化，就离开教室；否则，将黑板上的留言抄写到自己的笔记本上，然后离开。

同学C：每隔6h到1001教室，查看黑板上的留言是否有变化。如果没有变化，就离开教室；否则，将黑板上的留言抄写到自己的笔记本上，然后离开。

我们可以用图6-9简单表述老师A、同学B和同学C在此教室收发留言的过程。

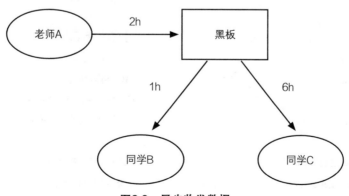

图6-9　异步收发数据

下面分别针对A、B、C三人的具体工作过程进行相应的分析。

老师A：每隔2h在教室的黑板上发布新的留言内容，然后离开。至于是否有人来读取，谁来读取，他并不关心。同时他也不在乎自己发布的信息是否有人接收到。

同学B：每隔1h检查教室黑板上的留言内容是否有变化。由于他来到教室读取留言的频率是老师A发布留言频率的2倍，因此他每两次检查黑板上的内容时，总会有一次留言内容并没有更新，另一次留言内容有更新。至于是谁在黑板上发布了新留言内容，什么时候发布的，他都不关心。

同学C：每隔6h检查教室黑板上的留言内容是否有变化。由于他来到教室读取留言内容的频率低于老师A发布留言内容频率。每次他来到教室检查黑板上的留言内容时，老师A已经在黑板上发布3次留言了，而且前两次的内容都已经被老师A擦除了。同学C看到并记录下来的永远是最新的留言内容。同样，是谁在黑板上发布了新留言内容，什么时候发布的，他都不关心。

这就是最基本的uORB收发原理，单个发布者，多个接收者。但是uORB并没有这样简单。我们再从上面例子中扩展到两个新场景。

场景一：有n位教师以不同的频率在1001教室的黑板上（不同的固定区域内）发布留言内容，同时有m个同学以不同的频率在1001教室读取留言内容。即多个发布者，多个接收者，同时发布和接收同一个种类的消息。

场景二：有n位教师以不同的频率在教学楼内m个教室的黑板上（不同的固定区域内）发布留言内容，同时有t个同学以不同的频率在m个教室读取留言内容。即多个发布者，多个接收者，同时发布和接收多个不同种类的消息，每一个教室表示一种uORB消息（msg）。

✈ 6.3.2　uORB设计与实现

uORB是采用设备节点的方式来发布和订阅数据内容的，每发布或订阅一个uORB主题，就会创建一个设备节点，发布和获取数据实际上就是通过write()和read()函数来操作此设备节点。uORB的设备节点定义和说明如下：

```
class DeviceNode {                          //设备节点类
public :
    int open(...);                          //打开设备函数
    int close(...);                         //关闭设备函数
    int ioctl(...);                         //IO操作函数
    int write(...);                         //写数据到设备节点中
    int read(...);                          //从设备节点中读取数据
private :
    struct SubscriberData {                 //订阅者相关变量
        unsigned generation;                //获取数据计数器
        int flags;                          //状态标识
    }
```

```
    const struct orb_metadata *_meta;              //uORB元数据
    uint8_t *_data;                                //实际数据存储内存
    hrt_abstime _last_update;                      //上一次更新时间
    volatile unsigned _generation;                 //发布数据计数器
    uint8_t _priority;                             //优先级
    bool _published;                               //发布状态
    uint8_t _queue_size;                           //数据缓冲区大小
    int16_t _subscriber_count;                     //订阅者个数
};
```

源代码中uORB对使用者开放的常用函数如表6-9所示。

表6-9　常用的uORB函数

函数名称	功能说明
orb_advertise()	公告uORB主题，表示需要发布此uORB数据
orb_advertise_multi()	多重公告，表示同一个uORB有多个发布者
orb_unadvertise()	取消公告，表示不再发布此uORB数据
orb_publish()	发布uORB数据
orb_subscribe()	订阅uORB主题，表示需要获取此uORB的数据
orb_subscribe_multi()	多重订阅，表示需要订阅一个主题中的多个uORB消息
orb_unsubscribe()	取消订阅，表示不再获取此uORB的数据
orb_check()	检查是否有数据更新
orb_copy()	接收，复制数据到本地内存
orb_exists()	检查此uORB主题是否存在
orb_priority()	取得uORB主题的优先级
orb_group_count()	取得组中消息个数

下面针对这些函数，分别讲述其功能和实现方法。

（1）发布单一uORB主题公告orb_advertise()

此函数为发布者uORB主题的公告。在这个函数里执行公告的初始化工作，也就是在系统中创建一个主题。实际上调用此函数后，会在文件系统中的/obj中创建一个uORB的设备节点并发布初始数据，例如，uORB的消息名称为home_position，则创建一个/obj/home_position0设备节点，设备名中结尾处的0表示此uORB的实例号。在函数内部，是调用了orb_advertise_multi()函数，其实例为0和默认优先级。也就是说，发布单一公告就是发布多重公告的一个特例。函数的参数与返回值说明如下。

参数const struct orb_metadata *meta：uORB元数据，在调用时使用ORB_ID()宏来将一个uORB名称转为一个实际的uORB元数据。

参数const void *data：指向要发布的初始数据的指针，因为在公告主题之后，需要初始化此主题的默认数据内容，其内容来源即为此data参数。初始化数据时，采用memcpy()函数将data指针中的数据内容复制到uORB元数据内部。

参数unsigned int queue_size：缓冲区队列元素的最大数量。默认值为1，如果queue_size的值为1，则在发布数据时，不做不排队处理。发布数据的排队机制是指在发布数据时，可以同时保留queue_size次发布的数据，这样，当订阅者错过小于queue_size次数没有获取数据时，还可以从缓冲区队列中一次将之前的数据获取到。但是在发布公告时，通常不特殊指定此参数。

返回值orb_advert_t：用于返回一个描述uORB设备节点的指针。如果返回nullptr，表示此次发布公告主题失败。

```
1 orb_advert_t orb_advertise(const struct orb_metadata *meta,
2                            const void *data,
3                            unsigned int queue_size = 1)
4 {
5   return orb_advertise_multi(meta, data, nullptr, ORB_PRIO_DEFAULT, queue_size);
6 }
```

（2）多重发布uORB主题公告orb_advertise_multi()

此函数为发布者uORB主题的公告。在这个函数里执行公告的初始化工作，也就是在系统中创建一个主题。实际上调用此函数后，会在文件系统中的/obj中创建一个uORB节点并发布初始数据，在发布多重公告主题时，需要为此主题设定相应的实例号。在函数内部，调用了orb_advertise_multi()函数，其实例为0和默认优先级。也就是说，发布单一公告就是发布多重公告的一个特例。函数的参数与返回值说明如下。

① 参数const struct orb_metadata *meta。uORB元数据，在调用时使用ORB_ID()宏来将一个uORB名称转为一个实际的uORB元数据。

② 参数const void *data。指向要发布的初始数据的指针，因为在公告主题之后，需要初始化此主题的默认数据内容，其内容来源即为此data参数。初始化数据时，采用memcpy()函数将data指针中的数据内容复制到uORB元数据内部。

③ 参数int *instance。表示此主题的实例号，0、1、2、…实例号从0开始依次增长，同一个主题在文件系统中有着不同的uORB节点。例如，uORB的消息为sensor_accel，分别发布3次相同主题公告，并指定它们的实例号分别是0、1、2，则创建3个uORB节点，分别为/obj/sensor_accel0、/obj/sensor_accel1和/obj/sensor_accel2。

④ 参数int priority。表示此主题的优先级。事实上管理服务只负责在uORB元数据当中保存此优先级的具体数值，而不做特殊处理。使用者在订阅此主题之后，可以获取到其优先级，并根据自己的需要完成指定功能。

⑤ 参数unsigned int queue_size。缓冲区队列元素的最大数量，默认值为1。如果queue_size

的值为1，则在发布数据时，不做不排队处理。发布数据的排队机制是指在发布数据时，可以同时保留queue_size次发布的数据，这样，当订阅者错过小于queue_size次数没有获取数据时，还可以从缓冲区队列中一次将之前的数据获取到。但是在发布公告时，通常不特殊指定此参数。

⑥ 返回值orb_advert_t。用于返回一个描述uORB设备节点的指针。如果返回nullptr，表示此次发布公告主题失败。

```
8  orb_advert_t orb_advertise_multi(const struct orb_metadata *meta,
9                                    const void *data,
10                                   int *instance,
11                                   int priority,
12                                   unsigned int queue_size)
13 {
14    int result, fd;
15    orb_advert_t advertiser;
16
17    fd = node_open(meta, data, true, instance, priority);
18    if (fd = = PX4_ERROR) {
19       PX4_ERR("%s advertise failed", meta->o_name);
20       return nullptr;
21    }
22
23    result = px4_ioctl(fd, ORBIOCSETQUEUESIZE, (unsigned long)queue_size);
24    if (result < 0 && queue_size > 1) {
25       PX4_WARN("orb_advertise_multi: failed to set queue size");
26    }
27
28    result = px4_ioctl(fd, ORBIOCGADVERTISER, (unsigned long)&advertiser);
29    px4_close(fd);
30    uORB: : DeviceNode: : topic_advertised(meta, priority);
31
32    result = orb_publish(meta, advertiser, data);
33    if (result = = PX4_ERROR) {
34       PX4_WARN("orb_publish failed");
35       return nullptr;
36    }
37    return advertiser;
38 }
```

代码说明：

第14、15行定义了函数内部的局部变量，用于记录操作设备节点的返回值、描述符和uORB对象指针。

第17～21行调用node_open()函数打开一个设备节点，并返回一个文件操作描述符fd，node_open()函数会根据当前uORB的名称、实例名在文件系统中创建相应的设备节点，如/obj/sensor_accel0。

第23～26行调用ioctl()函数对fd文件描述符进行操作，指定当前uORB节点的缓冲区队列大小。

第28～30行调用ioctl()函数对fd文件描述符进行操作，获取uORB节点的地址，并赋值给advertiser变量。此advertiser变量就是整个多重发布函数的返回值。同时调用topic_advertised()函数发布公告服务。

第32～36行调用orb_publish()函数发布一次数据，也就是对这个刚刚创建的uORB元数据进行初始化，将指针data中的内容复制到元数据的内存中。

第37行返回此uORB设备节点的指针。

（3）取消公告orb_unadvertise()

取消公告的本意是不再进行uORB的发布工作，但实际上这里的代码并没有真正取消公告主题，也没有回收相关资源，只是将一个标志变量_published赋值为false，表示不再发布数据内容。因为每个实例最多只有1个发布者，可以通过将_published设置为false，来将实例发送为状态，表示不发布数据内容。因为开发者认为，在无人机程序启动之后，所有的uORB都在进行发布，并没有任何实际场景需要让某一个程序取消某公告主题。函数的参数与返回值说明如下。

① 参数orb_advert_t handle。描述uORB设备节点的指针，即在发布uORB时的返回值。

② 返回值int。表示取消订阅操作的结果状态，成功或失败。

```
40 int orb_unadvertise(orb_advert_t handle)
41 {
42    if (handle = = nullptr) {
43       return -EINVAL;
44    }
45    uORB：：DeviceNode *devnode = (uORB：：DeviceNode *)handle;
46    devnode->_published = false;
47    return PX4_OK;
48 }
```

代码说明：

第42～44行判断如果当前参数为空，直接返回失败。

第45行取得uORB设备节点指针。

第46行将_published标识更新为false，表示不再发布数据。

第47行返回操作成功状态。

（4）发布uORB数据orb_publish()

调用此函数时，会将需要发布的数据复制到uORB元数据的数据缓冲区队列中，表示数据已经更新，并通知所有正在等待此uORB的订阅者。没有等待此uORB更新的订阅者，可以通过orb_check()函数检查当前主题是否有更新。函数的参数与返回值说明如下。

① 参数const orb_metadata *meta。uORB元数据，在调用时使用ORB_ID()宏来将一个uORB名称转为一个实际的uORB元数据。

② 参数orb_advert_t handle。描述uORB设备节点的指针，即发布公告主题时的返回值。

③ 参数const void *data。需要发布的数据内容。

④ 返回值ssize_t。返回此次发布数据的大小。如果小于0，则表示发布数据失败。

```
50 ssize_t orb_publish(const orb_metadata *meta,
51                      orb_advert_t handle,
52                      const void *data)
53 {
54   uORB：：DeviceNode *devnode = (uORB：：DeviceNode *)handle;
55   int ret;
56
57   if ((devnode = = nullptr) || (meta = = nullptr)) {
58     errno = EFAULT;
59     return PX4_ERROR;
60   }
61   if (devnode->_meta ! = meta) {
62     errno = EINVAL;
63     return PX4_ERROR;
64   }
65
66   ret = devnode->write(nullptr，(const char *)data，meta->o_size);
67   if (ret < 0) {
68     errno = -ret;
69     return PX4_ERROR;
70   }
71   if (ret ! = (int)meta->o_size) {
72     errno = EIO;
73     return PX4_ERROR;
74   }
75
76   return PX4_OK;
77 }
```

```
78
79 ssize_t DeviceNode：：write(device：：file_t *filp，
80                                  const char *buffer，
81                                  size_t buflen)
82 {
83   if (nullptr = = _data) {
84     _data = new uint8_t[_meta->o_size * _queue_size];
85   }
86   if (_meta->o_size ! = buflen) {
87     return -EIO;
88   }
89
90   memcpy(_data + (_meta->o_size * (_generation %_queue_size))，buffer，
           _meta->o_size);
91
92   _last_update = hrt_absolute_time();
93   _generation + +;
94   _published = true;
95   poll_notify(POLLIN);
96
97   return _meta->o_size;
98 }
```

》》 代码说明：

第54、55行取得设备节点指针devnode和定义写入数据的返回值的变量ret。

第57～64行根据devnode指针来判断此uORB设备节点是否有效。如果无效，则返回失败。

第66～74行调用DeviceNode：：write()函数向此设备节点中写入数据，并根据写入操作的返回值来判断此次写入是否成功。如果返回值小于0，表示写入失败。如果返回值的大小和uORB元数据大小不匹配，表示写入的数据并不完整，同样表示写入操作失败。

第76行返回发布uORB数据成功状态。

第79～81行调用DeviceNode：：write()函数，向设备节点写入数据的write()函数，其参数为文件操作指针、等待写入的数据和大小。返回值为实际写入数据的大小。

第83～88行创建设备节点中的数据缓冲区，创建数据缓冲区内存时，内存的大小是队列大小的倍数，即_meta->o_size * _queue_size。创建完成后，判断其大小是否与预期大小相同。如果不同，则说明申请内存失败，返回错误。

第90行调用memcpy()函数真正将数据从buffer中复制到_data当中。设备节点中定义了一个计数器变量_generation，用于记录当前uORB发布的次数，在数据复制的过程中，通过循环队

列的方式复制到指定位置当中去。目标位置为_meta->o_size * (_generation %_queue_size)。

第92行更新了uORB的发布时间。

第93行发布计数器_generation自增1。注意：每次在发布数据时，此计数器都会自增1。每一个uORB的订阅者内部也同样有一个generation计数器，用于记录读取此uORB数据的次数，且每读取一次，generation增加1，在订阅者判断此uORB是否有数据更新时，可以根据这两个变量的值是否相同来判断数据是否有更新。

第94行更新发布状态_published为true，表示发布数据完成。

第95行通知等待的订阅者发布完成，可以将数据读入。

第97行返回实际写入缓冲区的大小，即uORB消息的大小。

（5）订阅单一主题orb_subscribe()

与发布主题类似，订阅uORB实际上也是调用的node_open()函数，并返回其设备节点描述符。函数的参数与返回值说明如下。

① 参数const struct orb_metadata *meta。uORB元数据，在调用时使用ORB_ID()宏来将一个uORB名称转为一个实际的uORB元数据。

② 返回值int。返回此uORB设备节点的文件描述符。

```
100 int orb_subscribe(const struct orb_metadata *meta)
101 {
102     return node_open(meta, nullptr, false);
103 }
```

（6）多重订阅orb_subscribe_multi()

订阅一个uORB主题的多个实例，在订阅时，除需要传入uORB的元数据之外，还需要指定其实例号，以便找到其设备节点。函数的参数与返回值说明如下。

① 参数const struct orb_metadata *meta。uORB元数据，在调用时使用ORB_ID()宏来将一个uORB名称转为一个实际的uORB元数据。

② 参数unsigned instance。实例号为0、1、2、…。

③ 返回值int。返回此uORB设备节点的文件描述符。

```
105 int orb_subscribe_multi(const struct orb_metadata *meta,
106                         unsigned instance)
107 {
108     int inst = instance;
109     return node_open(meta, nullptr, false, &inst);
110 }
```

（7）取消订阅orb_unsubscribe()

取消订阅时，直接将订阅时所获得的uORB文件描述符关闭。表示不再从此uORB中获取数据。

函数的参数与返回值说明如下。

① 参数int fd。打开uORB设备节点的文件描述符。

② 返回值int。返回关闭此设备节点的操作状态，成功或失败。

```
112 int orb_unsubscribe(int fd)
113 {
114     return px4_close(fd);
115 }
```

（8）检查数据是否更新orb_check()

我们知道在uORB的设备节点中定义_generation用于记录发布数据的次数，而订阅者的设备节点上有generation变量用于记录数据获取的次数。在orb_check()函数调用时，实际上是根据这两个计数器的值是否相同来判断当前uORB是否有数据更新。函数的参数与返回值说明如下。

① 参数int fd。uORB设备节点的文件描述符。

② 参数bool *updated。如果有数据更新其值，则为true；否则，为false。

③ 返回值int。返回此设备节点的操作状态，成功或失败。

```
117 int orb_check(int fd，bool *updated)
118 {
119     *updated = false;
120     return px4_ioctl(fd, ORBIOCUPDATED, (unsigned long)(uintptr_t)updated);
121 }
122
123 bool appears_updated(SubscriberData *sd)
124 {
125     bool ret = false;
126     if (_data = = nullptr) {
127         return false;
128     }
129
130     if (sd->generation ! = _generation) {
131         ret = true;
132     }
133     return ret;
134 }
```

▶▶ 代码说明：

第119行将是否有数据更新参数updated指针变量的内容设置为false。

第120行使用ioctl函数操作此文件描述符，并将updated参数传入，用于返回更新状态。实际上判断更新状态的ioctl命令ORBIOCUPDATED在其内部调用了appears_updated()函数。

第125行定义返回值变量，并将其默认值设定为false，表示没有更新。

第126～128行判断当前订阅者数据指针是否为空。如果为空，则返回未更新。

第130～133行根据订阅者的计数器sd->generation和发布者的计数器_generation判断是否有数据更新。如果它们的值不同，表示有数据更新；否则没有更新。最后返回更新状态ret。

（9）获取uORB数据orb_copy()

与发布uORB数据相反，获取数据时调用的是设备节点的read函数，将数据从缓冲区队列中复制到订阅者的本地内存当中。函数的参数与返回值说明如下。

① 参数const struct orb_metadata *meta。uORB元数据，在调用时使用ORB_ID()宏来将一个uORB名称转为一个实际的uORB元数据。

② 参数int fd。打开uORB设备节点的文件描述符。

③ 参数const void *data。需要获取数据的本地内存地址。

④ 返回值ssize_t。返回此次获取数据的大小。如果小于0，则表示获取数据失败。

```
136 int orb_copy(const struct orb_metadata *meta,
137              int fd,
138              void *buffer)
139 {
140   int ret = px4_read(fd, buffer, meta->o_size);
141   if (ret < 0) {
142     return PX4_ERROR;
143   }
144
145   if (ret != (int)meta->o_size) {
146     errno = EIO;
147     return PX4_ERROR;
148   }
149   return PX4_OK;
150 }
151
152 ssize_t DeviceNode::read(device::file_t *filp,
153                          char *buffer,
154                          size_t buflen)
155 {
156   SubscriberData *sd = (SubscriberData *)filp_to_sd(filp);
157   if (_data == nullptr) {
158     return 0;
159   }
```

```
160    if (buflen ! = _meta->o_size) {
161        return -EIO;
162    }
163
164    if (nullptr ! = buffer) {
165        memcpy(buffer, _data + (_meta->o_size * (sd->generation % _queue_size)),
                    _meta->o_size);
166    }
167
168    if (sd->generation < _generation) {
169        + + sd->generation;
170    }
171    sd->set_priority(_priority);
172    sd->set_update_reported(false);
173
174    return _meta->o_size;
175 }
```

➤ 代码说明：

第140～143行调用ioctl函数操作此文件描述符，执行数据读取操作。根据读取数据的操作返回值来判断是否成功。如果返回值小于0，则返回失败。

第145～148行根据读取数据大小判断操作状态。如果读取数据大小不正确，则返回失败。

第152～154行调用DeviceNode：：read()函数，从设备节点读入数据的read()函数，其参数为文件操作指针、等待读入的数据和大小。返回值为实际读入数据的大小。

第156～159行获取当前订阅者的文件操作指针，并判断此指针是否为空。如果为空，则返回失败。

第160～162行判断此uORB的数据大小，如果小于0，返回失败。

第164～166行判断如果目标内存地址不为空，则通过memcpy来读取数据。注意：数据来源的内存位置是_meta->o_size * (sd->generation % _queue_size)。

第168～170行为读取数据的计数器sd->generation自增1，但是能操作发布计数器generation的值。也就是说，读取次数不能大于发布次数。

第171行设置订阅优先级。

第172行重新设置更新状态为false。

第174行返回实际读取数据的大小，即uORB元数据大小。

（10）检查uORB是否存在orb_exists()

检查是否已经创建或发布主题。函数的参数与返回值说明如下。

① 参数const struct orb_metadata *meta。uORB元数据，在调用时使用ORB_ID()宏来将一个uORB名称转为一个实际的uORB元数据。

② 参数int instance。实例号。

③ 返回值int。返回值为0，表示此uORB存在；否则，表示不存在。

```
177 int orb_exists(const struct orb_metadata *meta，int instance) {
178    char path[orb_maxpath];
179    int inst = instance;
180    int ret = uORB：：Utils：：node_mkpath(path，meta，&inst);
181    if (ret != OK) {
182      errno = -ret;
183      return PX4_ERROR;
184    }
185
186    struct stat buffer;
187    ret = stat(path，&buffer);
188    if (ret == 0) {
189      int fd = px4_open(path，0);
190      if (fd >= 0) {
191        unsigned long is_published;
192        if (px4_ioctl(fd，ORBIOCISPUBLISHED，(unsigned long) &is_published) == 0) {
193          if (!is_published) {
194            ret = PX4_ERROR;
195          }
196        }
197        px4_close(fd);
198      }
199    }
200    return ret;
201 }
```

▶▶ **代码说明：**

第178～184行根据uORB元数据和实例号取得此uORB设备节点的文件路径和名称。

第186～200行使用stat()函数来判断此设备节点是否存在。如果存在，则使用open()函数打开此uORB设备节点，然后通过ioctl()函数来判断当前uORB发布数据状态是否为true。如果发布状态不为true，表示此uORB设备节点已经被公告或被订阅，但是尚未发布数据。最后返回uORB节点存在的检查结果ret。

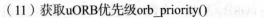

（11）获取uORB优先级orb_priority()

获取一个uORB主题的优先级，这仅适用于由多个发布者发布的主题（例如sensor_accel0、sensor_accel1和sensor_accel2等），并允许订阅者选择具有最高优先级的主题，与优先级发布者的启动顺序无关，只与发布者在公告此主题时设定的优先级一致。函数的参数与返回值说明如下。

① 参数int fd。打开uORB设备节点的文件描述符。

② 参数int32_t *priority。返回此主题的优先级。

③ 返回值int。获取uORB主题优先级操作状态，成功或失败。

```
203 int orb_priority(int fd，int32_t *priority)
204 {
205     return px4_ioctl(fd，ORBIOCGPRIORITY，(unsigned long)(uintptr_t)priority);
206 }
```

调用ioctl()函数返回uORB设备节点的优先级变量priority。

（12）获取同组uORB的个数orb_group_count()

在多重发布uORB公告主题之后，可以使用此函数来计算同一个uORB主题有多少个实例，其实就是同一组uORB中的设备节点个数。函数的参数与返回值说明如下。

① 参数const struct orb_metadata *meta。uORB元数据，在调用时使用ORB_ID()宏来将一个uORB名称转为一个实际的uORB元数据。

② 返回值int。返回uORB设备节点的个数。

```
208 int  orb_group_count(const struct orb_metadata *meta)
209 {
210     unsigned instance = 0;
211     while (uORB：：Manager：：get_instance()->orb_exists(meta，instance) = = OK) {
212         + + instance;
213     };
214     return instance;
215 }
```

>>> 代码说明：

第210行定义一个instance变量，用于记录设备节点个数（实例号）。

第211～213行循环判断，根据uORB名称和实例号instance判断当前uORB是否存在。如果存在，则将实例号自增1；如果不存在，则结束循环。在循环结束后，instance中存放的是当前主题的实例个数。

第214行返回此uORB设备节点个数（实例数）。

⚙ **6.3.3** uORB使用方法

PX4程序中已经事先集成很多uORB的msg消息了，我们可以使用现有的msg消息，也可以自己创建新的msg消息，我们按以下步骤介绍uORB发布过程。

① 在msg文件夹中创建一个叫做accel.msg的文件，表示创建了一个新的uORB，它的名字叫做accel，其内容如下：

```
float32 x          #x轴加速度
float32 y          #y轴加速度
float32 z          #z轴加速度
```

② 在msg/CMakeList.txt中加入accel.msg的编译选项：

```
set(msg_files
    accel.msg
    ...)
```

③ 执行make px4fmu-v3_default编译命令，在编译目录build/目标文件夹/uORB/topics中生成accel.h文件，其内容如下：

```
#include <uORB/uORB.h>
struct accel_s {
    uint64_t timestamp;              //时间戳
    float x;                         //x轴加速度
    float y;                         //y轴加速度
    float z;                         //z轴加速度
    uint8_t _padding0[4];
};
ORB_DECLARE(accel);
void print_message(const accel_s& message);
```

④ 在指定程序中公告accel主题，并发布实际数据：

```
217 #include <uORB/topics/accel.h>
218
219 void accel_orb_pub(void)
220 {
221     int instance = -1;
222     struct accel_s acc = { 0 };
```

```
223    orb_advert_t acc_topic = orb_advertise_multi(ORB_ID(accel),
                                                   &acc,
                                                   &instance,
                                                   ORB_PRIO_DEFAULT);
224
225    while (true) {
226        ...
227        acc.x = value[0];
228        acc.y = value[1];
229        acc.z = value[2];
230        orb_publish(ORB_ID(accel), acc_topic, &acc);
231    }
232 }
```

>> **代码说明：**

第217行包含accel.h头文件，此头文件是由accel.msg生成的。

第221行定义实例号变量instance，初始值为-1，在公告之后会返回其实际值。

第222行定义了一个此消息的结构体变量struct accel_s acc，用于公告时发布默认数据内容和后续发布数据内容。

第223行多重公告accel主题，使用ORB_ID(accel)来生成uORB的元数据struct orb_metadata*。并指定默认数据来源&acc、实例&instance和默认优先级ORB_PRIO_DEFAULT。多重公告之后会返回一个uORB主题描述符orb_advert_t acc_topic，用于后续的数据发布。

第225行使用while语句进入循环，在循环体内处理相关内容。

第226行省略了数据来源，例如此处应该从加速计传感器中读取原始数据，并将x、y、z三轴的加速度放置在value数组里。

第227～229行将三轴加速度赋值给acc结构体变量中。

第230行发布消息内容，指定uORB元数据为ORB_ID(accel)，主题为acc_topic，数据来源为&acc。

⑤ 订阅并接收uORB主题数据：

```
234 #include <uORB/topics/accel.h>
235
236 void accel_orb_sub(void)
237 {
238     struct accel_s acc = { 0 };
239     unsigned group_count = orb_group_count(ORB_ID(accel));
240     int subs[group_count] = { -1 };
```

```
241    for (unsigned i = 0; i < group_count; i + +) {
242        subs[i] = orb_subscribe_multi(ORB_ID(accel), i);
243    }
244
245    while(true) {
246        for (unsigned i = 0; i < group_count; i + +) {
247            bool updated = false;
248            orb_check(subs[i], &updated);
249            if (updated) {
250                orb_copy(ORB_ID(accel), subs[i], &acc);
251                ...
252            }
253        }
254    }
255 }
```

▓▒▶ 代码说明:

第234行包含accel.h头文件,此头文件是由accel.msg生成的。

第238行定义了一个此消息的结构体变量struct accel_s acc,用于获取订阅的数据内容。

第239～243行获取此主题的实例数,并通过for循环来多重订阅所有实例的accel主题。

第245行使用while语句进入循环,在循环体内处理相关内容。

第246行在多个实例之间循环处理相关内容。

第247、248行定义updated变量,用于判断此主题数据的更新状态,并使用orb_check()函数来判断数据是否有更新。

第249～252行判断如果数据有更新,则将accel设备节点中的数据复制到结构体变量acc当中,之后在第251行中省略了得到此uORB数据的后续处理内容。

▶ **6.4** Mavlink ◀

✿ **6.4.1** 整体功能设计

PX4飞控程序采用Mavlink作为其外部通信总线,也就是飞控端与地面站系统的通信协议。飞控程序在Firmware/src/modules/mavlink中实现了与地面站通信相关的所有功能，主要包括发送和接收两个大的方向。在发送功能中，飞控程序将无人机当前的主状态、导航状态、姿态、速度、位置等信息发送给地面站程序，以便地面站程序能够实时了解无人机的状态，此过程称为数据的"下行"。与此同时，地面站程序可以向飞机发送特定的指令和飞行航线，例如：对飞控锁定/解锁、切换飞行状态、上传飞行任务航迹点等，此过程称为数据的"上行"。数据在飞控和地面站下行和上行的过程都是通过Mavlink协议来完成的。其通信链路有多种，包括USB直连、数传电台、本地网络通信，不同链路的作用略有不同，如表6-10所示。

表6-10　不同链路下Mavlink协议

通信链路	底层通信协议	用途
USB直连	串口	通常用于计算机直连飞控进行调试
数传电台	串口	通常用于无人机的实际飞行
本地网络通信	UDP	在计算机上进行模拟飞行

实际上，这3种不同链路下的数据通信在上层应用中没有本质区别，但在Mavlink底层的数据收发功能上有着不同的实现方式。下面以串口通信方式讲解飞控与地面站通信的整个实现过程。Mavlink的整体设计结构如图6-10所示。

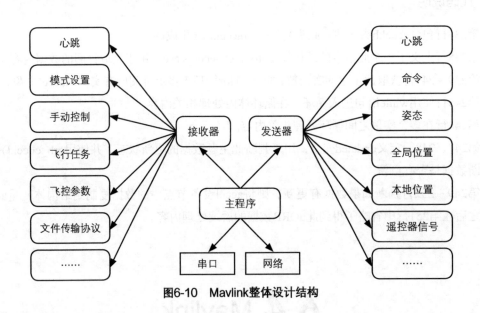

图6-10　Mavlink整体设计结构

6.4.2　Mavlink主程序

Mavlink的主程序文件为mavlink_main.cpp，其中包括整个飞控程序与地面站程序上行与下行的核心功能。分别运行下列命令可以启动或停止Mavlink进程：

```
mavlink start <其他参数>              #启动Mavlink服务
mavlink stop-all                    #停止Mavlink服务
```

实际上执行mavlink start命令会启动一个Mavlink服务实例，用于处理所有Mavlink消息。而start参数之后，还包括接收和发送服务时，需要为其指定很多参数，来实现不同的功能配置。下面针对启动参数做相关说明。

① -d <Device Node>。此参数可以为Mavlink指定一个设备节点作为整个数据通信的传输接口。例如下列命令指定了ttyS1作为Mavlink的传输接口：

```
mavlink start -d /dev/ttyS1
```

② -b <Baudrate>。此参数可以为Mavlink所使用的串口配置其相应的波特率，例如9600、38400、57600、115200、230400等。下列命令指定了波特率为57600的串口：

```
mavlink start -b 57600
```

③ -r <Maximum sending data rate>。此参数可以为Mavlink指定最大发送数据速率，单位为比特（bit），由于飞控程序常常向地面站程序周期下发当前无人机的实际状态和姿态等信息，为了保证数据链路通畅，Mavlink采用限制数据发送速率的办法来保证数据在通信过程中不会造成链路堵塞。例如下列命令指定了5000B/S的最大传输速率：

```
mavlink start -r 5000
```

④ -m <Mode>。此参数可以为Mavlink指定启动时采用不同的运行模式，包括normal、onboard、config、minimal等。在不同模式下，向地面站下发的周期消息会有不同。在默认情况下，启动normal模式。例如下列命令指定启动config模式的Mavlink服务：

```
mavlink start -m config
```

⑤ -w。此参数可以控制Mavlink服务在收到第一条消息之后再向地面站发送相关消息。

⑥ -x。此参数可以将Mavlink的普通消息模式转为FTP服务模式，为地面站提供文件传输服务，方便地面站与飞控之间进行较大的数据传输，例如地面站下载飞控的飞行日志时就需要启动FTP模式，以便传输日志文件。

⑦ -z。始终打开流量控制功能，用于串口设备。

⑧ -u <Network Port>。此参数可以指定Mavlink在UDP模式下运行时需要使用网络端口号。例如以下命令指定了以UDP方式启动Mavlink服务，并设定使用端口号为65536：

```
mavlink start -u 65536
```

　　通常情况下，只在个人计算机上运行飞控程序时才使用UDP方式运行Mavlink服务。这样方便飞控程序和地面站程序使用UDP进行通信。在使用Pixhawk与计算机连接时，都是采用串口的方式启动飞控程序中的Mavlink服务。如果采用USB直连，则使用的设备节点为/dev/ttyACM0；如果使用数传，则使用/dev/ttyS1。

　　下面分析Mavlink主程序的功能代码：

```
1 int task_main(int argc，char *argv[]) {
2    _baudrate = 57600;
3    _mode = MAVLINK_MODE_NORMAL;
4    bool _force_flow_control = false;
5
6    while ((ch = px4_getopt(argc，argv，"b: r: d: u: m: t: fwxz",
                              &myoptind，&myoptarg)) ! = EOF) {
7      switch (ch) {
8        case 'b' :
9          _baudrate = strtoul(myoptarg，nullptr，10);
10         if (_baudrate < 9600 || _baudrate > 3000000) {
11           PX4_ERR("invalid baud rate '%s' "，myoptarg);
12           err_flag = true;
13         }
14         break;
15         ...
16      }
17    }
18
19    if (get_protocol() = = SERIAL) {
20      if (Mavlink：：instance_exists(_device_name，this)) {
21        PX4_ERR("%s already running"，_device_name);
22        return PX4_ERROR;
23      }
24      _uart_fd = mavlink_open_uart(_baudrate，_device_name，_force_flow_control);
25      return OK;
26
27    }
28    else if (get_protocol() = = UDP) {
29      if (Mavlink：：get_instance_for_network_port(_network_port) ! = nullptr) {
30        PX4_ERR("port %d already occupied"，_network_port);
31        return PX4_ERROR;
32      }
```

```
33    PX4_INFO("mode: %s, data rate: %d B/s on udp port %hu remote port %hu",
                mavlink_mode_str(_mode), _datarate, _network_port, _remote_port);
34    }
35
36    configure_stream("HEARTBEAT", 1.0f);
37    configure_stream("STATUSTEXT", 20.0f);
38    configure_stream("COMMAND_LONG");
39
40    switch (_mode) {
41      case MAVLINK_MODE_NORMAL:
42        configure_stream("ADSB_VEHICLE");
43        configure_stream("ALTITUDE", 1.0f);
44        configure_stream("ATTITUDE", 20.0f);
45        configure_stream("ATTITUDE_TARGET", 2.0f);
46        ...
47        break;
48
49      case MAVLINK_MODE_ONBOARD:
50        configure_stream("ACTUATOR_CONTROL_TARGET0", 10.0f);
51        configure_stream("DISTANCE_SENSOR", 10.0f);
52        configure_stream("ESTIMATOR_STATUS", 1.0f);
53        configure_stream("EXTENDED_SYS_STATE", 5.0f);
54        ...
55        break;
56
57      case MAVLINK_MODE_CONFIG:
58        configure_stream("ALTITUDE", 10.0f);
59        configure_stream("ATTITUDE", 50.0f);
60        configure_stream("ATTITUDE_TARGET", 8.0f);
61        configure_stream("ATTITUDE_QUATERNION", 50.0f);
62        ...
63        break;
64
65      case MAVLINK_MODE_MINIMAL:
66        configure_stream("ALTITUDE", 0.5f);
67        configure_stream("ATTITUDE", 10.0f);
68        configure_stream("EXTENDED_SYS_STATE", 0.1f);
69        configure_stream("GPS_RAW_INT", 0.5f);
```

```
70        ...
71        break;
72
73    default：
74        break;
75    }
76
77  MavlinkReceiver：：receive_start(&_receive_thread，this);
78
79  while (!_task_should_exit) {
80    update_rate_mult();
81
82    MavlinkStream *stream;
83    LL_FOREACH(_streams，stream)
84    {
85        stream->update(t);
86    }
87    ...
88  }
89
90  pthread_join(_receive_thread，nullptr);
91
92  MavlinkStream *stream_to_del = nullptr;
93  MavlinkStream *stream_next = _streams;
94  while (stream_next != nullptr) {
95    stream_to_del = stream_next;
96    stream_next = stream_to_del->next;
97    delete stream_to_del;
98  }
99  _streams = nullptr;
100
101  if (_uart_fd >= 0 && !_is_usb_uart) {
102    close(_uart_fd);
103  }
104
105  if (_socket_fd >= 0) {
106    close(_socket_fd);
107    _socket_fd = -1;
```

```
108     }
109     return OK;
110 }
```

代码说明：

第1行是Mavlink主功能函数入口，通过int argc，char *argv[]两个参数将启动参数依次传入函数内部进行处理。

第2行设置串口的默认波特率为57600。

第3行设置默认启动模式为NORMAL。

第4行设置串口的默认流量控制为关闭状态。

第6～17行使用while循环和px4_getopt()函数来处理所有参数内容，并通过switch()语句，根据不同的参数设置不同的变量值。第8、9行根据参数"-b"和其后的内容来设定串口设备的默认波特率。

第10～13行通过判断波特率的有效范围来做异常处理。

第15行省略了其他参数的处理过程，其实现方式与"-b"参数的实现方式类似。

第19～27行判断当前底层链路设备是否是串口。如果是串口，则使用mavlink_open_uart()函数来打开此设备节点，并进行相关配置，如波特率和流量控制等。

第28～34行判断当前底层链路设备。如果是UDP，则使用get_instance_for_network_port()来处理相应的端口号。

第36～38行配置周期下发消息心跳（HEARTBEAT）、文本内容（STATUSTEXT）、命令（COMMAND_LONG）。其中心跳消息的发送频率为1Hz，文本内容的发送频率为20Hz，而命令消息略有不同，其发送频率并不做特殊处理，随主程序循环中的频率进行消息发送。

第40～75行处理在不同模式下开启不同的周期下发消息。也就是说，在不同模式下，周期下发的消息内容并不完全相同。使用者也可以根据自己的需要进行配置。

这些周期下发的消息统称为Mavlink消息的发送器。

第77行启动Mavlink的消息接收线程，用于接收所有地面站发送给飞控程序的消息。此进程就是Mavlink消息的接收器。

第79行进入Mavlink主程序的循环结构。采用一定的频率进行循环处理。

第80行根据发送速率处理发送频率，实际上就是为周期下发消息做频率限制处理。

第82～86行取得启用的周期下发消息对象指针，并在所有下发消息对象中循环执行update()函数。MavlinkStream类中的update()函数会根据当前需要发送消息的频率计算是否需要发送消息。如果需要，则调用实际发送类中的send()函数进行消息发送。

第90行等待接收器线程结束。

第92～99行取得所有周期消息对象指针，并将其删除，释放内存资源。

第101～103行关闭串口设备的文件描述符。

第105～108行关闭网络通信设备文件描述符。

✈ 6.4.3 MavlinkStream发送器

（1）MavlinkStream类

MavlinkStream是使用C＋＋来实现的类，并作为所有周期下发消息类的基类，它定义了整个周期下发消息统一格式，包括消息ID、消息名称、消息大小、发送频率、最近发送时间、实际发送函数等，而其他实际消息都继承了MavlinkStream类。在实际消息发送时，使用MavlinkStream的对象指针指向每一个实际的子类对象，然后通过这个指针来统一发送消息，具体实现采用6.4.2节82～86行代码。下面我们通过图6-11看一下MavlinkStream基类和其派生类之间的关系。

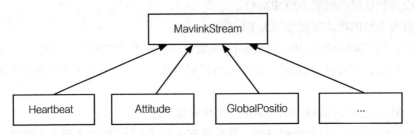

图6-11　周期下发消息类继承MavlinkStream

MavlinkStream的内容如下：

```
112 class MavlinkStream {
113 public：
114     MavlinkStream *next;
115
116     MavlinkStream(Mavlink *mavlink);
117     virtual ˜MavlinkStream();
118
119     int update(const hrt_abstime &t);
120     virtual const char *get_name() const = 0;
121     virtual uint16_t get_id() = 0;
122     virtual unsigned get_size() = 0;
123
124 protected：
125     Mavlink * const _mavlink;
126     int _interval;
127     virtual bool send(const hrt_abstime t) = 0;
128
129 private：
```

```
130    hrt_abstime _last_sent;
131 };
132
133 int MavlinkStream∷update(const hrt_abstime &t) {
134    if (_last_sent = = 0) {
135      if (send(t)) {
136        _last_sent = hrt_absolute_time();
137      }
138      return 0;
139    }
140
141    if (_last_sent > t) {
142      return -1;
143    }
144
145    int64_t dt = t - _last_sent;
146
147    int interval = (_interval > 0) ? _interval : 0;
148    if (!const_rate()) {
149      interval /= _mavlink->get_rate_mult();
150    }
151
152    if (interval = = 0 || (dt > (interval - (_mavlink->get_main_loop_delay()/10) * 3))) {
153      if (send(t)) {
154        _last_sent = ((interval > 0) && ((int64_t)(1.5f * interval) > dt)) ? _last_sent + interval : t;
155        return 0;
156      }
157      else {
158        return -1;
159      }
160    }
161    return -1;
162 }
```

▶ **代码说明：**

第112行定义了MavlinkStream类，作为所有周期下发消息的基类。

第114行定义了一个MavlinkStream类的对象指针next，用于指向其他MavlinkStream类的对象。这实际上是一个顺序链表结构，多个对象通过指针来依次访问其内容，6.4.2节92～99行代码中就是通过next指针，顺序访问并将每一个节点删除。其结构可以用图6-12来表示。

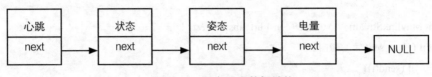

图6-12　顺序链表数据结构

第116、117行定义了类的构造函数和析构函数，构造函数中以Mavlink *为参数，也就是当前Mavlink对象指针。

第119行定义了更新消息的函数update()。在Mavlink核心函数中，调用了每一个周期下发消息类的update()函数，实现代码是6.4.2节85行代码。

第120～122行定义了3个函数，分别是：get_name()，取得当前周期消息名；get_id()，取得当前周期消息ID()；get_size()，取得当前周期消息大小。注意：这3个函数由virtual修饰表示为虚函数，并且都是纯虚函数。也就是说，在MavlinkStream类中，并不需要实现这3个函数，而它们需要被子类实现。

第125行定义了Mavlink对象指针。

第126行定义了周期消息发送间隔。

第127行定义了消息发送send()函数，这同样是一个纯虚函数，需要被子类实现。这也是实际发送消息的函数。

第130行定义了周期消息最后一次发送的具体时间。

第133行是update()函数的具体实现。

第134～139行判断发现此消息从未发送过，于是立即执行send()函数将此消息发送出去，并记录当前时间为最后一次发送时间。当然send()是纯虚函数，具体的发送内容取决于每一个子类的不同实现。

第141～143行判断最后一次发送时间，如果大于Mavlink主程序中调用发送更新函数的时间，说明刚刚发送了此消息，此处不再处理，直接返回失败。

第145行计算发送时间与最后一次发送时间的间隔dt。

第147～150行判断时间间隔的有效性，并根据Mavlink主程序中的发送速率限制重新更新有效的时间间隔。

第152行判断如果到达发送时间或者超过下一个已间隔的30%时间，则发送此消息。这有助于避免发送平均慢于预定消息的调度时间。

第154行判断如果间隔非0，并且dt小于间隔的1.5倍，则不使用实际时间，而是以固定速率递增。因此处理延迟不会使平均速率产生异常，避免在短时间内发送多个消息。

（2）周期消息子类

MavlinkStream的子类都定义在mavlink_messages.cpp文件中，例如心跳类（MavlinkStreamHeartbeat）、文本消息类（MavlinkStreamStatustext）、命令类（MavlinkStreamCommandLong）、系统状态类（MavlinkStreamSysStatus）、高速惯导传感器类（MavlinkStreamHighresIMU）、姿态类（MavlinkStreamAttitude）等。这些类都继承了MavlinkStream类，并实现了在基类中的

纯虚函数get_name()、get_id()、get_size、sned()等。下面以姿态消息类为例，介绍消息类的具体实现内容：

```
164 class MavlinkStreamAttitude：public MavlinkStream {
165 public：
166    const char *get_name() const {
167       return MavlinkStreamAttitude：：get_name_static();
168    }
169    static const char *get_name_static() {
170       return"ATTITUDE";
171    }
172    static uint16_t get_id_static() {
173       return MAVLINK_MSG_ID_ATTITUDE;
174    }
175    uint16_t get_id() {
176       return get_id_static();
177    }
178    static MavlinkStream *new_instance(Mavlink *mavlink) {
179       return new MavlinkStreamAttitude(mavlink);
180    }
181    unsigned get_size() {
182       return MAVLINK_MSG_ID_ATTITUDE_LEN + MAVLINK_NUM_NON_PAYLOAD_
BYTES;
183    }
184 private：
185    MavlinkOrbSubscription *_att_sub;
186    uint64_t _att_time;
187 protected：
188    MavlinkStreamAttitude(Mavlink *mavlink)：
189          MavlinkStream(mavlink),
190          _att_sub(_mavlink->add_orb_subscription( ORB_ID(vehicle_attitude))),
191          _att_time(0) {
192    }
193    bool send(const hrt_abstime t) {
194       vehicle_attitude_s att;
195       if (_att_sub->update(&_att_time，&att)) {
196          mavlink_attitude_t msg = { };
197          matrix：：Eulerf euler = matrix：：Quatf(att.q);
198          msg.time_boot_ms = att.timestamp/1000;
```

```
199        msg.roll = euler.phi();
200        msg.pitch = euler.theta();
201        msg.yaw = euler.psi();
202        msg.rollspeed = att.rollspeed;
203        msg.pitchspeed = att.pitchspeed;
204        msg.yawspeed = att.yawspeed;
205        mavlink_msg_attitude_send_struct(_mavlink->get_channel()，&msg);
206        return true;
207      }
208      return false;
209    }
210 };
```

》》 代码说明：

第164行定义了姿态消息类MalvinkStreamAttitude，并继承了基类MavlinkStream。

第166～171行实现了get_name()函数，调用了get_name_static()函数，返回此类的名称"ATTITUDE"。

第172～177行实现了get_id()函数，调用了get_id_static()函数，返回此类的ID"MAVLINK_MSG_ID_ATTITUDE"，这是一个宏，定义在此消息的Mavlink头文件中，其实际值为30。

第178～180行实现了new_instance()函数，用于创建当前类的实例对象。

第181、182行实现了get_size()函数，返回此消息的大小，调用了两个宏：MAVLINK_MSG_ID_ATTITUDE_LEN + MAVLINK_NUM_NON_PAYLOAD_BYTES，其实际值是40。

第185行定义了一个用于接受姿态消息的uORB对象指针。

第186行定义了时间变量，用于记录最后一次发送时间。

第188～192是行为类的构造函数，在这里初始化类的所有成员，并订阅无人机的姿态uORB消息vehicle_attitude。

第193～209行实现了具体的消息发送内容函数send()。实际上send()函数是被MavlinkStream类中的update()函数调用的，位置在本节代码第135和第153行中。

第194行定义了姿态信息的uORB结构体对象att。

第195行判断订阅uORB是否更新，并获取更新内容到att当中。

第196行中定义了用于存放姿态信息的Mavlink消息结构体对象msg。

第197～204行将姿态信息从uORB消息对象赋值到Mavlink消息对象。

第205行调用Mavlink消息发送函数mavlink_msg_attitude_send_struct()，将姿态信息发送到通信接口中。

对于其他类型周期下发消息类来说，其实现方式都与MalvinkStreamAttitude类似，这里不再一一列举。请读者自行阅读相关代码。

✿ 6.4.4 MavlinkReceiver接收器

（1）MavlinkReceiver

负责Malvink消息的接收、解析和处理工作。我们在前面已经介绍Mavlink主程序中启动了
MavlinkReceiver的一个线程，负责接收消息，其函数为receive_thread()，代码在6.4.2节第77
行。MavlinkReceiver主要功能有：从底层链路读取数据；解析Mavlink消息数据；处理一般消
息和命令；处理任务相关消息；处理参数相关消息；处理文件传输协议等相关内容。

在消息接收过程中，MavlinkReceiver并没有将消息转换为具体的不同类型的消息，而是直
接将消息交给不同的业务功能自行处理。例如，当MavlinkReceiver接收到一条mavlink_
message_t消息之后，并没有进一步分析是任务航迹点消息（mavlink_mission_item_t）还是参
数设置消息（mavlink_param_set_t），而是直接将mavlink_message_t消息同时交给各个不同业
务的处理程序分析这个消息包。各个业务程序分析mavlink_message_t消息，如果此消息类型与
当前业务符合，则继续处理，否则直接抛弃。

下面分析MavlinkReceiver的代码内容：

```
212 void* receive_thread(void *arg)

213 {

214    char thread_name[24];

215    sprintf(thread_name，"mavlink_rcv_if%d"，_mavlink->get_instance_id());

216    px4_prctl(PR_SET_NAME，thread_name，px4_getpid());

217

218    ssize_t nread = 0;

219    uint8_t buf[64];

220    mavlink_message_t msg;

221    struct pollfd fds[1] = {};

222    fds[0].fd = _mavlink->get_uart_fd();

223    fds[0].events = POLLIN;

224

225    while (!_mavlink->_task_should_exit) {

226      if (poll(&fds[0]，1，timeout) > 0) {

227        const unsigned character_count = 20;

228        if ((nread = read(fds[0].fd，buf，sizeof(buf)))
                            < (ssize_t)character_count) {

229          unsigned sleeptime = (1.0f/(_mavlink->get_baudrate()/10))
                            * character_count * 1000000;

230          usleep(sleeptime);

231        }

232      }
```

```
233        for (ssize_t i = 0; i < nread; i++) {
234          if (mavlink_parse_char(_mavlink->get_channel(), buf[i], &msg, &_status)) {
235            if (!(_mavlink->get_status()->flags & MAVLINK_STATUS_FLAG_IN_MAVLINK1)) {
236              _mavlink->set_proto_version(2);
237            }
238            handle_message(&msg);
239            if (_mission_manager != nullptr) {
240              _mission_manager->handle_message(&msg);
241            }
242            _parameters_manager.handle_message(&msg);
243            if (_mavlink->ftp_enabled()) {
244              _mavlink_ftp.handle_message(&msg);
245            }
246          }
247        }
248        _mission_manager->send(t);
249        _parameters_manager->send(t);
250        if (nread > 0)
251          _mavlink->count_rxbytes(nread);
252    }
253 }
```

>>> **代码说明：**

第214～216行调用px4_prctl()函数，设定当前线程名称为mavlink_rcv_if0，其中0为Mavlink实例号。

第218、219行定义了从底层链路中读取数据的字节数nread和数据缓冲区buf[64]。

第220行定义了用于解析Mavlink消息的结构体对象msg。

第221～223行定义了用于等待资源状态对象描述结构体fds[1]，将fds[0].fd的值设定为Mavlink主程序中打开串口设备的文件描述符。fds[0].events的值设定为POLLIN，表示当前文件描述符中的资源有可读数据时通知线程结束等待，处理相应的数据内容。

第225行使用while语句进入循环。

第226行使用poll()函数对fds进行资源请求，直到等待超时或者产生某资源请求事件后结束等待。由于为其设定的是POLLIN事件，因此当设备中有可读数据时，poll()函数将结束等待，程序继续向下运行。

第227、228行设定了最小读取数据字节数为20，其目的是避免读取非常少的数据，在读取之前等待数据是为了针对Mavlink消息进行解析，因此尽量读取更多的数据，并能将之成功地解析成完整的Mavlink消息包。

第229、230行判断如果接收到的数据少于20个字节，需要让整个MavlinkReceiver线程略微睡眠一小段时间，以便在下次循环时，底层链路的缓冲区中能够存放更多的数据内容。

第233行进入for循环结构，在本次接收到的缓冲区buf中进行循环处理，依次尝试解析一个完成的Mavlink消息包。

第234行调用mavlink_parse_char()函数进行数据包解析工作。如果解析成功，则进行后续的消息包处理，否则继续尝试解析。

第235、236行判断Mavlink协议版本号，并指定为Mavlink2.0。实际上Mavlink2.0协议兼容1.0版本，此处将1.0的消息包的版本号强制设定为2.0，以便进行业务数据的解析和处理。

第238行调用handle_message()函数来处理一般的、通用的Mavlink消息，这些消息的处理功能都在MavlinkReceiver中实现了，可以处理HEARTBEAT、COMMAND_LONG、COMMAND_INT、_MANUAL_CONTROL、SET_ATTITUDE_TARGET等消息。

第239～241行调用MavlinkMissionManager类的handle_message()函数，用于处理所有飞行任务的消息处理功能与相关业务。

第242行调用MavlinkParametersManager类中的handle_message()函数，用于处理所有无人机参数的消息处理功能与相关业务。

第244行调用MavlinkFTP类中的handle_message()函数，用于处理所有文件传输的消息处理功能与相关业务。

第248行调用MavlinkMissionManager类中的send()函数，用于发送任务相关消息内容。

第249行调用MavlinkParametersManager类中的send()函数，用于发送参数相关消息内容。

第250、251行判断如果读取数据成功（即nread的值大于0），记录接收到的总字节数。

对于MavlinkReceiver中的handle_message()函数，处理了一些通用消息。下面以COMMAND_LONG为例，分析其处理过程。handle_message()函数的实现代码如下：

```
255 void handle_message(mavlink_message_t *msg) {
256   switch (msg->msgid) {
257     case MAVLINK_MSG_ID_COMMAND_LONG:
258       if (_mavlink->accepting_commands()) {
259         handle_message_command_long(msg);
260       }
261       break;
262     case MAVLINK_MSG_ID_COMMAND_INT:
263       if (_mavlink->accepting_commands()) {
264         handle_message_command_int(msg);
265       }
266       break;
267     ...
268     default:
269       break;
270   }
271 }
```

>>> 代码说明：

第256行使用switch语句来判断Mavlink消息的ID。根据不同类型的消息调用不同的处理函数。

第257～261行判断消息ID为MAVLINK_MSG_ID_COMMAND_LONG，于是接受此命令，并调用handle_message_command_long()函数执行此命令。

第262～266行判断消息ID为MAVLINK_MSG_ID_COMMAND_INT，于是接受此命令，并调用handle_message_command_int()函数执行此命令。

第267行是其他类型的Mavlink消息，处理方式与上面两种一致，代码略。

根据消息类型的不同，需要和处理的内容就不同，例如处理MAVLINK_MSG_ID_COMMAND_LONG消息，需要将此Mavlink消息转为vehicle_command的uORB消息，并发布此uORB给其他进程。其具体代码实现如下：

```
273 void handle_message_command_long(mavlink_message_t *msg)
274 {
275     mavlink_command_long_t cmd_mavlink;
276     mavlink_msg_command_long_decode(msg，&cmd_mavlink);
277
278     struct vehicle_command_s vcmd = {
279         .timestamp = hrt_absolute_time(),
280         .param5 = cmd_mavlink.param5,
281         .param6 = cmd_mavlink.param6,
282         .param1 = cmd_mavlink.param1,
283         .param2 = cmd_mavlink.param2,
284         .param3 = cmd_mavlink.param3,
285         .param4 = cmd_mavlink.param4,
286         .param7 = cmd_mavlink.param7,
287         .command = cmd_mavlink.command,
288         .target_system = cmd_mavlink.target_system,
289         .target_component = cmd_mavlink.target_component,
290         .source_system = msg->sysid,
291         .source_component = msg->compid,
292         .confirmation = cmd_mavlink.confirmation,
293         .from_external = true
294     };
295     if (_cmd_pub = = nullptr) {
296         _cmd_pub = orb_advertise(ORB_ID(vehicle_command)，&vcmd);
297     } else {
298         orb_publish(ORB_ID(vehicle_command)，_cmd_pub，&vcmd);
```

```
299    }
300 }
```

⟫ 代码说明：

第275、276行定义了一个用于解析COMMAND_LONG消息的Mavlink消息结构体对象cmd_mavlink，并通过调用Mavlink协议的解析函数mavlink_msg_command_long_decode()将消息解析成为mavlink_command_long_t类型的对象。

第278～294行定义了uORB消息的结构体对象vcmd，并将cmd_mavlink中的各个属性分别赋值给vcmd对象的属性中，也就是将Mavlink消息转为uORB消息。

第295～298行中公告vehicle_command的uORB主题，并将vcmd消息发布到uORB总线上。实际上每当收到一个ID为COMMAND_LONG的消息后，handle_message()函数都会调用handle_message_command_long()函数，但是此处通过对_cmd_pub的空值判断来达到一次公告、多次发布的目的。当然，在前面已经讲述过，公告uORB时，也会发布一次默认数据。

（2）MavlinkMissionManager

主要用于地面站与飞控之间传输任务之间相关数据，如航迹点、电子围栏点、集结点等相关内容。包括任务信息的上传与下载。通常情况下，在无人机起飞前，需要使用地面站程序规划一系列的自动飞行任务航迹点，并通过Mavlink消息将这些任务信息点上传到飞控当中。飞控会接收这些航迹点，并将其保存到SDCard当中，为飞行时使用。另外，地面站还可以根据需要，将飞控中已经保存好的所有任务点下载到本地。图6-13所示为飞控接收任务点时的工作流程。

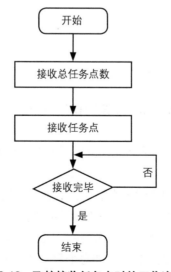

图6-13　飞控接收任务点时的工作流程

MavlinkMissionManager的功能主要分为3个部分：接收地面站请求任务数据；向地面站发送任务数据；将任务数据保存到SDCard当中，或从SDCard中读取任务数据。下面介绍用于接收地面任务请求的函数handle_message()：

```
302 void MavlinkMissionManager：：handle_message(const mavlink_message_t *msg)
303 {
304    switch (msg->msgid) {
305    case MAVLINK_MSG_ID_MISSION_REQUEST_LIST:
306      handle_mission_request_list(msg);
307      break;
308    case MAVLINK_MSG_ID_MISSION_REQUEST:
309      handle_mission_request(msg);
310      break;
311    case MAVLINK_MSG_ID_MISSION_COUNT:
312      handle_mission_count(msg);
313      break;
314    case MAVLINK_MSG_ID_MISSION_ITEM:
315      handle_mission_item(msg);
316      break;
317    case MAVLINK_MSG_ID_MISSION_CLEAR_ALL:
318      handle_mission_clear_all(msg);
319      break;
320    default:
321      break;
322    }
323 }
```

》》　代码说明：

第304行使用switch语句对Mavlink的消息ID进行判断，不同类型的消息有着不同的处理方式。

第305～307行处理地面站向飞控请求的任务列表，此时飞控程序向地面站发送任务的总数。

第308～310行处理地面站向飞控请求的任务点，此时飞控程序将根据地面站请求的任务序号，通过dataman服务从SDCard中取得此任务点的详细内容，并发送给地面站程序。

第311～313行处理地面站向飞控上传任务总数，此时表示地面站程序需要向飞控程序上传一系列任务点，此时首先向飞控上传任务点的总个数。之后飞控进入单点请求状态，由飞控主动发起，向地面站逐个请求任务点。直到所有任务点都上传完成。

第314～316行处理地面站向飞控上传的任务点，此时表示地面站程序向飞控程序上传任务点，飞控程序需要将此任务的详细内容保存到SDCard中，并向地面请求下一个任务点，直到所有任务点都上传完成。

第317~319行处理地面站清除飞控任务的请求，表示地面站希望飞控程序将SDCard中的所有任务都清除。清除之后飞控程序中将没有任何任务点，此时飞机不能执行任务飞行，当无人机切换到任务模式后，会保持悬停或根据相关保护设置返航。

下面介绍MavlinkMissionManager的handle_mission_count()函数和handle_mission_item()函数的具体实现内容。

```
325 void MavlinkMissionManager：：handle_mission_count(const mavlink_message_t *msg) {
326    mavlink_mission_count_t wpc;
327    mavlink_msg_mission_count_decode(msg，&wpc);
328
329    _mission_type = (MAV_MISSION_TYPE) wpc.mission_type;
330    if (wpc.count > current_max_item_count()) {
331      send_mission_ack(_transfer_partner_sysid，_transfer_partner_compid,
                  MAV_MISSION_NO_SPACE);
332      return;
333    }
334    if (wpc.count == 0) {
335      switch (_mission_type) {
336        case MAV_MISSION_TYPE_MISSION：
337          if (_dataman_id == DM_KEY_WAYPOINTS_OFFBOARD_0) {
338            update_active_mission(DM_KEY_WAYPOINTS_OFFBOARD_1，0，0);
339          } else {
340            update_active_mission(DM_KEY_WAYPOINTS_OFFBOARD_0，0，0);
341          }
342          break;
343        case MAV_MISSION_TYPE_FENCE：
344          update_geofence_count(0);
345          break;
346        case MAV_MISSION_TYPE_RALLY：
347          update_safepoint_count(0);
348          break;
349        default：
350          break;
351      }
352      send_mission_ack(_transfer_partner_sysid，_transfer_partner_compid,
                  MAV_MISSION_ACCEPTED);
353      return;
354    }
355    _state = MAVLINK_WPM_STATE_GETLIST;
```

```
356    _transfer_seq = 0;
357    _transfer_partner_sysid = msg->sysid;
358    _transfer_partner_compid = msg->compid;
359    _transfer_count = wpc.count;
360    _transfer_dataman_id = (_dataman_id = = DM_KEY_WAYPOINTS_OFFBOARD_0 ?
                              DM_KEY_WAYPOINTS_OFFBOARD_1 : DM_KEY_
                              WAYPOINTS_OFFBOARD_0);
361    _transfer_current_seq = -1;
362    send_mission_request(_transfer_partner_sysid, _transfer_partner_compid, _transfer_seq);
363 }
```

▶ 代码说明：

第326、327行定义了用于存放任务总数的Mavlink消息结构体对象，并通过mavlink_msg_mission_count_decode()函数进行消息解析。

第329行取得当前消息类型。0—普通任务点（航迹点）；1—电子围栏点；2—集结点；255—所有任务点。

第330～333行根据地面上传的总任务数进行有效判断，如果总数大于飞控程序所支持的最大任务数，则直接调用send_mission_ack()函数通知地面站上传的总数无效。

第334～351行当总任务点数为0时，表示地面站需要清空飞控上指定类型的任务点，之后根据任务点类型分别清空航迹点、电子围栏点或集结点。

第352行向地面站发送清除任务点的确认消息，通知地面站飞控已经完成清除点任务。

第355行更新当前状态为获取任务列表状态，飞控程序准备开始向地面站请求任务点。

第356～361行更新任务传输相关属性，以便后续上传任务点。

第362行向地面站发送任务请求，实际上这里的功能是，当收到任务总数后，向地面站请求第一个任务点。

飞控程序接收到地面站上传的任务点消息的处理过程如下：

```
365 void MavlinkMissionManager: : handle_mission_item(const mavlink_message_t *msg)
366 {
367    mavlink_mission_item_t wp;
368    mavlink_msg_mission_item_decode(msg, &wp);
369
370    struct mission_item_s mission_item = {};
371    int ret = parse_mavlink_mission_item(&wp, &mission_item);
372    if (ret ! = PX4_OK) {
373       send_mission_ack(_transfer_partner_sysid, _transfer_partner_compid, ret);
```

```
374        switch_to_idle_state();
375        return;
376    }
377
378    bool write_failed = false;
379    write_failed = write_failed = dm_write(DM_KEY_SAFE_POINTS, wp.seq + 1, DM_
                                    PERSIST_POWER_ON_RESET, &mission_item,
                                    sizeof(mission_save_point_s))! = sizeof(mission_save_
                                    point_s);
380    if (write_failed) {
381        send_mission_ack(_transfer_partner_sysid, _transfer_partner_compid, MAV_MISSION_
ERROR);
382        switch_to_idle_state();
383        return;
384    }
385
386    _transfer_seq = wp.seq + 1;
387    if (_transfer_seq = = _transfer_count) {
388        switch_to_idle_state();
389        send_mission_ack(_transfer_partner_sysid, _transfer_partner_compid, MAV_MISSION_
                    ACCEPTED);
390        return;
391    }
392    send_mission_request(_transfer_partner_sysid, _transfer_partner_compid, _transfer_seq);
393 }
```

❖❖ 代码说明：

第367、368行定义了用于存放任务点信息的Mavlink消息结构体对象wp，并通过调用 mavlink_msg_mission_item_decode()函数将Mavlink消息解析成结构体对象。

第370行定义了任务点结构体对象mission_item。此对象的类型定义在Navigator模块中，也是自动任务飞行中的核心对象类型。

第371～376行将Mavlink消息对象wp中的各个属性值赋值到任务点结构体对象mission_item 当中。如果赋值过程失败，则向地面站发送失败消息，并切换到空闲状态。

第378行定义了数据保存状态标识。

第379行通过调用dataman模块的dm_write()函数将任务点信息保存到SDCard上，并根据写入数据的大小判断操作是否成功。

第380～384行判断如果dataman写入任务点失败，则切换到空闲状态，并通知地面站上传任务点失败。

第386行将当前需要传输的点序号加一，表示需要继续接收下一个任务点。

第387～391行判断传输点序号是否等于总任务点数。如果相等，则表示所有任务点都传输完成，切换至空闲状态，并通知地面站任务点传输完成。

第392行判断如果任务点没有传输完成，则向地面站请求下一个需要传输的点。

（3）MavlinkParametersManager

主要负责处理地面站向飞控发送参数读写的相关功能，分为处理参数请求列表、设置参数、读取参数3个部分。相对来说，参数的处理过程较为简单，下面分析MavlinkParametersManager中的handle_message()函数的实现过程。

```
395 void MavlinkParametersManager: : handle_message(const mavlink_message_t *msg)
396 {
397   switch (msg->msgid) {
398    case MAVLINK_MSG_ID_PARAM_REQUEST_LIST: {
399      mavlink_param_request_list_t req_list;
400      mavlink_msg_param_request_list_decode(msg, &req_list);
401      _send_all_index = 0;
402      break;
403    }
404    case MAVLINK_MSG_ID_PARAM_SET: {
405      mavlink_param_set_t set;
406      mavlink_msg_param_set_decode(msg, &set);
407      float curr_val;
408      param_get(param, &curr_val);
409      param_set(param, &(set.param_value));
410      if (!(fabsf(curr_val - set.param_value) > 0.0f)) {
411        send_param (param);
412      }
413      break;
414    }
415    case MAVLINK_MSG_ID_PARAM_REQUEST_READ: {
416      mavlink_param_request_read_t req_read;
417      mavlink_msg_param_request_read_decode(msg, &req_read);
418      send_param(param_for_used_index(req_read.param_index));
419      break;
420    }
421    default:
422      break;
```

```
423    }
424 }
```

代码说明：

第398～403行判断如果是地面站向飞控程序请求参数列表，则将_send_all_index索引号清零，在循环发送参数消息函数send()中，会根据此索引号将未发送的参数逐个发送到地面站，每发送一个参数，_send_all_index将加一，当全部参数发送完毕后，不再发送。

第404～409行判断如果是地面站向飞控程序发送了设置参数的消息，则通过param_get()函数先将此参数的值取出，并保存到curr_val变量中，之后再通过param_set()函数将地面站所设定的新值保存到此参数中。

第410～412行判断此参数在地面站对其设定前后的值是否有变化。如果发现地面站所设定的参数值与原值不同，则调用send_param()函数向地面站重新发送此参数。

第415～420行判断如果是地面站向飞控程序请求参数，则调用send_param()函数向地面站发送此参数。

send_param()函数的功能实际上是，将参数对象param_t转为Mavlink消息对象mavlink_param_value_t，并调用Mavlink通信接口函数将参数发送给地面站。其实现代码如下：

```
426 int MavlinkParametersManager：：send_param(param_t param，int component_id)
427 {
428    mavlink_param_value_t msg;
429    param_get(param，&msg.param_value);
430    msg.param_count = param_count_used();
431    msg.param_index = param_get_used_index(param);
432    strncpy(msg.param_id，param_name(param),
              MAVLINK_MSG_PARAM_VALUE_FIELD_PARAM_ID_LEN);
433    param_type_t type = param_type(param);
434    if (type = = PARAM_TYPE_INT32) {
435       msg.param_type = MAVLINK_TYPE_INT32_T;
436    }
437    else if (type = = PARAM_TYPE_FLOAT) {
438       msg.param_type = MAVLINK_TYPE_FLOAT;
439    }
440    else {
441       msg.param_type = MAVLINK_TYPE_FLOAT;
442    }
443    mavlink_msg_param_value_send_struct(_mavlink->get_channel()，&msg);
```

```
444    return 0;
445 }
```

代码说明：

第428行定义参数的Mavlink消息结构体对象msg。

第429行调用param_get()函数将此参数的信息读取出来。

第430～433行将参数对象param中的内容赋值给Mavlink消息对象msg当中，包括参数值、从参数数量、当前参数索引号、参数名称以及参数类型。

第434～442行根据不同参数类型，设定Mavlink消息中的参数类型。

第443行调用mavlink_msg_param_value_send_struct()函数，将msg消息发送到地面站当中。

（4）MavlinkFTP

它是一个文件传输服务，负责处理所有地面站向飞控传输的文件相关操作，包括文件夹的创建、删除、显示列表和文件的创建、读写、删除等一系列功能。地面站程序在使用MavlinkFTP服务时，可以将飞控程序当作一个文件操作服务器，向其发送相应的指令，服务器即为地面站返回相应的数据内容，如图6-14所示。

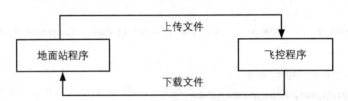

图6-14　使用MavlinkFTP上传下载文件

实际上地面站可以根据需要在文件服务器上创建或删除文件或文件夹，并根据需要上传或下载相应的文件。处理文件传输协议的函数为MavlinkFTP类中的handle_message()函数，在这个函数里，调用了_process_request()函数，用于处理所有地面站指令，MavlinkFTP所支持的文件操作指令如下：

```
enum Opcode : uint8_t {
    kCmdNone,                    //忽略
    kCmdTerminateSession,        //结束当前会话
    kCmdResetSessions,           //重置当前会话
    kCmdListDirectory,           //显示目录下的文件列表
    kCmdOpenFileRO,              //以只读的方式打开文件
    kCmdReadFile,                //读取文件内容
    kCmdCreateFile,              //创建文件
    kCmdWriteFile,               //向文件内写入
```

```
        kCmdRemoveFile,                        //删除指定文件
        kCmdCreateDirectory,                   //创建一个指定文件夹
        kCmdRemoveDirectory,                   //删除指定文件夹
        kCmdOpenFileWO,                        //以只写方式打开文件
        kCmdTruncateFile,                      //将文件重新设定为指定长度
        kCmdRename,                            //重新为文件命名
        kCmdCalcFileCRC32,                     //计算文件的CRC校验码
        kRspAck = 128,                         //Ack确认
        kRspNak                                //Nak确认
    };
```

下面分析MavlinkFTP中处理相应指令的具体实现代码：

```
447 void MavlinkFTP：：handle_message(const mavlink_message_t *msg) {
448     mavlink_file_transfer_protocol_t ftp_request;
449     mavlink_msg_file_transfer_protocol_decode(msg，&ftp_request);
450     _process_request(&ftp_request，msg->sysid);
451 }
452
453 void MavlinkFTP：：_process_request(mavlink_file_transfer_protocol_t *ftp_req，uint8_t
                              target_system_id) {
454     PayloadHeader *payload = (PayloadHeader *) (&ftp_req->payload[0]);
455     ErrorCode errorCode = kErrNone;
456     switch (payload->opcode) {
457       case kCmdOpenFileRO:
458         errorCode = _workOpen(payload，O_RDONLY);
459         break;
460       case kCmdCreateFile:
461         errorCode = _workOpen(payload，O_CREAT | O_EXCL | O_WRONLY);
462         break;
463       case kCmdOpenFileWO:
464         errorCode = _workOpen(payload，O_CREAT | O_WRONLY);
465         break;
466       case kCmdReadFile:
467         errorCode = _workRead(payload);
468         break;
469     ... //其他命令略
470       default:
```

```
471        errorCode = kErrUnknownCommand;
472        break;
473    }
474    payload->seq_number + +;
475    if (errorCode = = kErrNone) {
476        payload->req_opcode = payload->opcode;
477        payload->opcode = kRspAck;
478    }
479    else {
480        int r_errno = errno;
481        payload->req_opcode = payload->opcode;
482        payload->opcode = kRspNak;
483        payload->size = 1;
484        payload->data[0] = errorCode;
485    }
486    _reply(ftp_req);
487 }
```

>>> **代码说明:**

第448行定义了用于处理文件传输的Mavlink消息结构体对象ftp_request。

第449行调用mavlink_msg_file_transfer_protocol_decode()函数将文件传输协议消息解析到ftp_request当中。

第450行调用_process_request()函数,用于处理所有的文件传输请求。

第454行将文件传输中的负载内容转为PayloadHeader格式,并根据不同的命令执行相关操作。

第455行定义了一个操作状态标识变量,用于记录所有操作的结果。

第456~473行根据不同命令调用相应的操作函数,完成相应的功能。

第474行操作序号自动增1。

第475~478行判断如果操作成功,则操作符opcode设置成kRspAck确认状态。

第479~485行判断如果操作出现错误,则将操作符opcode设置成kRspNak确认状态,并在payload的data[0]中放置错误码,以便地面站程序可以根据此错误码分析操作失败的原因。

第486行向地面站返回操作结果。

实际上,所有的文件操作命令,最终调用的都是操作系统的文件接口函数,例如:创建文件夹命令调用的是mkdir()函数;删除文件夹命令调用的是rmdir()函数;创建文件命令调用的是open()函数并使用O_CREAT选项,读写文件内容命令调用的是read()和write()函数。这些功能的实现方法较为简单,不做一一讲解。

下面以写文件为例，介绍地面站向飞控程序上传文件的实现代码。由于MavlinkFTP协议消息中负载的大小为251个字节，所以对于较大文件，就需要按位置分段传输，文件的读写都是一样的，具体实现代码如下：

```
489 MavlinkFTP：：ErrorCode MavlinkFTP：：_workWrite(PayloadHeader *payload) {
490    if (lseek(_session_info.fd，payload->offset，SEEK_SET) < 0) {
491      return kErrFailErrno;
492    }
493    int bytes_written = write(_session_info.fd，&payload->data[0]，payload->size);
494    if (bytes_written < 0) {
495      return kErrFailErrno;
496    }
497    payload->size = sizeof(uint32_t);
498    memcpy(payload->data，&bytes_written，payload->size);
499    return kErrNone;
500 }
```

≫ 代码说明：

第490～492行根据当前会话确定当前需要操作的文件描述符fd，并根据offset确定需要写入的位置，再调用lseek()函数转到此文件的相应位置上，准备写操作。

第493～496行调用write()函数，将负载中的具体数据写入文件当中，并返回实际写入数。如果写入数小于0，表示写入失败，则返回错误码。

第497行将负载的size设置成4字节大小，准备回应地面站写入的文件大小。

第498行调用memcpy()函数，将本次写入的字节数放置到payload->data中，以便返回给地面站程序。

第499行返回操作成功标识符（无错误）。

第 **7** 章

开源操作系统 NuttX

7.1 NuttX概述

7.1.1 NuttX简介

NuttX是一个嵌入式的实时操作系统，英文为Embedded Real-Time Operation System（RTOS）。它的首要目标是足够轻便简洁，达到尽可能占用更少资源（Small Footprint）的目的。除最紧凑的微控制器环境外，其他所有环境都可用，重点放在那些微型嵌入式处理器的环境中。NuttX拥有丰富的功能操作系统集，其目标是提供大多数标准Posix操作系统接口的实现，以支持深度嵌入式处理器的丰富的多线程开发环境。

NuttX并不像Linux提供的高度集成系统功能一样，为了使用更小的嵌入式处理器，NuttX的目标是尽可能使系统程序的尺寸变得更小，而不是集成更广泛的功能。当然，NuttX忽略了一些Posix标准，这样就可以编译出更小的嵌入式实时操作系统。我们可以把NuttX想象成是一个很小的Linux系统，具有类Linux内核的特性，却又简洁轻便，方便移植和二次开发。

高度可扩展性是NuttX的另一个目标，从微小（8位）到中等嵌入式（32位）系统。NuttX具有丰富功能集的可扩展性。它可通过许多微小的源文件和静态库链接，达到高度可配置的目的。使用者可以根据自己的需要灵活地配置系统内核选项和需要的功能集。不需要的内核特性和功能集将不被编译到程序中。

NuttX致力于实现高度的标准合规性，主要管理标准是Posix和ANSI标准，但是NuttX也不支持Unix和其他常见实时操作系统的标准API。Nuttx认为这些API函数和相关功能不适合嵌入式实时操作系统，例如fork()函数。由于这种标准的一致性，在其他标准操作系统（如Linux）下开发的软件很容易移植到NuttX。

作为实时操作系统，NuttX的任务调度策略为完全抢先式调度，操作系统在运行多个并行任务时，按其固定优先级进行调度。

完全开放非限制性BSD许可证。GNU工具链基于buildroot的兼容GNU工具链可供下载，为许多构提供完整的开发环境。

7.1.2 系统特性

（1）符合标准的核心任务管理

支持高度可配置选项，使用者可轻松扩展到新的处理器架构，并支持SoC架构或其他电路板架构。NuttX社区提供移植的相关操作手册。

支持先进先出的工作队列调度和循环调度等多种调度方式。调度策略实时、确定性、支持进程和线程的优先级处理。

支持Posix和ANSI任务组件、消息队列、计数信号量、时钟和定时器。支持信号、互斥锁、环境变量和文件系统等。

支持类似VxWorks的任务管理和看门狗定时器。

具有地址环境（进程）的可选任务。

支持可加载的内核模块以及轻量级嵌入式共享库。

内存配置：平面嵌入式构建，使用MPU进行受保护的构建，以及使用MMU构建内核。

内存分配器：标准堆内存分配，粒度分配器，共享内存，以及具有动态大小的堆内存。

可继承的"控制终端"和I/O重定向机制，实现名为nsh的终端操作接口。

支持操作系统的日志记录，方便使用者进行日志分析和归档。

可以作为开放的嵌入式实时操作系统构建，也可以作为带有系统调用接口的单独构建系统，安全的单片机内核构建。

支持内置的线程CPU负载测量，记录并计算每一个线程的运行时间，CPU占用率，堆栈使用情况统计等相关功能。

（2）文件系统

NuttX提供类似Linux中的文件系统结构，通过在内存中创建一个名为"根"的文件系统节点来为整个文件系统提供树形的结构。

支持虚拟文件系统（Virtual File Systems，VFS）、驱动程序和挂载点。用户可使用mount和umount命令进行挂载和卸载文件系统中的挂载点。

可安装的卷。绑定挂载点，文件系统和块设备驱动程序，并支持通用系统日志记录（SYSLOG）。

支持FAT12/16/32文件系统，支持带有可选的FAT长文件名。如果启用FAT长文件名支持，使用者可能会受某些Microsoft专利限制的约束。

支持NFS网络文件系统、NXFFS（即FLASH）文件系统和ROMFS文件系统。还支持压缩文件系统(CROMFS)、RAM文件系统、伪文件系统（BINFS）、组合文件系统（Union filesystem）、用户应用程序文件系统（UserFS）和procfs文件系统。

支持二进制加载器：单独链接的ELF模块、单独链接的NXFLAT模块、"内置"应用程序以及英特尔HEX文件格式。支持PATH变量支持。

（3）设备驱动

支持字符和块驱动程序以及专用的驱动程序接口。

支持完整的VFS。

支持异步I/O（AIO）。

支持网络、USB主机、USB设备、串口、I2C、I2S、NAND、CAN、ADC、DAC、PWM、PPM、I/O扩展器、无线、通用定时器和看门狗定时器驱动器。

RAMDISK、管道、队列、/dev/null、/dev/zero、/dev/random和循环驱动程序。

基于SPI或SDIO的MMC/SD/SDH卡的通用驱动程序。

图形：帧缓冲驱动程序、图形和LCD驱动程序。支持VNC服务器。

音频子系统：CODEC、音频输入和输出驱动程序、命令行和图形媒体播放器应用程序。

电源管理子系统。

（4）C/C++开发库

集成了标准的C语言库函数。

集成了标准的C++语言库（LGPL）。

支持通用的标准数学库函数，支持浮点数运算函数。

（5）网络特性

支持多网络接口、多个网络链路层。支持流和数据报套接字以及网络数据包的转发。

支持网络协议：IPv4、IPv6、TCP/IP、UDP、ICMP、ICMPv6、IGMPv2和MLDv1/v2，并支持IP路由转发。

地址协议支持：IPv4/IPv6（AF_INET/AF_INET6）、原始套接字（AF_PACKET）、原始IEEE 802.15.4（AF_IEEE802154）、原始蓝牙（AF_BLUETOOTH）和本地Unix域套接字支持（AF_LOCAL）。

支持特殊的INET协议套接字：原始ICMP和ICMPv6协议ping套接字（IPPROTO_ICMP/IPPROTO_ICMP6）。

支持自定义用户套接字。

支持DNS名称解析。

支持无线网络驱动程序：IEEE 802.15.4 MAC。

支持BSD兼容套接字层。

网络应用程序（DHCP服务器和客户端、SMTP客户端、Telnet服务器和客户端、FTP服务器和客户端、TFTP客户端/HTTP服务器和客户端、PPPD、NTP客户端）。可继承的TELNET服务器会话（作为"控制终端"）和VNC服务器。

NFS客户端。客户端支持网络文件系统（NFS，版本3，UDP）。

（6）Flash支持

支持适用于内存技术设备的MTD界面。

支持简单的Flash文件系统（FTL）。

支持均衡Flash文件系统：NXFFS、SmartFS、SPIFFS。

支持基于SPI的Flash和FRAM器件。

（7）USB支持

支持USB设备控制器驱动程序和依赖于设备的USB类驱动程序。

适用于大多数MCU架构的USB设备控制器驱动程序，包括PIC32，Atmel AVR，SAM3，SAM4，SAMv7和SAMA5Dx，NXP/Freescale LPC17xx，LPC214x，LPC313x，LPC43xx和Kinetis，Silicon Laboratories EFM32，STMicro STM32 F1、F2、F3、F4和F7，TI DM320等。

依赖于USB的用于USB大容量存储设备：CDC/ACM串行设备和USB集线器。

（8）图形化支持

支持Framebuffer驱动程序和VNC服务器。

支持用于并行、SPI LCD、OLED的图形LCD驱动器和分段LCD驱动程序。

支持NX图形库、窗口系统和微型字体，可与帧缓冲或LCD驱动程序配合使用。

支持NxWidgets。NxWidgets是图形对象库或"小部件"（标签、按钮、文本框、图像、滑块、进度条等）。NxWidgets是用C＋＋编写的，可以与NuttX NX图形和字体管理子系统无缝集成。

NxWM：NxWM是基于NX和NxWidgets的小型NuttX窗口管理器。

（9）输入设备

支持触摸屏、USB键盘和基于GPIO的按钮和键盘。

（10）电机控制

支持PWM信号来控制电动机的驱动程序。

✈ 7.1.3 支持的平台

NuttX所支持的CPU核心平台如表7-1所示。

表7-1 NuttX所支持的CPU核心平台

生产商/组织	CPU核心平台	生产商/组织	CPU核心平台
Linux/Cygwin	Linux User Mode	Freescale	M68HCS12
ARM	ARM7TDMI	Intel	Intel 80x86
	ARM920T	MicroChip	PIC32MX (MIPS 24Kc)
	ARM926EJS		PIC32MZ (MIPS M14K)
	Other ARMv4	Misoc	LM32
	ARM1176JZ	OpenRISC	mor1kx
	ARM Cortex-A5	Renesas/Hitachi	Renesas/Hitachi SuperH
	ARM Cortex-A8		Renesas M16C/26
	ARM Cortex-A9	RISC-V	NEXT RISC-V NR5Mxx
	ARM Cortex-R4		GreenWaves GAP8
	ARM Cortex-M0/M0 +	Xtensa LX6	ESP32
	ARM Cortex-M3	ZiLOG	ZiLOG ZNEO Z16F
	ARM Cortex-M4		ZiLOG eZ80 Acclaim
	ARM Cortex-M7		ZiLOG Z8Encore
Atmel AVR	Atmel 8-bit AVR		ZiLOG Z180
	Atmel AVR32		ZiLOG Z80

NuttX所支持的MCU核心平台如表7-2所示。

表7-2 NuttX所支持的MCU核心平台

生产商/组织	CPU核心平台
Allwinner	A10 (Cortex-A8)
Broadcom	BCM2708 (ARM1176JZ)

续表

生产商/组织	CPU核心平台
Expressif	ESP32 (Dual Xtensa LX6)
GreenWaves	GAP8 (RISC−V RV32IM)
Host PC based simulations	Linux/Cygwin user mode simulation
Infineon	Infineon XMC45xx
Intel	Intel 80x86
MicroChip	PIC32MX2xx Family (MIPS32 24Kc)
	PIC32MX4xx Family (MIPS32 24Kc)
	PIC32MX7xx Family (MIPS32 24Kc)
	PIC32MZEC Family (MIPS32 M14K)
Microchip (Formerly Atmel)	AVR ATMega128 (8−bit AVR)
	AVR ATMega1284p (8−bit AVR)
	AVR ATMega2560 (8−bit AVR)
	AVR AT90USB64x and AT90USB6128x (8−bit AVR)
	AVR32 AT32UC3BXXX (32−bit AVR32)
	Atmel SAMD20 (ARM Cortex−M0＋)
	Atmel SAML21 (ARM Cortex−M0＋)
	Atmel SAM3U (ARM Cortex−M3)
	Atmel SAM3X (ARM Cortex−M3)
	Atmel SAM4C (ARM Cortex−M4)
	Atmel SAM4E (ARM Cortex−M4)
	Atmel SAM4L (ARM Cortex−M4)
	Atmel SAM4S (ARM Cortex−M4)
	Atmel SAMD5x/E5x (ARM Cortex−M4)
	Atmel SAME70 (ARM Cortex−M7)
	Atmel SAMV71 (ARM Cortex−M7)
	Atmel SAMA5D2 (ARM Cortex−A5)
	Atmel SAMA5D3 (ARM Cortex−A5)
	Atmel SAMA5D4 (ARM Cortex−A5)
Moxa	Moxa NP51x0 (ARMv4)

续表

生产商/组织	CPU核心平台
nuvoTon	nuvoTon NUC120 (ARM Cortex-M0)
Nordic Semiconductor	NRF52xxx (ARM Cortex-M4)
NXP/Freescale	M68HCS12
NXP/Freescale (Continued)	NXP/Freescale i.MX1 (ARM920-T)
	NXP/Freescale i.MX6 (ARM Cortex-A9)
	NXP/Freescale i.MX RT (ARM Cortex-M7)
	NXP/FreeScale KL25Z (ARM Cortex-M0 +)
	NXP/FreeScale KL26Z (ARM Cortex-M0 +)
	NXP/FreeScale Kinetis K20 (ARM Cortex-M4)
	NXP/FreeScale Kinetis K28 (ARM Cortex-M4)
	NXP/FreeScale Kinetis K40 (ARM Cortex-M4)
	NXP/FreeScale Kinetis K60 (ARM Cortex-M4)
	NXP/FreeScale Kinetis K64 (ARM Cortex-M4)
	NXP/FreeScale Kinetis K66 (ARM Cortex-M4)
	NXP LPC11xx (Cortex-M0)
	NXP LPC214x (ARM7TDMI)
	NXP LPC2378 (ARM7TDMI)
	NXP LPC3131 (ARM9E6JS)
	NXP LPC315x (ARM9E6JS)
	NXP LPC176x (ARM Cortex-M3)
	NXP LPC178x (ARM Cortex-M3)
	NXP LPC43xx (ARM Cortex-M4)
	NXP LPC54xx (ARM Cortex-M4)
ON Semiconductor	LC823450 (Dual core ARM Cortex-M3)
Renesas/Hitachi	Renesas/Hitachi SuperH
	Renesas M16C/26
Silicon Laboratories，Inc	EFM32 Gecko (ARM Cortex-M3)
	EFM32 Giant Gecko (ARM Cortex-M3)
STMicroelectronics	STMicro STR71x (ARM7TDMI)

生产商/组织	CPU核心平台
STMicroelectronics	STMicro STM32L152 (STM32 L1 "EnergyLite" Line，ARM Cortex-M3)
	STMicro STM32L162 (STM32 L1 "EnergyLite" Medium + Density，ARM Cortex-M3)
	STMicro STM32F0xx (STM32 F0，ARM Cortex-M0)
	STMicro STM32F100x (STM32 F1 "Value Line" Family，ARM Cortex-M3)
	STMicro STM32F102x (STM32 F1 Family，ARM Cortex-M3)
	STMicro STM32F103C4/C8 (STM32 F1 "Low- and Medium-Density Line" Family，ARM Cortex-M3)
	STMicro STM32F103x (STM32 F1 Family，ARM Cortex-M3)
	STMicro STM32F105x (ARM Cortex-M3)
	STMicro STM32F107x (STM32 F1 "Connectivity Line" family，ARM Cortex-M3)
	STMicro STM32F205x (STM32 F2 family，ARM Cortex-M3)
	STMicro STM32F207x (STM32 F2 family，ARM Cortex-M3)
	STMicro STM32F302x (STM32 F3 family，ARM Cortex-M4)
	STMicro STM32F303x (STM32 F3 family，ARM Cortex-M4)
	STMicro STM32F334 (STM32 F3 family，ARM Cortex-M4)
	STMicro STM32 F372/F373 (ARM Cortex-M4)
STMicroelectronics (Continued)	STMicro STM32F4x1 (STM32 F4 family，ARM Cortex-M4)
	STMicro STM32F410 (STM32 F4 family，ARM Cortex-M4)
	STMicro STM32F407x (STM32 F4 family，ARM Cortex-M4)
	STMicro STM32 F427/F437 (STM32 F4 family，ARM Cortex-M4)
	STMicro STM32 F429 (STM32 F4 family，ARM Cortex-M4)
	STMicro STM32 F433 (STM32 F4 family，ARM Cortex-M4)
	STMicro STM32 F446 (STM32 F4 family，ARM Cortex-M4)
	STMicro STM32 F46xx (STM32 F4 family，ARM Cortex-M4)
	STMicro STM32 L4x2 (STM32 L4 family，ARM Cortex-M4)
	STMicro STM32 L475 (STM32 L4 family，ARM Cortex-M4)

生产商/组织	CPU核心平台
STMicroelectronics (Continued)	STMicro STM32 L476 (STM32 L4 family，ARM Cortex-M4)
	STMicro STM32 L496 (STM32 L4 family，ARM Cortex-M4)
	STMicro STM32 L4Rx (STM32 L4 family，ARM Cortex-M4)
	STMicro STM32 F72x/F73x (STM32 F7 family，ARM Cortex-M7)
	STMicro STM32 F745/F746 (STM32 F7 family，ARM Cortex-M7)
	STMicro STM32 F756 (STM32 F7 family，ARM Cortex-M7)
	STMicro STM32 F76xx/F77xx (STM32 F7 family，ARM Cortex-M7)
	STMicro STM32 H7x3 (STM32 H7 family，ARM Cortex-M7)
Texas Instruments	TI TMS320-C5471 (ARM7TDMI)
	TI TMS320-DM320 (ARM9E6JS)
	TI/Stellaris LM3S6432 (ARM Cortex-M3)
	TI/Stellaris LM3S6432S2E (ARM Cortex-M3)
	TI/Stellaris LM3S6918 (ARM Cortex-M3)
	TI/Stellaris LM3S6965 (ARM Cortex-M3)
	TI/Stellaris LM3S8962 (ARM Cortex-M3)
	TI/Stellaris LM3S9B96 (ARM Cortex-M3)
	TI/Stellaris LM4F120x (ARM Cortex-M4)
	TI/Tiva TM4C123G (ARM Cortex-M4)
	TI/Tiva TM4C1294 (ARM Cortex-M4)
	TI/Tiva TM4C129X (ARM Cortex-M4)
	TI/Hercules TMS570LS04xx (ARM Cortex-R4)
	TI/Hercules TMS570LS31xx (ARM Cortex-R4)
ZiLOG	ZiLOG ZNEO Z16F
	ZiLOG eZ80 Acclaim!
	ZiLOG Z8Encore!
	ZiLOG Z180
	ZiLOG Z80

虽然NuttX所支持的平台有很多，但是我们在Pixhawk2平台上所依赖的是STM32F427。在NuttX6.27中为F427/437系列提供了一般的架构支持。具体支持包括STM32F427I、STM32F427Z和STM32F427V芯片。F427/437端口增加了额外的SPI端口，额外的UART端口，I2C端口上的模拟和数字噪声滤波器，2MB的闪存，额外的低功耗，内部电压调节器的模式定时器时钟的新预定标选项，以及额外的加密模式（仅限F437）。

对于目前最新的Pixhawk4，采用的处理芯片为STM32F765，目前最新版本的NuttX系统同样支持STM32F76xx系列的芯片。

7.2 用户接口

NuttX操作系统为使用者提供了丰富的用户接口。实际上也是应用程序开发者可以使用的NuttX的API函数。在本节中只介绍常用的API函数的基本使用方法和功能，而不去关注它们具体的实现细节。

7.2.1 任务控制接口

任务（Task）NuttX不像Linux那样支持多进程，NuttX仅支持在同一地址空间内运行的简单线程。但是，NuttX中的编程模型区分了任务和线程，在NuttX中定义的任务是具有一定独立性的线程，而线程（Pthread）共享任务的一部分内存资源。

对于文件描述符（File Descriptors）和流（Streams）。使用本节中的接口启动任务时，将使用最多3个打开的文件创建任务。如果在内核编译选项中定义了CONFIG_DEV_CONSOLE选项，NuttX将会为新任务复制前3个文件描述符（对应于stdin、stdout、stderr）。由于这些文件描述符是复制的，因此子任务可以自由地关闭它们，或以任何方式操纵它们而不影响父任务。任务中与文件相关的操作（如打开、关闭等）对其他任务没有影响，因此也可以直接对其进行重定向操作。

另一方面，线程将始终与父线程共享文件描述符。在这种情况下，文件操作将仅影响从同父线程启动的所有子线程。

NuttX提供以下任务控制接口。

（1）受VxWorks接口启发而实现的非标准任务控制接口

```
int task_create(char *name，int priority，int stack_size，main_t entry，
                char * const argv[]);
```

此函数创建并激活具有指定优先级的新任务，并返回其系统分配的ID。函数的入口地址是任务的主函数的地址。新创建的任务不会从父任务继承调度程序特性，新任务以默认系统优先

级和调度策略启动。

输入参数：
- name：新任务的名称。
- priority：新任务的优先级。
- stack_size：所需堆栈的大小（单位：字节）。
- entry：新任务的函数入口点。
- argv：指向输入参数数组的指针，该数组以NULL结束。如果无需参数，则为NULL。
- 返回值：返回非0的任务ID。如果内存不足或无法创建任务，则返回ERROR。

```
int task_init(struct tcb_s *tcb, char *name, int priority, uint32_t *stack,
            uint32_t stack_size, maint_t entry, char * const argv[]);
```

此函数初始化任务控制块（TCB）以准备启动新线程。与task_create()不同，task_init()不会激活任务。因此使用task_init()创建进程之后，必须通过调用task_activate()函数来完成。

输入参数：
- tcb：新任务的任务控制块的地址。
- name：新任务的名称。
- priority：新任务的优先级。
- stack：启动预先分配的栈。
- stack_size：预分配堆栈的大小（单位：字节）。
- entry：新任务的函数入口点。
- argv：指向输入参数数组的指针，该数组以NULL结束。如果无需参数，则为NULL。
- 返回值：成功，返回OK；否则，返回ERROR。

```
int task_activate(struct tcb_s *tcb);
```

此函数激活task_init()创建的任务。如果没有激活，则任务不符合调度程序执行的条件。

输入参数：
- tcb：任务控制块，它与task_init()参数相同。
- 返回值：成功，返回OK；否则，返回ERROR。

```
int task_delete(pid_t pid);
```

由此函数指定的任务将被删除。它的堆栈和任务控制块将被删除，并释放内存空间。此函数中的逻辑仅删除未运行的任务。如果pid指定的是正在运行的任务，则处理逻辑将重定向到exit()函数。

输入参数：
- pid：要删除的任务ID。
- 返回值：成功，返回OK；否则，返回ERROR。

```
int task_restart(pid_t pid);
```

首先终止指定的任务，然后使用相同的ID、优先级和函数入口点、堆栈大小以及启动参数重新初始化任务。

输入参数：

- pid：要重新启动的任务ID。
- 返回值：成功，返回OK；否则，返回ERROR。

（2）类似VxWorks的接口的非标准扩展接口

```
int task_setcancelstate(int state，int *oldstate);
```

函数以原子方式将设置任务的可取消状态设置为指示状态，并在oldstate中返回先前的可取消状态。

输入参数：

- state：新的取消状态。
- oldstate：返回先前的可取消状态。
- 返回值：成功，返回OK；否则，返回ERROR。

```
int task_setcanceltype(int type，FAR int *oldtype);
```

函数以原子方式设置任务的取消类型，并在oldtype中返回先前的取消性类型。

输入参数：

- type：新的取消类型。
- oldtype：返回先前的取消类型。
- 返回值：成功，返回OK；否则，返回ERROR。

（3）标准接口

```
void exit(int code);
```

调用此函数是任务推出，并释放其堆栈任务控制块的内存。exit与_exit的不同之处在于，它刷新流，关闭文件描述符，并执行使用atexit()或on_exit()注册的函数。

输入参数：

- code：忽略。
- 返回值：无。

```
pid_t getpid(void);
```

调用此函数返回任务的ID。

输入参数：无。

- 返回值：调用任务的任务ID。

（4）标准的vfork和exec接口

```
pid_t vfork(void);
```

vfork()函数与fork()函数具有相同的效果，可以从当前进程中创建一个新的进程，并作为原进程的子进程。需要注意的是：vfork()不是独立的NuttX功能，而是在特定体系结构的逻辑中实现（仅使用NuttX核心逻辑中的辅助函数）的函数。因此，vfork()函数并非在所有体系结构上都可用。

输入参数：无。

- 返回值：创建的子任务ID。

```
int exec(FAR const char *filename, FAR char * const *argv,
        FAR const struct symtab_s *exports, int nexports);
```

此函数可以调用其他可执行文件，内核程序会为其创建一个新的任务并运行。

输入参数：

- filename：要执行的程序的路径。如果在内核配置中定义了CONFIG_LIB_ENVPATH，那么这可能是当前工作目录的相对路径。否则，path必须是程序的绝对路径。
- argv：指向字符串参数数组的指针。
- exports：调用者提供的符号表的起始地址。
- nexports：导出表中的符号数。
- 返回值：成功，返回OK；否则，返回ERROR。

（5）标准的posix_spawn接口

```
int posix_spawn(FAR pid_t *pid, FAR const char *path,
            FAR const posix_spawn_file_actions_t *file_actions,
            FAR const posix_spawnattr_t *attr,
            FAR char *const argv[], FAR char *const envp[]);
```

此函数将创建一个新的子任务，通常是将一个可执行文件程序载入内存并执行。

输入参数：

- pid：成功完成后，将子任务的任务ID返回给父任务。如果pid参数是空指针，则不会将子进程的ID返回给调用者。
- path：此参数是标识要执行的文件的绝对路径。也可以是相对路径，并将用于构造要执行的文件的路径名。在相对路径的情况下，将环境变量Path传递的目录来获得文件的路径前缀。
- file_actions：调用进程中打开的文件描述符作为子进程中打开的文件描述符，定义了文件操作动作相关内容。

- attr：根据spawn标志设置任务的相关属性。
- argv：任务执行的参数列表。argv是一个指向字符串的指针数组。
- envp：NuttX不使用此参数，通常为NULL。
- 返回值：成功，返回OK；否则，返回ERROR。

```
int posix_spawn_file_actions_init(FAR posix_spawn_file_actions_t *file_actions);
```

此函数将file_actions引用的对象初始化为一组空的文件操作。

输入参数：

- file_actions：要初始化的posix_spawn_file_actions_t的地址。
- 返回值：成功，返回OK；否则，返回ERROR。

```
int posix_spawn_file_actions_destroy(FAR posix_spawn_file_actions_t *file_actions);
```

函数销毁file_actions引用的对象，但在销毁后不能再次使用。

输入参数：

- file_actions：要销毁的posix_spawn_file_actions_t的地址。
- 返回值：成功，返回OK；否则，返回ERROR。

（6）受posix_spawn启发的非标准任务控制接口

```
int task_spawn(FAR pid_t *pid，FAR const char *name，main_t entry,
          FAR const posix_spawn_file_actions_t *file_actions,
          FAR const posix_spawnattr_t *attr,
          FAR char *const argv[],
          FAR char *const envp[]);
```

task_spawn()函数将创建一个新任务，或者创建一个子任务，其中任务的入口点是内存中的地址。

输入参数：

- pid：将子任务的任务ID返回给父任务。如果pid参数为空，则不返回。
- name：要分配给子任务的名称。
- entry：子任务的入口点（内存中的地址）。
- file_actions：文件描述符所执行的相关动作。
- attr：任务属性。包括任务优先级、栈大小等相关内容。
- argv：任务的参数列表。这是一个指向以NULL结尾的字符串的指针数组。
- envp：NuttX不使用envp参数，通常为NULL。
- 返回值：成功，返回OK；否则，返回ERROR。

```
int task_spawnattr_getstacksize(FAR const posix_spawnattr_t *attr,
                                FAR size_t *stacksize);
```

函数将从attr引用的属性对象中获取栈大小的属性值。

输入参数：

- attr：要查询的地址spawn属性。
- 返回值：成功，返回OK；否则，返回ERROR。

```
int task_spawnattr_setstacksize(FAR posix_spawnattr_t *attr,
                                size_t stacksize);
```

将在attr引用的初始化属性对象中设置栈内存大小属性。

输入参数：同task_spawnattr_setstacksize()函数。

- 返回值：成功，返回OK；否则，返回ERROR。

```
int posix_spawn_file_actions_init(FAR posix_spawn_file_actions_t *file_actions);
```

将file_actions引用的对象初始化为一组空的文件操作，以便在调用posix_spawn()函数或posix_spawnp()函数时使用。

输入参数：

- file_actions：要初始化的posix_spawn_file_actions_t的地址。
- 返回值：成功，返回OK；否则，返回ERROR。

🔩 7.2.2 任务调度接口

在默认情况下，NuttX执行严格的优先级调度，优先级较高的任务，具有对处理器的独占访问权限，直到它们被等待某些资源时无法运行，被系统内核暂时挂起。于是，在高优先级被挂起后，处理器可运行优先级较低的任务。相同优先级的任务是预定先进先出的队列调度方式。

另外，还可以配置Nuttx使用循环或离散的调度方式来调度任务或线程。循环调度类似于优先级调度，具有相同优先级的任务通过时间分片共享处理其的运行时间。时间片间隔是由CONFIG_RR_INTERVAL配置选项来确定的非0常数。离散的调度方式较为复杂，它允许系统内核可以在特定情况下改变线程的优先级。支持此调度方式的内核，其配置选项为CONFIG_SCHED_SPORADIC。

下面是NuttX调度程序提供的用户调用接口：

```
int sched_setparam(pid_t pid, const struct sched_param *param);
```

　　此函数设置pid输入参数指定的任务的优先级。注意：如果将任务的优先级设置为与其他任务具有相同的优先级，此任务将在具有相同优先级的其他任务之后运行。
　　输入参数：
- pid：任务ID，如果pid为0，则设置当前调用此函数的任务优先级。
- param：任务参数结构体对象，其成员sched_priority表示其运行的优先级。其有效范围是SCHED_PRIORITY_MIN到SCHED_PRIORITY_MAX（0～255）。
- 返回值：成功，返回OK；否则，返回ERROR。

```
int sched_getparam (pid_t pid, struct sched_param *param);
```

　　此函数获取由pid指定的任务的调度优先级。
　　输入参数：
- pid：任务ID，如果pid为0，则返回当前调用此函数的任务优先级。
- param：任务参数结构体对象，其成员sched_priority是整数优先级。任务的优先级将复制到此结构的sched_priority属性中。
- 返回值：成功，返回OK；否则，返回ERROR。

```
int sched_setscheduler (pid_t pid, int policy, const struct sched_param *param);
```

　　设置调度策略和pid标识的任务的优先级。如果pid等于零，则将设置调用线程的调度程序。参数param保存新策略下线程的优先级。
　　输入参数：
- pid：任务ID，如果pid为0，则设置调用任务的优先级。
- policy：设置调度策略（SCHED_FIFO或SCHED_RR）。
- param：任务参数结构体对象。
- 返回值：成功，返回OK；否则，返回ERROR。

```
int sched_getscheduler (pid_t pid);
```

　　返回pid标识任务的调度策略。如果pid等于0，则将返回调用此函数进程的策略。
　　输入参数：
- pid：要查询的任务ID。
- 返回值：如果成功，则返回SCHED_FIFO或SCHED_RR；否则，返回ERROR。

```
int sched_yield(void);
```

此函数强制使任务放弃处理器资源（仅限于具有相同优先级的其他任务）。

输入参数：无。

- 返回值：成功，返回OK；否则，返回ERROR。

int sched_get_priority_max (int policy)

此函数返回指定调度策略的最高任务优先级的值。

输入参数：

- policy：设置调度策略。
- 返回值：最大优先级值或ERROR。

int sched_get_priority_min (int policy)

此函数返回指定调度策略的最低任务优先级的值。

输入参数：

- policy：设置调度策略。
- 返回值：最小优先级值或ERROR。

int sched_get_rr_interval (pid_t pid，struct timespec *interval);

此函数将由pid标识的任务的时间间隔写入interval指向的timespec结构体当中。如果pid为0，则将调用进程的时间片写入interval。标识的进程应该在SCHED_RR调度策略下运行。

输入参数：

- pid：任务ID。
- interval：用于返回时间片的结构体指针。
- 返回值：成功，返回OK；否则，返回ERROR。

🌀 7.2.3 调度控制接口

int sched_lock(void);

此函数通过禁用向准备运行的任务列表添加新任务来禁用上下文切换。调用此函数的任务将是唯一允许运行的任务，直到它调用sched_unlock()函数或自身阻塞为止。

输入参数：无。

- 返回值：成功，返回OK；否则，返回ERROR。

int sched_unlock(void);

此函数用于减少抢占锁定计数，它与sched_lock()函数一同使用，当lockcount减少到0时，将执行可以抢占当前任务的其他任务。

输入参数：无。
- 返回值：成功，返回OK；否则，返回ERROR。

```
int32_t sched_lockcount(void)
```

此函数返回lockcount的值。如果为0，则启用任务抢占调度策略；如果非0，则此值指示在此执行线程上调用sched_lock()的次数。

输入参数：无。
- 返回值：lockcount的值。

```
ipid_t waitpid(pid_t pid，int *stat_loc，int options);
```

此函数将获取与其中一个调用者的子进程有关的状态信息。调用此函数将暂停执行调用线程，直到调用进程的一个已终止子进程的状态信息可用。如果在调用waitpid()之前状态信息可用，则立即返回。注意：因为waitpid()不完全符合POSIX，所以必须通过在NuttX配置文件中设置CONFIG_SCHED_WAITPID来专门启用它。

输入参数：
- pid：要等待的线程的任务ID。
- stat_loc：返回退出状态的位置。
- options：忽略。
- 返回值：如果子进程的状态可用，返回子进程的进程ID。如果因调用进程传递信号而返回，则返回ERROR。

```
int atexit(void (*func)(void));
```

注册要在程序退出时调用的函数。无论是通过exit()还是main()程序的返回，都会调用此函数。

输入参数：
- func：回调函数指针。
- 返回值：成功，返回OK；否则，返回ERROR。

```
int on_exit(CODE void (*func)(int，FAR void *)，FAR void *arg)
```

输入参数：
- func：回调函数指针。
- arg：函数调用参数。
- 返回值：成功，返回OK；否则，返回ERROR。

🜁 7.2.4 消息队列接口

NuttX支持POSIX命名的消息队列，用于任务间通信。任何任务都可以在命名消息队列上发送或接收消息。中断处理程序可以通过命名消息队列发送消息。

```
mqd_t mq_open(const char *mqName, int oflags, ...);
```

此函数在命名消息队列和调用任务之间建立连接。成功调用mq_open()后，任务可以使用调用返回的地址引用消息队列。消息队列在调用mq_close()之前一直可用。

输入参数：
- mqName：要打开的队列的名称。
- oflags：打开标志，包括O_RDONLY、O_WRONLY、O_RDWR、O_CREAT、O_EXCL、O_NONBLOCK。
- ...：可选参数，指定O_CREAT标志时，POSIX要求提供第3个和第4个参数，表示模式和属性。
- 返回值：成功，则返回消息队列描述符；否则，返回ERROR。

```
int mq_close(mqd_t mqdes);
```

此函数用于关闭指定的消息队列mqdes。mq_close()函数将释放系统分配的内存资源。如果调用任务已通过此mqdes向消息队列附加了通知请求，则此附件将被删除。

输入参数：
- mqdes：消息队列描述符。
- 返回值：成功，返回OK；否则，返回ERROR。

```
int mq_unlink(const char *mqName);
```

此函数删除名为mqName的消息队列。如果有其他任务打开了此消息队列，则推迟删除，直到此消息队列的所有引用都已关闭。

输入参数：
- mqName：消息队列名称。
- 返回值：无。

```
int mq_send(mqd_t mqdes, const void *msg, size_t msglen, int prio);
```

此函数将指定的消息添加到消息队列mqdes中。msglen参数指定msg指向的消息长度，且不得超过mq_getattr()的最大消息长度。如果消息队列未满，则会将消息放在prio参数指示的位置。优先级较高的消息将在优先级较低的消息之前插入。prio的值不得超过MQ_PRIO_MAX。如果指定的消息队列已满，并且消息队列中未设置非阻塞，则此函数将阻塞，直到消息队列可用为止。如果消息队列已满，并且设置了非阻塞，则不会排队，并直接返回ERROR。

输入参数：

- mqdes：消息队列描述符。
- msg：要发送的消息。
- msglen：消息的长度（以字节为单位）。
- prio：消息的优先级。
- 返回值：成功，返回OK；否则，返回ERROR。

```
ssize_t mq_receive(mqd_t mqdes, void *msg, size_t msglen, int *prio);
```

此函数从mqdes指定的消息队列中接收最早的、最高优先级的消息。如果缓冲区的大小msglen小于消息队列的mq_msgsize属性，则返回错误。否则，将从队列中删除所选消息，并将其复制到msg当中。如果消息队列为空，并且未设置非阻塞，则此函数将阻塞，直到将消息添加到消息队列为止。如果有多个任务正在等待接收消息，则只有具有最高优先级且等待时间最长的任务才会被解除阻塞。如果队列为空，并且设置了非阻塞，则不会排队，并直接返回ERROR。

输入参数：

- mqdes：消息队列描述符。
- msg：要发送的消息。
- msglen：消息的长度（以字节为单位）。
- prio：消息的优先级。
- 返回值：成功，返回OK；否则，返回ERROR。

```
int mq_notify(mqd_t mqdes, const struct sigevent *notification);
```

如果输入参数不为空，则此函数将任务与消息队列连接，以便每当消息从空变为非空时，通知消息队列。当通知发送到已注册的任务时，其注册将被删除。该消息队列将可重新用于消息注册。

输入参数：

- mqdes：消息队列描述符。
- notification：实时信号结构，包含sigev_notify、sigev_signo、sigev_value。
- 返回值：成功，返回OK；否则，返回ERROR。

🜂 7.2.5 信号量接口

信号量是NuttX中同步和互斥的基础，NuttX支持POSIX信号量。

信号量是获得对资源的独占访问的首选机制。sched_lock()和sched_unlock()也可用于此目的。但是，sched_lock()和sched_unlock()在系统中还有其他不良副作用：sched_lock()和sched_unlock()还可以阻止运行不依赖于信号量的高优先级任务，因此它们会对系统的响应时间产生不利影响。

使用信号量来完成资源独占访问时会出现优先级倒置现象。例如：某些低优先级任务（任务C）需要获取信号量，以获得对受保护资源的独占访问权。于是在没有获取到此信号量时，任务C被暂停，系统内核会允许另外一个高优先级的任务（任务A）运行。任务A尝试获取任务C持有的信号量并被阻塞，直到任务C释放此信号量之后，任务才能继续运行。当时任务C会被某些中优先级的任务（任务B）所抢占。此时，高优先级任务A无法执行，直到任务B完成，之后直到任务C放弃信号量。实际上，高优先级任务的优先级好像低于低优先级任务。这种现象就称为优先级倒置。

信号量还可以实现两种不同功能：互斥锁与信号通知。互斥锁的作用是：需要对资源进行独占访问。当不再需要独占访问时，同一线程随后会释放信号量。信号通知的作用是：线程A在信号量上等待事件发生。当事件发生时，另一个线程B将发布唤醒等待线程A的信号量。锁定与信号通知是两种对信号量完全不同的使用方式。互斥锁是同一个线程获取并发布信号量；而信号通知是一个线程等待信号量，另一个线程发布信号量。

```
int sem_init(sem_t *sem, int pshared, unsigned int value);
```

此函数初始化信号量sem。在调用此函数之后，信号量被初始化，而后可以使用sem_wait()和sem_post()函数来申请或释放此信号量。信号量在sem_dest()之前可用。

输入参数：
- sem：需要被初始化的信号量。
- pshared：进程间共享（未使用）。
- value：信号量的初始值。
- 返回值：成功，返回OK；否则，返回ERROR。

```
int sem_destroy(sem_t *sem);
```

此函数用于销毁信号量sem，被销毁的信号量将不能被使用。

输入参数：
- sem：需要被销毁的信号量。
- 返回值：成功，返回OK；否则，返回ERROR。

```
sem_t *sem_open(const char *name, int oflag, ...);
```

此函数在命名信号量和任务之间建立连接。在调用此函数之后，可以使用此函数打开一个名为name的信号量。而后可以使用sem_wait()和sem_post()函数来申请或释放此信号量。此信号量在sem_close()之前可用。如果一个任务使用相同的名称多次调用sem_open()，则返回相同的信号量。

输入参数：
- name：信号量名称。
- oflag：信号量创建选项。
  oflag = 0：仅当信号量已存在时才连接到信号量。

oflag = O_CREAT：如果存在，则连接到信号量；否则创建信号量。

oflag =（O_CREAT | O_EXCL）：创建一个新的信号量。

- …：当指定O_CREAT标志时，POSIX要求提供第3个和第4个参数mode_t和value。
- 返回值：信号量指针，即被打开的信号量。

```
int sem_close(sem_t *sem);
```

调用此函数关闭已经打开的信号量sem。此函数将释放系统为此信号量分配的所有系统资源。

输入参数：

- sem：信号量描述符。
- 返回值：成功，返回OK；否则，返回ERROR。

```
int sem_unlink(const char *name);
```

此函数将删除指定名称的信号量。如果此信号量被其他任务打开，则此函数进入等待，直到任务调用sem_close()关闭所有信号量之后，再执行删除操作。

```
int sem_wait(sem_t *sem);
```

调用此函数等待信号量。如果当前信号量的值大于0，则对信号量的值减1，并返回。否则将等待，直到此信号量被其他任务发布后被唤醒。

输入参数：

- sem：信号量描述符。
- 返回值：成功，返回OK；否则，返回ERROR。

```
int sem_post(sem_t *sem);
```

调用此函数发布信号量，将sem信号量的值加1，如果有其他任务正在等待此信号量，当调用sem_post()之后，等待此信号量的任务将被唤醒并执行。

输入参数：

- sem：信号量描述符。
- 返回值：成功，返回OK；否则，返回ERROR。

```
int sem_getvalue(sem_t *sem, int *sval);
```

此函数将信号量sem的值返回sval当中，此过程不影响信号量的状态。此信号量值无法反映信号量返回到调用任务时的实际值。如果sem被锁定，则返回的值将为0或负数，其绝对值表示等待信号量的任务数。

输入参数：

- sem：信号量描述符。

- sval：返回信号量的值。
- 返回值：成功，返回OK；否则，返回ERROR。

7.2.6 环境变量

NuttX支持可用于控制程序行为的环境变量。在NuttX的设计思想中，环境变量可以模拟多处理操作系统中环境变量的行为，其中包括任务环境和线程环境。

任务环境：使用task_create()创建新任务时，子任务将继承其父任务的环境。但是，在创建子任务之后，子任务对其环境的后续操作不会改变父任务的环境。父任务的操作也不会影响子任务的环境。也就是说，环境变量在子任务创建前是相同的，但在子任务创建之后相互独立。

线程环境：使用pthread_create()创建子线程时，子线程也会继承父线程的环境。但是，子线程与父线程共享相同的环境。具有相同父线程的所有子线程都可以看到任何线程对其环境的修改结果。

```
FAR char *getenv(const char *name);
```

此函数在环境变量列表中搜索名称与name匹配的字符串。
输入参数：
- name：环境变量名称。
- 返回值：环境变量字符串。

```
int putenv(char *string);
```

此函数用于添加或更改环境变量的值。参数字符串的格式为name = value。如果环境变量中尚不存在name，则会将字符串添加到环境变量中。如果name存在，则环境变量中name的值将更改为value。
输入参数：
- string：name = value形式的字符串。
- 返回值：成功，返回OK；否则，返回ERROR。

```
int clearenv(void);
```

调用此函数清除所有环境变量，并设置为NULL。
输入参数：无。
- 返回值：成功，返回OK；否则，返回ERROR。

```
int setenv(const char *name, const char *value, int overwrite);
```

此函数将变量名添加到具有指定值的环境变量中。如果该名称存在，则根据overwrite的值，将此环境变量值更改为value或保留原有值。

输入参数：
- name：要更改的变量的名称。
- value：变量的新值。
- overwrite：如果非0，则替换现有值。
- 返回值：成功，返回OK；否则，返回ERROR。

```
int unsetenv(const char *name);
```

调用此函数将从环境变量中删除名为name的环境变量。
输入参数：
- name：环境变量名。
- 返回值：成功，返回OK；否则，返回ERROR。

7.2.7　文件系统接口

NuttX包含一个可选的可扩展文件系统，该文件系统可以完全省略，因为NuttX的存在可以不依赖任何文件系统。

NuttX可以将内存中的资源映射成伪文件系统。这是一个内存中的文件系统，因为它不需要任何存储介质或块驱动程序支持。相反，也可以使用常规存储器的文件系统。其内容是通过标准文件系统操作（如打开、关闭、读取、写入等）引用生成的。从这个意义上讲，NuttX的文件系统与Linux/proc文件系统意义相同。

使用者可以通过文件系统访问任何数据，为任何文件系统目录中的字符和块驱动程序节点提供支持，但在大多数情况下，所有驱动程序节点都应位于/dev文件系统目录中。

已安装的文件系统可以扩展安装块设备，并可以访问大容量存储设备的真实文件系统。NuttX支持标准的mount()命令，该命令允许将块驱动程序挂载到文件系统中的挂载点当中，但是目前版本的NuttX仅支持VFAT格式文件系统。

NuttX的文件系统与Linux文件系统非常相似。但是它们却存在本质区别：NuttX根文件系统是一个伪文件系统，真实文件系统可以安装在伪文件系统中。而Linux系统在安装过程中，根文件系统是一个真正的文件系统，伪文件系统可以安装在真正的根文件系统中。NuttX选择的方法旨在支持从非常小的平台到中等平台的可扩展性。

NuttX文件系统只支持一组标准的文件系统API，例如open()、close()、read()、write()等函数，允许通过注册文件节点将设备驱动程序与文件系统中的节点关联。

由于文件系统中所用到的用户接口函数通常都与通用操作系统Linux/Unix中的相同，在这里不做过多的介绍。

7.2.8　网络接口

NuttX支持兼容BSD的套接字层，实现网络上两个或更多个进程建立起多路双向连接，在这些连接上，多个进程可以进行数据交互。

```
int socket(int domain，int type，int protocol);
```

创建一个通信端点并返回一个描述符。

输入参数：

- domain：通信的协议族。
- type：套接字的通信类型。
- protocol：使用的协议。
- 返回值：成功，返回OK；否则，返回ERROR。

```
int bind(int sockfd，const struct sockaddr *addr，socklen_t addrlen);
```

此函数为套接字sockfd提供本地地址addr。通常这一过程称为"为套接字分配名称"。

输入参数：

- sockfd：套接字的文件描述符。
- addr：绑定的地址。
- addrlen：地址长度。
- 返回值：成功，返回OK；否则，返回ERROR。

```
int connect(int sockfd，const struct sockaddr *addr，socklen_t addrlen);
```

此函数将文件描述符sockfd引用的套接字连接到addr指定的地址。

输入参数：

- sockfd：套接字的文件描述符。
- addr：需要连接的服务器地址。
- addrlen：地址长度。
- 返回值：成功，返回OK；否则，返回ERROR。

```
int listen(int sockfd，int backlog);
```

监听网络上的创建套接字，指定接受传入连接，然后使用accept()接受连接。

输入参数：

- sockfd：套接字的文件描述符。
- backlog：挂起连接队列可能增长的最大长度。
- 返回值：成功，返回OK；否则，返回ERROR。

```
int accept(int sockfd，struct sockaddr *addr，socklen_t *addrlen);
```

此函数提取挂起连接队列上的第一个连接请求，为套接字分配一个新的套接字描述符，并返回该套接字描述符。新创建的套接字不再处于侦听状态。

输入参数：

- sockfd：套接字的文件描述符。
- addr：客户端地址。
- addrlen：地址长度。
- 返回值：成功，返回OK；否则，返回ERROR。

```
ssize_t send(int sockfd, const void *buf, size_t len, int flags);
```

只有当套接字处于连接状态时，才能使用send()发送数据。

输入参数：

- sockfd：套接字的文件描述符。
- buf：需要发送数据的地址。
- len：数据长度。
- flags：发送标识。
- 返回值：成功，返回OK；否则，返回ERROR。

```
ssize_t recv(int sockfd, const void *buf, size_t len, int flags);
```

只有当套接字处于连接状态时，才能使用recv()接收数据。

输入参数：

- sockfd：套接字的文件描述符。
- buf：需要接收数据的地址。
- len：数据长度。
- flags：接收标识。
- 返回值：成功，返回OK；否则，返回ERROR。

▶ **7.3** NuttShell（NSH）◀

NSH Library为NuttX提供了一个简单的shell应用程序。NuttX系统下的apps/nshlib子目录包含NuttShell(NSH)库。使用该库可以轻松生成NSH应用程序。

☉ 7.3.1 概览

（1）NSH控制台

使用配置文件中的设置，可以启用NSH Console的配置选项，包括串口标准输入和输出、USB串行设备或telnet连接作为控制台。其中串口和USB两者可以同时使用。而telnet可以支持多个会话。在NSH控制台启动后，会看到如下欢迎消息：

```
NuttShell (NSH)
nsh>
```

其中nsh>是NSH的提示符，表示使用者可以从控制台输入相关命令。

对于启动USB控制台来说，动作顺序略有不同：使用者需要按3次回车键，然后控制台才会出现NSH提示内容。这样处理的原因如下。

如果USB电缆尚未完全准备就绪，可能需要进行几次USB连接。等待按3次回车键可确保连接稳定性。建立连接需要经过两个步骤：第一步，USB连接是在主机PC上建立的；第二步，在主机上启动使用串行接口的应用程序。当在主机上建立串行连接时，主机操作系统可以根据主机串行端口的配置方式向主机发送若干调制解调器命令。通过等待连续按下3次回车键，这些调制解调器命令将进入命令序列且不会被认为是NSH命令输入。在应用程序启动的第二步中，可能会有另外的调制解调器命令从串行端口发出。大多数串行终端程序都会执行此操作，等待回车键的输入可以消除无效命令错误。如果NSH没有等待串行终端程序启动，那么NSH欢迎消息和NSH提示符将丢失。

默认情况下，NuttX只支持简单的命令行编辑器，允许使用者在提示符之后输入命令，但是仅支持退格键进行编辑。我们可以通过在NuttX配置文件中设置CONFIG_NSH_CLE = y来选择更完整的命令行编辑器。

（2）命令概述

NSH支持运行命令的方式有简单执行、重定向和后台执行。NSH是一个简单的shell应用程序，它支持以下命令格式：

```
简单执行命令:     <cmd>
重定向输出:      <cmd> > <file>
               <cmd> >> <file>
后台执行命令:     <cmd> &
重定向后台执行:    <cmd> > <file> &
               <cmd> >> <file> &
```

其中，<cmd>是NSH所支持的普通命令；<file>是文件系统中的节点名称，可以是文件或字符驱动程序，文件节点可以是绝对路径或相对路径。

另外，NSH支持一行中的多个命令，每个命令用分号字符（;）分隔。

（3）条件判断

NSH支持if-then [-else] -fi结构的条件语句。这可以根据命令的执行结果进行条件判断，并进入条件分支，语法如下：

```
if [!] <cmd>
then
   [sequence of <cmd>]
```

```
else
   [sequence of <cmd>]
fi
```

命令执行结果如果是0，则会被此条件表达式视为真，执行then结构中的内容；否则被视为假，执行else结构中的内容。

（4）循环结构

NSH支持两种循环结构，分别是while-do-done和until-do-done。

while-do-done：只要<cmd>的执行结果为0，就执行循环体中的内容。语法如下：

```
while <cmd>
do
   [sequence of <cmd>]
done
```

until-do-done：只要<cmd>的执行结果非0，就执行循环体中的内容。语法如下：

```
until <cmd>
do
   [sequence of <cmd>]
done
```

NSH还支持break命令。break命令只能在do和done循环的主体内使用，并在do和done之间。如果在循环体内执行break命令，循环将立即终止。

（5）工作目录cd和pwd

这两个命令所相关的路径参数可以是绝对路径，也可以是相对于当前工作目录的路径。使用cd命令设置当前工作目录，可以使用pwd命令查询当前工作目录。例如：

```
nsh> cd /fs/microsd
nsh> pwd
/fs/microsd
```

☺ **7.3.2** 常用命令

（1）连接文件（cat）

```
cat <path> [<path> [<path> ...]]
```

此命令将<path>中的所有文件复制并连接到控制台，如果对cat的输出进行重定向，则将文件内容复制到另一个文件中。可以简单将cat理解为"查看文件内容"。

（2）改变当前工作目录（cd）

```
cd [<dir-path>|-|~|..]
```

此命令将更改当前工作目录，还设置以前的工作目录环境变量。

```
cd <dir-path>          #将当前工作目录设置为<dir-path>
cd -                   #将当前工作目录设置为上一个工作目录
cd ~                   #将当前工作目录设置为home目录，默认主目录是/
cd ..                  #将当前工作目录设置为父目录
```

（3）复制文件（cp）

```
cp <source-path> <dest-path>
```

将<source-path>中文件内容复制到<dest-path>指示的文件系统中的位置。

（4）显示或设置当前时间（date）

```
date [-s"MMM DD HH：MM：SS YYYY"]
```

例如，使用特定格式设置系统时间之后再显示：

```
nsh> date -s"Sep 1 11：30：00 2011"
Thu，Sep 01 11：30：03 2011
```

（5）复制并转换文件（dd）

```
dd if = <infile> of = <outfile> [bs = <sectsize>] [count = <sectors>] [skip = <sectors>]
```

将块设备中的内容从<infile>复制到<outfile>当中。<infile>或<outfile>可以是标准文件、字符设备或块设备的路径。例如：

从字符设备读取，写入普通文件。这将创建一个被0填充的指定大小的新文件。

```
nsh> ls -l /dev
/dev:
 crw-rw-rw-      0 zero
nsh> dd if = /dev/zero of = /tmp/zeros bs = 64 count = 16
nsh> ls -l /tmp
/tmp:
```

```
-rw-rw-rw-   1024 ZEROS
```

从字符设备读取，写入块设备。这将用0填充整个块设备。

```
nsh> ls -l /dev
/dev:
 brw-rw-rw-     0 ram0
 crw-rw-rw-     0 zero
nsh> dd if = /dev/zero of = /dev/ram0
```

从块设备读取，写入字符设备。这将读取整个块设备，并将内容转储到字符设备中。

```
nsh> ls -l /dev
/dev:
 crw-rw-rw-     0 null
 brw-rw-rw-     0 ram0
nsh> dd if = /dev/ram0 of = /dev/null
```

（6）现实驱动器卷状态（df）

```
df [-h]
```

例如，显示所有挂载点的状态：

```
nsh> mount
  /etc type romfs
  /tmp type vfat
nsh> df
  Block  Number
  Size  Blocks    Used Available Mounted on
   64      6        6      0 /etc
   512    985       2    983 /tmp
nsh>
```

如果在NuttX配置中定义CONFIG_NSH_CMDOPT_DF_H，则df还将支持选项 − h，使df命令可以以更人性化的格式显示卷信息。

（7）回显字符串和变量（echo）

```
echo [-n] [<string|$name> [<string|$name>...]]
```

　　将字符串和环境变量复制到控制台输出，如果输出被重定向，则复制到重定向的文件当中。

　　（8）显示环境变量（env）

　　使用env命令可以显示当前环境变量的变量名和变量内容，例如：

```
nsh> env
PATH = /bin

nsh> set foo bar
nsh> env
PATH = /bin
foo = bar

nsh> unset PATH
nsh> env
foo = bar

nsh>
```

　　（9）执行用户代码（exec）

```
exec <hex-address>
```

　　在地址<hex-address>中执行程序，可以通过执行exec <hex-address>＆在后台执行。

　　（10）退出NSH控制台（exit）

　　在串口控制台中，如果已经启动了一些其他任务，执行此命令退出NSH控制台，并且不会影响到已经执行的程序。而对于telnet控制台，执行exit命令将终止telnet会话。

　　（11）设置环境变量（export）

```
export <name> [<value>]
```

　　使用export命令设置环境变量：

```
nsh> export dog poop
nsh> env
PATH = /bin
foo = bar
dog = poop
```

此命令需要设置CONFIG_NSH_VARS = y和CONFIG_DISABLE_ENVIRON配置选项，否则NSH将不支持此命令。

（12）显示内存管理状态（free）

显示内存分配器的当前状态，例如：

```
nsh> free
             total       used       free     largest
Mem：     4194288    1591552    2602736    2601584
nsh>
```

其中，total是使用malloc可用的内存的总大小（以字节为单位）；used是malloc已经申请的内存总大小；free是未使用的内存总大小；largest是最大未使用块的大小。

（13）向任务发送信号（kill）

```
kill -<signal> <pid>
```

将<signal>发送到<pid>标识的任务。例如：

```
nsh> mkfifo /dev/fifo
nsh> cat /dev/fifo &
cat [2：128]
nsh> ps
PID PRI POLICY   TYPE    NPX STATE    EVENT       SIGMASK   COMMAND
  0   0 FIFO     Kthread --- Ready                00000000  Idle Task
  1 128 RR       Task    --- Running              00000000  init
  2 128 FIFO     pthread --- Waiting  Semaphore   00000000  <pthread>(51ea50)
nsh> kill -9 2
nsh> ps
PID PRI POLICY   TYPE    NPX STATE    EVENT       SIGMASK   COMMAND
  0   0 FIFO     Kthread --- Ready                00000000  Idle Task
  1 128 RR       Task    --- Running              00000000  init
nsh>
```

NuttX不支持FULL POSIX信令系统。系统中存在一些标准信号，如SIGCHLD、SIGUSR1、SIGUSR2、SIGALRM和SIGPOLL。NuttX仅支持POSIX实时信号，这些信号可用于与正在运行的任务通信，可用于等待任务等。如果启用配置选项CONFIG_SIG_DEFAULT，则将支持SIGINT和SIGKILL信号。例如，kill－9（SIGKILL）会终止一个任务。但是，做这种操作前，应该小心谨慎，因为这可能导致内存泄漏，因为强行终止一个正在执行的任务，有时候并不会自动释放此任务所申请的内存资源。

（14）显示目录下的内容（ls）

```
ls [-lRs] <dir-path>
```

显示<dir-path>目录的内容。注意：<dir-path>必须是一个目录，而不是文件系统对象。其中，-R显示指定目录及其所有子目录的内容；-s显示文件的大小以及列表中的文件名；-l显示大小和模式信息以及列表中的文件名。

（15）显示正在运行的任务和线程（ps）

```
nsh> ps
PID PRI POLICY   TYPE      NPX STATE    EVENT       SIGMASK      COMMAND
  0   0 FIFO     Kthread   --- Ready                00000000     Idle Task
  1 128 RR       Task      --- Running              00000000     init
  2 128 FIFO     Task      --- Waiting  Semaphore   00000000     nsh_telnetmain()
  3 100 RR       pthread   --- Waiting  Semaphore   00000000     <pthread>(21)
nsh>
```

此命令取决于将procfs文件系统配置到系统中，procfs文件系统也必须使用如下命令挂载：

```
nsh> mount -t procfs /proc
```

（16）创建目录（mkdir）

```
mkdir <path>
```

其中<path>中的所有目录（除路径中的最后一个目录外）必须存在于文件系统上。由于NuttX的根文件系统使用的是伪文件系统，因此mkdir命令只能用于在使用mount命令挂载的卷中创建目录，不能在伪文件系统中创建目录。

（17）创建FAT文件系统（mkfatfs）

```
mkfatfs [-F <fatsize>] [-r <rootdirentries>] <block-driver>
```

在<block-driver>路径指定的块设备上格式化FAT文件系统。FAT大小可以作为选项提供。如果没有<fatsize>选项，mkfatfs将选择FAT12或FAT16格式。如果需要FAT32格式，则必须在命令行中明确指定。可以指定-r选项，以选择FAT12和FAT16文件系统根目录中的条目数。典型值为112或224，512应该用于大容量，例如硬盘或非常大的SDCard。

（18）挂载文件系统（mount）

```
mount -t <fstype> [-o <options>] <block-device> <dir-path>
```

其中，-t <fstype>选项指定在<block-device>上格式化文件系统的类型。目前NuttX只支持vfat。<block-device>参数是伪文件系统中块设备节点的绝对路径或相对路径。通常都在/dev目录下。此<block-device>块设备必须事先进行格式化。<dir-path>是伪文件系统中将显示已安装卷的位置，即挂载点。此挂载点只能在NuttX的伪文件系统中。例如：

```
nsh> ls -l /dev
/dev:
 crw-rw-rw-     0 console
 crw-rw-rw-     0 null
 brw-rw-rw-     0 ram0
nsh> mount -t vfat /dev/ram0 /mnt/fs
nsh> cat /mnt/fs/testdir/example.txt
This is a test
nsh>
```

（19）关闭系统（poweroff）

```
poweroff [<n>]
```

关闭系统电源。此命令取决于特定硬件平台是否支持关闭系统电源功能。此命令还可以使用可选的十进制数字参数，向电路板的电源关闭逻辑提供关闭模式。

（20）重启系统（reboot）

```
reboot [<n>]
```

重新启动系统电源。此命令取决于特定硬件平台是否支持重新启动系统电源功能。此命令还可以使用可选的十进制数字参数，向电路板的电源重启逻辑提供重启模式。

（21）删除文件（rm）

```
rm <file-path>
```

从文件系统中删除指定的<file-path>文件。rm命令只能用于删除使用mount命令挂载卷中的文件，它不能用于删除伪文件系统中的文件。例如：

```
nsh> ls /mnt/fs/testdir
/mnt/fs/testdir:
 TESTFILE.TXT
 EXAMPLE.TXT
nsh> rm /mnt/fs/testdir/example.txt
nsh> ls /mnt/fs/testdir
```

```
/mnt/fs/testdir:
 TESTFILE.TXT
nsh>
```

（22）删除文件夹（rmdir）

```
rmdir <dir-path>
```

从文件系统中删除指定的<dir-path>目录。rmdir命令只能用于删除使用mount命令挂载卷中的目录，它不能用于删除伪文件系统中的目录。例如：

```
nsh> mkdir /mnt/fs/tmp
nsh> ls -l /mnt/fs
/mnt/fs:
 drw-rw-rw-    0 TESTDIR/
 drw-rw-rw-    0 TMP/
nsh> rmdir /mnt/fs/tmp
nsh> ls -l /mnt/fs
/mnt/fs:
 drw-rw-rw-    0 TESTDIR/
nsh>
```

（23）执行NSH脚本（sh）

```
sh <script-path>
```

执行<script-path>参数所指定的NSH脚本文件。
（24）等待时间秒（sleep）

```
sleep <sec>
```

暂停执行（休眠）<sec>秒。
（25）等待时间微秒（sleep）

```
sleep <usec>
```

暂停执行（休眠）<usec>微秒。

第 **8** 章

进程、线程及
工作队列

PX4飞控程序是基于操作系统上层的应用程序。操作系统为上层应用程序提供了丰富的用户接口和特有的编程方法，其中最常用的、最具有代表意义的特性就是并发。操作系统在运行用户态程序时，可以使多个程序同时运行，达到并行运行的效果。这使得依托于操作系统的多个用户程序可以同时执行。而这些同时运行的程序之间互不干扰。操作系统会以一定的策略对它们进行合理调度。PX4飞控程序中很多的重要模块都是以并行的在NuttX操作系统的调度下运行的，例如：在NSH环境下执行top命令，即可查看当前正在运行的所有程序。

```
NuttShell (NSH)
nsh> top
  PID COMMAND          CPU(ms)   CPU(%)   USED/STACK   PRIO(BASE)   STATE    FD
    0 Idle Task          55321   65.472     496/ 748      0 (  0)   READY     3
    1 hpwork              2410    2.885     800/1780    249 (249)   READY    17
    2 lpwork               265    0.298     728/1780     50 ( 50)   w:sig    10
    3 init                5336    0.000    1752/2484    100 (100)   w:sem     3
  306 top                    0    0.000    1184/1684    255 (255)     RUN     3
   92 dataman              178    0.000     720/1180     90 ( 90)   w:sem     4
  100 gps                  231    0.099    1088/1580    220 (220)   w:sem     5
  148 sensors             6060    4.676    1092/1964    249 (249)   READY    16
  150 commander           1543    1.890    1632/3212    140 (140)   READY    29
  151 commander_low_prio     2    0.000     552/2996     50 ( 50)   w:sem    29
  159 px4io               2410    2.885     888/1484    251 (251)   READY    11
  172 mavlink_if0         1876    2.288    1712/2572    100 (100)   READY    28
  173 mavlink_rcv_if0      349    0.398    1112/2836    175 (175)   READY    28
  305 log_writer_file        0    0.000     360/1068     60 ( 60)   w:sem    30
  265 ekf2                9152   11.044    4576/6572    250 (250)   w:sem    20
  267 mc_att_control      2534    3.084     832/1660    251 (251)   READY    16
  271 mc_pos_control      1770    2.288     800/1876    250 (250)   READY    12
  275 navigator            103    0.199     968/1764    105 (105)   w:sem    15
  298 logger              1259    1.592    1248/3540    245 (245)   READY    30

Processes：19 total，11 running，8 sleeping，max FDs：54
CPU usage：33.63%tasks，0.90%sched，65.47%idle
DMA Memory：5120 total，1024 used 1024 peak
Uptime：85.696s total，55.322s idle
```

之前已经介绍过，NuttX并不支持POSIX标准接口，在NuttX中只支持类POSIX的进程接口函数，实际上在NuttX中将"进程（Process）"定义为"任务（Task）"。通过top命令可以清晰地看到每一个进程的ID号、名称、CPU占用时间、CPU占用百分比、用户栈使用情况、进程优先级、当前状态等相关信息。多任务、多线程机制是基于操作系统中最为重要的编程方法之一，为了掌握飞控程序的运行，必须深入地理解多任务和多线程机制的实现原理和使用方法。

8.1 任务调度

8.1.1 并行任务

早期的微型计算机处理器都是单一核心的，也就是说，CPU在同一时刻只能处理一个工作任务。例如，在没有操作系统调度的打印机程序中，程序需要等待打印机就绪，之后才能向打印机逐个发送需要打印的文字。在这个过程中，打印机属于外部设备，其响应速度和执行速度较CPU慢得多。当CPU执行打印任务时，需要等待打印机完成任务之后，才能执行其他任务，这就使得CPU资源被浪费掉了。为了解决CPU资源浪费的问题，人们提出了并行执行程序的概念，这也是操作系统对多个工作任务并行执行的原始理念。

早期的操作系统采用的多任务调度策略是时间片轮转的方式，就是当某个任务执行一小段时间后，CPU将当前任务的状态临时保存（保护现场），转去执行另一个任务，执行一小段时间后，再将这个任务的状态临时保存，再转回第一个任务继续执行（恢复现场）。每一个需要被执行的任务都被操作系统分配一个时间片。CPU每执行一个任务之后，都会计算当前任务所执行的时间，当时间片被耗尽之后，对当前任务保护现场，并对另一个任务恢复现场继续执行。例如：任务A和任务B，处理器首先会载入这个任务的相关参数，如各个寄存器的内容、内存堆栈地址、执行代码位置等，并在应该执行代码处开始执行，当执行一小段时间后，将任务A的这些执行状态保存起来，转入任务B，载入任务B的相关参数如各个寄存器的内容、内存堆栈地址、执行代码位置等，并在应该执行代码处开始执行，再过一小段时间后，将任务B的这些执行状态保存起来，再转到任务A，如此重复执行，如图8-1所示。

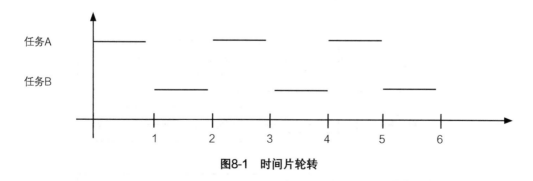

图8-1　时间片轮转

当然，操作系统在多个任务之间轮转调度的时间片是非常短的，通常只有1ms左右，当CPU在多个任务之间来回切换执行时，用户几乎感觉不到这样的多个任务执行的停顿，所以，当CPU执行多任务时，我们总是觉得多个任务在"同时执行"，也就是"并行"。但其实从多任务的本质上来讲，多个任务之间都是串行的，但在多任务切换时，用户几乎察觉不出来。现在个人电脑中的CPU通常是多核心多线程的，但是它们在执行时，任务数通常没有系统中需要执行的程序的任务数多，甚至远远少于系统中需要执行的任务数，所以，通常还是以微观上多任务串行机制来实现宏观上的并行效果。

8.1.2 多级反馈队列

事实上，简单的时间片轮转的调度方式有很大的局限性，在这种调度方式下，每一个任务所占用CPU的执行时间都是相同的，也就是说，对于操作系统来说，所有的任务都是平等的，调度方式也是公平的。但这种方法并不切合实际，因为对于每一个任务来说，都具有其特定的功能，我们也不希望这些任务具有相同的时间片，于是人们提出多级反馈队列调度方式。多级返回队列调度是Unix操作系统的经典调度方式，它可以很好地处理不同优先级任务对运行时间的占用问题。下面具体描述多级反馈队列调度算法的原理。

操作系统为需要运行的多个任务建立多个任务队列，每一个任务都被分配到这些队列当中去，每一级调度队列都有着不同的调度优先级。例如：有3个级别的调度队列Q1、Q2和Q3，其中Q1的调度优先级高于Q2，而Q2的调度优先级高于Q3。操作系统优先调度高优先级的队列任务Q1，而仅当高优先级队列Q1中没有任务时，才会去调度较低优先级队列Q2中的任务，仅当Q1和Q2中都没有任务时，才会去调度最低优先级队列Q3中的任务。在同一个队列当中，每一个任务都被分配有独立的运行时间片N。优先级越高的队列，任务的运行时间片就越短；优先级越低的队列，任务的运行时间越长。在不同的操作系统中，每一级任务运行的时间片长度有着不同的设置，例如，在某些系统中，相邻等级的两个调度队列中，低优先级的任务时间片通常是高优先级队列任务时间片的2倍。当操作系统调度队列中的任务时，按时间片轮转的方式执行队列中的每一个任务，一个时间片执行完成，操作系统会将此次执行任务的时间片N减去其实际执行时间。如果此任务执行完成，则将此任务移除调度队列，并释放所有相关资源；如果此任务没有执行完成，则将此任务从当前队列移除，并加入下一级队列的尾部，同时为其分配一个较大的时间片。整个调度过程如图8-2所示。

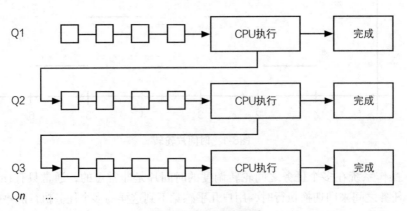

图8-2　多级反馈队列

采用多级反馈队列调度方案的系统可以很好地针对不同功能任务进行调度，每当有新的任务需要执行，它们总是被加入最高优先级队列当中。如果任务很快执行完毕，则完成任务；否则将逐次降级到优先级较低的队列当中，这就使得那些需要占用CPU时间很长的任务的执行优先级逐渐下降，但是所被分配到的时间片却逐渐提高。也就是说，那些可以很快执行完毕的任务往往会快速执行并结束，而那些执行速度很慢的任务会被降低优先级再慢慢执行，这些低优先级任务并不会影响那些高优先级任务和刚刚加入运行队列的任务。操作系统的调度程序并不会为每一个任务分配固定的优先级和时间片，而是在任务的运行过程中，根据实际运行情况来为其动态分配相应的优先级和时间片，这样可以很好地照顾到不同优先级和不同运行时长的任务。

8.1.3 抢占式优先级调度

在嵌入式操作系统中，通常对任务的实时性有特殊要求，多数情况下，我们希望操作系统按严格的任务优先级来调度任务。我们可以为每一个任务分配一个优先级，操作系统优先执行高优先级的任务，只有在高优先级任务主动休眠，或者等待资源未果的情况下才将其挂起，运行较低优先级的任务。而当高优先级任务结束等待或结束休眠时，操作系统会立即将当前低优先级任务中止，并运行高优先级任务。

类似于这种操作系统使高优先级任务抢占低优先级任务对CPU的运行权的机制称为抢占式优先级调度。简而言之，抢占式调度就是严格按照任务的优先级进行调度，低优先级任务可以无条件被高优先级任务所抢占，只有高优先级任务主动休眠时，操作系统才调度低优先级任务。

PX4飞控程序中使用NuttX所采用的调度策略就是抢占式优先级调度。每一个运行的任务和线程都可以为其指定优先级，NuttX在调度时按优先级来调度任务。当然，NuttX支持多个任务具有相同的优先级，在具有相同优先级的多个任务之间，采用的是时间片轮转的方式。假设3个任务参与调度，任务1具有较高的优先级（100），而任务2和任务3具有相同的优先级（70），如图8-3所示。

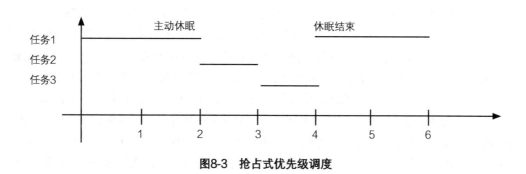

图8-3　抢占式优先级调度

操作系统在0～2时间片内执行最高优先级的任务1。之后任务1主动休眠2个时间片，于是操作系统将任务1挂起，执行较低优先级的任务。由于任务2和任务3具有相同优先级，因此操作系统会按时间片轮转的调度方式在任务2和任务3之间调度。于是在2～3时间片内，操作系统执行任务2，在3～4时间片内，执行任务3。而在时间片4开始时，任务1结束休眠，由于任务1的优先级高于任务2和任务3，因此将当前任务挂起，恢复执行任务1。

抢占式优先级调度在嵌入式操作系统中具有很高的评价，这种调度方式可以让任务严格按其优先级运行，保证高优先级线程运行的实时性。这在嵌入式系统中具有重大的意义，例如，在无人机系统中，导航任务和控制任务的优先级高于数据存储任务和网络通信任务。这样可以保证导航程序中的姿态解算、位置估计、速度估计不会被读写外部设备和网络通信所抢占。相反，只有导航任务和控制任务完成一个周期的工作之后，主动休眠，操作系统才会处理输出存储和网络通信任务。从任务调度策略上保证重要的任务优先运行，并随时抢占低优先级任务。

8.2 多进程

8.2.1 什么是进程

经过多年的发展，计算机除进行科学计算和大型网络服务器外，在家用个人电脑方面，也有了更多通用的复杂功能，再加上操作系统的不断发展，计算机可以为使用者提供更加多元化的处理功能。例如：查看照片，浏览互联网，播放音乐、视频等。而对于用户来说，计算机可以"同时"执行这些任务，也就是说，人们可以在查看照片的同时播放音乐，或是一边上网冲浪一边播放音乐。像这样操作系统可以为用户提供多个并行的任务，被称为操作系统中并发执行的进程。实际上在NuttX中所支持的并行程序被称作"任务"而不是进程，但是任务与其他通用操作系统的进程是同一个概念。为了方便理解，在后续中内容中，我们提到的基于NuttX的调度任务，都称为"进程"。

进程是操作系统执行计算机程序的基本单元。注意：是操作系统执行程序的基本单元，而不是调度的基本单元。下面通过一个例子来理解什么是进程：在计算机的外部存储器上（硬盘、U盘、光盘等）有一个可执行程序文件，叫做记事本——notepad，而当用户在操作系统下执行notepad命令时，在多数图形界面操作系统下，通常是用鼠标指针或触摸屏来点击此文件图标，而在命令行界面下，操作系统通常是输入这个可执行文件的路径和名称，例如./notepad。这样操作系统会载入这个可执行文件的实际内容，为其分配相应的内存资源和一个进程控制块PCB（Processing Control Block），并设定其使用的寄存器和数据段内存地址和代码段内存地址，再为其分配一个任务ID（task id），例如3218，然后将此可执行文件作为一个进程开始任务调度，如图8-4所示。

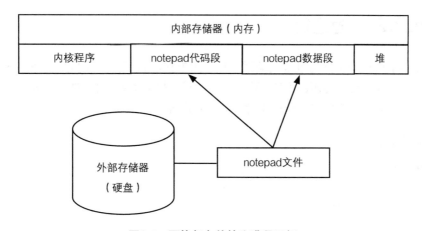

图8-4　可执行文件转为进程运行

　　实际上，存放在外部存储器上的可以运行的文件叫做可执行文件，这是一个静态的文件，以数据的形式存储在外部存储器上。而可执行文件被载入内存后，被操作系统调度，并且可以被CPU执行的基本单元叫做进程。

　　当然，同一个可执行文件notepad可以被操作系统载入多次并执行，也就形成了操作系统中的多个进程。因为如果同一个可执行文件的代码内容是相同的，但是其操作数据内容不同，因此从这个意义上讲，没有必要将相同程序的代码内容多次载入内存当中去，造成内存浪费。好的做法是：在同一个可执行程序被载入多次时，其代码在内存中存在一份，而其数据段在内存中却有多个。我们可以想象同一个记事本程序notepad被打开两次，用户可以在这两个记事本当中书写不同的内容，但是这两个进程作为记事本的功能却是一样的。

　　同一个可执行文件被执行多次，它们都是同一个可执行程序，却以多个进程的形式存在于操作系统中。因为每一个进程都有一个独立的任务控制块和任务ID，而且它们在操作系统是"并行"的，也就是说，对于用户而言，同一个记事本程序被执行了多次，也就是多个叫做notepad的程序在操作系统是作为多个进程同时运行，它们有着不同的任务ID，如图8-5所示。

内存	notepad ID:3218	MusicPlayer ID:3221	WebBrowser ID:3222
	notepad ID:3219		WebBrowser ID:3223
	notepad ID:3220		

载入可执行文件成为进程

外存	记事本 notepad	音乐播放器 MusicPlayer	浏览器 WebBrowser

图8-5　可执行文件与进程

　　实际上，对于操作系统来说，每一个进程都是一个调度的对象，操作系统会按照一定的调度策略使它们能够合理地执行。而对于不同进程来说，它们的内存数据段资源是不同的。例如：图8-5中notepad可执行程序被执行了3次，产生3个进程3218、3219、3220。虽然它们的功能都是记事本，但它们记录的内容却有所不同。而WebBrowser浏览器的2个进程3222和3223的功能也相同，但它们的数据内容不同，因为这两个进程一个显示A网站的内容，而另一个显示B网站的内容。

🌀 8.2.2　创建进程

前面介绍了可执行文件与进程的关系。接下来就在Linux系统下创建一个可执行文件，并执行创建进程。我们可以使用C语言编写一个以 ".c" 结尾的源代码文件，并通过gcc编译器将其编译为可执行文件。例如创建test.c文件并编辑其内容：

```c
#include <stdio.h>
#include <unistd.h>

int main(int argc，char *argv[])
{
    for (int i = 0; i < 10; i + + )
    {
        printf("%d\n"，i);
        sleep(1);
    }
    return 0;
}
```

此程序通过for语句循环输出i的值，每循环输出一次，主动休眠1s。将此程序源代码保存之后，再通过gcc命令将其编译成一个可执行文件test：

```
gcc -o test -std = gnu11 test.c
```

执行完此命令之后，会在当前目录下生成一个名为test的可执行文件。在操作系统没有执行它之前，它只作为一个普通的文件存放在计算机的外部存储器上（硬盘），当执行./test之后，操作系统会将test文件的内容载入内存，并为其分配PCB和任务ID号，还为其分配相关数据段内存和代码段内存，最后，操作系统使CPU开始执行此程序的代码段程序，于是此可执行文件就成为一个正在运行的进程。我们可以在Linux下打开两个终端窗口执行两次test程序，则系统会生成两个不同的进程，如图8-6所示。

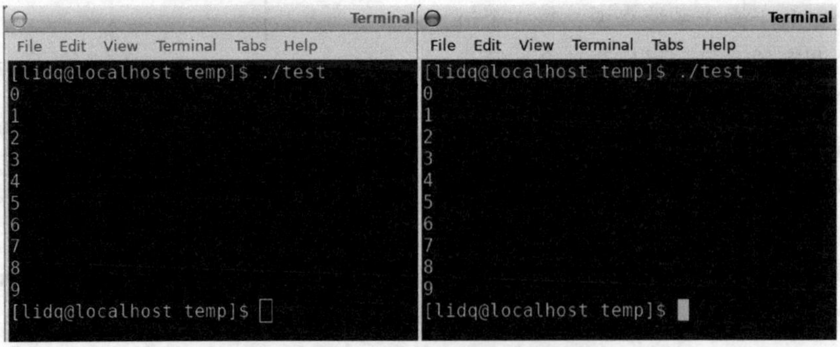

图8-6　同一个程序被创建成两个进程

从图8-6中可以清楚地看到，同一个可执行文件test被执行了两次，操作系统为其创建了两个进程，它们的运行过程在操作系统的调度下，并行地执行程序内容，ID号分别为27278和27336：

```
lidq    27278  0 11:34 pts/0    00:00:00 ./test
lidq    27336  0 11:34 pts/1    00:00:00 ./test
```

在PX4飞控程序中，运行在NuttX中的进程并非像在Linux系统中一样，而是将操作系统程序、飞控模块统一编译成一个嵌入式固件程序，然后烧写到Pixhawk当中，在各个模块的编译选项中，可以指定其是否可以作为一个进程（任务）运行。下面创建并运行一个名为mtest的进程，具体操作步骤如下。

① 在Firmware/src/modules/目录下创建名为mtest的文件夹，用于存放此模块的源代码和CMake配置文件。

② 在mtest文件夹中创建名为CMakeLists.txt的配置文件，其内容如下：

```
px4_add_module(                      #添加一个模块
    MODULE modules__mtest            #模块名称
    MAIN mtest                       #主函数（入口函数）实际为mtest_main()函数
    STACK_MAIN 1200                  #运行此主函数需要分配的栈内存大小
    COMPILE_FLAGS                    #编译选项
    SRCS                             #源代码文件列表
        mtest.c                      #mtest程序的源代码文件
    )
```

③ 在mtest文件夹创建mtest.c文件（以C程序为例，用户也可以使用C＋＋来编写程序），其内容如下：

```
#include <stdio.h>

__BEGIN_DECLS
__EXPORT int mtest_main(int argc，char *argv[]);
__END_DECLS

int mtest_main(int argc，char *argv[])
{
    for (int i＝0; i＜10; i＋＋)
    {
        printf("%d\n"，i);
        sleep(1);
```

```
    }
    return 0;
}
```

此mtest.c中的内容与我们在Linux中所编写的test.c内容基本一致，同样是使用for语句循环显示i的值，并在每次显示后休眠1s。需要特殊说明的是__BEGIN_DECLS和__END_DECLS宏，这两个宏的定义如下：

```
#if defined(__cplusplus)
#define     __BEGIN_DECLS extern"C" {
#define     __END_DECLS  }
#else
#define     __BEGIN_DECLS
#define     __END_DECLS
#endif
```

从上述代码中可以看到，这两个宏定义实际上是判断当前的编译器是C还是C＋＋。如果是C程序编译器，则无需处理；如果是C＋＋程序编译器，则需要在主函数前加上extern "C"修饰符，表示使用C＋＋编译器编译一个C程序函数，由于CMakeList.txt中所指定的入口函数mtest_main()必须是一个C程序函数，因此需要使用条件编译选项进行处理。

④ 在Firmware/cmake/configs/nuttx_px4fmu-v3_default.cmake文件中的set(config_module_list列表中，追加modules/mtest模块，也就是将mtest模块加入固件编译选项当中。

⑤ 执行make px4fmu-v3_default upload编译命令编译固件程序，并通过upload选项将固件程序烧写到Pixhawk当中。

实际上，创建一个新的模块的过程就是上述这几个步骤，创建驱动模块、控制模块、导航模块等都是如此，不再赘述。

通过Pixhawk的串口5可以进入NSH调试窗口，并执行mtest命令，启动进程：

```
NuttShell (NSH)
nsh> mtest
0
1
2
...
9
nsh>
```

事实上，mtest命令是由NuttX的NSH进程执行的，NSH是采用阻塞的方式来运行mtest的，需要等待mtest执行完成之后才能继续运行。如果需要让mtest在运行时不影响NSH进程，也就是希望mtest可以在后台运行，可以使用mtest &命令来执行此程序。

通常情况下，我们并不采用这样的方式来启动一个进程，而是使用NuttX所提供的进程接口task_create()函数和task_delete()函数。我们将程序的源代码进行以下修改：

```
1 #include <stdio.h>
2 #include <string.h>
3 #include <px4_module.h>
4
5 __BEGIN_DECLS
6 __EXPORT int mtest_main(int argc, char *argv[]);
7 __END_DECLS
8
9 static int _is_running = 0;
10 static int _task_id = -1;
11
12 static int mtest_start(char *argv[]);
13 static int mtest_stop(void);
14 static int mtest_task(int argc, char *argv[]);
15 static void usage(void);
16
17 int mtest_start(char *argv[])
18 {
19     if (_is_running)
20     {
21         PX4_WARN("already running.");
22         return -1;
23     }
24     _is_running = 1;
25     _task_id = task_create("mtest", 100, 1200, mtest_task, argv);
26     if (_task_id < 0)
27     {
28         PX4_WARN("startup failed.");
29         _is_running = 0;
30         return -1;
31     }
32     return 0;
33 }
```

```
34
35 int mtest_stop(void)
36 {
37   if (!_is_running)
38   {
39     PX4_WARN("has stoped.");
40     return -1;
41   }
42   _is_running = 0;
43   if (_task_id < 0)
44   {
45     PX4_WARN("task does not exist.");
46     return -1;
47   }
48   task_delete(_task_id);
49   _task_id = -1;
50   return 0;
51 }
52
53 int mtest_task(int argc, char *argv[])
54 {
55   for (int i = 0;; i++)
56   {
57     PX4_WARN("%d", i);
58     sleep(1);
59   }
60   return 0;
61 }
62
63 void usage(void)
64 {
65   PX4_WARN("mtest start|stop");
66 }
67
68 int mtest_main(int argc, char *argv[])
69 {
70   if (argc < 2)
```

```
71     {
72         goto err;
73     }
74     if (!strcmp(argv[1], "start"))
75     {
76         return mtest_start(argv);
77     }
78     if (!strcmp(argv[1], "stop"))
79     {
80         return mtest_stop();
81     }
82 err: usage();
83     return -1;
84 }
```

▓▶ 代码说明：

第1~3行包含需要使用的函数头文件，包括标准输入输出和进程创建函数等。

第5~7行通过条件编译定义进程的入口函数mtest_main()。如果是C程序编译器，则不做特殊处理；如果是C++程序编译器，则加入extern "C"修饰符，表示这是一个C程序函数。

第9行定义了一个变量_is_running，用于标记当前进程的运行状态。如果其值为0，则表示为运行；如果为1，表示正在运行。

第10行定义了一个变量_task_id，用于记录创建的进程ID号。

第12~15行分别声明了4个函数，用于启动进程mtest_start()、停止进程mtest_stop()、进程入口函数mtest_task()和此模块的用法提示函数usage()。此处只是函数的声明部分，它们的具体实现内容会在下面做详细介绍。

第17行定义了mtest_start()函数，用于根据当前进程的运行情况来启动进程。

第19~23行通过对_is_running变量的判断，确定当前进程的运行状态，如果进程已经在运行当中，则调用PX4_WARN()函数显示提示消息，并直接返回失败。

其中PX4_WARN()函数是PX4程序对标准输出函数printf的进一步封装。PX4_WARN()函数在显示相关内容的同时，可以将当前运行的进程名显示出来，方便使用者进行调试。

第24行在判断进程并没有运行时，将变量_is_running置为1，表示开始运行。

第25行调用task_create()函数创建一个进程，其参数的意义分别为：进程名为mtest，优先级100，使用栈内存大小为1200字节，进程入口函数为mtest_test()函数，进程参数为argv。调用task_create()函数之后，将返回创建进程的ID号，并赋值给_task_id变量。

第26~31行通过对_task_id变量的判断，确定进程是否创建成功。如果_task_id值小于0，则表示失败，并将_is_running重新置为0，表示未运行；如果_task_id大于0，则表示创建成功，_task_id变量的值即为进程的ID号。

第32行在没有发生任何错误的情况下，程序可以运行到此处，并返回0，表示创建进程成功。

第35行定义了mtest_stop()函数，用于根据当前进程的运行情况来结束进程的运行。

第37~41行通过对_is_running变量的判断，确定当前进程的运行状态，如果进程并没有运行，则提示进程已经结束，并返回失败。

第42行将_is_running变量置为0，表示进程不再运行。

第43~47行通过对_task_id变量的判断，确定进程的ID号是否有效。如果进程ID无效，则提示进程不存在，并返回失败。

第48~50行在没有发生任何错误的情况下，程序可运行到此处，通过调用task_delete()函数来删除此任务。并将_task_id置为-1。最后返回成功。

第53行定义了mtest_task()函数，用于进程的入口函数。在此函数当中执行了此进程的所有实际功能。注意：mtest_main()函数是NSH进程调用此模块时所执行的入口函数，而mtest_task()是task_create()所创建进程的入口函数。

第55~60行使用for语句进行循环，每次循环都显示一次i的值，并休眠1s。此循环的条件是_is_running变量为1。也就是说，当mtest_stop()函数被调用后，_is_running变量的值会变为0，此时mtest_task()中的循环结束。当循环结束后，返回成功。

第63~66行定义了usage()函数，用于在用户参数不正确的情况下，向用户提示此命令的使用方法。

第68行定义了此模块的入口函数mtest_main()，此函数可接受NSH进程调用此命令的参数内容。

第70~73行根据参数的个数进行判断。如果参数太少，则直接跳转到err标签处。

第74~77行使用strcmp()函数判断用户输入的参数argv[1]是否为"start"，并调用mtest_start()函数启动进程。

第78~81行使用strcmp()函数判断用户输入的参数argv[1]是否为"stop"，并调用mtest_stop()函数结束进程。

第82、83行判断如果用户输入的参数内容不正确，则调用usage()函数向用户显示使用方法，并返回失败。

重新编译程序并烧录到Pixhawk中，通过NSH可以进行如下测试：

```
nsh> mtest                        #执行命令，参数不正确
WARN  [mtest] mtest start|stop    #显示使用方法
nsh> mtest start                  #执行启动命令，启动进程
WARN  [mtest] 0                   #循环显示内容
WARN  [mtest] 1
WARN  [mtest] 2
WARN  [mtest] 3
```

```
nsh> mtest start                #再次执行启动命令
WARN  [mtest] already running.   #提示进程正在运行
WARN  [mtest] 4
WARN  [mtest] 5
WARN  [mtest] 6
WARN  [mtest] 7
WARN  [mtest] 8
nsh> mtest stop                 #执行停止命令，终止进程
nsh>
nsh> mtest stop                 #再次执行停止命令
WARN  [mtest] has stoped.        #提示进程已经停止
```

需要注意的是：如果不使用task_create()来创建一个进程，当在NSH环境下执行mtest start命令之后，mtest的运行会将NSH进程阻塞，此时我们不能在NSH再次输入命令，因此也无法执行mtest stop命令，于是mtest将永远不会结束，NSH环境也将永远被阻塞。在执行mtest start命令之后，可以使用ps命令或top命令来查看正在运行进程的相关信息，内容如下：

```
nsh> ps
  PID PRI POLICY   TYPE       NPX STATE    EVENT    SIGMASK     COMMAND
    0   0 FIFO     Kthread N  -- Ready              00000000    Idle Task
    1 249 FIFO     Kthread    --- Waiting  Signal   00000000    hpwork
    2  50 FIFO     Kthread    --- Waiting  Signal   00000000    lpwork
    3 100 FIFO     Task       --- Running           00000000    init
  327 100 FIFO     Task       --- Waiting  Signal   00000000    mtest start


nsh> top
  PID COMMAND      CPU(ms)  CPU(%)   USED/STACK     PRIO(BASE)    STATE    FD
    0 Idle Task    371219   59.402     496/748        0 ( 0)      READY     3
    1 hpwork        20710    3.383     960/1780      249 (249)    READY    17
    2 lpwork         2121    0.398     808/1780       50 ( 50)    w:sig    10
    3 init           9840    0.000    1664/2484      100 (100)    w:sem     3
  328 top              0     0.000    1216/1684      255 (255)    RUN       3
  327 mtest        618412    0.099     712/1156      100 (100)    w:sig     3
```

事实上，PX4程序基于NuttX的程序中，几乎所有模块在启动时，都是xxxx_main()主函数调用的task_create()函数而创建一个新的进程，并在进程中运行实际的功能代码，而不是直接在moudles_main()主函数中运行其功能代码。

8.3 多线程

8.3.1 什么是线程

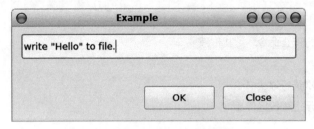

图8-7 接收用户输入并保存到文件

通常我们并不希望操作系统的最小调度单位是进程。换句话来说，我们希望某一个进程在执行时，这个进程本身也可以"并行"执行多个任务，而不是只能执行一项任务。于是操作系统就引入了线程的概念。下面通过一个例子介绍线程的概念：首先编写并执行一个可执行程序，它的功能是可以将当前用户输入文本框中的内容保存到某一个文件当中去，如图8-7所示。

现在，用户在程序的文本框中输入"write 'Hello' to file."，然后单击OK按钮，将这些内容保存到某个文件中去。接下来，由于文件通常是存放在外部存储器上的，外存的存取速度要远远低于内存，所以在将这些内容写入文件时，需要花更多的时间。当我们输入一段文字之后，单击OK按钮，将内容保存到文件中，如果文字内容较多，保存的时间会很长，这时我们不能在文本框中再次输入内容。于是出现当单击OK按钮之后，无法再向文本框内输入内容，整个进程表现卡死的现象，只有当此进程的文件保存完成之后，界面才恢复正常。

这个现象很好理解：如果进程是操作系统调度的最小单元，在这个单元中，只能执行一个任务。也就是说，此进程在执行"保存"时，不能做其他工作。但是，我们希望进程在执行"保存"功能的同时，不影响"输入"功能，也就是希望"保存"和"输入"可以同时执行，如图8-8所示。

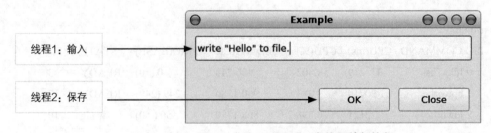

图8-8 多线程并行执行

实际上，操作系统允许在一个进程中创建多个可并行的调度单元，即线程。所以线程机制可以使一个进程在同一时刻中执行多个任务（同时"输入"和"保存"）。例如，在上面例子中，我们可以为进程创建3个线程——输入、显示和保存。这3个线程都是操作系统的调度单元，也就是说，这3个线程是并行执行的。多个进程在操作系统中运行的过程通常被称为"多进程"，一个进程中的多个线程运行的过程通常被称为"多线程"。操作系统在为进程创建线程时，也会为其分配PCB和任务ID，但与进程不同的是，一个进程中的多个线程都会共享这个进程中的内存资源。

🌀 8.3.2 创建线程

下面通过在Linux下编写一个多线程的例子,讲解多线程的创建和运行过程。我们希望让程序创建多个线程,并在每一个线程中输出不同的内容。首先创建一个名为test.c文件,并在其中加入以下内容:

```
1 #include <stdio.h>
2 #include <unistd.h>
3 #include <pthread.h>
4
5 void* pth_func1(void *arg)
6 {
7     for (int i = 0; i < 2; i + +)
8     {
9         printf("%s: i = %d\n", __func__, i);
10        sleep(1);
11    }
12    return NULL;
13 }
14
15 void* pth_func2(void *arg)
16 {
17     int cnt = (int) (long int) arg;
18     for (int i = 0; i < cnt; i + +)
19     {
20         printf("%s: i = %d\n", __func__, i);
21         sleep(1);
22     }
23     return NULL;
24 }
25
26 int main(int argc, char *argv[])
27 {
28     pthread_t pth1, pth2, pth3;
29
30     pthread_create(&pth1, NULL, &pth_func1, NULL);
```

```
31    pthread_create(&pth2，NULL，&pth_func2，(void *) 3);

32    pthread_create(&pth3，NULL，&pth_func2，(void *) 5);

33

34    pthread_join(pth1，NULL);

35    pthread_join(pth2，NULL);

36    pthread_join(pth3，NULL);

37

38    return 0;

39 }
```

》》 代码说明：

第3行包含多线程函数头文件pthread.h。

第5~13行定义了一个线程执行函数pth_func1()，用于循环显示i的值，此函数中只显示3次，每次显示之后休眠1s。注意：这个函数是一个普通函数，此处仅仅是这个函数的功能定义，并没有任何与多线程相关的功能。

第15~24行定义了第二个线程执行函数pth_func2()，用于循环显示i的值。与pth_func1()不同的是，pth_func2()会根据arg参数来确定循环的次数，而不是固定值。同样的，这里也是函数的定义，并没有任何与多线程相关的功能。

第28行定义了3个多线程描述符变量：pth1、pth2、pth3，为后续多线程的创建和其他处理做准备。

第30行调用pthread_create()函数创建线程。其线程描述符为pth1，执行函数为pth_func1()，无执行参数。当调用pthread_create()函数之后，操作系统会为此进程创建一个线程，也就是与主线程并行执行某一个功能，此处就是pth_func1()。

第31行调用pthread_create()函数创建线程。其线程描述符为pth2，执行函数为pth_func2()，执行参数为3。于是当前进程中并行运行2个线程。

第32行调用pthread_create()函数创建线程。其线程描述符为pth3，执行函数为pth_func2()，执行参数为5。于是当前进程中并行运行3个线程。注意：线程pth1执行的函数是pth_func1()，而线程pth2和pth3执行的函数都是pth_func2()，但是，在执行这两个函数时，输入的参数不同，一个是3，另一个是5。

第34~36行调用pthread_join()函数等待线程运行结束，当3个线程都运行结束之后，主进程才会继续运行。也就是说，pthread_join()函数可以将当前进程或线程阻塞，直到等待目标线程运行完成。

通过上面例子可以了解多线程运行的机制，在调用pthread_create()时，需要指定一个入口函数和一个输入参数。之后操作系统会将此入口函数作为一个线程与当前进程并行执行，并为其传入指定参数。创建多个线程时，入口函数可以是同一个函数，也可以是不同的函数。在多个线程执行同一个入口函数时，实际上操作系统会为其分配独立的栈内存。也就是说，当同一个函数被多个线程同时执行时，它们虽然具有相同的代码段内存，但是却具有不同的数据段内存，因函数内部的变量都是独立存在的，多线程之间并不会有冲突。上面例子中进程与线程的运行关系如图8-9所示。

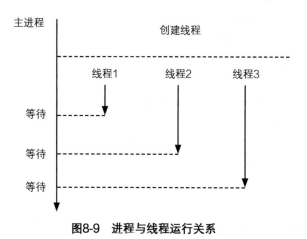

图8-9　进程与线程运行关系

将test.c源代码保存，执行编译命令生成可执行文件，编译源代码时，需要加入-pthread选项指定使用多线程动态链接库。运行查看结果如下：

```
gcc -o test -std = gnu11 -lpthread test.c
./test
pth_func1：i = 0        #线程1
pth_func2：i =          #线程2
pth_func2：i = 0        #线程3
pth_func1：i = 1        #线程1
pth_func2：i = 1        #线程2
pth_func2：i = 1        #线程3
pth_func2：i = 2        #线程2
pth_func2：i = 2        #线程3
pth_func2：i = 3        #线程3
pth_func2：i = 4        #线程3
```

程序一共会运行5s，然后退出，整个运行过程为：
线程1运行2s，输出2次；
线程2运行3s，输出3次；
线程3运行5s，输出5次。
其中线程1调用的是pth_func1()函数，线程2和线程3调用都是pth_func2()函数。
实际上我们基于NuttX编写PX4程序时往往要考虑更多的内存资源问题，因为毕竟目标平台还是在内存有限的Pixhawk中。创建多线程时，还需要为线程指定其他相关属性，例如内存栈大小、运行优先级等。下面在mtest模块源代码的基础上加入多线程功能：

```
41 int mtest_task(int argc, char *argv[])
42 {
43    pthread_attr_t pth_attr;
44    pthread_attr_init(&pth_attr);
45    pthread_attr_setstacksize(&pth_attr, 1200);
46
47    struct sched_param param;
48    pthread_attr_getschedparam(&pth_attr, &param);
49    param.sched_priority = 50;
50    pthread_attr_setschedparam(&pth_attr, &param);
51
52    pthread_t pth;
53    pthread_create(&pth, &pth_attr, &mtest_pthread, NULL);
54       pthread_attr_destroy(&pth_attr);
55    for (int i = 0; _is_running; i + +)
56    {
57      PX4_WARN("Task run: %d", i);
58      sleep(1);
59    }
60    return 0;
61 }
62
63 void* mtest_pthread(void *arg)
64 {
65    px4_prctl(PR_SET_NAME, "mtest_pthread", px4_getpid());
66    for (int i = 0; _is_running; i + +)
67    {
68      PX4_WARN("Pthread run: %d", i);
69      sleep(1);
70    }
71    return NULL;
72 }
```

▶▶▶ **代码说明:**

第41行定义了进程入口函数。

第43行定义了线程属性变量pth_atrr，用于配置线程相关属性。

第44行调用pthread_attr_init()函数，用于初始化线程属性。

第45行调用pthread_attr_setstacksize()函数，设定线程属性的栈内存为1200字节。

第47行定义调度参数变量param。

第48行调用pthread_attr_getschedparam()函数，从线程属性pth_attr中取得调出参数。

第49行将param.sched_priority变量赋值为50，表示此线程的调度优先级为50。

第50行调用pthread_attr_setschedparam()变量，将设定好的调度参数重新设置到线程属性pth_attr当中。

第52行定义线程描述符pth。

第53行调用pthread_create()函数创建线程，并指定线程描述符pth，线程属性pth_atrr，线程入口函数mtest_pthread()，入口函数参数NULL。

第54行调用pthread_attr_destroy()函数，销毁线程属性pth_attr。

第55～60行循环显示i的值。

第63行定义了线程的入口函数mtest_pthread()。

第65行调用px4_prctl()和px4_getpid()函数，为当前线程指定线程名称mtest_pthread。

第66～71行循环显示i的值。

编写完程序代码之后，编译，烧写固件，进入NSH环境进行测试。mtest进程和线程的输出结果如下：

```
nsh> mtest start
WARN [mtest] Task run：0
WARN [mtest] Pthread run：0
WARN [mtest] Task run：1
WARN [mtest] Pthread run：1
WARN [mtest] Task run：2
WARN [mtest] Pthread run：2
WARN [mtest] Task run：3
WARN [mtest] Pthread run：3
nsh> mtest stop
```

我们可以通过输出看到mtest进程和mtest_pthread线程的并行执行过程。在运行时可以使用top命令查看它们的状态：

PID COMMAND	CPU(ms)	CPU(%)	USED/STACK	PRIO(BASE)	STATE	FD
0 Idle Task	371219	59.402	496/ 748	0 (0)	READY	3
1 hpwork	20710	3.383	960/ 1780	249 (249)	READY	17
2 lpwork	2121	0.398	808/ 1780	50 (50)	w:sig	10
3 init	9840	0.000	1664/ 2484	100 (100)	w:sem	3
328 top	0	0.000	1216/ 1684	255 (255)	RUN	3
331 mtest	52919	0.000	792/ 1156	100 (100)	w:sig	3
334 mtest_pthread	0	0.000	728/ 1196	50 (50)	w:sig	3

线程名mtest_pthread的栈内存为1200（实际上是1196），调度优先级为50。

🛦 8.3.3 线程与进程的区别

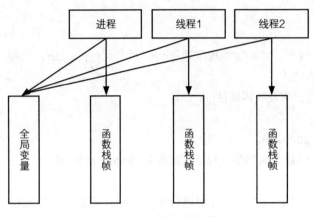

图8-10　进程与线程的内存访问

从操作系统调度上讲，线程是基于进程而创建的，将调用创建线程的进程称为父进程（也被简单地认为是程序的主线程），而将被创建的线程称为子线程。当然，子线程还可以创建自己的子线程。当操作系统终止一个进程或线程时，会将其所有的子线程都终止。

多个进程之间具有不同的数据段，也就是说，每一个进程所使用的数据内存区域都是独立的，它们之间互不干扰。对于同一个进程中的多个线程来说，函数栈内存是独立的，但是它们与此进程共享全局数据区。也就是说，进程中的全局变量可以被所有子线程访问，如图8-10所示。

在同一个进程中，多个线程都可以访问此进程中的全局变量区，但是每一个线程都有自己独立的函数栈帧。函数栈帧中存储的是函数的参数和局部变量。下面针对变量访问编写一个多线程的例子：

```
74 #include <stdio.h>
75 #include <unistd.h>
76 #include <pthread.h>
77
78 int global_i = 0;
79
80 void* pth_func(void *arg)
81 {
82    int local_i = 0;
83
84    local_i + +;
85    global_i + +;
86
87    printf("global_i = %d, local_i = %d\n", global_i, local_i);
88    return NULL;
```

```
89 }
90
91 int main(int argc, char *argv[])
92 {
93    global_i++;
94
95    pthread_t pth1, pth2, pth3;
96    pthread_create(&pth1, NULL, &pth_func, NULL);
97    pthread_create(&pth2, NULL, &pth_func, NULL);
98    pthread_create(&pth3, NULL, &pth_func, NULL);
99    pthread_join(pth1, NULL);
100   pthread_join(pth2, NULL);
101   pthread_join(pth3, NULL);
102
103   printf("global_i = %d\n", global_i);
104
105   return 0;
106 }
```

>> 代码说明:

第78行定义了一个全局变量global_i,其默认值为0。

第80行定义了线程的入口函数pth_func()。

第82行定义了pth_func()函数的一个局部变量local_i,其默认值为0。

第84行将局部变量local_i自增1。

第85行将全局变量global_i自增1。由于global_i是一个全局变量,因此可以在pth_func()函数内部访问。

第87行显示全局变量global_i和局部变量local_i的值。

第93行在进程的入口函数main中将全局变量global_i的值自增1。

第95~101行创建3个线程,并执行。

第103行显示全局变量global_i的值。

我们知道main函数是程序的入口函数,它也是当此进程执行时首先执行的函数,因此程序将先执行第93行,将global_i自增1。之后创建3个线程,每个线程中的局部变量互不影响,都只在各自线程的函数内部有效。但是全局变量global_i可以被所有线程共享使用,即所有线程都可以对其进行操作。因此global_i在每个线程中都被增加1,最后的结果是4。而每个线程中的local_i都存放在每个线程各自函数栈帧中,因此互不干扰。程序的运行结果如下:

```
global_i = 2，local_i = 1
global_i = 3，local_i = 1
global_i = 4，local_i = 1
global_i = 4
```

当然，在Linux下多个进程之间是无法相互访问其他进程中的变量的（可以使用共享内存，此处不多过多讨论），但是在NuttX下，实际上多个模块都是被编译成一个完整的程序，NuttX提供不同进程和线程的并行运行，在每个进程和线程中，都有独立的入口函数和各自的函数栈内存，但是全局数据区却是整个程序公用的。在PX4程序中，并不推荐直接使用其他进程中的全局变量，这样对飞控程序来说很不安全。因为某一个进程在不知情的情况下直接操作另外一个进程的全局变量，可能会导致程序的逻辑错误和内存泄漏，因此并不推荐多个进程之间共享使用全局变量，而是使用uORB内部总线进行通信。

8.4 工作队列

8.4.1 什么是工作队列

飞控程序中运行硬件平台Pixhawk2所使用芯片STM32F427的内存大小只有250KB，跟普通个人电脑的内存相比非常少，再加上在底层运行Nuttx操作系统需要占用一些内存，所以内存资源就更加有限。当用户创建进程和线程时，操作系统会为其分配一定的内存作为PCB存储其调度信息，同时还要为每一个进程和线程分配函数栈和全局变量等。在Nuttx中，每创建一个进程，大约需要使用4KB的内存；每创建一个线程，大约需要2KB的内存，这就使得整个单片机的内存资源非常少了。但是，我们还是需要让一些功能可以像多线程一样并行运行，又尽量减少内存占用，于是操作系统就引入了另外一个机制——工作队列。

顾名思义，工作队列实际上是由双向链表所组成的满足先进先出（FIFO）条件的队列。队列中每一个节点都存放一个需要执行的工作，即为需要执行的功能函数，并且指定此工作的执行时间。NuttX操作系统为用户提供2个工作队列和执行进程，分别为高速工作队列(hpwork)和低速工作队列(lpwork)。这两个进程从功能上讲没有本质区别，但是它们的调度优先级不同。高速工作队列的优先级为249，而低速工作队列的优先级为50。可以使用top命令来查看：

PID COMMAND	CPU(ms)	CPU(%)	USED/STACK	PRIO(BASE)	STATE	FD
0 Idle Task	371219	59.402	496/ 748	0 (0)	READY	3
1 hpwork	20710	3.383	960/ 1780	249 (249)	READY	17
2 lpwork	2121	0.398	808/ 1780	50 (50)	w:sig	10

高速工作队列会更容易被执行，而低速工作队列则只有在其他进程空闲时才会被执行。因此，一些重要的传感器驱动（如MPU6000）都在高速工作队列中执行，而相对来说不太重要的任务（如LED）可以在低速工作队列中执行。

当使用者需要使用工作队列来执行某一个函数时（工作任务），可以将函数加入工作队列当中，并指定希望系统在何时执行此函数。通常情况下是指定一个延迟时间，例如希望在2ms或5ms之后执行此函数，也可以将此时间设置为0，表示希望立即执行此函数。实际上工作队列节点中存放的是实际执行的时间，而不是从入队列起多久后执行。

从工作队列中取出当前需要执行的工作，需将当前时间减去执行时间。如果结果小于0，表示需要立即执行，进程将此工作节点移出队列，并立即执行工作任务；否则，不出队列，也不执行工作任务。之后判断队列中下一个节点是否符合执行条件，并做出相应的处理，直到整个工作队列都处理完毕。当处理完队列所有节点后，队列中已经被执行的节点都会被移除，剩下节点中都是尚未执行的工作。之后执行进程休眠一小段时间，休眠的时间是队列中延迟执行时间最低值。最后不断重复执行。

例如，目前工作队列中一共有4个节点，工作任务的延迟执行时间分别为2、5、1、3。时间单位为毫秒。工作队列执行任务的过程如图8-11所示。

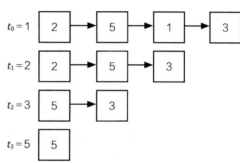

在执行进程循环处理工作队列时，不断将每个节点的执行时间与当前时间进行比较，并移除需要执行的节点，之后再执行被移除节点的工作函数。经过4个周期的处理，工作队列中的所有任务都被执行完毕，工作队列为空。实

图8-11 工作队列执行任务的过程

际上，在执行工作队列的同时，往往也会有新的工作任务被加入队列尾部。下面分析工作队列的执行程序代码：

```
1 void work_process(FAR struct kwork_wqueue_s *wqueue, systime_t period)
2 {
3    FAR struct work_s *work;        //工作队列
4    worker_t worker;                //当前工函数
5    FAR void *arg;                  //工作函数参数
6    systime_t elapsed;             //已经流逝时间
7    systime_t remaining;           //剩余时间
8    systime_t stick;               //工作调度开始时间
9    systime_t ctick;               //队列节点处理开始时间
10   systime_t next;                //下一次调度时长
11
12   next = period;
13   stick = clock_systimer();
```

```
14
15   work = (FAR struct work_s *)wqueue->q.head;
16   while (work)
17   {
18      ctick = clock_systimer();
19      elapsed = ctick - work->qtime;
20      if (elapsed >= work->delay)
21      {
22         dq_rem((struct dq_entry_s *)work, &wqueue->q);
23         worker = work->worker;
24         arg = work->arg;
25         work->worker = NULL;
26         worker(arg);
27         work = (FAR struct work_s *)wqueue->q.head;
28      }
29      else
30      {
31         elapsed += (ctick - stick);
32         remaining = work->delay - elapsed;
33         if (remaining < next)
34         {
35            next = remaining;
36         }
37         work = (FAR struct work_s *)work->dq.flink;
38      }
39   }
40
41   elapsed = clock_systimer() - stick;
42   remaining = work->delay - elapsed;
43   if (elapsed < period && next > 0)
44   {
45      remaining = period - elapsed;
46      next = MIN(next, remaining);
47      usleep(next * USEC_PER_TICK);
48   }
49 }
```

▷▷ **代码说明：**

第1行为工作队列执行进程的执行函数，参数wqueue就是工作队列，period是系统调度周期，通常为1ms。

第3~10行定义了工作队列需要执行的相关变量。

第12行将下一次执行调度的时间设定为默认的系统调度时间。

第13行设定当前系统时间，作为工作调度开始时间。

第15、16行取得工作队列的头节点，并进入循环处理。

第18行取得当前系统时间，作为队列节点处理开始时间。

第19行计算流逝时间并赋值给elapsed变量当中。

第20行通过对流逝时间和等待延迟执行时间的判断，来确定当前节点是否需要执行。

第22行从工作队列中移除当前节点。

第23~26行取得需要执行的工作函数，执行，并传入参数。

第27行将当前节点指针指向头节点。

第31行计算处理工作节点所消耗的时间。

第32行计算当前节点应该执行的剩余时间。

第33~36行找出工作队列中剩余时间最短的时间，并赋值到next变量中。

第37行将当前节点指针指向下一个节点。

第41~46行计算当前流逝时间，并根据最短剩余时间进行休眠，以保证在下次执行处理队列时，能按时执行应该执行的工作函数。

8.4.2 加入工作队列

与创建进程和线程不同，NuttX支持工作队列的处理进程有两个，分别是hpwork和lpwork，这两个进程在操作系统启动之后就已经运行了（需要内核配置选项）。因此用户需要使用工作队列时，只需要将执行的函数加入工作队列当中去即可，而不需要创建工作队列和处理进程。下面将前面创建进程的例子中做一些修改，具体的实现代码如下：

```
51 #include <nuttx/wqueue.h>
52
53 static int _is_running = 0;
54 static struct work_s _work = { 0 };
55
56 static int mtest_start(char *argv[]);
57 static int mtest_stop(void);
58 static void mtest_run(void *arg);
59
60 int mtest_start(char *argv[])
```

```
61 {
62    if (_is_running)
63    {
64       PX4_WARN("already running.");
65       return -1;
66    }
67    _is_running = 1;
68    work_queue(HPWORK, &_work, (worker_t) &mtest_run, NULL, 0);
69    return 0;
70 }
71
72 int mtest_stop(void)
73 {
74    if (!_is_running)
75    {
76       PX4_WARN("has stoped.");
77       return -1;
78    }
79    _is_running = 0;
80    work_cancel(HPWORK, &_work);
81    return 0;
82 }
83
84 void mtest_run(void *arg)
85 {
86    static int i = 0;
87    PX4_WARN("Task run: %d", i++);
88
89    if (_is_running)
90    {
91       work_queue(HPWORK, &_work, (worker_t) &mtest_run, NULL, 1000);
92    }
93 }
```

▶▶ 代码说明：

第51行包含工作队列所需要用到的头文件wqueue.h。

第54行定义一个工作队列节点变量_work，用于后续加入队列的功能。

第68行在启动函数mtest_start()中，调用work_queue()函数将工作函数mtest_run()加入高优先级工作队列（HPWORK）当中，并使用_work节点。其工作函数的参数为NULL，延迟执行时间为0，表示需要立即执行。

第80行在终止函数mtest_stop()中调用work_cancel()函数，将此节点从工作队列中移除。

第84行定义了工作队列的执行函数mtest_run()。

第86、87行定义了一个静态变量i，并使用PX4_WARN()函数显示其内容。

第89~92行通过对变量_is_running进行判断，确定此工作是否需要再次执行。如果需要再次执行，则再次调用work_queue()函数，再次将当前函数加入工作队列当中去，此次延迟执行时间为1000个调度周期（tick）。

与进程和线程不同的是，在执行函数当中，不需要使用循环结构来处理重复执行操作，而是将当前函数重复地加入队列当中去。因为当前函数被队列执行进程执行过一次之后，将被移除出队列，之后，如果不再重新加入队列当中，将不能再次执行。另外，需要注意的是，在工作队列函数执行时，不能加入延迟函数[例如sleep()和usleep()等]、资源等待函数[例如poll()和select()等]以及等待信号量和锁，并且在对设备资源进行操作时，尽量不要使用阻塞模式，因为工作队列中的所有执行函数，实际上都在同一个进程（hpwork或lpwork）中执行，而且它们的执行过程都是顺序的，只有当一个函数执行结束之后，才能执行下一个函数（多进程和多线程的函数可以在运行过程中被打断和恢复）。因此，如果某一个函数执行时被资源阻塞，则整个工作队列的线程都将被阻塞，队列中其他函数将不会被执行。

在将函数加入工作队列中去时，可以通过指定延迟执行时间来控制其运行频率。例如，在mtest_start()函数中；将mtest_run()加入工作队列时，设定的延迟为0，表示立即执行；而在mtest_run()函数内部，将其本身加入工作队列时，设定的延迟为1000，表示在1000个调度周期之后执行，也就是1s。最后看一下运行结果：

```
nsh> mtest start
WARN  [mtest] Task run: 0
WARN  [mtest] Task run: 1
WARN  [mtest] Task run: 2
WARN  [mtest] Task run: 3
WARN  [mtest] Task run: 4
WARN  [mtest] Task run: 5
nsh> mtest stop
nsh>
```

8.5 信号量与锁

操作系统为用户提供并行任务执行机制，这使得单个处理的性能得到了充分利用，大大提高了工作效率。但是随之而来的问题也不容忽视，多进程、多线程并发执行时，多个任务之间有的相互独立，有的却需要相互协作，甚至还相互冲突。例如：在同一时间内，只能有一个任务去访问和操作某一个外部设备（如打印机、照相机等）；某些任务需要等待另一些任务完成之后才能继续工作；某些任务需要将数据交给其他任务处理后再继续处理等。总的来说，多个进程和线程之间的关系大概包括通信、互斥和同步3种。

通信：是指多个进程或线程之间的数据交互功能，在PX4飞控程序中，采用的是异步通信uORB机制，在本节不再赘述。

互斥：是指多个进程或线程需要访问一些特定资源，这些资源在同一时间段内，只能被一个或少数几个任务访问，当特定资源已经被某个任务所使用时，其他任务就必须等待资源被释放才能使用。

同步：是指多个进程或线程在执行某一个功能时，需要在其他进程或线程的某一个功能执行完毕之后才能继续执行。它体现了多个任务在执行时的顺序要求，在前提条件没有达成之前，必须等待，直到满足条件之后再继续执行。

🌀8.5.1 互斥信号量

我们知道多个线程之间可以共享全局变量资源，多个进程之间可以共享全局共享内存，这给并发执行的多个任务的功能实现上带来很大的方便。但是全局变量就像一把双刃剑，在方便使用它们的同时，问题也非常严重，如果两个线程同时对某一个全局变量进行了读写操作，且读写的内容有很大差异，就会导致各自线程的实际逻辑功能出现严重的问题。另外，如果全局变量是一个很大的数组，或是很重要的指针变量，对它们进行频繁读写，同样会造成各自线程在没有完成读写操作时，它们就被另一个线程所改变，因此，在使用全局变量和共享内存时，要十分小心谨慎。

为了解决多进程和多线程之间的互斥与同步的问题，操作系统引入了信号量机制。下面讨论信号量在并行执行任务之间的作用。早在1965年，荷兰学者Dijkstra就提出了信号量机制，有效地解决了并发任务之间的互斥和同步问题。之后，信号量机制几乎被所有并行操作系统采用且一直沿用至今。

信号量内部定义量的两个属性：一个是当前的资源数量value；另一个是等待此资源的队列queue。因此对信号量可以有两种操作：申请资源（也称等待资源）P操作；释放资源（也称发布资源）V操作。每执行一次P操作，value的值减1；每执行一次V操作，value的值加1。如果在某一个任务执行P操作申请资源时，此资源数量已经小于0，表示目前尚没有可用资源，此任务必须被加入等待队列queue当中，操作系统会将此任务挂起，不再进行调度，直到有其他任务执行了V操作，释放了足够的资源，可以唤醒正在等待的任务为止。

在操作系统中，通常用sem_wait()函数来实现对某信号量的P操作，使用sem_post()函数来实现对某信号量的V操作。它们的实现内容如下：

```
1 int sem_wait(FAR sem_t *sem)
2 {
```

```
 3    struct tcb_s *tcb = this_task();
 4    if (sem = = NULL)
 5    {
 6        return -1;
 7    }
 8    sem->value--;
 9    if (sem->value < 0)
10    {
11        sem_block(sem->queue，tcb);
12    }
13    return 0;
14 }
15
16 int sem_post(FAR sem_t *sem)
17 {
18    if (sem = = NULL)
19    {
20        return -1;
21    }
22    sem->value + +;
23    if (sem->value < = 0)
24    {
25        sem_wackup(sem->queue);
26    }
27    return 0;
28 }
```

》 代码说明：

第1行定义了sem_wait()函数，用于等待信号量资源。

第3行通过调用this_task()函数，取得当前调用此sem_wait()函数任务的任务控制块指针。

第8行将信号量的值减1，表示申请一个资源。

第9～12行判断当前信号量的值是否小于0。如果小于0，表示此信号量资源已经用尽，当前进程需要等待，于是调用sem_block()函数将此任务挂起到等待队列当中。

第16行定义了sem_post()函数，用于释放信号量资源。

第22行将信号量的值加1，表示释放一个资源。

第23～26行判断当前信号量的值是否小于或等于0，如果小于或等于0，表示目前等待队列中还有正在等待此资源的任务，因此调用sem_wackup()函数唤醒一个正在等待的任务。

　　信号量中的等待队列是严格按照先进先出的原则完成的。也就是说，在请求资源没有得到满足时，必须按请求的时间顺序进行等待，唤醒时也是优先唤醒那些先请求资源的任务。

　　细心的读者可能会发现，信号量实际上就是一个普通变量和一个等待队列。那么我们能否直接使用一个全局变量来记录资源的个数呢？实际上是不行的，因为操作系统所提供的信号量P和V操作都是原子操作，也就是说，操作系统提供的P和V操作在被调用时不能被打断，此时操作系统不能进行任务调度，而在普通进程和线程中的变量判断并不是原子操作，在进行变量判断时，操作系统可能随时打断当前正在执行的程序。下面举例对此问题进行分析：

```
30                    int val = 1;
31
32 void A_Run()       |    void B_Run()
33 {                  |    {
34    if (val > 0)    |       if (val > 0)
35    {               |       {
36      val--;        |         val--;
37      ...           |         ...
38    }               |       }
39 }                  |    }
```

　　线程A和线程B的实现代码是相同的，都是通过对全局变量val的判断来进行操作，在第34行对val进行判断，如果资源大于0，表示有资源可用，然后在36行将val减1，表示申请资源，然后在第37行执行某些特定操作。整个过程在表面上看没有什么问题，但是，实际上由于对全局变量val的判断和操作并不是原子操作，因此会出现下问题。

　　① 当线程A执行到第34行时，判断val的值是1，大于0，于是条件表达式满足。

　　② 操作系统中断线程A，切换到线程B执行。

　　③ 线程B执行到第34行，判断val的值是1，大于0，于是条件表达式满足。执行第36行val--，并执行后续相关操作。

　　④ 操作系统中断线程B，切换到线程A执行。

　　⑤ 线程A继续执行第36行中的val--（注意：线程A在被中断之前的条件表达式是满足的），并执行后续相关操作。

　　于是，本来应该是两个互斥的资源访问，却出现了两个线程同时操作的问题。而使用信号量的P和V操作则不会出现此问题，因为对信号量的sem_wait()和sem_post()操作则是原子操作，它们在对资源数量value判断和操作时，并不会被系统调度所中断（在Linux系统中的实现方式是内核操作，而在NuttX中的实现方式是关闭中断）。

　　下面利用信号量完成一个经典的资源竞争问题：哲学家就餐问题。假设有5个哲学家坐在一张圆形桌子的周围，在每两个人中间放有1支筷子，共有5支筷子。哲学家们每天在桌子前思考一会，然后从自己左侧和右侧分别拿起1支筷子就餐，就餐完毕之后，再将2支筷子分别放在自己的左侧和右侧。如果身边的筷子正在被相邻的哲学家使用，就需要等待别人将筷子使用完毕之后，再将其拿起并就餐，如果长时间等待使用筷子而未果，哲学家将无法就餐，最终导致饿死。此问题由Dijkstra提出，并由其通过信号量机制很好地解决，但当时Dijkstra描述的问题是每个哲学家左侧有一把餐刀，右侧有一支叉子，只有同时拿起刀叉才能就餐，这里用筷子代替刀叉，如图8-12所示。

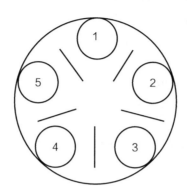

图8-12 哲学家就餐问题

我们可以认为每1支筷子就是1个竞争资源，哲学家就餐时，需要拿起2支筷子就是申请资源，就餐结束后放下筷子就是释放资源。当左侧或者右侧的资源被其他人使用时，只能等待。如果在某一时刻，所有的哲学家都同时拿起了自己左侧的筷子，然后等待自己右侧的人放下筷子，于是所有人将陷入僵局，没有人放下筷子，也没有人能够成功就餐，于是过了很久之后所有的哲学家都将饿死。这个场景就是经典的由于资源竞争而产生的死锁问题。

由于一共有5个哲学家，如果能够保证在同一时间段里最多只能有半数以下的哲学家进行就餐，就可以很好地解决死锁问题。也就是说，只能有2个哲学家同时获得就餐许可，如果就餐许可不足，哲学家不能拿起筷子，必须等待就餐许可可用为止。于是引入另外一个资源信号量——安全资源（就餐许可资源）信号量，其初始值为筷子数量的一半5/2 = 2（在计算机整数除法中向0取整）。具体的实现代码如下：

```
41 #include <stdio.h>
42 #include <stdlib.h>
43 #include <stdint.h>
44 #include <unistd.h>
45 #include <pthread.h>
46 #include <semaphore.h>
47
48 sem_t sem_safe;
49 sem_t sem_chopstick[5];
50
51 void* philosopher(void *arg)
```

```
52 {
53    int i = (int) (long int) arg;
54    while (1)
55    {
56      printf("The %d philosopher is thinking.\n", i);
57      usleep(rand() %10 * 1000);
58
59      sem_wait(&sem_safe);
60      sem_wait(&sem_chopstick[i]);
61      sem_wait(&sem_chopstick[(i + 1) %5]);
62
63      printf("The %d philosopher is Eating.\n", i);
64      usleep(rand() %10 * 1000);
65
66      sem_post(&sem_chopstick[i]);
67      sem_post(&sem_chopstick[(i + 1) %5]);
68      sem_post(&sem_safe);
69    }
70 }
71
72 int main(int argc, char *argv[])
73 {
74    srand((int) time(NULL));
75    sem_init(&sem_safe, 0, 5/2);
76    for (int i = 0; i < 5; i + +)
77    {
78      sem_init(&sem_chopstick[i], 0, 1);
79    }
80    pthread_t pth[5];
81    for (int i = 0; i < 5; i + +)
82    {
83      pthread_create(&pth[i], NULL, &philosopher, (void*) (long int) i);
84    }
85    for (int i = 0; i < 5; i + +)
86    {
87      pthread_join(pth[i], NULL);
88    }
89    for (int i = 0; i < 5; i + +)
```

```
90    {
91        sem_destroy(&sem_chopstick[i]);
92    }
93    sem_destroy(&sem_safe);
94    return 0;
95 }
```

❯❯ 代码说明:

第46行包含信号量相关定义和函数的头文件semaphore.h。

第48行定义了就餐安全许可资源信号量sem_safe，只有取得此资源的哲学家，才能就餐。

第49行定义了筷子资源信号量sem_chopstick，这是一个具有5个元素数组，表示5支筷子。

第51行哲学家思考就餐线程函数，用于模拟哲学家就餐和思考的整个过程。

第53行通过函数参数获取当前线程是哪一个哲学家，编号由0到4。

第54行使用while语句进入循环，循环条件永远为真，表示一直运行下去。

第56、57行哲学家思考，并且思考了一小会[usleep()函数]，具体时间是由rand()函数产生的随机数。

第59行等待sem_safe就餐安全许可信号量，只有获得就餐许可，才能拿起筷子。

第60行等待sem_chopstick[i]信号量，表示哲学家等待左侧筷子资源。如果筷子可用，则拿起此筷子。

第61行等待sem_chopstick[(i + 1)%5]信号量，表示哲学家等待右侧筷子资源。如果筷子可用，则拿起此筷子。

第63、64行哲学家就餐，并且就餐了一段时间[usleep()函数]，具体时间是由rand()函数产生的随机数。

第66、67行释放信号量资源，表示放下2支筷子，并放回其左侧和右侧。

第68行释放就餐许可信号量，表示就餐结束。

第74行使用time()函数作为srand()函数的参数，为随机数生成随机种子。

第75行初始化就餐安全许可信号量sem_safe。注意：其初始值为5/2 = 2，表示在同一时间段内只能有2个哲学家就餐。

第76～79行初始化筷子信号量，每支筷子的资源都是1，表示初始状态都是可用的。

第80～88创建5个哲学家线程，并等待它们结束（实际上哲学家线程是不会结束的，会一直运行下去）。

第89～93行销毁筷子信号量和就餐许可信号量。

注意：代码中第59行、第68行和第75行是三处关键所在，在第75行中指定了允许安全就餐的最大人数2，而在第59行中申请就餐许可，只有获取到就餐许可之后，才能拿起左右2支筷子。当就餐结束之后，释放2支筷子，并在第68行释放就餐许可，才能允许其他哲学家就餐。这是保证不会让哲学家同时都拿起左侧筷子而陷入死锁的良好方式。

🚁 8.5.2 同步信号量

很多时候我们希望在多个线程之间进行同步，也就是说，线程2的某些功能是依赖于线程1的某些功能的，在线程1尚未执行某一功能前，线程2必须等待。只有在线程1执行了某一功能之后，线程2才能继续执行。这一过程就是前面介绍的多进程、多线程的同步问题。这一问题同样可以使用信号量来解决。

与互斥信号量不同的是，同一个信号量在某个线程中被释放，而在另一个线程中申请。具体来说：假设有一个信号量，其初始值是0。线程2需要申请此信号量，只有获取到此信号量资源之后，才能继续执行，当线程2申请此信号量时，由于其值为0，因此线程2必须等待，于是线程2被挂起。而这个信号量的资源释放工作是在线程1当中执行的，当线程1执行到某个功能后，释放此信号量资源。一旦线程1释放了此信号量，线程2即被唤醒，继续执行。这样的信号量称为同步信号量。

实际上，同步信号量与互斥信号量没有本质区别，只是使用方法和场景不同而已，下面通过一个简单的例子介绍同步信号量的使用方法：

```
97 sem_t sem1;
98 sem_t sem2;
99
100 void* pth_run1(void *arg)
101 {
102    printf("%s do workA.\n", __func__);
103    sem_post(&sem1);
104    sem_wait(&sem2);
105    printf("%s do workB.\n", __func__);
106 }
107
108 void* pth_run2(void *arg)
109 {
110    sem_wait(&sem1);
111    printf("%s do workC.\n", __func__);
112    sem_post(&sem2);
113 }
```

初始化销毁信号量，创建线程等代码略。实际上这段代码较为简单，也很好理解，其执行过程如下。

① 当线程1和线程2同时执行时，线程1执行并打印do workA（第102行）。

② 线程2需要等待sem1信号量（第110行），线程2被挂起。

③ 线程1继续执行，释放sem1信号量资源（第103行）。

④ 线程2被唤醒，获取sem1信号量资源，执行并打印do workC（第111行）。

⑤ 线程1需要等待sem2信号量（第104行），线程1被挂起。

⑥ 线程2释放sem2信号量（第112行），执行结束。

⑦ 线程1被唤醒，获取sem2信号量资源，执行并打印do workB（第105行）。

因此程序通过信号量sem1和sem2对线程1和线程2进行同步管理，上面例子的运行结果为：

```
pth_run1 do workA.

pth_run2 do workC.

pth_run1 do workB.
```

实际上对线程的同步过程就是信号量资源的申请和释放过程，需要读者仔细体会。

☸ **8.5.3** 互斥锁与条件变量

实用信号量可以对资源访问进行合理的控制，在对全局变量或临界资源的访问控制上，大多数情况下都希望在同一时间段只能有一个任务对其访问。我们可以使用资源数为1的信号量对此资源进行控制，以保证资源的互斥性。

现代多数操作系统为了让使用者方便地对资源进行控制，将互斥信号量又加以封装，实现了一种叫做互斥锁的机制。实际上互斥锁是一种特殊情况（资源数为1）的信号量。虽然使用较为方便，但本质上还是信号量机制。例如：

```
pthread_mutex_t mutex;                              //将信号量封装成锁
int pthread_mutex_init(pthread_mutex_t *mutex);     //将sem_init()封装成初始化锁
int pthread_mutex_destroy(pthread_mutex_t *mutex);  //将sem_destory()封装成销毁锁
int pthread_mutex_lock(pthread_mutex_t *mutex);     //将sem_wait()封装成锁定函数
int pthread_mutex_unlock(pthread_mutex_t *mutex);   //将sem_post()封装成解锁函数
```

加锁和解锁是对互斥资源进行保护的有效办法，也是在多进程、多线程并行执行时所采用的广泛做法。例如：线程1从某一个设备中读取数据，而线程2则需要将某些数据写入此外部设备，这两个线程在访问相同设备时就需要对此设备进行加锁。具体实现方式如下：

```
115 #include <pthread.h>
116
117 pthread_mutex_t mutex;
118
119 void* pth_run1(void *arg)
```

```
120 {
121    while (1)
122    {
123        pthread_mutex_lock(&mutex);
124        //从外部设备读取数据
125        pthread_mutex_unlock(&mutex);
126        usleep(1000);
127    }
128 }
129
130 void* pth_run2(void *arg)
131 {
132    while (1)
133    {
134        pthread_mutex_lock(&mutex);
135        //向外部设备写入数据
136        pthread_mutex_unlock(&mutex);
137        usleep(1000);
138    }
139 }
140
141 int main(int argc，char *argv[])
142 {
143    pthread_mutex_init(&mutex);
144    pthread_t pth1，pth2;
145    pthread_create(&pth1，NULL，&pth_func，NULL);
146    pthread_create(&pth2，NULL，&pth_func，NULL);
147    pthread_join(pth1，NULL);
148    pthread_join(pth2，NULL);
149    pthread_mutex_destroy(&mutex);
150    return 0;
151 }
```

▶▶ 代码说明：

第117行定义了一个互斥锁mutex。
第119行定义了线程1的执行函数pth_run1()。

第121行通过while语句进入循环。

第123行调用pthread_mutex_lock()函数对mutcx进行加锁，表示开始保护此临界资源。

第124行从外部设备读取数据。

第125行调用pthread_mutex_unlock()函数对mutex进行解锁，表示对互斥资源保护结束。

第130～139行代码功能为线程2对外部设备的写入操作，其内容与线程1中类似。

第143行调用pthread_mutex_init()函数初始化锁mutex。

第144～148行创建线程并等待。

第149行销毁锁。

从上面例子中可以看出，对临界资源的保护过程，实际上就是对信号量V和P操作的过程，也就是先等待资源sem_wait()，再释放资源sem_post()。所以说互斥锁在本质上就是一种特殊的信号量机制，只是操作系统为其重新封装了使用函数而已。

与互斥锁类似的，条件变量实际上也是一种特殊的信号量机制，它与互斥锁相互配合，当条件满足时，允许其他竞争资源的线程先运行，其定义与使用函数如下：

```
pthread_cond_t cond;                        //定义条件变量
int pthread_cond_init(pthread_cond_t *cond);  //初始化条件变量
int pthread_cond_signal(pthread_cond_t *cond); //发送条件变量信号
int pthread_cond_wait(pthread_cond_t *cond,   //等待条件变量
                 pthread_mutex_t *mutex);
```

下面看一个条件变量的具体例子：

```
153 pthread_mutex_t lock;
154 pthread_cond_t cond;
155
156 void* pth_run1(void *arg)
157 {
158    pthread_mutex_lock(&lock);
159    printf("%s do workA\n", __func__);
160    pthread_cond_wait(&cond, &lock);
161    printf("%s do workB\n", __func__);
162    pthread_mutex_unlock(&lock);
163    printf("%s do workC\n", __func__);
164 }
165
166 void* pth_run2(void *arg)
167 {
168    pthread_mutex_lock(&lock);
```

```
169     printf("%s do workD\n", __func__);
170     pthread_cond_signal(&cond);
171     printf("%s do workE\n", __func__);
172     pthread_mutex_unlock(&lock);
173     printf("%s do workF\n", __func__);
174 }
```

① 线程1锁定资源（第158行），执行并显示do workA（第159行）。

② 线程2被申请资源未果被挂起（第168行）。

③ 线程1等待一个条件变量（第160行）。此时虽然没有离开临界区，但是允许暂时释放资源，给其他等待的线程，然后再次申请条件变量资源，并进入等待，被挂起。

④ 由于线程1等待条件变量的执行，并释放了一个资源，使得线程2获取到此资源并被唤醒，执行并显示do workD（第169行）。

⑤ 线程2发送条件变量信号（第170行）通知线程1。之后继续执行do workE，继而释放资源（第172行），最后执行do workF（第173行）。

⑥ 线程1等待条件变量信号之后，被唤醒，继续等待锁资源，又被挂起。直到线程1释放了锁资源（第172行）之后，才被唤醒继续执行do workB及后续内容（第161～163行）。

实际上释放条件变量信号pthread_cond_signal()就是释放信号量资源，等价于sem_post()，而等待条件变量相当于以下3个步骤。

① 释放锁资源。

② 等待条件变量资源。

③ 等待所资源。

这3个步骤实际上并不太好理解，可以通过信号量的方式重新对上面的代码功能进行实现，来体会条件变量的实际作用：

```
176 sem_t sem1;    //初始值为 1
177 sem_t sem2;    //初始值为 0
178
179 void* pth_run1(void *arg)
180 {
181     sem_wait(&sem1);
182     printf("%s do workA\n", __func__);
183     sem_post(&sem1);
184     sem_wait(&sem2);
185     sem_wait(&sem1);
186     printf("%s do workB\n", __func__);
187     sem_post(&sem1);
188     printf("%s do workC\n", __func__);
```

```
189 }
190
191 void* pth_run2(void *arg)
192 {
193     sem_wait(&sem1);
194     printf("%s do workD\n", __func__);
195     sem_post(&sem2);
196     printf("%s do workE\n", __func__);
197     sem_post(&sem1);
198     printf("%s do workF\n", __func__);
199 }
```

将条件变量换成信号量的P和V操作之后，代码的逻辑清晰了很多，其执行过程也相对容易理解。我们可以看到第183～185行就是第160行的替代功能。实际上，等待条件变量的内部实现方式就是如此，即将多步信号量操作封装成一个函数。功能就是先释放锁资源，再申请条件变量资源，最后再申请锁资源。而第195行就是第170的替代功能，实际上，发送条件变量信号的底层实现方式就是如此。因此上面两个例子一个使用的是锁和条件变量，另一个使用的是双信号量，其作用和实际运行结果完全一致，运行结果如下：

```
pth_run1 do workA
pth_run2 do workD
pth_run2 do workE
pth_run2 do workF
pth_run1 do workB
pth_run1 do workC
```

从上面例子可以看到这样的结论：使用互斥锁和条件变量可以使代码变得简洁，使用起来也比较方便，但是不太容易理解其本质功能。而使用信号量可以从本质上理解资源的申请与释放过程，可以清晰明了地对资源进行管理，但是从使用方式上讲较为烦琐。因此，希望读者在实际的程序编写过程中，要根据自己的理解和习惯采用适合自己的方式去完成相应的功能，而无需拘泥于某一种机制。

第 **9** 章

驱动程序

操作系统一方面为应用程序提供了丰富的用户接口函数，另一方面还为应用程序提供了统一调用接口的驱动程序。在Linux中有一个非常重要的设计理念——一切皆文件。无论是外部设备、文件系统、系统调用等，在Linux系统的应用程序看来，都可以将它们视为文件，每一个文件都可以看成是一个设备节点。针对每一个设备节点，都可以对其进行标准的操作。

NuttX系统吸取了Linux系统的特点，同样为使用者提供这样的通用调用接口函数。而驱动程序则需要根据实际情况实现这些接口函数。PX4飞控中的驱动程序大致可以分为两类，见表9-1。

① 系统级驱动程序。在操作系统中注册设备节点/dev/xxx，并为应用级驱动程序提供标准的调用方法（如open、close、read、write、seek、ioctl等）。

② 应用级驱动程序。通过操作现有的驱动程序设备节点，配置、读取、写入相关数据与设备节点交互，并通过uORB机制与上层应用进行交互，即将设备节点与上层应用建立通信链路。

表9-1　系统级驱动与应用级驱动程序

级别	类型	通信方式
PX4用户级程序	应用程序	异步通信总线uOBR
	应用级驱动程序	异步通信总线uORB
	系统级驱动程序	通用文件设备节点
NuttX系统级程序	外设硬件接口	GPIO/UART/SPI/I2C/CAN等

9.1 系统级驱动程序

9.1.1 通用接口函数

对于上层应用来说，操作系统所提供的所有内容，无论是何种内容，都是以"文件"形式存在的，它们对于使用者来说都是通用的，都是文件。无论是GPIO、UART、SPI、I2C、CAN或是USB接口或其他外设，它们对于上层应用都是文件，通常都存在于/dev这个设备目录下，在这个设备目录下的所有内容，都被称为文件设备节点，这些设备节点都是一些驱动程序在操作系统中注册的设备节点，它们对上层应用所暴露的接口都是以文件形式存在的。也就是说，上层应用程序可以像使用文件一样来使用这些驱动设备节点。操作系统为驱动程序提供了一个叫做struct file_operations的结构体，这是操作系统定义的一个通用的文件操作结构体，内容其定义如下：

```
struct file_operations
{
    int (*open)(FAR struct file *filep);
    int (*close)(FAR struct file *filep);
    ssize_t (*read)(FAR struct file *filep，FAR char *buffer，size_t buflen);
    ssize_t (*write)(FAR struct file *filep，FAR const char *buffer，size_t buflen);
    off_t (*seek)(FAR struct file *filep，off_t offset，int whence);
    int (*ioctl)(FAR struct file *filep，int cmd，unsigned long arg);
    int (*poll)(FAR struct file *filep，struct pollfd *fds，bool setup);
};
```

这些函数的基本功能描述如下。

open()：打开设备节点，并返回对此文件的描述符，表示开始对其访问。

close()：关闭某设备节点的文件描述符，表示不再对其访问。

read()：从设备节点中读取数据内容。

write()：向设备节点中写入数据内容。

seek()：寻址跳转到指定的位置。

ioctl()：输入输出控制，通常是向文件发送设置命令，并返回操作状态。

poll()：轮询访问设备，判断当前文件的可读和可写状态。

这个结构体中定义了每一个驱动程序的标准、通用的文件操作函数接口（函数指针），每一个驱动程序都需要根据实际情况自行实现这些函数。假设我们已经完成了3个驱动程序dev_a、dev_b、dev_c，这3个驱动程序分别在/dev目录下注册了3个文件设备节点/dev/a、/dev/b、/dev/c。而这3个驱动程序分别实现了各自的接口函数[为节省篇幅只实现了open()、close()、read()、write()函数，ioctl()、poll()、seek()函数略]，如表9-2所示。

表9-2　设备驱动接口函数

接口函数	dev_a	dev_b	dev_c
open	dev_a_open()	dev_b_open()	dev_c_open()
close	dev_a_close()	dev_b_close()	dev_c_close()
read	dev_a_read()	dev_b_read()	dev_c_read()
write	dev_a_write()	dev_b_write()	dev_c_write()
ioctl	dev_a_ioctl()	dev_b_ioctl()	dev_c_ioctl()
seek	dev_a_seek()	dev_b_seek()	dev_c_seek()
poll	dev_a_poll()	dev_b_poll()	dev_c_poll()

下面来看每一个函数的实现内容：

```
//dev_a驱动程序
int dev_a_open(struct file *filp)
{
    printf("%s.\n", __func__);
    return 0;
}
int dev_a_close(struct file *filp)
{
    printf("%s.\n", __func__);
    return 0;
}
ssize_t dev_a_read(struct file *filp, char *buffer, size_t buflen)
{
    printf("%s.\n", __func__);
    return 0;
}
ssize_t dev_a_write(struct file *filp, const char *buffer, size_t buflen)
{
    printf("%s.\n", __func__);
    return 0;
}
//dev_b驱动程序
int dev_b_open(struct file *filp)
{
    printf("%s.\n", __func__);
    return 0;
}
int dev_b_close(struct file *filp)
{
    printf("%s.\n", __func__);
    return 0;
}
ssize_t dev_b_read(struct file *filp, char *buffer, size_t buflen)
{
    printf("%s.\n", __func__);
    return 0;
```

```
}
ssize_t dev_b_write(struct file *filp，const char *buffer，size_t buflen)
{
    printf("%s.\n"，__func__);
    return 0;
}
//dev_c驱动程序
int dev_c_open(struct file *filp)
{
    printf("%s.\n"，__func__);
    return 0;
}
int dev_c_close(struct file *filp)
{
    printf("%s.\n"，__func__);
    return 0;
}
ssize_t dev_c_read(struct file *filp，char *buffer，size_t buflen)
{
    printf("%s.\n"，__func__);
    return 0;
}
ssize_t dev_c_write(file_t *filp，const char *buffer，size_t buflen)
{
    printf("%s.\n"，__func__);
    return 0;
}
```

注意：这3个驱动程序中的每一个函数名称都不同，因而加入驱动名称作为每一个函数名称的前缀。之后再定义3个文件描述符结构体变量，分别为其指定实际的函数接口：

```
//设置dev_a的接口函数
struct file_operations fopt_dev_a
{
    .open = &dev_a_open，
    .close = &dev_a_close，
    .read = &dev_a_read，
```

```
        .write = &dev_a_write,

        .seek = NULL,

        .poll = NULL,

        .ioctl = NULL

};
//设置dev_b的接口函数
struct file_operations fopt_dev_c

{

        .open = &dev_b_open,

        .close = &dev_b_close,

        .read = &dev_b_read,

        .write = &dev_b_write,

        .seek = NULL,

        .poll = NULL,

        .ioctl = NULL

};
//设置dev_c的接口函数
struct file_operations fopt_dev_c

{

        .open = &dev_c_open,

        .close = &dev_c_close,

        .read = &dev_c_read,

        .write = &dev_c_write,

        .seek = NULL,

        .poll = NULL,

        .ioctl = NULL

};
```

☃ 9.1.2 注册驱动程序

只指定驱动程序文件描述符的通用接口函数是不够的，还需要将驱动程序的文件描述符注册到设备节点中，通常驱动程序的设备节点都注册在/dev下。Nuttx系统为用户提供了注册设备节点和取消注册设备节点的两个函数——register_driver()和unregister_driver()。这两个函数的定义如下：

```
/*
 * 向文件系统中注册一个字符型设备节点驱动程序
```

```
* 输入参数:
*  path: 设备节点在文件系统中的路径
*  fops: 文件设备节点描述结构体指针
*  mode – 设备节点的访问权限（未使用）
*  priv: 私有数据指针，为使用者提供自定义数据存储机制
* 返回值:
*  0: 注册设备节点成功
*  EINVAL: 注册设备节点的路径不正确
*  EEXIST: 设备节点已经存在，无法注册
*  ENOMEM: 无法分配内存资源
*/
int register_driver(FAR const char *path，FAR const struct file_operations *fops，mode_t mode，
FAR void *priv)


/*
* 取消注册驱动程序
* 输入参数:
*  path: 设备节点在文件系统中的路径* 返回值:
*  0: 取消注册设备节点成功
*  -1: 失败
*/
int unregister_driver(FAR const char *path);
```

之后可以调用register_driver()函数将dev_a、dev_b和dev_c这3个驱动程序注册到文件系统当中去，例如：

```
register_driver("/dev/a"，&fopt_dev_a, 0，NULL);
register_driver("/dev/b"，&fopt_dev_b, 0，NULL);
register_driver("/dev/c"，&fopt_dev_c, 0，NULL);
```

在需要停止这些驱动程序时，调用unregister_driver()函数将它们取消注册：

```
unregister_driver("/dev/a");
unregister_driver("/dev/b");
unregister_driver("/dev/c");
```

实际上，在飞控程序中，为了上层应用程序使用方便，都会向文件系统中注册设备，但往往不会取消注册。也就是说，在大多数情况下，驱动程序注册完之后，就不会被停止。

最后，编写一个简单的例子对这3个驱动程序进行读写测试：

```
int fd_a = open("/dev/a", O_RDWR | O_NOCTTY);
int fd_b = open("/dev/b", O_RDWR | O_NOCTTY);
int fd_c = open("/dev/c", O_RDWR | O_NOCTTY);

write(fd_a, NULL, 0);
write(fd_b, NULL, 0);
write(fd_c, NULL, 0);

read(fd_a, NULL, 0);
read(fd_b, NULL, 0);
read(fd_c, NULL, 0);

close(fd_a);
close(fd_b);
close(fd_c);
```

注意：在对dev_a、dev_b和dev_c操作时使用4个标准函数open()、close()、write()、read()，而不是每个驱动中各自的实现函数，如dev_a_open()、dev_a_close()等。也就是说，我们实际调用的这4个操作函数，是通过函数指针，指向每一个驱动程序中各自的实现函数，如图9-1所示。

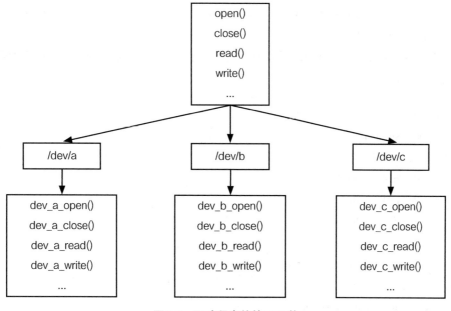

图9-1　驱动程序的接口函数

实际上，调用标准的操作函数open()之后，操作系统会返回一个文件描述符，作为当前进程对此文件节点操作的文件描述符，之后在调用read()函数、write()函数和close()函数时，为其传入此文件描述符参数，操作系统会根据此文件描述符找到相应设备的驱动程序，并调用实际注册的驱动接口函数。

9.1.3 编写驱动程序

下面编写一个系统级驱动程序说明驱动程序的开发和使用过程。

① 在Firmware/src/drivers目录下，创建一个名为drvtest的文件夹（PX4飞控的驱动程序通常放置在Firmware/src/drivers目录下）。

② 在drvtest文件夹中，创建一个CMakeLists.txt文件，用于存放此驱动程序的编译选项，其内容如下：

```
px4_add_module(                                    #添加编译模块
    MODULE modules__drvtes                         #模块名称drvtest
    MAIN drvtest                                   #入口函数名drvtest_main
    STACK_MAIN 1200                                #栈内存大小1200字节
    COMPILE_FLAGS                                  #其他编译选项
    SRCS                                           #源代码列表
        drvtest.c                                  #驱动程序源代码
    )
```

③ 在Firmware/cmake/configs/nuttx_px4fmu-v3_default.cmake文件中，加入drivers/drvtest编译选项，编译drvtest驱动程序。

④ 在Firmware/src/drivers/drvtest目录下，创建一个名为drvtest.c的文件，用于存放驱动程序的源代码。其内容如下：

```
 1 #include <stdio.h>
 2 #include <string.h>
 3 #include <fcntl.h>
 4 #include <px4_defines.h>
 5 #include <px4_config.h>
 6 #include <px4_module.h>
 7
 8 static int drvtest_start(char *argv[]);
 9 static int drvtest_stop(void);
10 static void drvtest_usage(void);
```

```
11
12 static int drvtest_open(struct file *filp);
13 static int drvtest_close(struct file *filp);
14 static ssize_t drvtest_read(struct file *filp，char *buffer，size_t buflen);
15 static ssize_t drvtest_write(struct file *filp，const char *buffer，size_t buflen);
16
17 int drvtest_main(int argc，char *argv[]);
18
19 static struct file_operations _fopts =
20 {
21    .open = &drvtest_open，
22    .close = &drvtest_close，
23    .read = &drvtest_read，
24    .write = &drvtest_write，
25    .ioctl = NULL，
26    .seek = NULL，
27    .poll = NULL
28 };
29
30 int drvtest_open(struct file *filp)
31 {
32    PX4_WARN("%s"，__func__);
33    return 0;
34 }
35
36 int drvtest_close(struct file *filp)
37 {
38    PX4_WARN("%s"，__func__);
39    return 0;
40 }
41
42 ssize_t drvtest_read(struct file *filp，char *buffer，size_t buflen)
43 {
44    PX4_WARN("%s"，__func__);
45    return 0;
46 }
47
```

```
48 ssize_t drvtest_write(struct file *filp, const char *buffer, size_t buflen)
49 {
50    PX4_WARN("%s", __func__);
51    return 0;
52 }
53
54 int drvtest_start(char *argv[])
55 {
56    int ret = register_driver("/dev/drvtest", &_fopts, 0, NULL);
57    if (ret < 0)
58    {
59      PX4_WARN("reg drv error.");
60    }
61    return 0;
62 }
63
64 int drvtest_stop(void)
65 {
66    unregister_driver("/dev/drvtest");
67    return 0;
68 }
69
70 void drvtest_usage(void)
71 {
72    PX4_WARN("drvtest start|stop");
73 }
74
75 int drvtest_main(int argc, char *argv[])
76 {
77    if (argc < 2)
78    {
79      goto err;
80    }
81    if (!strcmp(argv[1], "start"))
82    {
83      return drvtest_start(argv);
84    }
```

```
85    if (!strcmp(argv[1], "stop"))
86    {
87        return drvtest_stop();
88    }
89    if (!strcmp(argv[1], "test"))
90    {
91        int fd = open("/dev/drvtest", O_RDWR | O_NONBLOCK);
92        read(fd, NULL, 0);
93        write(fd, NULL, 0);
94        close(fd);
95        return 0;
96    }
97    err: drvtest_usage();
98    return -1;
99 }
```

代码说明：

第1~6行包含需要的头文件。

第8~10行声明了驱动程序的3个基本操作功能函数：启动（drvtest_start）、停止（drvtest_stop）和提示（drvtest_usage）。

第12~15行定义了drvtest驱动程序的4个实际的操作函数接口：打开（drvtest_open）、关闭（drvtest_close）、读（drvtest_read）、写（drvtest_write）。

第17行定义了此驱动函数的入口函数drvtest_main()。

第19~28行定义了此驱动的文件描述符，并将此驱动的具体操作函数赋值到文件描述符当中。其中指定了open、close、read和write 4个函数，没有指定ioctl、seek和poll函数。

第30~52行为drvtest驱动程序功能函数的具体实现内容[drvtest_open()、drvtest_close()、drvtest_read()、drvtest_write()]，为了方便理解，没有实现其他功能，仅仅调用PX4_WARN宏和_func_宏来显示当前驱动程序接口函数名。

第54~63行定义了drvtest驱动程序启动函数drvtest_start()，并通过调用register_driver()函数注册了驱动程序的文件设备节点/dev/drvtest。

第64~68行定义了drvtest驱动程序停止函数drvtest_stop()，并通过调用unregister_driver()函数取消注册/dev/drvtest文件节点。

第81~85行驱动程序的主函数根据不同参数执行不同命令，启动（start）或停止（stop）当前驱动程序，分别调用drvtest_start()函数和drvtest_stop()函数。

第89~96行测试驱动程序，通过调用标准的open()函数、close()函数、read()函数和write()函数对/dev/drvtest文件设备节点进行操作。

最后编译，烧写固件程序到Pixhawk中，并通过NSH环境进程测试操作：

```
nsh> drvtest test
WARN  [drvtest] open
WARN  [drvtest] read
WARN  [drvtest] write
WARN  [drvtest] close
nsh> drvtest stop
```

前面介绍过PX4飞控程序是采用C和C＋＋混合编程的程序。上面介绍的编写驱动程序的例子是用C程序完成的，接下来给出C＋＋程序编写驱动程序的例子。

① 将drvtest文件夹下CMakeLists.txt中SRC源代码列表中的drvtest.c修改为drvtest.cpp。

② 将drvtest文件夹下的drvtest.c修改为drvtest.cpp，并修改其内容如下：

```
108 #include <stdio.h>
109 #include <string.h>
110 #include <fcntl.h>
111 #include <px4_defines.h>
112 #include <px4_config.h>
113 #include <px4_module.h>
114 #include <drivers/device/CDev.hpp>
115
116 extern"C" int drvtest_main(int argc，char *argv[]);
117 static int drvtest_start(char *argv[]);
118 static int drvtest_stop(void);
119 static void drvtest_usage(void);
120
121 class Drvtest: public device：：CDev
122 {
123 public：
124    Drvtest();
125    virtual~Drvtest();
126
127    virtual int open(device：：file_t *filep);
128    virtual int close(device：：file_t *filep);
129    virtual ssize_t read(device：：file_t *filep, char *buffer, size_t buflen);
130    virtual ssize_t write(device：：file_t *filep, const char *buffer,
131        size_t buflen);
```

```
132 };
133
134 Drvtest：：Drvtest()：
135    CDev("DRVTEST"，"/dev/drvtest")
136 {
137   CDev：：init();
138 }
139
140 Drvtest：：˜Drvtest()
141 {
142 }
143
144 int Drvtest：：open(device：：file_t* filep)
145 {
146   PX4_WARN("%s"，__func__);
147   return 0;
148 }
149
150 int Drvtest：：close(device：：file_t* filep)
151 {
152   PX4_WARN("%s"，__func__);
153   return 0;
154 }
155
156 ssize_t Drvtest：：read(device：：file_t* filep，char* buffer，size_t buflen)
157 {
158   PX4_WARN("%s"，__func__);
159   return 0;
160 }
161
162 ssize_t Drvtest：：write(device：：file_t* filep，const char* buffer，size_t buflen)
163 {
164   PX4_WARN("%s"，__func__);
165   return 0;
166 }
167
168 static Drvtest *drv = nullptr;
```

```
169
170 int drvtest_start(char *argv[])
171 {
172     if (drv = = nullptr)
173     {
174         drv = new Drvtest();
175     }
176     return 0;
177 }
178
179 int drvtest_stop(void)
180 {
181     if (drv ! = nullptr)
182     {
183         delete drv;
184     }
185     return 0;
186 }
187
188 void drvtest_usage(void)
189 {
190     PX4_WARN("drvtest start|stop");
191 }
192
193 int drvtest_main(int argc，char *argv[])
194 {
195     if (argc < 2)
196     {
197         goto err;
198     }
199     if (!strcmp(argv[1]，"start"))
200     {
201         return drvtest_start(argv);
202     }
203     if (!strcmp(argv[1]，"stop"))
204     {
205         return drvtest_stop();
```

```
206    }
207    if (!strcmp(argv[1]，"test"))
208    {
209        int fd = open("/dev/drvtest"，O_RDWR | O_NONBLOCK);
210        read(fd，NULL，0);
211        write(fd，NULL，0);
212        close(fd);
213        return 0;
214    }
215    err: drvtest_usage();
216    return -1;
217 }
```

▶ 代码说明：

第114行包含了CDev设备驱动类的头文件CDev.hpp。

第116行使用extern "C"来修饰入口函数。

第121行定义了一个叫做Drvtest的类，并继承device：：CDev字符设备驱动类。

第124、125行定义了Drvtest类的构造函数和析构函数。

第127～131行将基类CDev中的接口函数重写，重写了open()函数、close()函数、read()函数和write()函数。注意：这些函数都由virtual关键字修饰。

第134、135行实现构造函数，并调用CDev的构造函数，注册驱动设备DRVTEST，同时指定注册设备节点/dev/drvtest。

第137行调用CDev：：init()函数，初始化驱动程序，注册实际设备节点。

第140～142调用析构函数，没有实现任何内容，但是在此处会调用CDev设备的析构函数，取消注册文件设备节点。

第144～166行具体实现每一个接口函数的内容，同样，为了方便理解，仅仅调用PX4_WARN宏和_func_宏来显示当前驱动程序接口函数名。

第168行定义了一个Drvtest类的对象指针，用于此设备驱动的控制入口。

第170～177行调用drvtest驱动程序的启动函数，并通过drv = new Drvtest()创建Drvtest类的对象。此时将执行Drvtest类的构造函数，并注册设备节点。

第179～186行调用drvtest驱动程序的停止函数，通过执行delete drv删除drv指针所指向的对象。此时将执行Drvtest类的析构函数，并取消注册设备节点。

第188～217行功能与C程序驱动一致，不再赘述。

编译、烧写固件程序到Pixhawk中，并通过NSH环境进程测试操作：

```
nsh> drvtest test
WARN [drvtest] open
```

```
WARN [drvtest] read
WARN [drvtest] write
WARN [drvtest] close
nsh> drvtest stop
```

实际上PX4程序将整个驱动程序接口函数定义和驱动程序注册部分都封装成一个叫做字符设备（CDev）的类，普通字符型驱动程序只需要继承这个类，并重写其相应的函数（在C＋＋中通常将类的成员函数称为方法，为了避免读者对函数和方法有所混淆，本书一律称其为函数）即可。另外，除字符设备驱动之外，还有一种不常用的驱动类型，叫做虚拟设备驱动（Virtual Device Driver）。这里不做过多介绍，有兴趣的读者可以查阅相关资料。

9.1.4 LED灯驱动程序

在上面的例子中，所有接口函数都没有实现具体的功能，在实际驱动程序开发中，可以根据具体需要完成相应的功能。例如，追加一个ioctl函数实现控制LED灯的开关功能：

```
219 void led_on(int led)
220 {
221     stm32_gpiowrite(GPIO_LED1，false);
222 }
223
224 void led_off(int led)
225 {
226     stm32_gpiowrite(GPIO_LED1，true);
227 }
228
229 int Drvtest：：ioctl(device：：file_t *filp，int cmd，unsigned long arg)
230 {
231     int result = OK;
232     switch (cmd)
233     {
234       case LED_ON：
235         led_on(arg);
236         break;
237       case LED_OFF：
238         led_off(arg);
```

```
239     break;
240   default：
241     result = CDev：：ioctl(filp，cmd，arg);
242   }
243   return result;
244 }
```

※ **代码说明：**

第219～222行定义了一个叫做led_on()函数，通过调用stm32_gpiowrite()函数来点亮LED灯。

第224～227行定义了一个叫做led_off()函数，通过调用stm32_gpiowrite()函数来熄灭LED灯。

第229行重写CDev类中的ioctl()函数，实现输入输出控制功能。

第232行通过判断ioctl的cmd值来进入不同的功能处理程序。

第234～236行点亮LED灯。

第237～239行熄灭LED灯。

第240、241默认情况下执行CDev的ioctl()函数。

下面可以在上层应用程序中通过ioctl函数控制LED灯，编写一个测试程序控制LED灯的状态：

```
246 int fd = open("/dev/drvtest"，O_RDWR | O_NONBLOCK);
247 ioctl(fd，LED_ON，0);
248 sleep(1);
249 ioctl(fd，LED_OFF，0);
250 sleep(1);
251 close(fd);
```

※ **代码说明：**

第246行打开/dev/drvtest设备节点。

第247、248行对fd描述符执行ioctl()函数，点亮LED灯，并休眠1s。

第249、250行对fd描述符执行ioctl()函数，熄灭LED灯，并休眠1s。

第251行关闭文件描述符。

9.2 SPI驱动程序

9.2.1 SPI总线协议

　　SPI是由Motorola公司提出并投入实际应用的一种同步串行接口总线协议，SPI的特点是高速、全双工、同步通信。SPI协议只需要芯片上的4根管脚就可以完成最基本的通信。这4根管脚分别为MOSI（Master Out Slave In）、MISO（Master In Slave Out）、SCK（Serial Clock）和CS（Chip Select）。SPI主要用于高速传感器数据采集、实时时钟、高速缓存等设备上。主控芯片上的SPI接口通常可以接多个SPI设备，每一个设备需要分别使用不同的CS片选管脚来获取总线的使用权限。

　　假设有3个传感器——陀螺仪、磁罗盘和气压计，它们都是SPI接口，并且都连接在SPI1总线上，如图9-2所示。

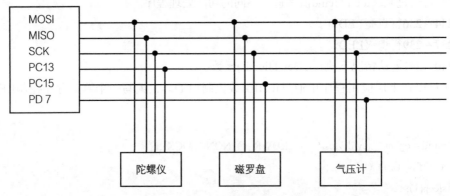

图9-2　SPI1总线上接入多个传感器

　　从图9-2中可以看到，陀螺仪、磁罗盘、气压计这3个传感器都连接在SPI1总线上，它们的MOSI、MISO和SCK线都是并联的，但是CS片选信号却是不同的，陀螺仪的片选信号管脚为PC13，磁罗盘的片选信号为PC15，而气压计的片选信号是PD7。实际上主控芯片可以通过不同的CS片选信号来对不同的传感器进行操作。CS片选信号管脚默认为高电平，当主控芯片操作总线上的某一个设备时，需要将此设备的CS片选管脚拉低，同时将其他设备的片选信号拉高，之后通过持续的时钟信号SCK和输入MISO、输出MOSI管脚对总线上的陀螺仪进行读写操作。

　　例如，当主控芯片对陀螺仪进行操作时，需要将PC13管脚拉低，同时将PC15和PD7拉高，之后通过发送时钟信号并在MISO和MOSI上进行数据的读写操作；当主控芯片对磁罗盘进行操作时，需要将PC15拉低，同时将PC13和PD7拉高，之后通过发送时钟信号并在MISO和MOSI上进行数据的读写操作；同理，当主控芯片与气压计进行通信时，需要将PD7拉低，同时将PC13和PC15拉高，再进行数据读写操作。

实际上SPI虽然是一种高速传输总线协议，但是，在底层传输过程中，也是通过片选信号在多个设备之间进行切换，并且总线上每增加一个设备，主控芯片上就需要增加一个管脚，用于此设备的CS片选信号，当总线上的设备很多时，需要占用主控芯片上大量的管脚。对嵌入式单片机来说，管脚资源消耗很大。为了节省单片机的管脚，每一路SPI总线通常只接2~5个设备。

✿ 9.2.2 SPI管脚配置

下面先来看看PX4程序中对SPI总线上各个管脚的定义。在NuttX系统配置头文件Firmware/platforms/nuttx/nuttx-configs/px4fmu-v2/include/board.h中，定义了SPI1、SPI2和SPI4的各个管脚，其中SPI3并没有启用：

```
//SPI1
#define GPIO_SPI1_MISO    GPIO_SPI1_MISO_1
#define GPIO_SPI1_MOSI    GPIO_SPI1_MOSI_1
#define GPIO_SPI1_SCK     GPIO_SPI1_SCK_1
//SPI2
#define GPIO_SPI2_MISO    GPIO_SPI2_MISO_1
#define GPIO_SPI2_MOSI    GPIO_SPI2_MOSI_1
#define GPIO_SPI2_SCK     GPIO_SPI2_SCK_2
//SPI4
#define GPIO_SPI4_MISO    GPIO_SPI4_MISO_1
#define GPIO_SPI4_MOSI    GPIO_SPI4_MOSI_1
#define GPIO_SPI4_SCK     GPIO_SPI4_SCK_1
```

实际上每一个GPIO管脚在NuttX操作系统中都被定义，针对Pixhawk2所采用的STM32427-VI来说，这些管脚被定义在Firmware/platforms/nuttx/NuttX/nuttx/arch/arm/src/stm32/chip/stm32f40xxx_pinmap.h文件当中，对应的内容如下：

```
//SPI1管脚定义
#define GPIO_SPI1_MISO_1 (GPIO_ALT|GPIO_AF5|GPIO_SPEED_50MHz|GPIO_PORTA|GPIO_
PIN6)
#define GPIO_SPI1_MISO_2 (GPIO_ALT|GPIO_AF5|GPIO_SPEED_50MHz|GPIO_PORTB|GPIO_
PIN4)
#define GPIO_SPI1_MOSI_1 (GPIO_ALT|GPIO_AF5|GPIO_SPEED_50MHz|GPIO_PORTA|GPIO_
PIN7)
#define GPIO_SPI1_MOSI_2 (GPIO_ALT|GPIO_AF5|GPIO_SPEED_50MHz|GPIO_PORTB|GPIO_
PIN5)
```

```
#define GPIO_SPI1_NSS_1 (GPIO_ALT|GPIO_AF5|GPIO_SPEED_50MHz|GPIO_PORTA|GPIO_
PIN15)
#define GPIO_SPI1_NSS_2 (GPIO_ALT|GPIO_AF5|GPIO_SPEED_50MHz|GPIO_PORTA|GPIO_
PIN4)
#define GPIO_SPI1_SCK_1 (GPIO_ALT|GPIO_AF5|GPIO_SPEED_50MHz|GPIO_PORTA|GPIO_
PIN5)
#define GPIO_SPI1_SCK_2 (GPIO_ALT|GPIO_AF5|GPIO_SPEED_50MHz|GPIO_PORTB|GPIO_
PIN3)
//SPI2管脚定义
#define GPIO_SPI2_MISO_1 (GPIO_ALT|GPIO_AF5|GPIO_SPEED_50MHz|GPIO_PORTB|GPIO_
PIN14)
#define GPIO_SPI2_MISO_2 (GPIO_ALT|GPIO_AF5|GPIO_SPEED_50MHz|GPIO_PORTC|GPIO_
PIN2)
#define GPIO_SPI2_MISO_3 (GPIO_ALT|GPIO_AF5|GPIO_SPEED_50MHz|GPIO_PORTI|GPIO_
PIN2)
#define GPIO_SPI2_MOSI_1 (GPIO_ALT|GPIO_AF5|GPIO_SPEED_50MHz|GPIO_PORTB|GPIO_
PIN15)
#define GPIO_SPI2_MOSI_2 (GPIO_ALT|GPIO_AF5|GPIO_SPEED_50MHz|GPIO_PORTC|GPIO_
PIN3)
#define GPIO_SPI2_MOSI_3 (GPIO_ALT|GPIO_AF5|GPIO_SPEED_50MHz|GPIO_PORTI|GPIO_
PIN3)
#define GPIO_SPI2_NSS_1 (GPIO_ALT|GPIO_AF5|GPIO_SPEED_50MHz|GPIO_PORTB|GPIO_
PIN12)
#define GPIO_SPI2_NSS_2 (GPIO_ALT|GPIO_AF5|GPIO_SPEED_50MHz|GPIO_PORTB|GPIO_
PIN9)
#define GPIO_SPI2_NSS_3 (GPIO_ALT|GPIO_AF5|GPIO_SPEED_50MHz|GPIO_PORTI|GPIO_
PIN0)
#define GPIO_SPI2_SCK_1 (GPIO_ALT|GPIO_AF5|GPIO_SPEED_50MHz|GPIO_PORTB|GPIO_
PIN10)
#define GPIO_SPI2_SCK_2 (GPIO_ALT|GPIO_AF5|GPIO_SPEED_50MHz|GPIO_PORTB|GPIO_
PIN13)
#define GPIO_SPI2_SCK_3 (GPIO_ALT|GPIO_AF5|GPIO_SPEED_50MHz|GPIO_PORTI|GPIO_
PIN1)
#if defined(CONFIG_STM32_STM32F427) || defined(CONFIG_STM32_STM32F429) ||
    defined(CONFIG_STM32_STM32F446) || defined(CONFIG_STM32_STM32F469)
#  define GPIO_SPI2_SCK_4 (GPIO_ALT|GPIO_AF5|GPIO_SPEED_50MHz|GPIO_PORTD|GPIO_
PIN3)
```

```
#endif
#if defined(CONFIG_STM32_STM32F446) || defined(CONFIG_STM32_STM32F469)
# define GPIO_SPI2_MOSI_4 (GPIO_ALT|GPIO_AF5|GPIO_SPEED_50MHz|GPIO_
PORTC|GPIO_PIN1)
# define GPIO_SPI2_SCK_5 (GPIO_ALT|GPIO_AF5|GPIO_SPEED_50MHz|GPIO_PORTA|GPIO_
PIN9)
#endif
#if defined(CONFIG_STM32_STM32F446)
# define GPIO_SPI2_NSS_4 (GPIO_ALT|GPIO_AF7|GPIO_SPEED_50MHz|GPIO_PORTB|GPIO_
PIN4)
# define GPIO_SPI2_NSS_5 (GPIO_ALT|GPIO_AF7|GPIO_SPEED_50MHz|GPIO_PORTD|GPIO_
PIN1)
# define GPIO_SPI2_SCK_6 (GPIO_ALT|GPIO_AF5|GPIO_SPEED_50MHz|GPIO_PORTC|GPIO_
PIN7)
#endif
//SPI3、SPI4、SPI5、SPI6略
```

stm32f40xxx_pinmap.h文件中的这些定义是NuttX为SPI驱动程序所提供STM32的管脚定义，通常情况下不需要修改。如果需要修改管脚定义，只需要在board.h中修改其引脚配置即可。例如SPI1的时钟管脚，如果由PA5修改为PA3，只需要在board.h中，将GPIO_SPI1_SCK的定义由GPIO_SPI1_SCK_1修改为GPIO_SPI1_SCK_2即可：

```
//使用PA5管脚作为SPI1的时钟信号
#define GPIO_SPI1_SCK    GPIO_SPI1_SCK_1
//使用PA4管脚作为SPI1的时钟信号
#define GPIO_SPI1_SCK    GPIO_SPI1_SCK_2
```

除此之外，每个传感器的CS片选信号管脚被定义在不同运行硬件平台的头文件中，例如编译时执行px4fmu-v3_default编译命令，编译运行在Pixhawk2中的固件程序，使用的硬件平台相关源代码在Firmware/src/drivers/boards/px4fmu-v2文件夹中。而SPI总线上各个传感器的片选信号管脚定义在此文件夹下的board_config.h文件中：

```
//SPI1片选管脚
#define GPIO_SPI1_CS_GYRO          GPIO_SPI1_CS_PC13
#define GPIO_SPI1_CS_ACCEL_MAG     GPIO_SPI1_CS_PC15
#define GPIO_SPI1_CS_BARO          GPIO_SPI1_CS_PD7
```

```
//SPI2片选管脚
#define GPIO_SPI2_CS_FRAM              GPIO_SPI2_CS_PD10
//SPI4片选管脚
#define GPIO_SPI4_GPIO_EXT             GPIO_SPI4_GPIO_PC14
#define GPIO_SPI4_EXT_NSS              GPIO_SPI4_NSS_PE4SPI1
//SPI总线
#define PX4_SPI_BUS_SENSORS            1
#define PX4_SPI_BUS_RAMTRON            2
#define PX4_SPI_BUS_EXT                4
#define PX4_SPI_BUS_BARO               PX4_SPI_BUS_SENSORS
//SPI设备
#define PX4_SPIDEV_GYRO                PX4_MK_SPI_SEL(PX4_SPI_BUS_SENSORS，1)
#define PX4_SPIDEV_ACCEL_MAG           PX4_MK_SPI_SEL(PX4_SPI_BUS_SENSORS，2)
#define PX4_SPIDEV_BARO                PX4_MK_SPI_SEL(PX4_SPI_BUS_SENSORS，3)
#define PX4_SPIDEV_EXT_GYRO            PX4_MK_SPI_SEL(PX4_SPI_BUS_EXT，1)
#define PX4_SPIDEV_EXT_ACCEL_MAG       PX4_MK_SPI_SEL(PX4_SPI_BUS_EXT，2)
#define PX4_SPIDEV_EXT_BARO            PX4_MK_SPI_SEL(PX4_SPI_BUS_EXT，3)
```

其中，PX4_SPI_BUS_SENSORS、PX4_SPI_BUS_RAMTRON和PX4_SPI_BUS_EXT分别表示SPI1、SPI2和SPI3这三个总线。实际上这个3宏定义的值只是1、2、4这几个数字，操作系统对SPI总线进行初始化时，根据不同的值进行不同总线的初始化操作。

操作系统对SPI初始化的过程是在Firmware/src/drivers/boards/px4fmu-v2文件夹的init.c中完成的。当操作系统启动之后，会调用board_app_initialize()函数对相关设备总线进行初始化，下面针对SPI总线的初始化过程进行介绍：

```
1 spi1 = stm32_spibus_initialize(PX4_SPI_BUS_SENSORS);
2 if (!spi1) {
3     return -ENODEV;
4 }
5 SPI_SETFREQUENCY(spi1，10000000);
6 SPI_SETBITS(spi1，8);
7 SPI_SETMODE(spi1，SPIDEV_MODE3);
8
9 spi2 = stm32_spibus_initialize(PX4_SPI_BUS_RAMTRON);
10 if (!spi2) {
11     return -ENODEV;
12 }
13 SPI_SETFREQUENCY(spi2，12 * 1000 * 1000);
```

```
14 SPI_SETBITS(spi2，8);
15 SPI_SETMODE(spi2，SPIDEV_MODE3);
16
17 spi4 = stm32_spibus_initialize(PX4_SPI_BUS_EXT);
18 if (!spi4) {
19   return -ENODEV;
20 }
21 SPI_SETFREQUENCY(spi4，10000000);
22 SPI_SETBITS(spi4，8);
23 SPI_SETMODE(spi4，SPIDEV_MODE3);
```

▓▶ 代码说明：

第1～4行调用stm32_spibus_initialize()函数初始化SPI1总线，其中PX4_SPI_BUS_
SENSORS宏定义的内容为1，表示SPI1。如果初始化失败，则返回错误。

第5行设定SPI1时钟频率为10MHz。

第6行设置SPI1的数据比特位数为8个。

第7行设置SPI1的模式为模式3。关于SPI模式的定义如下：

SPIDEV_MODE0 = 0,	//CPOL = 0 CHPHA = 0	低电平空闲，上升沿采样
SPIDEV_MODE1,	//CPOL = 0 CHPHA = 1	低电平空闲，下降沿采样
SPIDEV_MODE2,	//CPOL = 1 CHPHA = 0	高电平空闲，下降沿采样
SPIDEV_MODE3	//CPOL = 1 CHPHA = 1	高电平空闲，上升沿采样

第9～15行初始化SPI2总线，过程与初始化SPI1一致，时钟频率12MHz。

第17～23行初始化SPI4总线，过程与初始化SPI1一致。

在Firmware/src/drivers/boards/px4fmu-v2文件夹的spi.c中对每一路SPI的管脚进行初始化、
重置和实现片选功能。每一路SPI的这些功能大同小异，下面只以SPI1进行介绍：

```
25 static void stm32_spi1_initialize(void)
26 {
27   stm32_configgpio(GPIO_SPI1_CS_PD7);
28   stm32_configgpio(GPIO_SPI1_CS_PC13);
29   stm32_configgpio(GPIO_SPI1_CS_PC15);
30 }
31 void board_spi_reset(int ms)
32 {
33   stm32_configgpio(_PIN_OFF(GPIO_SPI1_CS_PC13));
```

```
34    stm32_configgpio(_PIN_OFF(GPIO_SPI1_CS_PC15));
35    stm32_configgpio(_PIN_OFF(GPIO_SPI1_CS_PD7));
36    stm32_gpiowrite(_PIN_OFF(GPIO_SPI1_CS_PC13), 0);
37    stm32_gpiowrite(_PIN_OFF(GPIO_SPI1_CS_PC15), 0);
38    stm32_gpiowrite(_PIN_OFF(GPIO_SPI1_CS_PD7), 0);
39
40    stm32_configgpio(_PIN_OFF(GPIO_SPI1_SCK));
41    stm32_configgpio(_PIN_OFF(GPIO_SPI1_MISO));
42    stm32_configgpio(_PIN_OFF(GPIO_SPI1_MOSI));
43    stm32_gpiowrite(_PIN_OFF(GPIO_SPI1_SCK), 0);
44    stm32_gpiowrite(_PIN_OFF(GPIO_SPI1_MISO), 0);
45    stm32_gpiowrite(_PIN_OFF(GPIO_SPI1_MOSI), 0);
46
47    stm32_configgpio(GPIO_SPI1_SCK);
48    stm32_configgpio(GPIO_SPI1_MISO);
49    stm32_configgpio(GPIO_SPI1_MOSI);
50
51    stm32_spi1_initialize();
52 }
53 void stm32_spi1select(FAR struct spi_dev_s *dev, uint32_t devid, bool selected)
54 {
55    switch (devid) {
56    case PX4_SPIDEV_GYRO:
57       stm32_gpiowrite(GPIO_SPI1_CS_PC13, !selected);
58       stm32_gpiowrite(GPIO_SPI1_CS_PC15, 1);
59       stm32_gpiowrite(GPIO_SPI1_CS_PD7, 1);
60       break;
61
62    case PX4_SPIDEV_ACCEL_MAG:
63       stm32_gpiowrite(GPIO_SPI1_CS_PC13, 1);
64       stm32_gpiowrite(GPIO_SPI1_CS_PC15, !selected);
65       stm32_gpiowrite(GPIO_SPI1_CS_PD7, 1);
66       break;
67
68    case PX4_SPIDEV_BARO:
69       stm32_gpiowrite(GPIO_SPI1_CS_PC13, 1);
70       stm32_gpiowrite(GPIO_SPI1_CS_PC15, 1);
```

```
71      stm32_gpiowrite(GPIO_SPI1_CS_PD7, !selected);
72      break;
73
74  default:
75      break;
76  }
77 }
```

❯❯ 代码说明：

第25～30行定义了stm32_spi1_initialize()函数，用于初始化SPI1的3个外部传感器陀螺仪、磁罗盘和气压计的CS片选管脚。

第31行定义了board_spi_reset()函数，用于重新设置SPI管脚。

第33～38行关闭外部传感器陀螺仪、磁罗盘和气压计的CS片选管脚，并将其默认值设置为0，即低电平。

第40～45行关闭SPI1的SCK、MISO和MOSI管脚，并将其默认值设置为0，即低电平。

第47～49行重新设置SPI1的SCK、MISO和MOSI管脚。

第51行调用stm32_spi1_initialize()函数对SPI1重新初始化。

第53行定义stm32_spi1select()函数，用于对SPI总线上各个不同设备之间的CS片选操作。其中devid就是需要片选的设备ID，此ID是在board_config.h文件中定义的，例如：PX4_SPIDEV_GYRO、PX4_SPIDEV_ACCEL_MAG、PX4_SPIDEV_BARO。

第55行使用switch语句来根据不同的设备ID进行不同的CS片选操作。

第56～60行针对陀螺仪进行片选，将GPIO_SPI1_CS_PC13管脚拉低，并将其他管脚拉高。

第62～66行针对磁罗盘进行片选，将GPIO_SPI1_CS_PC15管脚拉低，并将其他管脚拉高。

第68～72行针对气压计进行片选，将GPIO_SPI1_CS_PD7管脚拉低，并将其他管脚拉高。

注意：SPI片选管脚在空闲时为高电平，将其由高电平拉低为低电平之后，表示CS片选有效。因此在上面对CS管脚进行操作时，stm32_gpiowrite()的参数为!selected。因此，当selected的值为true时，拉低管脚表示片选开始；当selected的值为false时，拉高管脚，表示片选结束。

⚙ 9.2.3 SPI驱动类

在PX4飞控程序中已经为使用者提供了SPI类，用于处理SPI总线上的通信。SPI类继承了CDev类，并对底层SPI通信程序进行了有效的封装，针对上层使用者来说，只需要继承SPI类，并完成简单的设定，就可以实现驱动程序了。例如，上面举例所说的在SPI1总线上的陀螺仪、磁罗盘、气压计这3个传感器。在为这3个传感器编写驱动程序时，可以忽略SPI底层的实际通信过程，而直接使用PX4飞控程序为使用者封装好的SPI类。我们可以编写3个叫做GYRO_

SPI、MAG_SPI和BARO_SPI的类，分别继承SPI类，如图9-3所示。

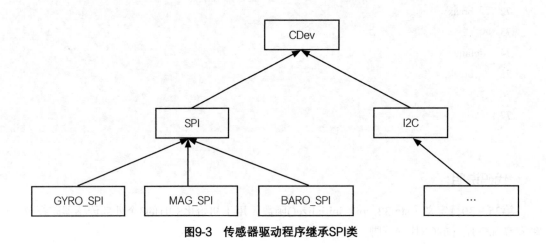

图9-3 传感器驱动程序继承SPI类

下面看一下SPI类的具体内容：

```
79 class SPI ： public CDev
80 {
81 protected：
82    SPI(const char *name,                                   //驱动名称
83      const char *devname,                                  //设备节点
84      int bus,                                              //SPI总线
85      uint32_t device,                                      //设备ID
86      enum spi_mode_e mode,                                 //SPI模式
87      uint32_t frequency);                                  //时钟频率
88   virtual ~SPI();                                          //析构函数
89   virtual int init();                                      //初始化函数
90   int transfer(uint8_t *send, uint8_t *recv, unsigned len);   //数据传输函数
91   int _transfer(uint8_t *send, uint8_t *recv, unsigned len);  //数据传输函数
92 private：
93   uint32_t _device;                                        //设备ID
94   enum spi_mode_e _mode;                                   //SPI模式
95   uint32_t _frequency;                                     //时钟频率
96   struct spi_dev_s * _dev;                                 //SPI设备对象
97 };
98
99 SPI： ： SPI(const char *name,
100          const char *devname,
```

```
101      int bus,
102      uint32_t device,
103      enum spi_mode_e mode,
104      uint32_t frequency) :
105    CDev(name, devname),
106    _device(device),
107    _mode(mode),
108    _frequency(frequency),
109    _dev(nullptr)
110 {
111 }
112
113 int SPI::init()
114 {
115    int ret = OK;
116    if (_dev == nullptr) {
117      _dev = px4_spibus_initialize(get_device_bus());
118    }
119    if (_dev == nullptr) {
120      DEVICE_DEBUG("failed to init SPI");
121      ret = -ENOENT;
122      goto out;
123    }
124    SPI_SELECT(_dev, _device, false);
125    ret = CDev::init();
126    if (ret != OK) {
127      DEVICE_DEBUG("cdev init failed");
128      goto out;
129    }
130    DEVICE_LOG("on SPI bus %d at %d (%u kHz)", get_device_bus(),
                  PX4_SPI_DEV_ID(_device)
131 out:
132    return ret;
133 }
134
135 int SPI::transfer(uint8_t *send, uint8_t *recv, unsigned len)
136 {
137    int result;
```

```
138    if ((send = = nullptr) && (recv = = nullptr)) {
139      return -EINVAL;
140    }
141    irqstate_t state = px4_enter_critical_section();
142    result = _transfer(send, recv, len);
143    px4_leave_critical_section(state);
144    return result;
145 }
146
147 int SPI: : _transfer(uint8_t *send, uint8_t *recv, unsigned len)
148 {
149    SPI_SETFREQUENCY(_dev, _frequency);
150    SPI_SETMODE(_dev, _mode);
151    SPI_SETBITS(_dev, 8);
152    SPI_SELECT(_dev, _device, true);
153    SPI_EXCHANGE(_dev, send, recv, len);
154    SPI_SELECT(_dev, _device, false);
155    return OK;
156 }
```

代码说明：

第79～97行定义了SPI类，并继承了字符型设备CDev类。其中包括构造函数和析构函数、初始化函数、数据传输函数以及类的成员变量等。

第99～104行定义了SPI类的构造函数及其参数。

第105行初始化CDev基类，并指定驱动名称和设备节点名称。

第106～109行初始化类的成员变量。

第113行定义了SPI类的初始化函数init()，此函数用于初始化驱动程序。

第115行定义了变量ret，用于记录此函数的返回值。

第116～123行调用px4_spibus_initialize()函数初始化SPI设备对象，初始化SPI的管脚、频率、模式等。如果初始化过程失败，则通过goto语句直接返回错误。

第124行调用SPI_SELECT宏，用于对指定SPI总线上的指定设备进行CS片选，此处不进行片选，CS管脚拉高。

第125～129行调用基类CDev中的init()函数，用于初始化CDev驱动程序。如果初始化过程失败，则通过goto语句直接返回错误。

第130行显示正常启动消息，显示SPI总线号、设备ID号和频率。

第132行返回初始化SPI设备驱动的结果。

第135行定义数据传输函数transfer()，此函数用于SPI总线上多字节数据传输功能。send为连续传输时发送数据所在内存的首地址，recv是接收数据所在内存的首地址，lcn表示此次传输数据的长度，单位字节。

第137行定义了变量result，用于返回此次数据传输状态，成功或失败。

第138～140行进行异常判断，如果发送数据和接收数据所在内存地址都为空，则返回错误。

第141行调用px4_enter_critical_section()函数关闭系统中断。

第142行调用_transfer()函数进行实际数据传输。

第143行调用px4_leave_critical_section()函数打开系统中断。

第147行定义了实际数据传输函数_transfer()，此函数被transfer()函数调用，是实际传输数据的功能函数。

第149行设置SPI总线的时钟频率。

第150行设置SPI总线的采样模式。

第151行设置SPI总线数据比特位数为8。

第152行开始片选，注意此时将CS片选拉低。

第153行进行多字节数据传输。

第154行片选结束，此时将CS片选拉高。

第155行返回结果，成功。

代码中第149～153行分别调用了SPI_SETFREQUENCY、SPI_SETMODE、SPI_SETBITS、SPI_SELECT和SPI_EXCHANGE。这些都是NuttX系统程序中定义的宏，并且这些宏的具体内容就是NuttX系统中的SPI驱动程序的实现代码。程序位置在Firmware/platforms/nuttx/NuttX/nuttx/include/nuttx/spi文件夹内。这部分数据是NuttX系统驱动的内容，我们不做过多介绍，有兴趣的读者可以自行阅读其源代码。

✿9.2.4 SPI气压计驱动程序

下面以MS5611气压计为例，实现SPI接口的驱动程序。在此驱动程序中，需要实现两个类：DRV_MS5611_SPI类（继承SPI类），用于读取SPI数据总线上的传感器数据；DRV_MS5611类（继承CDev类），用于完成实际驱动功能。它们之间的关系如图9-4所示。

其中，DRV_MS5611中需要使用DRV_MS5611_SPI的对象，用于在SPI总线上读取数据，而DRV_MS5611类则是一个系统级驱动，

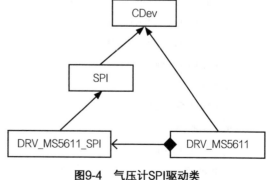

图9-4 气压计SPI驱动类

动，主要负责在文件系统中注册设备节点，并为上层应用程序提供数据支持。关于MS5611传感器的相关指令和寄存器内容，我们不做过多介绍，只列出最基本的寄存器地址和基本命令：

```
//气压转换地址
#define ADDR_CMD_CONVERT_D1_OSR256          0x40
#define ADDR_CMD_CONVERT_D1_OSR512          0x42
#define ADDR_CMD_CONVERT_D1_OSR1024         0x44
#define ADDR_CMD_CONVERT_D1_OSR2048         0x46
#define ADDR_CMD_CONVERT_D1_OSR4096         0x48
//温度转换地址
#define ADDR_CMD_CONVERT_D2_OSR256          0x50
#define ADDR_CMD_CONVERT_D2_OSR512          0x52
#define ADDR_CMD_CONVERT_D2_OSR1024         0x54
#define ADDR_CMD_CONVERT_D2_OSR2048         0x56
#define ADDR_CMD_CONVERT_D2_OSR4096         0x58
#define ADDR_CMD_CONVERT_D1                 ADDR_CMD_CONVERT_D1_OSR1024
#define ADDR_CMD_CONVERT_D2                 ADDR_CMD_CONVERT_D2_OSR1024
#define ADDR_RESET_CMD                      0x1E            //重置命令
#define ADDR_PROM_SETUP                     0xA0            //读取校准数据
#define DIR_READ                            (1<<7)          //读命令
#define DIR_WRITE                           (0<<7)          //写命令
#define ADDR_INCREMENT                      (1<<6)          //地址自增
//出厂校准寄存器值
struct prom_s {
    uint16_t factory_setup;
    uint16_t c1_pressure_sens;
    uint16_t c2_pressure_offset;
    uint16_t c3_temp_coeff_pres_sens;
    uint16_t c4_temp_coeff_pres_offset;
    uint16_t c5_reference_temp;
    uint16_t c6_temp_coeff_temp;
    uint16_t serial_and_crc;
};
//出厂校准寄存器值
union prom_u {
    uint16_t c[8];
    prom_s s;
};
```

　　MS5611气压计原始数据读取以及后续获取到数据并将原始数据转换为标准数据的过程，我们不做过多介绍，有兴趣的读者可以自行参阅MS5611传感器的官方手册。

下面看一下DRV_MS5611_SPI类的实现内容：

```
158 class DRV_MS5611_SPI：public device：：SPI
159 {
160 public：
161    DRV_MS5611_SPI(uint8_t bus，uint32_t device，prom_u &prom_buf);
162    virtual ~DRV_MS5611_SPI();
163    virtual int init();
164    virtual int read(unsigned offset，void *data，unsigned count);
165    int _read_prom();
166    uint16_t _reg16(unsigned reg);
167 private：
168    prom_u & _prom;
169 };
170
171 DRV_MS5611_SPI：：DRV_MS5611_SPI(uint8_t bus，uint32_t device，prom_u &prom_buf)：
172       SPI("DRV_MS5611_SPI"，nullptr，bus，device，SPIDEV_MODE3，
              20 * 1000 * 1000)，
173          _prom(prom_buf)
174 {
175 }
176
177 DRV_MS5611_SPI：：~DRV_MS5611_SPI()
178 {
179 }
180
181 int DRV_MS5611_SPI：：init()
182 {
183    int ret = SPI：：init();
184    uint8_t cmd = ADDR_RESET_CMD | DIR_WRITE;
185    transfer(&cmd，nullptr，1);
186    _read_prom();
187    return ret;
188 }
189
190 int DRV_MS5611_SPI：：read(unsigned offset，void *data，unsigned count)
191 {
192    union _cvt
```

```
193  {
194      uint8_t b[4];
195      uint32_t w;
196  }*cvt = (_cvt *) data;
197  uint8_t buf[4] = { 0 | DIR_WRITE, 0, 0, 0 };
198  int ret = transfer(&buf[0], &buf[0], sizeof(buf));
199  if (ret == OK) {
200      cvt->b[0] = buf[3];
201      cvt->b[1] = buf[2];
202      cvt->b[2] = buf[1];
203      cvt->b[3] = 0;
204      ret = count;
205  }
206  uint8_t cmd = ADDR_CMD_CONVERT_D2 | DIR_WRITE;
207  transfer(&cmd, nullptr, 1);
208  return ret;
209  }
210
211  int DRV_MS5611_SPI：：_read_prom()
212  {
213      usleep(3000);
214      for (int i = 0; i < 8; i++) {
215          uint8_t cmd = (ADDR_PROM_SETUP + (i * 2));
216          _prom.c[i] = _reg16(cmd);
217      }
218      return 0;
219  }
220
221  uint16_t DRV_MS5611_SPI：：_reg16(unsigned reg)
222  {
223      uint8_t cmd[3] = { (uint8_t) (reg | DIR_READ), 0, 0 };
224      transfer(cmd, cmd, sizeof(cmd));
225      return (uint16_t) (cmd[1] << 8) | cmd[2];
226  }
```

▶▶ 代码说明：

第158行定义了MS5611传感器的SPI总线操作类DRV_MS5611_SPI，同时继承SPI类，以便操作SPI总线上的传感器数据。

第161～166行定义了DRV_MS5611_SPI类的构造函数、析构函数、初始化函数、读取数据函数以及读取出厂校准数据函数。

第168行定义了一个联合体变量_prom，用于存放传感器出厂校准数据内容。

第171～173行调用DRV_MS5611_SPI类的构造函数初始化SPI基类，定义SPI驱动名称、总线、设备ID号、SPI模式、时钟频率等内容。

第177～179行定义DRV_MS5611_SPI类的析构函数，没有实现其他功能。

第181行初始化init()函数，用于初始化此SPI驱动程序。

第183行调用SPI基类中的init()函数，用于初始化SPI设备驱动。

第184、185行定义了传感器重置命令，并通过调用transfer()函数发送此命令到传感器当中。

第186行读取传感器出厂校准数据，将校准数据读取到_prom变量当中，以便后续进行温度和气压的计算。

第190行重写基类的read()函数，对外暴露的功能接口，用于其他程序向此驱动程序进行数据读取。

第192～196行将需要返回的数据地址转换为_cvt类型数据，方便将结果按字节赋值。

第197、198行从SPI总线上向传感器发送命令，并读取当前实际数据内容。

第199～205行将读取到的数据赋值给cvt变量。注意：cvt变量的实际内存地址为data的地址，因此此处就是将返回值直接赋值给data。

第206、207行每次读取数据之后，向传感器发送数据转换命令。

第211～219行实现了_read_prom()函数，用于读取传感器出厂校准内容，循环读取寄存器的值，并将寄存器的值赋值给_prom变量。

第221～226行实现了_reg16()函数，用于读取寄存器的值。

下面实现DRV_MS5611驱动类：

```
228 class DRV_MS5611: public device:: CDev
229 {
230 public:
231    DRV_MS5611();
232    ~DRV_MS5611();
233    virtual int init();
234
235 protected:
236    struct work_s _work;
237    bool _is_running;
238    DRV_MS5611_SPI *spi;
239    prom_u _prom_u;
240    void cycle();
241    static void cycle_trampoline(void *arg);
```

```
242 };
243
244 DRV_MS5611：：DRV_MS5611()：
245     CDev("DRV_MS5611"，"/dev/drv_ms5611")，_is_running(false)
246 {
247    memset(&_work，0，sizeof(_work));
248    spi = new DRV_MS5611_SPI(PX4_SPI_BUS_BARO，PX4_SPIDEV_BARO，_prom_u);
249 }
250
251 DRV_MS5611：：¯DRV_MS5611()
252 {
253    _is_running = false;
254    usleep(100 * 1000);
255    delete spi;
256 }
257
258 int DRV_MS5611：：init()
259 {
260    int ret = CDev：：init();
261    spi->init();
262    _is_running = true;
263
264    work_queue(HPWORK，&_work，(worker_t)&DRV_MS5611：：cycle_trampoline，this，0);
265    return ret;
266 }
267
268 void DRV_MS5611：：cycle_trampoline(void *arg)
269 {
270    DRV_MS5611 *dev = reinterpret_cast<DRV_MS5611 *>(arg);
271    dev->cycle();
272 }
273
274 void DRV_MS5611：：cycle()
275 {
276    uint32_t raw;
277    spi->read(0，(void *) &raw，0);
278
```

```
279    prom_s _prom = _prom_u.s;
280    int32_t dT = (int32_t) raw - ((int32_t) _prom.c5_reference_temp << 8);
281    int32_t _TEMP = 2000 + (int32_t)(((int64_t)dT * _prom.c6_temp_coeff_temp) >> 23);
282    int64_t _OFF = ((int64_t) _prom.c2_pressure_offset << 16)
283        + (((int64_t) _prom.c4_temp_coeff_pres_offset * dT) >> 7);
284    int64_t _SENS = ((int64_t) _prom.c1_pressure_sens << 15)
285        + (((int64_t) _prom.c3_temp_coeff_pres_sens * dT) >> 8);
286    int32_t P = (((raw * _SENS) >> 21) - _OFF) >> 15;
287    float temperature = _TEMP/100.0f;
288    float pressure = P/100.0f;
289
290    PX4_WARN("%08x %.2f %.2f", raw, (double )temperature, (double )pressure);
291
292    if (_is_running) {
293        work_queue(HPWORK, &_work, (worker_t)&DRV_MS5611::cycle_trampoline, this, 10);
294    }
295 }
296
297 static DRV_MS5611 *dev = nullptr;
298
299 extern"C" int e_g_ms5611_main(int argc, char *argv[]);
300
301 int e_g_ms5611_main(int argc, char *argv[])
302 {
303    if (!strcmp(argv[1], "start")) {
304        if (dev == nullptr) {
305            dev = new DRV_MS5611();
306            dev->init();
307        }
308    }
309    if (!strcmp(argv[1], "stop")) {
310        if (dev != nullptr) {
311            delete dev;
312        }
313    }
314    return 0;
315 }
```

>> **代码说明：**

第228行定义了DRV_MS5611类，并继承了字符设备CDev类。

第231～233行定义了DRV_MS5611的构造函数、析构函数、设备驱动初始化函数。

第236行定义了工作队列结构体对象。

第237行定义了_is_running变量，用于标志运行状态。

第238行定义了DRV_MS5611_SPI类的对象指针spi，用于读取SPI总线上的传感器数据内容。

第239行定义了传感器出厂校准数据变量，用于后续计算。

第240、241行定义了实际工作队列运行函数。

第244、245行定义了DRV_MS5611类的构造函数，并初始化CDev类，设定驱动名称为DRV_MS5611，设备节点为/dev/drv_ms5611。

第247行初始化工作队列结构体变量，使用memset()函数将其置为0。

第248行为spi指针创建DRV_MS5611_SPI类的对象，并指定为SPI1和BARO设备ID。

第251～256行定义了DRV_MS5611类的析构函数，将_is_running置为false，表示工作队列停止，并删除spi对象。

第258行初始化函数init()，用于初始化此驱动设备。

第260行调用CDev类的init()函数，用于初始化驱动设备。

第261行调用spi的init()函数，用于初始化SPI驱动设备。

第262～265行设定运行标识变量_is_running为true，并调用work_queue()函数，将cycle_trampoline()函数加入运行工作队列，由于工作队列只能使用C函数或C＋＋的静态函数，因此cycle_trampoline()被定义成静态函数，并将当前类的指针作为参数传入。之后返回初始化结果。

第268～272行调用工作队列执行函数cycle_trampoline()，在此函数中通过类型转换，将arg参数转换为当前类的指针，并调用DRV_MS5611类的cycle()函数。

第274行定义了cycle()函数，用于实际读取并处理传感器数据内容。

第276、277行定义了raw变量，并调用spi对象的read()函数，读取SPI总线上MS5611气压计的实际读数。

第279～288行根据MS5611官方使用手册，将出厂校准数据与实时测量数据进行计算，得到最后的温度和气压。计算过程与原理不做过多说明，有兴趣的读者可以参考使用手册。

第290行使用PX4_WARN宏将原始数据、温度和气压显示到控制台当中。注意：实际上在编写PX4驱动程序时，当获取到实际传感器数据之后，往往需要通过uORB机制将此数据发布到内部通信总线上。关于uORB的公告与发布，前面已经详细讲述了，请读者自行完成将温度和气压数据通过uORB发布的功能代码。

第292～294行将cycle_trampoline()函数重新加入工作队列，延迟运行时间为10ms。整个程序循环运行的频率为100Hz。

第297～315行实现驱动程序在NSH中的入口函数，并根据start和stop选项来启动和停止此驱动程序。这些内容前面已经详细介绍过，不再赘述。

驱动程序编写完毕之后，加入编译选项，并在rc.sensors中将现有的MS5611驱动删除，以免与我们编写的测试驱动程序e_g_ms5611有所冲突。最后编译程序并烧写固件，在NSH环境下执行e_g_ms5611 start，即可看到运行结果：

```
nsh> c_g_ms5611 start
DRV_MS5611_SPI on SPI bus 1 at 3 (20000 kHz)
WARN [e_g_ms5611] 008fdb38 46.99 1207.15
WARN [e_g_ms5611] 008fdbb8 46.99 1207.19
WARN [e_g_ms5611] 008fdb98 46.99 1207.18
WARN [e_g_ms5611] 008fdbd8 46.99 1207.20
WARN [e_g_ms5611] 008fdb98 46.99 1207.18
WARN [e_g_ms5611] 008fdbd8 46.99 1207.20
WARN [e_g_ms5611] 008fdc58 46.99 1207.24
WARN [e_g_ms5611] 008fdc58 46.99 1207.24
WARN [e_g_ms5611] 008fdcd8 47.00 1207.29
WARN [e_g_ms5611] 008fdd18 47.00 1207.31
WARN [e_g_ms5611] 008fdd58 47.00 1207.33
WARN [e_g_ms5611] 008fddd8 47.01 1207.37
...
```

9.3 I2C驱动程序

9.3.1 I2C总线协议

I2C（Inter-integrated Circuit）是由Philips公司提出并投入实际应用的一种适用于多设备短距离传输的总线协议，I2C只需要两根信号线，就可以完成所有的数据通信功能，这两根数据线为时钟线SCL和数据线SDA。由于数据线只有一条，因此I2C只能完成主机和从机的单工通信。I2C协议允许一条总线上连接多个设备。每个设备的具有唯一的设备地址，I2C协议在总线上传输数据时，会先指定设备地址，然后再与此设备进行通信。并联在I2C总线上的多个传感器如图9-5所示。

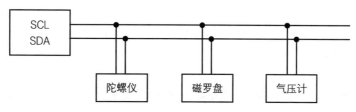

图9-5 并联在I2C总线上的多个传感器

I2C协议的消息分为地址帧和数据帧两种类型。地址帧用于确定主机想要与哪一个从机通信，这个地址就是连接到I2C总线上的设备地址，且每个设备的地址都不能相同。数据帧是主机发往从机的数据内容，或者是从机发往主机的数据内容，每个数据帧必须为8个比特位，并且需要附加确认位ACK。但是数据帧可以只传输一帧，也可以连续传输多帧。

数据传输协议规定：当SCL为高电平，且SDA由高电平变为低电平时，表示传输开始；当SCL为高电平，且SDA由低电平变为高电平时，表示传输结束，如图9-6所示。

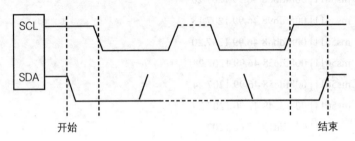

图9-6   I2C数据传输开始与结束

在数据传输过程中，主机起主导作用，控制整个传输的开始与结束条件。在SDA上传输字节数据必须是8个比特长度，数据字节之后，必须有一个比特的应答。数据传输过程中，先发送高位数据，再发送低位数据。

9.3.2 I2C驱动类

与SPI类似，在PX4驱动程序中，已经封装好I2C总线驱动类，用于处理I2C总线上的通信。I2C类继承了CDev类，并对底层I2C通信程序进行了有效的封装。使用者只需要继承I2C类，并完成简单的设定，就可以实现驱动程序。但是，I2C类较SPI类简单很多，无需配置其他管脚，只需调用NuttX底层的I2C驱动函数即可。这使得使用者无需关心底层驱动程序的实现细节，调用指定的功能函数即可。下面看一下I2C类的具体内容：

```
1 class I2C：public CDev
2 {
3 public：
4    static int set_bus_clock(unsigned bus，unsigned clock_hz);
5    static unsigned int _bus_clocks[BOARD_NUMBER_I2C_BUSES];
6
7 protected：
8    I2C(const char *name，const char *devname，int bus，uint16_t address，uint32_t frequency);
9    virtual ˜I2C();
10    virtual int init();
11    int transfer(const uint8_t *send，unsigned send_len，uint8_t *recv，unsigned recv_len);
12 private：
```

```
13    uint32_t _frequency { 0 };
14    px4_i2c_dev_t * _dev { nullptr };
15 };
```

I2C类与SPI类如出一辙，都是继承了CDev类，并实现了构造函数、析构函数、初始化函数和数据传输函数。每一个函数的具体实现内容也与SPI类似，只是调用的实际驱动程序在NuttX系统驱动文件夹Firmware/platforms/nuttx/NuttX/nuttx/drivers/i2c中。同样，这部分内容属于操作系统底层驱动程序，不做过多介绍。

9.4 应用级驱动程序

9.4.1 准备工作

前面已经介绍过，应用级驱动较为简单，只对文件系统中现有的设备节点进行操作，并将相关的数据发布到uORB总线上即可。因此应用级驱动程序实际上是PX4程序中的普通程序，而并非真正意义上的驱动程序。

前面已经实现了DRV_MS5611类用于读取气压计的读数，包括温度和气压。现在可以对其做一点修改，将温度和气压两个变量修改，为DRV_MS5611类的成员变量，然后重写CDev基类中的read()函数，为上层应用提供读取数据的具体实现：

```
1 class DRV_MS5611: public device：：CDev
2 {
3 public：
4    ...
5    virtual ssize_t read(struct file *filp，char *buffer，size_t buflen);
6 private：
7    float temperature ;
8    float pressure;
9 };
10
11 DRV_MS5611：：DRV_MS5611()：
12    CDev("DRV_MS5611"，"/dev/drv_ms5611")，
13    temperature(0.0f)，
14    pressure(0.0f)
```

```
15 {
16    ...
17 }
18
19 void DRV_MS5611：：cycle()
20 {
21    ...
22    temperature = _TEMP/100.0f;
23    pressure = P/100.0f;
24    ...
25 }
26
27 ssize_t DRV_MS5611：：read(struct file *filp，char *buffer，size_t buflen)
28 {
29    if (buffer = = nullptr)
30    {
31      return -1;
32    }
33    if (buflen < 2 * sizeof(float))
34    {
35      return -1;
36    }
37    memcpy(buffer，&temperature，sizeof(float));
38    memcpy(buffer + sizeof(float)，&pressure，sizeof(float));
39    return 2 * sizeof(float);
40 }
41
42 int e_g_ms5611_main(int argc，char *argv[])
43 {
44    ...
45    if (!strcmp(argv[1]，"test")) {
46      int fd = open("/dev/drv_ms5611"，O_RDONLY);
47      if (fd < 0) {
48        return -1;
49      }
50      float tp[2] = { 0.0f，0.0f };
51      for (int i = 0; i < 10; i + +) {
52        read(fd，tp，sizeof(float) * 2);
```

```
53        PX4_WARN("%.2f %.2f"，(double )tp[0]，(double )tp[1]);
54        usleep(100 * 1000);
55    }
56    close(fd);
57    }
58    return 0;
59 }
```

➤➤ 代码说明:

第5行重写了CDev类中的read()函数，为应用程序提供读数据功能。

第7、8行定义了温度temperature和气压pressure两个浮点型变量，作为类的成员，方便多个函数一同使用。

第22、23行将原来温度temperature和气压pressure的局部变量修改为成员变量，以便从SPI总线上读取的数据可以保存到类的成员变量里，并为read()函数提供数据来源。

第27行定义了read()函数的具体实现内容，为应用程序提供数据读取功能。

第29～36行通过对buffer和buflen进行判断，确定参数的合法性。如果buffer为空，或是buflen小于两个浮点数变量的大小，则返回失败。

第37、38行将温度temperature和气压pressure两个成员变量的内容复制到buffer中去。

第39行返回两个浮点数变量的大小，表示此次数据读取成功。

第45～57行添加了测试选项test。代码中首先通过open()函数打开/dev/drv_ms5611节点，然后循环读取10次，并将结果保存到tp数组变量当中，最后通过调用PX4_WARN宏来显示内容。

编译程序，并烧写固件，最后测试程序的运行结果如下:

```
nsh> e_g_ms5611 start
DRV_MS5611_SPI on SPI bus 1 at 3 (20000 KHz)
nsh> e_g_ms5611 test
WARN  [e_g_ms5611] 37.20 1107.64
WARN  [e_g_ms5611] 37.21 1107.73
WARN  [e_g_ms5611] 37.22 1107.86
WARN  [e_g_ms5611] 37.22 1107.89
WARN  [e_g_ms5611] 37.23 1107.98
WARN  [e_g_ms5611] 37.24 1108.06
WARN  [e_g_ms5611] 37.25 1108.14
WARN  [e_g_ms5611] 37.25 1108.19
WARN  [e_g_ms5611] 37.27 1108.36
WARN  [e_g_ms5611] 37.27 1108.40
nsh>
```

⚙ 9.4.2 实现驱动程序

前面介绍了应用级驱动与系统级驱动的区别。应用级驱动是PX4飞控程序所特有的一种驱动程序，这种驱动程序源代码放在PX4的驱动文件夹Firmware/src/drivers内，但是并不去注册文件设备节点，因此不算系统级驱动，但是，驱动程序需要从一些外部设备中读取数据，并交给上层应用程序。

应用级驱动程序通过系统级驱动与外部设备进行交互，同时通过uORB机制与上层应用程序进行交互。它们之间的关系如图9-7所示。

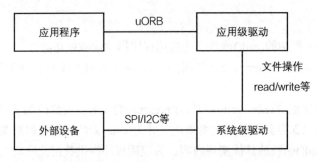

图9-7　应用程序、驱动程序与外部设备之间的关系

前面实现的驱动程序都是数据驱动级应用程序，下面再来实现一个应用级驱动程序drvtest，用于直接读取/dev/drv_ms5611节点的数据，并将数据通过uORB发布到上层应用程序当中。我们可以在drvtest中实现一个工作队列，然后进行实际的数据读取和发布。下面只对工作队列的执行函数内容进行讲解：

```
61 void drvtest_run(void *arg)
62 {
63    static int _fd = -1;
64    if (_fd < 0) {
65      _fd = open("/dev/drv_ms5611", O_RDONLY);
66      if (_fd < 0) {
67        PX4_WARN("could not open dev.");
68        return;
69      }
70    }
71
72    float tp[2] = { 0.0f, 0.0f };
73    read(_fd, tp, sizeof(float) * 2);
74
75    struct baro_report report;
```

```
76    report.temperature = tp[0];
77    report.pressure = tp[1];
78
79    static orb_advert_t _baro_topic = NULL;
80    static int _orb_class_instance = -1;
81    if (_baro_topic = = NULL) {
82        _baro_topic = orb_advertise_multi(ORB_ID(sensor_baro)，&report，& _orb_class_instance
83    } else {
84        orb_publish(ORB_ID(sensor_baro)，_baro_topic，&report);
85    }
86
87    if (_is_running) {
88        work_queue(HPWORK，& _work，(worker_t) &drvtest_run，NULL，100);
89        return;
90    }
91    if (_fd > 0) {
92        close(_fd);
93    }
94 }
```

》 代码说明：

第63行定义了一个整形变量_fd，用于存放文件描述符。我们不希望在工作队列的执行函数每次执行时，都初始化此描述符，因此，将其定义为静态变量static。

第64行判断_fd描述符是否小于0。如果小于0，说明此文件描述符并没有指向任何文件，因此需要对其初始化。如果打开成功，则_fd非负，因此此处代码只会对_fd进行一次初始化。

第65~69行调用open()函数打开文件设备/dev/drv_ms5611，并返回文件描述符。如果打开失败，则显示错误并返回。

第72、73行调用read()函数将设备驱动drv_ms5611中的内容读取出来，并赋值给tp数组变量。

第75~77行定义了需要发布sensor_baro的uORB结构体对象report，并将tp的内容赋值到report中的温度和气压变量当中。

第79~85行第一次执行时公告sensor_baro的uORB，之后执行时，发布此uORB数据。

第87~90行重新将执行函数加入工作队列，执行频率为10Hz。

第91~93行判断此工作队列函数停止时，将文件描述符_fd关闭。

我们编写的drv_ms5611驱动为系统级驱动，负责从SPI总线上读取气压计的数据，注册了/dev/drv_ms5611设备节点，并对外实现了read()函数接口。而drv_test是一个应用级驱动，只需要读取/dev/drv_ms5611设备节点的内容，并发布sensor_baro的uORB即可。实际上在编写drv_ ms5611的时候，可以直接发布sensor_baro的uORB，而无需再编写一个drv_test的驱动。我们编写drv_test驱动程序的目的是向读者介绍不同类型的驱动程序的实际功能。

在PX4程序中，很多驱动程序都属于系统级驱动和应用级驱动的混合功能，例如IMU惯导驱动程序，一方面从SPI或I2C总线上读取传感器的数据，注册相关设备节点/dev/accel、/dev/gyro、/dev/mag等，同时实现open()、close()、read()、write()、ioctl()等函数；另一方面又将读取到的传感器数据直接使用uORB发布出去。但是，也有一些驱动程序数据应用级驱动，例如源代码在Firmware/src/drivers/gps中的全球定位系统GPS驱动程序，此驱动没有注册设备节点，也没有继承CDev类，而是直接从串口设备/dev/ttyS2中读取数据GPS设备的定位相关数据，并将定位相关数据通过uORB发布出去。程序的编写方式不应过于教条，好的做法是根据实际情况编写适合的程序，而不用对系统级驱动或是应用级驱动划出明确的界限。

第**10**章

遥控器协议

本章将介绍无人机中几种常见的遥控器传输协议。遥控器是航空模型飞行时必备的控制器。操作者通过遥控器对空中的飞机进行实时控制，完全掌控飞机的所有姿态和动作。而对于无人机来讲，遥控器并不是必须的。成熟的无人机产品可以完全脱离遥控器的控制，而进行全自动或半自动飞行。但在多数情况下，为了方便调试和飞行安全，无人机也需要支持遥控器信号输入，在特殊情况下，支持遥控器对无人机进行无条件接管。因此我们在学习无人机知识的同时，还是需要对遥控器传输协议有一定的了解。目前应用于无人车、无人船和无人机上的遥控器传输协议大致有3种：PWM、PPM和S.BUS。其中PWM和PPM协议较为简单，常常用于航空模型，而无人机通常采用S.BUS协议。

具体来说，遥控器还有一个与之配对的设备，叫做接收机。通常遥控器上具有油门、滚转、俯仰、航向等4个主控制通道和其他多个辅助通道，每一个通道表示对无人机的某一个功能的控制程度（控制量）。这些控制信号通过无线电，从遥控器的天线中发送给其配对的接收机。接收机将这些通道的信号进行处理，并按指定协议输出到对应的接口上，如图10-1所示。

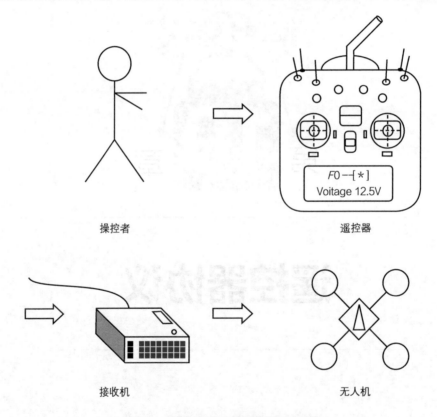

图10-1　操控者通过遥控器控制无人机

操控者通过对遥控器各个通道的控制杆或控制旋钮进行操控，遥控器响应这些控制产生控制信号，并通过无线电网络发送给接收机，接收机通过对无线电信号进行解码并产生控制信号发送给无人机。其中，遥控器是被操控者手持的，而接收机是安装在无人机机身上，并通过接线与飞控系统相连。遥控器与接收机之间通常采用2.4G频段无线电传输，传输距离会受到建筑物、地形等多种因素影响，大概为1km。在这里假定操控者对遥控器操作的结果直接从接收机的信号输出端口输出。

注意：操控者使用遥控器和接收机对无人机的控制过程通常是单向的，但是也有特殊的接收机，可以采集无人机上的电源电压或其他状态通过无线电反馈给遥控器，并显示在遥控器的显示屏上。但是此反向传输功能并不常用，而是通过数传电台，将PC电脑上的地面站系统与无人机连接，从而查看无人机的相关状态。

通常情况下，遥控器上的控制通道是按比例输出的。例如：操控者将油门通道的控制杆由最低处推至最高处，对应的无人机油门控制量由0变化到100%。又如：操控者将滚转通道的控制杆由中间位置（以后简称中位）拨到距离最左侧的一半，处于姿态模式下的无人机将会出现左侧倾斜滚转角，其幅度是最大滚转角的50%。遥控器的各个通道的控制信号相互独立，互不干扰。遥控器的滚转控制杆在发生变化时不会影响到油门通道的输出。

▶ **10.1** PWM ◀

⊕ **10.1.1** PWM信号使用

第3章中已经介绍过PWM占空比信号的相关知识。在电机控制方面，我们可以使用PWM信号控制电机的转动方向和速度。而在遥控器与无人机通信方面，PWM用于表示遥控器中每一个通道的控制信号值。例如，在一个普通8通道的遥控器上，油门、滚转、俯仰、航向为4个主通道，之外还有4个辅助通道。与此遥控器配对的8通道接收机当中，需要有8个管脚，用于输出8路PWM信号，如图10-2所示。

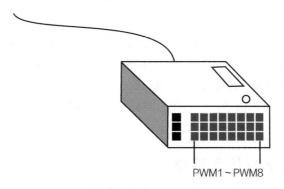

PWM1~PWM8

图10-2　接收机的多路PWM输出通道

使用遥控器接收机所输出的PWM信号直接输入给控制航模飞机上的电调和舵机，这样的做法可以方便将遥控器的控制信号直接输出给飞机的执行器，从而使飞机实时响应操控者的控制。例如，具有最基本功能的固定翼航模上装有1个电调，用于驱动主动力电机，3个舵机分别用于驱动左右副翼、升降舵和垂向尾翼。于是就可以将接收机的主通道输出，直接连接到电调和舵机上，如图10-3所示。

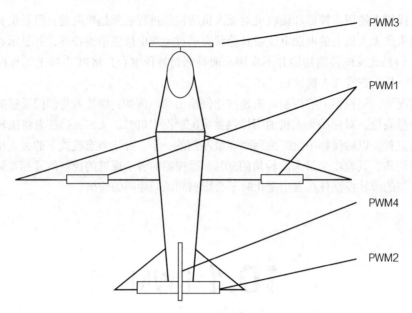

图10-3　使用接收机的PWM输出直接控制固定翼飞机

　　市场上所使用的接收机的油门杆对应的通常是通道3，而滚转、俯仰和航向通道对应的通常是通道1、通道2和通道3。但是不同制造商所生产的遥控器和接收机也会有一些不同，可以根据其出厂说明书来使用。

　　实际上只依靠PWM输出的接收机并不能直接使用到多旋翼飞机上，因为多旋翼并不像固定翼那样，可以依靠副翼和升降舵来控制器姿态，而是完全依赖于螺旋桨的拉力差来产生不同的姿态。因此多路PWM信号不能直接用于多旋翼的电调信号输入，而必须经过飞控程序的处理，然后再通过飞控程序产生多路PWM信号控制电动机。另外，多路PWM信号本身占用的单片机管脚较多，每一路信号都需要一个管脚与之对应，往往每路信号都需要3个管脚用于信号输出，包括电源的正、负和信号管脚。这对于处理飞控程序的单片机来说并不合适，如果飞控程序需要接收8路PWM信号，就需要使用8个管脚与接收机连接，而对一些具有更多复杂功能的接收机来说，可能具有10通道或12通道甚至16通道的遥控器信号，那么对飞控的单片机来说，就需要使用16个管脚来连接接收机，这样就大大浪费了其管脚资源。因此，在无人机领域中，并不推荐直接使用PWM信号，而是使用PPM或S.BUS信号。

✿ 10.1.2　PWM信号采集

　　由于多路PWM信号需要使用多个单片机引脚，因此多数飞控程序为了节省管脚，并不支持遥控器的多路PWM信号输入。在目前的Pixhawk中，仅支持一路PWM信号输入，但并不是作为遥控器信号，而通常是用于油动发动机转速采集。因此，在PX4飞控程序中，也没有针对多路PWM信号输入的程序。为了让读者了解，我们使用STM32程序对多路PWM信号进行采集，并计算其占空比的周期和数值。

　　PWM信号的采集原理很简单，由于PWM信号只在高低电平中变化，并没有其他状态，因此可以通过计算信号两个相邻的上升沿（或两个相邻的下降沿）的时间间隔来确定其信号周期，如图10-4所示。

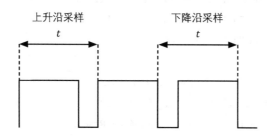

图10-4 电平变化时进行采样计算PWM信号周期

例如使用上升沿采样的方式进行数据采集，可以在管脚从低电平变为高电平时触发一个中断程序，在中断程序中记录当前时刻，当管脚再次由低电平变为高电平时，再次记录当前时刻，并与上一次中断的时刻进行计算，即可得出PWM信号的周期。同时可以通过计算高电平持续时长得出占空比信号的具体数值，即高电平时长除以周期。下面看一看如何通过一个STM32程序采集PWM信号。假设使用PA7管脚进行PWM信号采集，具体程序如下：

```
1 void TIM3_Init(void)
2 {
3    GPIO_InitTypeDef GPIO_InitStructure;
4
5    RCC_APB1PeriphClockCmd(RCC_APB1Periph_TIM3，ENABLE);
6    RCC_APB2PeriphClockCmd(RCC_APB2Periph_GPIOA，ENABLE);
7
8    GPIO_InitStructure.GPIO_Pin = GPIO_Pin_7;
9    GPIO_InitStructure.GPIO_Mode = GPIO_Mode_IN_FLOATING;
10   GPIO_InitStructure.GPIO_Speed = GPIO_Speed_50MHz;
11
12   GPIO_Init(GPIOA，&GPIO_InitStructure);
13
14   TIM_ICInitTypeDef TIM_ICInitStructure;
15   TIM_TimeBaseInitTypeDef TIM_TimeBaseStructure;
16
17   TIM_TimeBaseStructure.TIM_Period = 1999;
18   TIM_TimeBaseStructure.TIM_Prescaler = 71;
19   TIM_TimeBaseStructure.TIM_ClockDivision = 0;
20   TIM_TimeBaseStructure.TIM_CounterMode = TIM_CounterMode_Up;
21   TIM_TimeBaseInit(TIM3，&TIM_TimeBaseStructure);
22
23   TIM_ICInitStructure.TIM_Channel = TIM_Channel_3;
```

```
24    TIM_ICInitStructure.TIM_ICPolarity = TIM_ICPolarity_Rising;

25    TIM_ICInitStructure.TIM_ICSelection = TIM_ICSelection_DirectTI;

26    TIM_ICInitStructure.TIM_ICPrescaler = TIM_ICPSC_DIV1;

27    TIM_ICInitStructure.TIM_ICFilter = 0;

28

29    TIM_PWMIConfig(TIM3，&TIM_ICInitStructure);

30    TIM_SelectInputTrigger(TIM3，TIM_TS_TI2FP2);

31    TIM_SelectSlaveMode(TIM3，TIM_SlaveMode_Reset);

32    TIM_SelectMasterSlaveMode(TIM3，TIM_MasterSlaveMode_Enable);

33

34    TIM_ITConfig(TIM3，TIM_IT_CC3，ENABLE);

35    TIM_ClearITPendingBit(TIM3，TIM_IT_CC3);

36    TIM_Cmd(TIM3，ENABLE);

37

38    NVIC_InitTypeDef NVIC_InitStructure;

39    NVIC_InitStructure.NVIC_IRQChannel = TIM3_IRQn;

40    NVIC_InitStructure.NVIC_IRQChannelSubPriority = 0;

41    NVIC_InitStructure.NVIC_IRQChannelCmd = ENABLE;

42    NVIC_Init(&NVIC_InitStructure);

43 }

44

45 void TIM3_IRQHandler(void)

46 {

47    if (TIM_GetITStatus(TIM3，TIM_IT_CC3) !＝ RESET) {

48        IC1Value = TIM_GetCapture1(TIM3);

49        IC2Value = TIM_GetCapture2(TIM3);

50        DutyCycle = (float)IC1Value/IC2Value;

51    }

52    TIM_ClearITPendingBit(TIM3，TIM_IT_CC3);

53 }
```

>>> **代码说明：**

第1行定义了定时器3的初始化函数，在此函数中，初始化负责PWM捕获的GPIO管脚和定时器。

第5、6行启用TIM3和GPIOA的时钟。

第8行配置负责捕获PWM信号的是GPIO管脚7，实际上配合第12行的GPIOA，表示PA7管脚。

第9行将PA7管脚设置成浮空输入模式，表示此管脚用于输入信号捕获，而不是输出。

第10行设置PA4管脚频率为50MHz。

第12行初始化PA7管脚。

第17行设置在下一次时钟更新事件时，装入自动重装载寄存器的值，这里表示每当计数器从0变化到1999后，重新开始计数。

第18行设置用来作为TIM3时钟频率除数的预分频值。此处填写71（假设系统时钟频率为72MHz），表示TIM3的计数器频率为1MHz。与17行代码配合表示一次采集周期为1µs，计数器从0变化到1999之后，正好为2ms，这也是频率为500Hz的PWM信号周期。

第19行设置TIM3时钟分割，此处设定为不分割，表示使用71预分频数值。

第20行设置TIM3为向上计数模式，计数器由小到大进行，当计数器达到1999之后，下一个数值为0，然后重新开始计数。

第21行初始化TIM3定时器。

第23行设置时钟的捕获通道为通道3。

第24行设置捕获模式为上升沿捕获。

第25行通过管脚与寄存器的对应关系将管脚映射到TI。

第26行设置预分频，预分频表示几个周期捕获一次，此处设置为无预分频，即在每一个上升沿都进行捕获。

第27行判断是否设置滤波器。如果设置滤波器，则表示使用滤波方式将几个周期的捕获值进行滤波输出，以免出现跳变，此处没有设置滤波器。

第29行设置TIM3为PWM捕获模式。

第30行设置TIM3的Ts触发器。

第31行设置触发信器的上升沿重新初始化计数器和触发寄存器的更新事件。

第32行启用定时器的被动触发模式。

第34行配置并启用TIM3的通道3为捕获通道。

第35行清除TIM3的通道3中断标识。

第36行设置TIM3定时器使能。

第38～42行配置NVIC，并设定TIM3的中断响应函数TIM3_IRQn和中断优先级。

第45行定义了TIM3的中断响应函数TIM3_IRQHandler()，也称中断服务函数。

第47行调用TIM_GetITStatus()函数，用来判断TIM3的通道3上是否产生了中断。

第48行调用TIM_GetCapture1()函数，从TIM3中取得IC1的值，此数值即是PWM信号的高电平时长。

第49行调用TIM_GetCapture2()函数，从TIM3中取得IC2的值，此数值即是PWM信号的周期时长。

第50行将高电平时长除以周期时长，即得占空比信号的值。

第52行清除TIM3中第3通道的中断标识，以便定时器可以进入下一次中断捕获。否则，定时器将不能继续进行中断处理。

使用TIM3的第3通道，也就是PA7管脚来进行PWM输入捕获。但是在多路PWM捕获时，每一个定时器可以捕获4路PWM输入信号。如果捕获16路PWM输入信号，则需要使用4个TIM，并使用16个GPIO管脚，这对资源有限的STM32芯片来说，无疑是大大的浪费，因此，在PX4程序中，并没有完成多路PWM信号的采集功能。

10.2 PPM

🚁 10.2.1 PPM信号使用

PPM信号是在PWM信号的基础上进行优化后的协议。PPM信号可以在一路信号总线上传输多路PWM信号。PPM信号的频率通常是50Hz，信号周期长度为20ms，每一个PPM信号周期中，可以存放最多10路PWM信号，每一路PWM的周期为2ms，如图10-5所示。

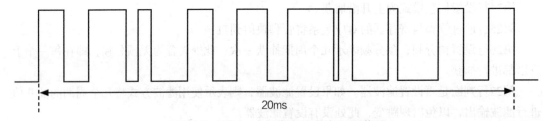

20ms

图10-5　PPM一个周期内的多路PWM信号

对于50Hz的PPM信号，理论上可以存放10路PWM信号，但是，多数遥控器的接收机在PPM模式下最多只能发送9路PWM信号，因为要考虑PPM每一个相邻周期的间隔问题，如果没有间隔，那么程序将无法准确地判断PPM的周期和频率，就不容易将每一路PWM信号区分开来，可能会导致不同的遥控器通道读数发生错乱。在相邻的两个PPM信号周期中，至少会存在2ms的低电平，我们可以以此来判断PPM信号的数据帧是否结束。每一路PWM信号的高电平持续时长为0～2ms，用于表示占空比0～100%。PX4程序中，PPM解码是采用STM32管脚上的定时器捕获功能，这与单路PWM采集功能很类似，但是，在PPM解码时，通常只接收1～2ms之间的PWM信号。

为了节省硬件资源，除Pixhawk自驾仪之外，很多自驾仪都不支持多路PWM信号输入，但是，在市场上可以采用PPM译码器，将多路PWM信号转为PPM单路信号输出，如图10-6所示。

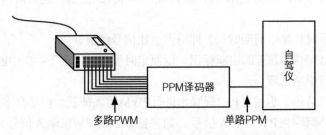

多路PWM　　　　　　　　单路PPM

图10-6　使用译码器将多路PWM信号转为单路PPM信号

使用PPM译码器可以大大节省自驾仪当中单片机的硬件资源，节省大量的捕获定时器和GPIO管脚，但是，在整个飞行控制硬件系统中，却增加了一个译码器设备，不但增加了硬件成本，也增大了由接收机到飞控程序的数据链路节点，而且稍稍增加了数据在传输过程中的不稳定性。当然，现代的PPM译码器采用的都是硬件解码而非软解码，因此性能上并不会有很大的衰减。

🚁 10.2.2 PPM信号采集

PX程序采集PPM信号的整个程序实现原理与PWM信号采集如出一辙。PX4使用一个定时器TIM1的通道1以及一个GPIO管脚PA8来进行PPM信号的采集。只是PWM中给出的代码是使用STM32官方所提供的库函数来完成整个始终捕获模式的中断服务程序，而在PX4程序中，采用的是直接使用各个定时器寄存器来进行相关的配置操作。下面先来看TIM的寄存器功能说明：

```
rCR1                          #控制寄存器1
rCR2                          #控制寄存器2
rSMCR                         #被动模式控制寄存器
rDIER                         #DMA/中断启用寄存器
rSR                           #状态寄存器
rEGR                          #事件生成寄存器
rCCMR1                        #捕获/比较模式寄存器1
rCCMR2                        #捕获/比较模式寄存器2
rCCER                         #捕获/比较使能寄存器
rCNT                          #计数寄存器
rPSC                          #预分频寄存器
rARR                          #自动重载寄存器
rCCR1                         #捕获/比较寄存器1
rCCR2                         #捕获/比较寄存器2
rCCR3                         #捕获/比较寄存器3
rCCR4                         #捕获/比较寄存器4
rDCR                          #DMA控制寄存器
rDMAR                         #突发访问模式的DMA地址
rBDTR                         #中断和死区时间寄存器
```

在Pixhawk2中采用IO控制板进行PPM信号的采集，配置的定时器和捕获通道以及GPIO管脚在文件Firmware/src/drivers/boards/px4io-v2/board_config.h中定义，其中与PPM信号捕获相关的内容如下：

```
#define HRT_TIMER                1                                    //使用TIM1作为HRT时钟
#define HRT_PPM_CHANNEL          1                                    //使用通道1进行PPM捕获
#define GPIO_PPM_IN              (GPIO_ALT|GPIO_CNF_INPULLUP|
                                                                      //使用PA8作为捕获管脚
                                 GPIO_PORTA|GPIO_PIN8)
```

由于PPM信号需要使用TIM1的硬件中断进行捕获，因此不能使用普通的驱动程序来读取信号，因此捕获代码在Firmware/src/drivers/stm32/drv_hrt.c中。此文件用于IO控制板的固件编译选项当中，被编译成IO固件并运行。下面介绍在drv_hrt.c文件中，通过TIM1捕获PPM信号的程序：

```
 1 #if HRT_TIMER == 1
 2 # define HRT_TIMER_BASE                    STM32_TIM1_BASE
 3 # define HRT_TIMER_POWER_REG               STM32_RCC_APB2ENR
 4 # define HRT_TIMER_POWER_BIT               RCC_APB2ENR_TIM1EN
 5 # define HRT_TIMER_VECTOR                  STM32_IRQ_TIM1CC
 6 # define HRT_TIMER_CLOCK                   STM32_APB2_TIM1_CLKIN
 7 # endif
 8
 9 #if HRT_PPM_CHANNEL == 1
10 # define rCCR_PPM        rCCR1
11 # define DIER_PPM        GTIM_DIER_CC1IE
12 # define SR_INT_PPM      GTIM_SR_CC1IF
13 # define SR_OVF_PPM      GTIM_SR_CC1OF
14 # define CCMR1_PPM       1
15 # define CCMR2_PPM       0
16 # define CCER_PPM   (GTIM_CCER_CC1E | GTIM_CCER_CC1P | GTIM_CCER_CC1NP)
17 # define CCER_PPM_FLIP  GTIM_CCER_CC1P
18 #endif
19
20 # define PPM_MIN_PULSE_WIDTH       200
21 # define PPM_MAX_PULSE_WIDTH       600
22 # define PPM_MIN_CHANNEL_VALUE     800
23 # define PPM_MAX_CHANNEL_VALUE     2200
24 # define PPM_MIN_START             2300
25
26 uint16_t ppm_buffer[PPM_MAX_CHANNELS];
```

```
27 uint16_t ppm_temp_buffer[PPM_MAX_CHANNELS];
28 uint16_t ppm_frame_length = 0;
29 uint64_t ppm_last_valid_decode = 0;
30 unsigned ppm_decoded_channels = 0;
31
32 struct
33 {
34    uint16_t last_edge;
35    uint16_t last_mark;
36    uint16_t frame_start;
37    unsigned next_channel;
38    enum
39    {
40       UNSYNCH = 0，ARM，ACTIVE，INACTIVE
41    } phase;
42 } ppm;
43
44 static void hrt_ppm_decode(uint32_t status);
45 static void hrt_tim_init(void);
46 static int hrt_tim_isr(int irq，void *context，void *arg);
47
48 static void hrt_tim_init(void)
49 {
50    irq_attach(HRT_TIMER_VECTOR，hrt_tim_isr，NULL);
51    modifyreg32(HRT_TIMER_POWER_REG，0，HRT_TIMER_POWER_BIT);
52
53    rCR1 = 0;
54    rCR2 = 0;
55    rSMCR = 0;
56    rDIER = DIER_HRT | DIER_PPM;
57    rCCER = 0;
58    rCCMR1 = CCMR1_PPM;
59    rCCMR2 = CCMR2_PPM;
60    rCCER = CCER_PPM;
61    rDCR = 0;
62    rPSC = (HRT_TIMER_CLOCK/1000000) - 1;
63    rARR = 0xffff;
64    rCCR_HRT = 1000;
```

```
65   rEGR = GTIM_EGR_UG;
66   rCR1 = GTIM_CR1_CEN;
67
68   up_enable_irq (HRT_TIMER_VECTOR);
69 }
70
71 static int hrt_tim_isr(int irq, void *context, void *arg)
72 {
73   uint32_t status;
74
75   status = rSR;
76   rSR = ~status;
77   if (status & (SR_INT_PPM | SR_OVF_PPM)) {
78     hrt_ppm_decode(status);
79   }
80   return OK;
81 }
82
83 void hrt_ppm_decode(uint32_t status)
84 {
85   uint16_t count = rCCR_PPM;
86   uint16_t width;
87   uint16_t interval;
88   unsigned i;
89
90   if (status & SR_OVF_PPM) {
91     goto error;
92   }
93   width = count - ppm.last_edge;
94   if (width >= PPM_MIN_START) {
95     if (ppm.next_channel != ppm_decoded_channels) {
96       static unsigned new_channel_count;
97       static unsigned new_channel_holdoff;
98       if (new_channel_count != ppm.next_channel) {
99         new_channel_count = ppm.next_channel;
100        new_channel_holdoff = PPM_CHANNEL_LOCK;
101      } else {
```

```
102        ppm_decoded_channels = new_channel_count;
103        new_channel_count = 0;
104      }
105    } else {
106      if (ppm.next_channel >= PPM_MIN_CHANNELS) {
107        for (i = 0; i < ppm.next_channel; i++) {
108          ppm_buffer[i] = ppm_temp_buffer[i];
109        }
110        ppm_last_valid_decode = hrt_absolute_time();
111      }
112    }
113    ppm.next_channel = 0;
114    ppm.phase = ARM;
115    ppm.last_edge = count;
116    return;
117  }
118
119  switch (ppm.phase) {
120  case UNSYNCH:
121    break;
122  case ARM:
123    if (width < PPM_MIN_PULSE_WIDTH || width > PPM_MAX_PULSE_WIDTH) {
124      goto error;
125    }
126    ppm.last_mark = ppm.last_edge;
127    ppm_frame_length = (uint16_t)(ppm.last_edge - ppm.frame_start);
128    ppm.frame_start = ppm.last_edge;
129    ppm.phase = ACTIVE;
130    break;
131  case INACTIVE:
132    if (width < PPM_MIN_PULSE_WIDTH || width > PPM_MAX_PULSE_WIDTH) {
133      goto error;
134    }
135    ppm.phase = ACTIVE;
136    break;
137  case ACTIVE:
138    interval = count - ppm.last_mark;
```

```
139        ppm.last_mark = count;
140        if ((interval < PPM_MIN_CHANNEL_VALUE)
141            || (interval > PPM_MAX_CHANNEL_VALUE)) {
142          goto error;
143        }
144        if (ppm.next_channel < PPM_MAX_CHANNELS) {
145          ppm_temp_buffer[ppm.next_channel + +] = interval;
146        }
147        ppm.phase = INACTIVE;
148        break;
149      }
150      ppm.last_edge = count;
151      return;
152
153    error:
154      ppm.phase = UNSYNCH;
155      ppm_decoded_channels = 0;
156  }
```

>>> **代码说明：**

第1～7行定义了实时定时器的相关属性，包括总线、中断向量、时钟等相关内容。

第9～18行定义了需要配置PPM捕获通道的寄存器相关内容。

第20～24行定义了PPM宽度范围和每一个PWM信号通道的最小值和最大值。用于在计算PWM信号宽度时，保证数据的有效性。

第26行定义了变量数组ppm_buffer，用于存放采集PPM中各个通道中数值的结果。

第27～30行定义了几个临时变量，用于存放一些计算过程中的中间值。

第32～42行定义了用于解析PPM编码所用到的临时变量结构体。last_edge：上一次捕获的时间；last_mark：上一次检测边缘；frame_start：数据帧宽度；next_channel：下一次需要处理的通道索引；phase：枚举类型，用于解析PWM脉宽的几个解析状态。

第44行定义了用于解析PPM编码的函数hrt_ppm_decode()。

第45行定义了定时器初始化函数hrt_tim_init()。

第46行定义了用于处理定时器触发中断之后的中断响应函数hrt_tim_isr()。

第48行实现hrt_tim_init()初始化函数，完成定时器TIM1的初始化功能。

第50行重新设置定时器的中断向量，并设定中断响应函数为hrt_tim_isr。

第51行设定寄存器启用定时器电源。

第53～61行关闭TIM1定时器，并进行PPM采集配置。

第62行配置定时器频率为1MHz。

第63行设定计数器的最大值为0xffff，即使用最大计数方式。

第64行设置初始捕获点。

第65行设置更新事件，重新加载计数器以及所有寄存器的相关值。

第66行启用TIM1，即对TIM1定时器进行使能。

第68行启用中断，并设定中断向量。当启用定时器中断之后，TIM1开始进入捕获模式，当PPM采集管脚电平发生变化时，即可触发hrt_tim_isr()中断服务程序。

第71行实现hrt_tim_isr()中断服务函数，当TIM1触发中断时，执行此函数。

第73行定义了变量status，用于记录当前状态寄存器的值。

第75行从状态寄存器中取值赋值给status变量。

第76行将status取反，重新赋值给状态寄存器，清除中断标识，以便定时器可以进入下一次捕获，并执行中断服务函数。

第77～79行根据当前状态是否为PPM捕获中断，调用hrt_ppm_decode()函数进行PPM解码。

第83行实现了hrt_ppm_decode()解码函数，用于根据当前捕获寄存器的相关状态解析PPM编码。

第85行定义了count变量，并赋值为PPM捕获寄存器中的计数值。

第86行定义了width变量，用于记录最后一次边缘到此次边缘的宽度。

第87行定义了interval变量，用于记录PWM信号的宽度。

第90～92行根据状态寄存器的值判断PPM捕获是否错误。如果错误，则直接返回。

第93行计算最后一次边缘到此次边缘的计数值，并赋值给width变量。

第94行根据width变量的值与PPM_MIN_START比较判断这是否是一个新的PPM数据帧。如果是新的数据帧，则将上一个完整的数据帧更新到变量ppm_buffer当中，表示捕获到一次完整的数据。

第95～105行根据PPM的解析过程中下一次需要处理的通道索引号next_channel判断当前捕获到所有通道的数据是否完整。如果next_channel不等于ppm_decoded_channels通道数，表示数据包解析错误，需要重置相关变量，并重新开始新的数据包解析。

第106行判断下一次需要处理的通道索引号next_channel是否已经超过总的通道数，如果满足此条件，表示数据包已经解析完成。

第107～109行通过for循环将解析后的PPM每一个通道的具体PWM值赋值到变量ppm_buffer当中，以便为其他程序所使用。

第110行记录上一次成功解析数据包的时间到变量ppm_last_valid_decode当中。

第113行将next_channel重置为0，表示开始解析一个新的PPM的数据帧。

第114行将解析状态设定为ARM，表示准备开始解析。

第115行记录最后一次边缘的计数值到变量last_edge当中。

第119行使用switch语句对phase变量进行判断，进而开始对每一个PWM通道的数值进行解析。

第122～130行ARM准备解析状态，判断width是否有效，并记录最后一次的计数值和整个PPM帧的长度，最后将解析状态更新为ACTIVE激活状态。

第131~135行在INACTIVE非激活状态下，判断width是否有效，并将解析状态更新为ACTIVE激活状态。

第137~148行ACTIVE在激活状态，并计算PWM数值为count减去last_mark，也就是高电平持续时长，并赋值给变量interval。之后判断interval是否在正常的PWM数值范围内，如果PWM数值正常，则将当前PWM数值赋值到ppm_temp_buffer临时数组变量当中。最后将解析状态更新为INACTIVE非激活状态。

第150、151行记录最后一次计数值到last_edge变量当中，并返回表示此次解析处理完成。

第153~155行为定时器捕获情况处理。

需要注意的是，整个PPM解析过程中，每当PA8管脚的电平发生一次变化，无论是由高电平变为低电平，还是由低电平变为高电平，都会触发TIM1的中断服务程序，也就是会执行hrt_tim_isr()函数，并调用hrt_ppm_decode()解码函数。因此hrt_ppm_decode()函数的内部是被中断触发器重复执行的过程，每当有电平变化，TIM1的rCCR_PPM寄存器就会记录一次当前的计数值，因此程序可以根据当前的计数值进行PWM的计算。

10.3 S.BUS

10.3.1 S.BUS接口配置

S.BUS其实是一种串口通信协议，采用100000的波特率，数据位点8bits，停止位点2bits，偶校验，即8E2的串口通信。但是S.BUS采用的是反向电平传输，也就是说，在S.BUS的发送端高低电平是反相的，协议中的所有高电平都被转换成低电平，协议中的所有低电平都被转换成高电平。所以在S.BUS的接收端需要增加一个高低电平反相器来进行电平反转，如图10-7所示。

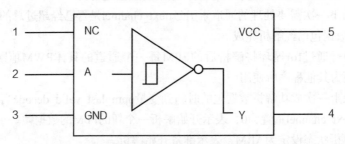

图10-7　数字电路反相器

图10-7中的反相器数字信号由4号管脚输入，经过反相器门电路之后由2号管脚输出，会将输入的所有信号变为反相电平。在Pixhawk中已经继承了此电路，因此S.BUS遥控器的接收机可以直接插入Pixhawk当中，接收机发送的S.BUS反向数字信号经过此反相器之后，可以直接通过串口进行读取。

此外，100000的波特率并不是标准的波特率，这在一些只支持标准波特率的系统上无法实现，但是运行在STM32芯片上的NuttX系统支持自定义波特率。因此可以通过对设备节点的配置实现波特率的设定。S.BUS总线的设备节点为/dev/ttyS2（注意是IO控制板程序的ttyS2，而不是FMU程序的ttyS2），可以编写一个简单的程序对这个串口进行相关配置：

```
 1 int sbus_open_dev(void)
 2 {
 3     int sbus_fd = open("/dev/ttyS2", O_RDWR | O_NONBLOCK);
 4     if(sbus_fd < 0) {
 5         return -1;
 6     }
 7     struct termios t;
 8     tcgetattr(sbus_fd, &t);
 9     cfsetspeed(&t, 100000);
10     t.c_cflag |= (CSTOPB | PARENB);
11     tcsetattr(sbus_fd, TCSANOW, &t);
12     return sbus_fd;
13 }
```

》 代码说明：

第1行定义了sbus_open_dev()函数，用于对S.BUS遥控器串口设备进行打开和配置。

第3~6行打开/dev/ttyS2设备节点，并返回此设备的文件描述符到sbus_fd变量当中，此设备节点就是S.BUS的输入串口，并采用"读/写/非阻塞"方式打开此设备。如果打开设备失败，则直接返回出错。

第7行定义了termios结构体对象t，用于配置串口。

第8行调用tcgetattr()函数，将文件描述符sbus_fd当前配置读取到t当中。

第9行配置串口的自定义波特率为100000。

第10行设定串口的配置选项，采用2个bit的停止位和Even校验方式。

第11行调用tcsetattr()函数，将配置选项写入文件描述符sbus_fd当中，使配置生效。

第12行返回sbus_fd文件描述符。

打开串口设备并进行波特率、停止位、校验方式等相关配置之后，可以通过标准文件读取函数read()对设备进行数据的读取。但是，我们需要对S.BUS的数据协议进行说明，才能对数据帧进行解析。S.BUS协议有高速和低速两种不同的传输模式。

① 高速传输模式：每个数据帧发送的周期为4ms，发送频率为250Hz。

② 低速传输模式：每个数据帧发送的周期为14ms，发送频率为71.43Hz。

高速模式比低速模式的频率高出很多，这使得操控者通过对遥控器操控动作可以高速地传输到飞行控制器当中，使无人机可以更快速地响应。但是，高速模式会占用更大的通信带宽，飞控对高速的S.BUS协议的解析同样需要高频的程序进行处理，这也会增加处理器一定的运算性能。

🚁 10.3.2　S.BUS协议格式

S.BUS协议的一个完整帧共有25个字节，其中包含1个起始字节0x0F，1个flag字节和1个终止字节0x00，数据帧中间包含22个数据字节，如图10-8所示。

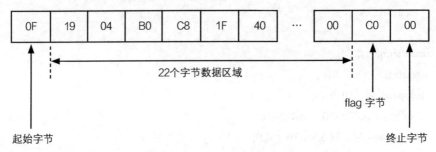

图10-8　S.BUS协议数据格式

S.BUS协议规定：数据区域中的22个字节按bit位存放遥控器每一个通道数值，每一个通道的数值使用11个bit位来存放。这11个bit位可以存放的数值范围为0～2047。假设遥控器的前4个通道的数值分别为200、300、400和500，其他通道的数值都为0，那么这些数值的二进制数据分别为：

```
200：000 1100 1000
300：001 0010 1100
400：001 1001 0000
500：001 1111 0100
其他通道：0
```

S.BUS协议所支持的16个遥控器通道数值可以将每一个通道数值的11个bit位组合成完整的数据包：

```
00011001 00000100 10110000 11001000 00011111 01000000 … 00000000
```

转为十六进制：

```
19 04 B0 C8 1F 40 … 00
```

最后在数据包的前端加入起始字节0F，在数据包后端加入flag和终止字节，得到S.BUS完整数据包：

```
[0F][19 04 B0 C8 1F 40 … 00][C0][00]
```

注意：为方便理解，没有考虑变量在存储时的大小端转换问题，上述的S.BUS数据帧并不是实际的数据帧。在PX4程序中数据存储时，是采用"低位在前、高位在后"的方式存储的，例如十进制的200的11个bit位为：

```
十进制：200
二进制：1000 1100 000
十六进制：4  6  0
```

现在介绍flag字节，flag的大小为1个字节，也就是8个bit位，每一个bit有着不同的含义，具体内容如下：

```
bit0: N/A 预留
bit1: N/A 预留
bit2: N/A 预留
bit3: N/A 预留
bit4: 故障安全激活标识
bit5: 帧丢失，接收机亮起红色LED灯
bit6: 遥控器的第18通道数值（开/关）
bit7: 遥控器的第17通道数值（开/关）
```

S.BUS协议中数据包一共占有22个字节，可以表示16个遥控器通道的数值（ $8 \times 22 = 11 \times 16$ ）。但是，在flag字节中，还可以表示2个开关通道。因此S.BUS协议实际上最多可以支持18个通道的遥控器数据，只是第17通道和第18通道的数值只能表示开和关，而不能像前16个通道一样，可以表示0～2048这样一个数值范围。

10.3.3 S.BUS协议解析

遥控器发送每一个通道的数值为200～1800，用来表示遥控器通道的所有数值。但是，PX4飞控程序中，有效的通道值范围通常是1000～2000，所以需要将原始数值进行一次转换。这两个不同范围的数值转换的方法如下：

```
//S-BUS协议中遥控器通道数值范围
#define SBUS_RANGE_MIN 200.0f
#define SBUS_RANGE_MAX 1800.0f
```

```
//PX4中使用的遥控器通道数值范围
#define SBUS_TARGET_MIN 1000.0f
#define SBUS_TARGET_MAX 2000.0f


//数值放大因子
#define SBUS_SCALE_FACTOR ((SBUS_TARGET_MAX - SBUS_TARGET_MIN)
                              /(SBUS_RANGE_MAX - SBUS_RANGE_MIN))
//数值放大偏移量
#define SBUS_SCALE_OFFSET (int)(SBUS_TARGET_MIN
              - (SBUS_SCALE_FACTOR * SBUS_RANGE_MIN + 0.5f))
```

下面对S.BUS的协议帧进行解析。我们知道遥控器的前16个通道数值在22字节的数据包当中，每一个通道的数值占用11个bit。因此，当我们得到一个完整的数据包之后，可以按bit位逐个解析每个通道的数值。在PX4程序中，已经定义了一个S.BUS数据包解析的结构体数组，其定义与内容如下：

```
struct sbus_bit_pick {
    uint8_t byte;
    uint8_t rshift;
    uint8_t mask;
    uint8_t lshift;
};
```

结构体sbus_bit_pick就是从S.BUS数据包中获取通道数值的各个处理项。

byte：从字节数组中取得的数据所在的索引号。

rshift：取得当前数据字节之后，需要向右位移的位数。

lshift：取得当前数据字节之后，需要向左位移的位数。

mask：取得数值的掩码，表示获取数据的有效bit位。

由于每一个通道的数值都使用11个bit位来存储，而1个字节是8个bit位，因此我们想要获取一个通道的数值，就可能使用2~3个字节的数据，因为遥控器通道数据的11个bit位可能被存放在连续的3个字节当中。为了方便解析S.BUS数据，直接定义了16个通道的sbus_bit_pick数组对象，每个通道需要3个sbus_bit_pick结构体对象，16个通道就是16×3=48个结构体。程序中定义了一个具有16行3列的二维数组：

```
static const struct sbus_bit_pick sbus_decoder[SBUS_INPUT_CHANNELS][3] = {
    { { 0,  0,  0xff,  0}, { 1, 0, 0x07,  8}, { 0, 0, 0x00,  0} },
    { { 1,  3,  0x1f,  0}, { 2, 0, 0x3f,  5}, { 0, 0, 0x00,  0} },
    { { 2,  6,  0x03,  0}, { 3, 0, 0xff,  2}, { 4, 0, 0x01, 10} },
```

```
    { { 4, 1, 0x7f,  0}, { 5, 0, 0x0f,  7}, { 0, 0, 0x00,  0} },
    { { 5, 4, 0x0f,  0}, { 6, 0, 0x7f,  4}, { 0, 0, 0x00,  0} },
    { { 6, 7, 0x01,  0}, { 7, 0, 0xff,  1}, { 8, 0, 0x03,  9} },
    { { 8, 2, 0x3f,  0}, { 9, 0, 0x1f,  6}, { 0, 0, 0x00,  0} },
    { { 9, 5, 0x07,  0}, {10, 0, 0xff,  3}, { 0, 0, 0x00,  0} },
    { {11, 0, 0xff,  0}, {12, 0, 0x07,  8}, { 0, 0, 0x00,  0} },
    { {12, 3, 0x1f,  0}, {13, 0, 0x3f,  5}, { 0, 0, 0x00,  0} },
    { {13, 6, 0x03,  0}, {14, 0, 0xff,  2}, {15, 0, 0x01, 10} },
    { {15, 1, 0x7f,  0}, {16, 0, 0x0f,  7}, { 0, 0, 0x00,  0} },
    { {16, 4, 0x0f,  0}, {17, 0, 0x7f,  4}, { 0, 0, 0x00,  0} },
    { {17, 7, 0x01,  0}, {18, 0, 0xff,  1}, {19, 0, 0x03,  9} },
    { {19, 2, 0x3f,  0}, {20, 0, 0x1f,  6}, { 0, 0, 0x00,  0} },
    { {20, 5, 0x07,  0}, {21, 0, 0xff,  3}, { 0, 0, 0x00,  0} }
};
```

其中，每一行表示用于解析一个遥控器通道的数据，每一行中的3列表示从连续的3个字节中取出的数值，并进行相关位移和掩码计算，最后得到实际的读数。例如，第3行中为计算第3通道的数据，具体操作步骤如下。

① 取出下标为2的数组中的字节，向右位移6个bit位，将得到的数值和掩码0x03做"与"运算。

② 取出下标为3的数组中的字节和掩码0xff做"与"运算，将得到的值再向左位移2个bit位。

③ 取出下标为4的数组中的字节和掩码0x01做"与"运算，将得到的值再向左位移10个bit位。

最后将这3个步骤所得到的数值进行"或"运算，就得到遥控器第3通道的具体数值。其他通道的计算方法都相同。下面看一下整个S.BUS协议的解析程序：

```
15 bool sbus_input(uint16_t *num_values)
16 {
17   uint8_t buf[SBUS_FRAME_SIZE * 2];
18   bool sbus_decoded = false;
19   int ret = read(sbus_fd, &buf[0], SBUS_FRAME_SIZE);
20   if (ret < 1) {
21     return false;
22   }
23
24   if (sbus_parse(buf, num_values)) {
25     sbus_decoded = true;
```

```
26     }
27     return sbus_decoded;
28 }
29
30 bool sbus_parse(uint8_t *frame，uint16_t *values)
31 {
32     //判断数据帧完整性代码略
33     if (...) {
34         return false;
35     }
36     uint8_t chancount = 16;
37     for (uint8_t channel = 0; channel < chancount; channel + +) {
38         uint16_t value = 0;
39         for (uint8_t pick = 0; pick < 3; pick + +) {
40             const struct sbus_bit_pick *decode = &sbus_decoder[channel][pick];
41             if (decode->mask ! = 0) {
42                 uint16_t piece = frame[1 + decode->byte];
43                 piece >> = decode->rshift;
44                 piece & = decode->mask;
45                 piece << = decode->lshift;
46                 value | = piece;
47             }
48         }
49         values[channel] = (uint16_t)(value*SBUS_SCALE_FACTOR + .5f) + SBUS_SCALE_OFFSET;
50     }
51     values[16] = (((frame[SBUS_FLAGS_BYTE]&(1 << 0)) > 0) ? 1 ： 0)*1000 + 998;
52     values[17] = (((frame[SBUS_FLAGS_BYTE]&(1 << 1)) > 0) ? 1 ： 0)*1000 + 998;
53     return true;
54 }
```

➤ 代码说明：

第15行定义了sbus_input()函数，用于从S.BUS串口设备中读取遥控器数据，并进行数据解析。注意：sbus_input()函数是被其他程序所调用的函数，在实际运行时是循环重复执行的。

第17行定义了buf字节数组，用于存放从串口设备中所读取到的数据内容，其大小是S.BUS数据帧的2倍，以便防止数据丢失和操作越界。

第18行定义了sbus_decoded变量，用于函数的返回值，表示当前解析S.BUS成功或失败。

第19～22行调用read()函数从sbus_fd描述符中读取S.BUS数据帧。一次读取数据帧大小的字节数，也就是25个字节。如果读取失败，或者没有读取到数据，则返回失败。

第24行调用sbus_parse()函数，用于对当前读取到的数据进行解析，并返回遥控器中每个通道的读数。

第33～35行判断当前数据帧的完整性，包括起始字节0F和终止字节00，以及整个数据帧的长度等相关信息。如果数据帧不完整或错误，则返回失败。

第36行定义了遥控器普通通道个数变量chancount，默认值为16个通道。

第37行使用for循环语句，在16个通道中循环解析每一个通道的数值。

第38行定义了当前处理通道的数值变量value。

第39行使用for循环处理每个通道所要使用的3个字节解析过程。

第40行根据当前要处理的通道和字节位置来取得sbus_bit_pick结构体对象指针decode，用于解析当前通道的当前字节处理项。

第41行判断掩码mask是否非0。如果为0，则不需要处理当前字节。

第42行取得数据包中需要处理的字节，并赋值给piece变量当中，表示原始字节内容数据切片。

第43行将数据切片piece右移rshift个bit位，将结果重新保存在piece当中。

第44行将数据切片piece和mask掩码做"与"运算，将结果重新保存在piece当中。

第45行将数据切片piece左移lshift个bit位，将结果重新保存在piece当中。

第46行将遥控器通道数据value和数据切片数据piece做"或"运算，并将结果重新保存到value当中。这样，在经过3次循环之后，就得到当前遥控器通道的实际数值，并保存到value变量当中。

第49行使用SBUS_SCALE_FACTOR宏和SBUS_SCALE_OFFSET宏，进行遥控器通道数的范围调整，按比例将200～1800调整到1000～2000之间。

第51、52行处理并计算遥控器通道17和通道18的数值。

第53行返回true，表示解析S.BUS协议成功。

实际上，在处理S.BUS数据解析的过程完成之后，还需要将这些遥控器通道的数据由IO控制板发送给FMU控制板，并由FMU控制板的相关驱动程序发布遥控器通道读数的uORB内容，从而将遥控器的控制量交给控制系统进行处理。

第 **11** 章

飞控状态与
命令执行

在PX4飞控程序中，命令模块（Commander）负责整个飞控程序的状态切换以及命令执行工作。第5章介绍的航前准备、传感器校准、飞行模式等内容在飞控程序中都是通过命令模块来完成的。命令模块主要实现的功能如下。

① 定义了整个飞控程序的主状态，并根据地面站或遥控器的不同指令，在不同状态下进行切换。主状态即为飞控程序飞行模式。

② 定义了飞控程序的导航状态，负责根据不同情况下对无人机进行保护处理，适当地切换相应的导航状态来达到安全飞行、返航和降落的目的。

③ 定义了锁定与解锁状态控制整个飞控系统对电机的安全保护控制，在飞控锁定时，电机处于保护状态，不会发生状态，而只有飞控解锁之后，才会根据不同的控制量产生相应的转动速度。

④ 航前检查与传感器校准相关功能。判断各个传感器状态是否正常，对各个传感器进行校准，包括加速度计、陀螺仪、磁罗盘、水平仪等。校准传感器时，命令模块会计算各个传感器的零偏（offset）和标度因数（scale）。这方面内容虽然在命令模块中完成，但从原理上讲，属于状态估计范畴。我们将在第12章中一起讨论这部分内容。

⑤ 其他功能：根据不同状态控制彩色LED航灯，判断安全开关状态，并进行相应处理，进行起飞判断与着陆判断，动力电池电压检测与保护处理，起飞点（home_position）设定与判断，电调校准和遥控器校准等。

11.1　主状态与切换

11.1.1　主状态定义与切换条件

主状态就是无人机的飞行模式。PX4中主状态被定义在commander_state这个uORB当中，使用main_state变量来存放无人机当前的主状态值，这13个主状态如下：

```
uint8 MAIN_STATE_MANUAL = 0              //手动状态
uint8 MAIN_STATE_ALTCTL = 1              //高度控制状态
uint8 MAIN_STATE_POSCTL = 2              //位置控制状态
uint8 MAIN_STATE_AUTO_MISSION = 3        //任务状态
uint8 MAIN_STATE_AUTO_LOITER = 4         //悬停状态
uint8 MAIN_STATE_AUTO_RTL = 5            //返航状态
uint8 MAIN_STATE_ACRO = 6                //特技状态
uint8 MAIN_STATE_OFFBOARD = 7            //离线状态
uint8 MAIN_STATE_STAB = 8                //增稳状态
uint8 MAIN_STATE_RATTITUDE = 9           //手动特技状态
```

```
uint8 MAIN_STATE_AUTO_TAKEOFF = 10          //起飞状态
uint8 MAIN_STATE_AUTO_LAND = 11             //着陆状态
uint8 MAIN_STATE_AUTO_FOLLOW_TARGET = 12    //目标跟随状态
```

关于无人机在不同飞行状态下的飞行功能与物理表现，我们已经在第5章中介绍过了，这里不再赘述，下面讨论飞控程序在不同情况下是如何进行主状态切换的，并且如何避免不合理甚至错误的状态切换的。

无人机切换不同的主状态，就是使飞控程序进入不同的飞行控制逻辑当中，执行不同的导航逻辑和不同的控制方法。当然，飞控的主状态不可以任意切换，切换到不同的主状态需要不同的前提条件。例如：装有GPS模块，并且在户外可以根据GPS获取当前良好位置的无人机，在手动状态下，可以通过遥控器、地面站或控制台由手动状态切换到位置状态。而在无人机无法进行定位时，则不能由手动状态切换到位置状态。又如，在起飞点有效的情况下，无人机可以切换至返航状态，飞往起飞点，而在起飞点无效时，则不允许切换到返航状态。PX4飞控程序中的每一个主状态与允许切换的前提条件的关系可以列在表11-1中。

表11-1　主状态与允许切换的前提条件

主状态	多旋翼机型	高度有效	本地坐标有效	全局坐标有效	任务有效	起飞点有效	数传信号有效
手动状态							
增稳状态							
特技状态							
手动特技状态							
高度控制状态		√		√			
位置控制状态			√	√			
悬停状态				√			
任务状态				√	√		
返航状态				√		√	
起飞状态			√				
着陆状态			√				
目标跟随状态	√						
离线状态							√

注：√表示无人机在切换主状态时的前提条件。

注意：对于悬停状态，在程序中的本意为"Loiter"。对于固定翼飞机来说，表示"盘旋飞行"，而对于直升机和多旋翼机来说，表示在当前位置悬停。由于在本书中只讨论多旋翼无人机的相关内容，不考虑其他机型，因此这里认为"Loiter"是"悬停"。

表11-1中带有对号的条件就是无人机在切换主状态时的前提条件。如果某一个状态中没有前提条件，则可以进行任意切换。如果无人机想要切换到某一个状态但其前提条件并未满足时，状态切换程序将拒绝此次状态切换，并保持原状态不变。例如，在本地坐标系无效的情况下，当执行自动起飞和自动降落功能时，程序将会尝试切换到起飞状态和着陆状态，但由于前提条件没有达到，因此拒绝状态切换。

主状态切换前提条件设定的目的是使无人机处于一个相对安全的状态下。如果某个前提条件没有满足，而强行切换至此模式下，对无人机来说，可能会产生非常致命的错误。例如，在起飞点无效时，强行进入返航模式，无人机将无法确定返航的坐标位置。在导航模块中虽然会有异常处理，但是，对于这样的状态切换逻辑来说，是不正确的，也是危险的。因此主状态切换的前提条件是无人机安全飞行的保障，是必不可少的。

PX4飞控程序在state_machine_helper.cpp文件中定义了状态切换的功能函数，其参数与返回值的说明如下：

```
//输入参数：
//       status无人机状态；
//       new_main_state：需要切换的目标状态；
//       status_flags：主状态切换前提条件；
//       internal_state：当前主状态。
//返回值：
//       -1：状态切换被拒绝；
//        0：状态没有变化；
//        1：状态切换成功。
transition_result_t main_state_transition(vehicle_status_s &status,
                                          main_state_t new_main_state,
                                          vehicle_status_flags_s &status_flags,
                                          commander_state_s *internal_state);
```

main_state_transition()函数是飞控程序主状态切换的核心函数。在使用此函数时，需要将new_main_state设定为目标状态，也就是希望无人机所切换到的新状态。此函数将根据status_flags中所存放的主状态切换的不同前提条件尝试进行状态切换。如果条件不满足，则返回 – 1，表示拒绝切换；否则返回1，表示主状态切换成功。此外，如果需要切换的新状态与当前状态一致，则返回0，表示状态没有变化。返回值transition_result_t是一个枚举类型，其定义如下：

```
typedef enum {
    TRANSITION_DENIED      = -1,
```

```
    TRANSITION_NOT_CHANGED = 0 ,
    TRANSITION_CHANGED       = 1 ,
} transition_result_t;
```

main_state_transition()函数的具体实现内容如下：

```
1 transition_result_t main_state_transition(vehicle_status_s &status ,
2      main_state_t new_main_state ,
3      vehicle_status_flags_s &status_flags ,
4      commander_state_s *internal_state)
5 {
6    transition_result_t ret = TRANSITION_DENIED;
7
8    switch (new_main_state) {
9    case commander_state_s : : MAIN_STATE_MANUAL :
10   case commander_state_s : : MAIN_STATE_STAB :
11   case commander_state_s : : MAIN_STATE_ACRO :
12   case commander_state_s : : MAIN_STATE_RATTITUDE :
13     ret = TRANSITION_CHANGED;
14     break;
15
16   case commander_state_s : : MAIN_STATE_ALTCTL :
17     if (status_flags.condition_local_altitude_valid
18         || status_flags.condition_global_position_valid){
19       ret = TRANSITION_CHANGED;
20     }
21     break;
22
23   case commander_state_s : : MAIN_STATE_POSCTL :
24     if (status_flags.condition_local_position_valid
25         || status_flags.condition_global_position_valid){
26       ret = TRANSITION_CHANGED;
27     }
28     break;
29
30   case commander_state_s : : MAIN_STATE_AUTO_LOITER :
31     if (status_flags.condition_global_position_valid) {
```

```
32        ret = TRANSITION_CHANGED;
33      }
34    break;
35
36  case commander_state_s：：MAIN_STATE_AUTO_FOLLOW_TARGET：
37    if (status.is_rotary_wing) {
38        ret = TRANSITION_CHANGED;
39      }
40    break;
41
42  case commander_state_s：：MAIN_STATE_AUTO_MISSION：
43    if (status_flags.condition_global_position_valid
44          && status_flags.condition_auto_mission_available) {
45        ret = TRANSITION_CHANGED;
46      }
47    break;
48
49  case commander_state_s：：MAIN_STATE_AUTO_RTL：
50    if (status_flags.condition_global_position_valid
51          && status_flags.condition_home_position_valid) {
52        ret = TRANSITION_CHANGED;
53      }
54    break;
55
56  case commander_state_s：：MAIN_STATE_AUTO_TAKEOFF：
57  case commander_state_s：：MAIN_STATE_AUTO_LAND：
58    if (status_flags.condition_local_position_valid) {
59        ret = TRANSITION_CHANGED;
60      }
61    break;
62
63  case commander_state_s：：MAIN_STATE_OFFBOARD：
64    if (!status_flags.offboard_control_signal_lost) {
65        ret = TRANSITION_CHANGED;
66      }
67    break;
68
```

```
69    case commander_state_s：：MAIN_STATE_MAX：
70    default：
71       break；
72    }
73
74    if (ret = = TRANSITION_CHANGED) {
75      if (internal_state->main_state ! = new_main_state) {
76        internal_state->main_state = new_main_state；
77        internal_state->timestamp = hrt_absolute_time()；
78      } else {
79         ret = TRANSITION_NOT_CHANGED；
80      }
81    }
82    return ret；
83 }
```

▶ 代码说明：

第6行定义了ret变量，用于表示状态切换函数的返回值，其默认值为-1，表示拒绝切换。这样处理是为了能在最大限度上保护无人机的安全，而在后续新状态的前提条件满足时，ret才会被赋值为1，表示切换成功。

第8行进入switch语句，通过对new_main_state进行判断，确定每一个状态的前提条件是否满足，并进行相应的处理。

第9～14行对手动状态、增稳状态、特技状态和手动特技状态进行判断，由于这些状态没有必要条件，因此可以直接进行切换。也就是说，无论当前无人机处于什么状态，都可以直接切换到这几种状态当中去。

第16～21行对高度状态进行判断。如果本地坐标系中的高度是有效的，或者全局坐标系是有效的，则允许切换到高度状态。

第23～28行对位置状态进行判断。如果本地坐标系有效，或者全局坐标系有效，则允许切换到位置状态。

第30～34行对悬停状态进行判断。如果全局坐标系有效，则允许切换到悬停状态。

第36～40行对目标跟随状态进行判断，这里虽然通过is_rotary_wing进行判断，但是实际上目标跟随模式只在多旋翼机型中有效。

第42～47行对自动任务状态进行判断。如果全局坐标系有效，并且自动任务有效，则允许切换到自动任务状态。

第49～54行对自动返航状态进行判断。如果全局坐标系有效，并且起飞点有效，则允许切换到自动返航状态。

第56～61行对启动起飞和自动降落状态进行判断。如果本地坐标系有效，则允许切换到启动起飞和自动降落状态。

第63～67行对离线状态进行判断。如果数传链接状态有效，则允许切换到离线状态。

第74～81行判断是否进行状态切换。如果允许进行状态切换，则需要判断当前无人机的主状态与目标状态是否相同。如果相同，则返回0，表示主状态并没有切换。

第82行返回主状态切换结果。

注意：高度状态和位置状态中的两个条件之间是"或者"的关系，二者满足其一即可；而任务状态和返航状态中的两个条件之间是"并且"的关系，二者必须同时满足。

11.1.2　主状态切换命令与响应

在命令模块Commander当中，有一个主进程负责整个飞控命令的执行和状态切换功能，进程的执行函数为Commander：：run()，在此函数中同样有一个主循环进行所有的功能处理，其中有5个特殊功能调用了main_state_transition()函数进行主状态切换，如图11-1所示。

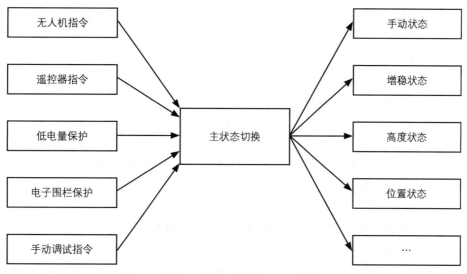

图11-1　需要切换主状态的功能

（1）无人机指令

实际上这是一个uORB的消息，叫做vehicle_command，用于存放从Mavlink总线上所收到的无人机命令，也就是地面站程序通过Mavlink向无人机发送了切换主状态的命令，再由Commander进行相应的状态处理，当接收到vehicle_command命令之后，调用handle_command()函数执行相应的指令。

实际上handle_command()函数不仅用于切换主状态，还用于切换锁定和解锁状态，设定起飞点。在这里我们只关心主状态切换部分的功能代码：

```
1 uint8_t base_mode = (uint8_t)cmd.param1;
2 uint8_t custom_main_mode = (uint8_t)cmd.param2;
3 uint8_t custom_sub_mode = (uint8_t)cmd.param3;
4
5 transition_result_t main_ret = TRANSITION_NOT_CHANGED;
6
7 if (custom_main_mode = = PX4_CUSTOM_MAIN_MODE_MANUAL) {
8     main_ret = main_state_transition(*status_local,
            commander_state_s：：MAIN_STATE_MANUAL，status_flags，&internal_state);
9 }
10 else if (custom_main_mode = = PX4_CUSTOM_MAIN_MODE_ALTCTL) {
11     main_ret = main_state_transition(*status_local,
            commander_state_s：：MAIN_STATE_ALTCTL，status_flags，&internal_state);
12 }
13 else if (custom_main_mode = = PX4_CUSTOM_MAIN_MODE_POSCTL) {
14     main_ret = main_state_transition(*status_local,
            commander_state_s：：MAIN_STATE_POSCTL，status_flags，&internal_state);
15 }
16 else if (custom_main_mode = = PX4_CUSTOM_MAIN_MODE_AUTO) {
17     if (custom_sub_mode > 0) {
18         switch(custom_sub_mode) {
19         case PX4_CUSTOM_SUB_MODE_AUTO_LOITER：
20             main_ret = main_state_transition(*status_local, commander_state_s：：MAIN_
                STATE_AUTO_LOITER，status_flags，&internal_state);
21             break;
22
23         case PX4_CUSTOM_SUB_MODE_AUTO_MISSION：
24         if (status_flags.condition_auto_mission_available){
25             main_ret = main_state_transition (*status_local, commander_state_s：：MAIN_
                STATE_AUTO_MISSION，status_flags，&internal_state);
26         }
27         else {
28             main_ret = TRANSITION_DENIED;
29         }
30         break;
31
32         case PX4_CUSTOM_SUB_MODE_AUTO_RTL：
```

```
33          main_ret = main_state_transition(*status_local,
                        commander_state_s：: MAIN_STATE_AUTO_RTL,
                        status_flags, &internal_state);
34          break;
35
36      case PX4_CUSTOM_SUB_MODE_AUTO_TAKEOFF：
37          main_ret = main_state_transition(*status_local,
                        commander_state_s：: MAIN_STATE_AUTO_TAKEOFF,
                        status_flags, &internal_state);
38          break;
39
40      case PX4_CUSTOM_SUB_MODE_AUTO_LAND：
41          main_ret = main_state_transition(*status_local,
                        commander_state_s：: MAIN_STATE_AUTO_LAND,
                        status_flags, &internal_state);
42          break;
43
44      case PX4_CUSTOM_SUB_MODE_AUTO_FOLLOW_TARGET：
45          main_ret = main_state_transition(*status_local,
                        commander_state_s：: MAIN_STATE_AUTO_FOLLOW_
                        TARGET, status_flags, &internal_state);
46          break;
47
48      default：
49          main_ret = TRANSITION_DENIED;
50          break;
51      }
52   }
53   else {
54       main_ret = main_state_transition(*status_local,
                        commander_state_s：: MAIN_STATE_AUTO_MISSION,
                        status_flags, &internal_state);
55   }
56 }
57 else if (custom_main_mode = = PX4_CUSTOM_MAIN_MODE_ACRO) {
58    main_ret = main_state_transition(*status_local,
                        commander_state_s：: MAIN_STATE_ACRO,
                        status_flags, &internal_state);
```

```
59 }
60 else if (custom_main_mode = = PX4_CUSTOM_MAIN_MODE_RATTITUDE) {
61     main_ret = main_state_transition(*status_local,
                                commander_state_s：：MAIN_STATE_RATTITUDE,
                                status_flags, &internal_state);
62 }
63 else if (custom_main_mode = = PX4_CUSTOM_MAIN_MODE_STABILIZED) {
64     main_ret = main_state_transition(*status_local,
                                commander_state_s：：MAIN_STATE_STAB,
                                status_flags, &internal_state);
65 }
66 else if (custom_main_mode = = PX4_CUSTOM_MAIN_MODE_OFFBOARD) {
67     main_ret = main_state_transition(*status_local,
                                commander_state_s：：MAIN_STATE_OFFBOARD,
                                status_flags, &internal_state);
68 }
```

▶▶ 代码说明：

第1～3行从vehicle_command中取出3个等级的飞行模式，base_mode为基本飞行模式；custom_main_mode为自定义飞行模式；custom_sub_mode为自定义子模式。这些模式就是前面讲述的无人机的主状态，只是为了使用和理解方便，在vehicle_command中，将这些主状态分为不同等级的飞行模式。

第5行定义了主状态切换返回值，默认为未切换。

第7～15行根据自定义飞行模式来切换无人机相应的飞行模式，包括手动模式、高度模式和位置模式。

第16～56行首先判断自定义飞行模式是否为自动模式，然后再根据自定义子模式进行自动模式的切换，包括悬停模式、自动任务模式、返航模式、起飞模式、降落模式、目标跟随模式等。

第57～68行根据自定义飞行模式切换无人机的相应飞行模式，包括特技模式、手动特技模式、增稳模式、离线模式等。

（2）遥控器指令

与地面站指令类似的manual_control_setpoint这个uORB消息中存放了遥控器中的控制量和主状态切换开关。Commander通过manual_control_setpoint这个uORB消息并根据其中模式切换的相关变量调用状态切换函数进行切换，具体实现函数为set_main_state_rc()，此函数的实现代码如下：

```
70 transition_result_t set_main_statc_rc(vehicle_status_s &status_local)
71 {
72    transition_result_t res = TRANSITION_DENIED;
73    if (sp_man.offboard_switch = = manual_control_setpoint_s：：SWITCH_POS_ON) {
74       res = main_state_transition(status_local,
                                     commander_state_s：：MAIN_STATE_OFFBOARD,
                                     status_flags，&internal_state);
75    }
76    if (sp_man.return_switch = = manual_control_setpoint_s：：SWITCH_POS_ON) {
77       res = main_state_transition(status_local,
                                     commander_state_s：：MAIN_STATE_AUTO_RTL,
                                     status_flags，&internal_state);
78       if (res = = TRANSITION_DENIED) {
79          res = main_state_transition(status_local,
                                        commander_state_s：：MAIN_STATE_AUTO_LOITER,
                                        status_flags，&internal_state);
80       }
81    }
82    if (sp_man.loiter_switch = = manual_control_setpoint_s：：SWITCH_POS_ON) {
83       res = main_state_transition(status_local,
                                     commander_state_s：：MAIN_STATE_AUTO_LOITER,
                                     status_flags，&internal_state);
84    }
85    //其他模式开关略
86    if (sp_man.mode_slot != manual_control_setpoint_s：：MODE_SLOT_NONE) {
87       int new_mode = _flight_mode_slots[sp_man.mode_slot];
88       res = main_state_transition(status_local, new_mode, status_flags, &internal_state);
89       int maxcount = 5;
90       while (res = = TRANSITION_DENIED && maxcount > 0) {
91          if (new_mode = = commander_state_s：：MAIN_STATE_AUTO_MISSION) {
92             new_mode = commander_state_s：：MAIN_STATE_AUTO_LOITER;
93             res = main_state_transition(status_local, new_mode, status_flags, &internal_state);
94             if (res != TRANSITION_DENIED) {
95                break;
96             }
97          }
98          if (new_mode = = commander_state_s：：MAIN_STATE_AUTO_RTL) {
```

```
99              new_mode = commander_state_s：：MAIN_STATE_AUTO_LOITER;
100             res = main_state_transition(status_local，new_mode，status_flags，&internal_state);
101             if (res != TRANSITION_DENIED) {
102                 break;
103             }
104         }
105         if (new_mode = = commander_state_s：：MAIN_STATE_POSCTL) {
106             new_mode = commander_state_s：：MAIN_STATE_ALTCTL;
107             res = main_state_transition(status_local，new_mode，status_flags，&internal_state);
108             if (res != TRANSITION_DENIED) {
109                 break;
110             }
111         }
112         if (new_mode = = commander_state_s：：MAIN_STATE_ALTCTL) {
113             new_mode = commander_state_s：：MAIN_STATE_STAB;
114             res = main_state_transition(status_local，new_mode，status_flags，&internal_state);
115             if (res != TRANSITION_DENIED) {
116                 break;
117             }
118         }
119         //其他保护代码略
120     }
121   }
122   return res;
123 }
```

代码说明：

第70行定义了set_main_state_rc()函数，用于将遥控器的辅助通道作为控制主状态切换开关，根据遥控器辅助通道的开关状态切换主状态。

第72行定义了变量res，用于记录切换结果成功或失败。

第73～75行根据遥控器辅助通道offboard_switch变量来判断是否切换到离线状态，并调用main_state_transition()函数来进行主状态切换。

第76～81行根据遥控器辅助通道return_switch变量来判断是否切换到自动返航状态，并且根据切换主状态的返回值进行判断。如果切换返航状态失败，则切换到悬停状态。

第82～84行根据遥控器辅助通道loiter_switch变量来判断是否切换到悬停状态，并调用main_state_transition()函数来进行主状态切换。

第86行判断遥控器辅助通道的"模式切换"通道是否有效。如果有效，则进入主状态切换。

第87、88行从_flight_mode_slots数组中取得当前需要切换的主状态，并赋值到new_mode状态当中，这些需要切换的主状态是使用者自行配置的状态切换选项。之后调用main_state_transition()函数来进行主状态切换。

第89～121行进行保护处理。如果在前面根据_flight_mode_slots进行状态切换失败，则循环5次，依次将当前状态不断尝试恢复成一个可切换的稳定状态。即由自动任务状态切换为悬停状态；返航状态切换为悬停状态；位置控制状态切换为高度控制状态；高度控制状态切换到增稳状态等。其他保护代码略。

第122行返回遥控器状态切换结果。

其中_flight_mode_slots数组的内容来源于COM_FLTMODE1～COM_FLTMODE6这6个参数，这些参数是由使用者根据自己的需要配置的，可以使用地面站进行配置，也可以直接在NSH环境下，通过param set指令进行配置。这些参数允许配置的范围为0～12，具体意义如表11-2所示。

表11-2　飞行模式COM_FLTMODE参数

英文名	中文名	参数值
Manual	手动状态	0
Altitude	高度控制状态	1
Position	位置控制状态	2
Mission	自动任务状态	3
Hold	定点状态	4
Return	返航状态	5
Acro	特技状态	6
Offboard	离线状态	7
Stabilized	增稳状态	8
Rattitude	手动特技状态	9
Takeoff	起飞状态	10
Land	着陆状态	11
Follow Me	目标跟随状态	12

（3）低电量保护

由参数COM_LOW_BAT_ACT确定其具体需要执行的动作，此参数可以配置的范围为0~3，具体意义如表11-3所示。

表11-3　低电量保护动作COM_LOW_BAT_ACT参数

英文名	中文名	参数值
Warning	低电警告	0
Return mode	低电返航	1
Land mode	低电就地着陆	2
Low Rtl mode	超低电返航，危险时就地着陆	3

在Commander的主循环函数run()中，每次循环都会根据当前动力电池的电量进行相应的判断，并做出相应的低电保护处理，具体代码如下：

```
125 orb_check(battery_sub，&updated);
126 if (updated) {
127   orb_copy(ORB_ID(battery_status)，battery_sub，&battery);
128
129   if (battery.warning == battery_status_s：BATTERY_WARNING_CRITICAL) {
130     if (low_bat_action == 1 || low_bat_action == 3) {
131       main_state_transition(status，commander_state_s：MAIN_STATE_AUTO_RTL，
                                 status_flags，&internal_state);
132     }
133     else if (low_bat_action == 2) {
134       main_state_transition(status，commander_state_s：MAIN_STATE_AUTO_LAND，
                                 status_flags，&internal_state);
135     }
136   }
137   else if (battery.warning == battery_status_s：BATTERY_WARNING_EMERGENCY) {
138     if (low_bat_action == 2 || low_bat_action == 3) {
139       TRANSITION_CHANGED == main_state_transition(status，
                                 commander_state_s：MAIN_STATE_AUTO_LAND，
                                 status_flags，&internal_state);
140     }
141   }
142 }
```

代码说明：

第125～127行检查battery_status这个uORB是否有更新，其中battery_sub为订阅此uORB的描述符。如果电池电压的uORB数据更新，则复制此uORB的内容到本地结构体对象battery当中，为后续低电保护处理做准备。

第129行判断如果当前电压达到低电保护范围，则触发低电保护动作。

第130～132行判断如果低电保护动作为低电返航或空电返航，则调用main_state_transition()函数切换主状态为自动返航状态。

第133～135行判断如果低电保护动作为就地着陆，则调用main_state_transition()函数切换主状态为着陆状态。

第137行判断如果当前电压达到危险状态，则触发危险保护动作。

第138～140行判断如果危险保护动作为着陆，则调用main_state_transition()函数切换主状态为着陆状态。

（4）电子围栏保护

电子围栏保护的目的是使无人机只能在某一个指定区域内飞行，为了避免无人机进入一些禁飞区域，或为了避免无人机超出数传和遥控器信号范围，因此指定了一个电子围栏保护区域。通常，电子围栏会设置成一个简单的圆柱体或一个自定义的多边形区域。当无人机飞出整个圆柱体的范围后，电子围栏程序会根据当前所设定的保护措施进行相应的保护。保护动作是由GF_ACTION参数设定的，其范围为0～4，具体意义如表11-4所示。

表11-4　电子围栏保护动作GF_ACTION参数

英文名	中文名	参数值
None	无保护动作	0
Warning	警告	1
Hold mode	就地悬停	2
Return mode	自动返航	3
Terminate	终结	4

同样，在Commander的主循环函数run()中，每次循环都会根据当前无人机的位置和电子围栏进行相应的判断，并做出相应的保护处理，具体代码如下：

```
144 orb_check(geofence_result_sub, &updated);
145 if (updated) {
146     orb_copy(ORB_ID(geofence_result), geofence_result_sub, &geofence_result);
147 }
148
149 if (geofence_result.geofence_violated) {
```

```
150    switch (geofence_result.geofence_action) {
151      case (geofence_result_s：：GF_ACTION_NONE)：{
152        break;
153      }
154      case (geofence_result_s：：GF_ACTION_WARN)：{
155        break;
156      }
157      case (geofence_result_s：：GF_ACTION_LOITER)：{
158        if (TRANSITION_CHANGED == main_state_transition(status,
                              commander_state_s：：MAIN_STATE_AUTO_LOITER,
                              status_flags，&internal_state)) {
159          geofence_loiter_on = true;
160        }
161        break;
162      }
163      case (geofence_result_s：：GF_ACTION_RTL)：{
164        if (TRANSITION_CHANGED == main_state_transition(status,
                              commander_state_s：：MAIN_STATE_AUTO_RTL,
                              status_flags，&internal_state)) {
165          geofence_rtl_on = true;
166        }
167        break;
168      }
169      case (geofence_result_s：：GF_ACTION_TERMINATE)：{
170        armed.force_failsafe = true;
171        status_changed = true;
172        break;
173      }
174    }
175 }
```

▓▓▓ ➤ 代码说明：

第144～147行检查geofence_result这个uORB是否有更新，其中geofence_result_sub为订阅此uORB的描述符。如果电子围栏检测结果为数据已更新，则复制此uORB的内容到本地结构体对象geofence_result当中，为后续电子围栏保护处理做准备。

第149行通过对geofence_violated变量进行判断，确定无人机是否已经违反了电子围栏设定。也就是说，如果无人机超出了电子围栏的范围，于是处罚电子围栏保护动作。

第150行使用switch语句对触发保护动作进行判断，进入不同的处理。

第151～153行判断如果没有设定保护动作，则无需处理。

第154～156行判断如果设定保护动作为警告，则无需处理（警告方式在导航部分已经通过Mavlink消息发送给地面站）。

第157～162行判断如果保护动作为悬停，则调用main_state_transition()函数进入悬停状态。

第163～168行判断如果保护动作为返航，则调用main_state_transition()函数进入返航状态。

第169～173行判断如果保护动作为终结，则设定无人的锁定状态为"保护"，无人机会立即切断所有动力系统，并锁定电机，进入终结状态。

（5）手动调试指令

Commander模块为使用提供了很多方便的调试指令。我们可以在NSH环境下通过commander命令来对主状态进行设定，与主状态设置相关的参数如下：

```
commander mode { manual|altctl|posctl|auto：mission|auto：rtl|acro|offboard|
                stabilized|rattitude|auto：takeoff|auto：land }
```

当在NSH环境下输入不同的命令时，可以使无人机切换到指定的主状态当中去。例如：

```
commander mode manual              //切换至手动状态
commander mode posctl              //切换至位置控制状态
commander mode auto：mission       //切换至自动任务状态
commander mode auto：rtl           //切换至自动返航状态
…
```

注意：通常NSH环境是通过PC计算机接入Pixhawk的串口进行调试的，如果直接输入这些指令直接切换无人机的主状态，则是非常危险的。通常是在半物理仿真模式下运行飞控程序，才使用NSH指令进行状态切换。

Commander模块的主函数为commander_main()，下面看一看关于模式切换部分的相关代码：

```
177 int commander_main(int argc，char *argv[])
178 {
179  //其他功能代码略
180  if (!strcmp(argv[1]，"mode")) {
181    if (argc > 2) {
182      uint8_t new_main_state=commander_state_s：：MAIN_STATE_MAX;
183      if (!strcmp(argv[2]，"manual")) {
```

```
184          new_main_state = commander_state_s：：MAIN_STATE_MANUAL;
185      }
186      else if (!strcmp(argv[2]，"altctl")) {
187          new_main_state = commander_state_s：：MAIN_STATE_ALTCTL;
188      }
189      else if (!strcmp(argv[2]，"posctl")) {
190          new_main_state = commander_state_s：：MAIN_STATE_POSCTL;
191      }
192      else if (!strcmp(argv[2]，"auto：mission")) {
193        new_main_state = commander_state_s：：MAIN_STATE_AUTO_MISSION;
194      }
195      else if (!strcmp(argv[2]，"auto：loiter")) {
196        new_main_state = commander_state_s：：MAIN_STATE_AUTO_LOITER;
197      }
198      else if (!strcmp(argv[2]，"auto：rtl")) {
199        new_main_state = commander_state_s：：MAIN_STATE_AUTO_RTL;
200      }
201      else if (!strcmp(argv[2]，"acro")) {
202          new_main_state = commander_state_s：：MAIN_STATE_ACRO;
203      }
204      else if (!strcmp(argv[2]，"offboard")) {
205        new_main_state = commander_state_s：：MAIN_STATE_OFFBOARD;
206      }
207      else if (!strcmp(argv[2]，"stabilized")) {
208          new_main_state = commander_state_s：：MAIN_STATE_STAB;
209      }
210      else if (!strcmp(argv[2]，"rattitude")) {
211        new_main_state = commander_state_s：：MAIN_STATE_RATTITUDE;
212      }
213      else if (!strcmp(argv[2]，"auto：takeoff")) {
214        new_main_state = commander_state_s：：MAIN_STATE_AUTO_TAKEOFF;
215      }
216      else if (!strcmp(argv[2]，"auto：land")) {
217        new_main_state = commander_state_s：：MAIN_STATE_AUTO_LAND;
218      }
219      else {
220          warnx("argument %s unsupported."，argv[2]);
221      }
```

```
222    if (TRANSITION_DENIED = = main_state_transition(status，new_main_state，
                                             status_flags，&internal_state)) {
223      warnx("mode change failed");
224    }
225    return 0;
226  }
227  else {
228    warnx("missing argument");
229  }
230  }
231  return 1;
232 }
```

※》 **代码说明：**

第177行定义了Commander模块的主函数commander_main()，用于执行此模块的所有NSH指令。

第180行判断参数1是否为mode，表示切换主状态命令。

第181行判断参数是否大于2个。如果参数大于2个，才进行处理，表示可以接受此状态切换命令。

第182～218行通过对参数2的判断，确定需要切换的主状态，并将相应的主状态值赋值到new_main_state变量当中，作为需要切换的新的主状态。

第219～221行表示没有找到使用者所输入的主状态。

第222～224行调用main_state_transition()函数尝试切换主状态。

第225行返回执行成功状态。注意：此处的返回值只表示成功地执行了主状态切换函数，并不是表示主状态是否切换成功。

第227、228行提示使用者输入参数不正确。

第231行返回错误。

11.2 导航状态与控制模式

⚛ 11.2.1 导航状态定义与切换条件

导航状态被定义在vehicle_status.msg这个uORB的uint8 nav_state属性中，一共有20个导航

状态，其实际值与导航状态的对应关系如下：

```
uint8 NAVIGATION_STATE_MANUAL = 0                    //手动模式
uint8 NAVIGATION_STATE_ALTCTL = 1                    //高度控制模式
uint8 NAVIGATION_STATE_POSCTL = 2                    //位置控制模式
uint8 NAVIGATION_STATE_AUTO_MISSION = 3              //自动任务模式
uint8 NAVIGATION_STATE_AUTO_LOITER = 4               //自动悬停模式
uint8 NAVIGATION_STATE_AUTO_RTL = 5                  //自动返航模式
uint8 NAVIGATION_STATE_AUTO_RCRECOVER = 6            //遥控器恢复
uint8 NAVIGATION_STATE_AUTO_RTGS = 7                 //数传信号丢失自动返回地面站
uint8 NAVIGATION_STATE_AUTO_LANDENGFAIL = 8          //自动降落（当引擎失效）
uint8 NAVIGATION_STATE_AUTO_LANDGPSFAIL = 9          //自动降落（当GPS失效）
uint8 NAVIGATION_STATE_ACRO = 10                     //特技模式
uint8 NAVIGATION_STATE_UNUSED = 11                   //预留
uint8 NAVIGATION_STATE_DESCEND = 12                  //下降模式
uint8 NAVIGATION_STATE_TERMINATION = 13              //自毁模式
uint8 NAVIGATION_STATE_OFFBOARD = 14                 //离线模式
uint8 NAVIGATION_STATE_STAB = 15                     //增稳模式
uint8 NAVIGATION_STATE_RATTITUDE = 16                //手动特技模式
uint8 NAVIGATION_STATE_AUTO_TAKEOFF = 17             //自动起飞模式
uint8 NAVIGATION_STATE_AUTO_LAND = 18                //自动着陆模式
uint8 NAVIGATION_STATE_AUTO_FOLLOW_TARGET = 19       //目标跟随模式
```

与主状态不同的是，无人机会根据当前状态与不同的条件对导航状态进行降级评估。也就是说，如果当前飞行模式的必要条件不满足，则会切入一个较为安全的导航状态。导航状态来源于主状态，但是会根据不同条件进行降级切换。主状态通常是由其他控制器进行设置的，例如地面站指令和遥控器辅助开关等。但是导航状态在Commander：：run()函数中却是实时更新的，在主循环函数中会重复执行set_nav_state()函数，用于更新当前的导航状态。导航状态是主状态的延伸，并且负责整个导航模块和控制模块的功能逻辑。

在正常情况下，导航状态会随着主状态变化，但是，在一些特殊情况下，导航状态会根据实际情况切换到一个较为安全的状态，如表11-5所示。

表11-5　导航状态切换

主状态	导航状态				
	正常	遥控信号丢失	位置失效	引擎失效	任务失效
手动	手动	表11-6			

续表

主状态	导航状态				
	正常	遥控信号丢失	位置失效	引擎失效	任务失效
增稳	增稳	表11-6			
特技	特技	表11-6			
手动特技	手动特技	表11-6			
位置	位置	表11-6	表11-7		
任务	任务	表11-6	表11-7	降落	返航
悬停	悬停	表11-6	表11-7	降落	
返航	返航	表11-6	表11-7	降落	
跟随目标	跟随目标		表11-7	降落	
起飞	起飞		表11-7	降落	
降落	降落		表11-7	降落	
离线	离线	表11-6	下降		

　　除此之外，还有几种情况需要考虑：当遥控器信号丢失、位置坐标失效时，需要根据不同的状态进行切换。另外，对于离线模式的判断条件较多，也需要考虑。表11-6和表11-7分别是对这几种情况的具体描述，也是对表11-5的扩展。

　　如果遥控器信号丢失，则进入遥控信号保护动作，如表11-6所示。

表11-6　离线模式保护动作COM_OBL_RC_ACT参数

英文名	中文名	参数值
Position mode	位置模式	0
Altitude mode	高度模式	1
Manual	手动模式	2
Return mode	返航模式	3
Land mode	着陆模式	4
Hold mode	悬停模式	5

　　以上保护动作是在全局坐标有效的情况下的保护动作，如果全局坐标失效，则需要判断本地高度是否有效。如有效，则进入下降模式；否则，进入GPS无效下降模式。

表11-7 位置失效判断与导航状态切换

导航状态	使用遥控器	本地位置	本地高度
位置模式	√	√	
高度模式	√		√
增稳模式	√		
着陆模式		√	
降落模式			√
终结模式			

导航状态的切换功能是在函数set_nav_state()函数中完成的，此函数在Commander模块中的run()函数主循环中重复执行，每次执行时，都会根据当前主状态来切换相应的导航状态，并根据实际条件切换到保护状态。具体代码如下：

```
1 bool set_nav_state(vehicle_status_s *status，commander_state_s
*internal_state)
2 {
3   navigation_state_t nav_state_old = status->nav_state;
4   const bool rc_lost = rc_loss_act_configured && (status->rc_signal_lost);
5
6   switch (internal_state->main_state) {
7   case commander_state_s：：MAIN_STATE_ACRO：
8   case commander_state_s：：MAIN_STATE_MANUAL：
9   case commander_state_s：：MAIN_STATE_RATTITUDE：
10  case commander_state_s：：MAIN_STATE_STAB：
11  case commander_state_s：：MAIN_STATE_ALTCTL：
12    if (rc_lost) {
13      set_link_loss_nav_state(status，internal_state，rc_loss_act，
                        vehicle_status_s：：NAVIGATION_STATE_AUTO_RCRECOVER);
14    }
15    else {
16      switch (internal_state->main_state) {
17      case commander_state_s：：MAIN_STATE_ACRO：
18        status->nav_state = vehicle_status_s：：NAVIGATION_STATE_ACRO;
19        break;
20      case commander_state_s：：MAIN_STATE_MANUAL：
21        status->nav_state = vehicle_status_s：：NAVIGATION_STATE_MANUAL;
22        break;
```

```
23      case commander_state_s：：MAIN_STATE_RATTITUDE：
24        status->nav_state = vehicle_status_s：：NAVIGATION_STATE_RATTITUDE；
25          break；
26      case commander_state_s：：MAIN_STATE_STAB：
27        status->nav_state = vehicle_status_s：：NAVIGATION_STATE_STAB；
28          break；
29      case commander_state_s：：MAIN_STATE_ALTCTL：
30        status->nav_state = vehicle_status_s：：NAVIGATION_STATE_ALTCTL；|
31          break；
32        default：
33          status->nav_state = vehicle_status_s：：NAVIGATION_STATE_MANUAL；
34          break；
35        }
36      }
37      break；
38
39    case commander_state_s：：MAIN_STATE_POSCTL：
40      if (rc_lost) {
41        set_link_loss_nav_state(status，internal_state，rc_loss_act，
                              vehicle_status_s：：NAVIGATION_STATE_AUTO_RCRECOVER);
42      }
43      else if (is_armed && check_invalid_pos_nav_state(status，
                        !(posctl_nav_loss_act = = 1)，!status->is_rotary_wing)){
44      }
45      else {
46        status->nav_state = vehicle_status_s：：NAVIGATION_STATE_POSCTL；
47      }
48      break；
49
50    case commander_state_s：：MAIN_STATE_AUTO_MISSION：
51      if (check_invalid_pos_nav_state(status，old_failsafe，mavlink_log_pub，
                            status_flags，false，true)) {
52      }
53      else if (status->engine_failure) {
54        status->nav_state = vehicle_status_s：：NAVIGATION_STATE_AUTO_LANDENGFAIL；
55      }
56      else if (status->mission_failure) {
57        status->nav_state = vehicle_status_s：：NAVIGATION_STATE_AUTO_RTL；
```

```
58        }
59        else if (!data_link_loss_act_configured && status->rc_signal_lost && mission_finished) {
60            set_link_loss_nav_state(status, internal_state, rc_loss_act,
                             vehicle_status_s: : NAVIGATION_STATE_AUTO_RCRECOVER);
61        }
62        else {
63            status->nav_state = vehicle_status_s: : NAVIGATION_STATE_AUTO_MISSION;
64        }
65        break;
66
67    //其他模式略
68
69    default:
70        break;
71    }
72    return status->nav_state != nav_state_old;
73 }
```

▶▶ 代码说明：

第1行定义了set_nav_state()函数，用于根据主状态切换相应的导航状态。其中包含根据不同条件切换到不同的保护模式等，此函数的其他参数略。

第3行定义了nav_state_old变量，用于存放当前的导航状态，由于后续需要根据主状态和其他条件切换导航状态，因此此处命名为"旧的导航状态"。

第4行定义了rc_lost变量，用于记录当前飞控程序中遥控器信号是否丢失。

第6行进入switch语句对主状态进行判断，根据不同的主状态切换导航状态。

第7～11行针对手动、增稳、特技、手动特技、高度这些主状态进行导航状态设置。

第12～14行判断遥控器信号是否丢失。如果遥控器信号丢失，则调用set_link_loss_nav_state()函数进行保护处理，并切换到相应的导航模式。在set_link_loss_nav_state()函数内部已经处理所有保护动作，并切换到相应的导航模式。

第15～37行将主状态手动、增稳、特技、手动特技、高度切换到相应的手动、增稳、特技、手动特技、高度导航状态。

第39行针对位置状态进行处理，切换相应的导航状态。

第40～42行判断遥控器信号是否丢失。如果遥控器信号丢失，则调用set_link_loss_nav_state()函数进行保护处理，并切换到相应的导航状态。

第43、44行调用check_invalid_pos_nav_state()函数判断当前位置是否无效。如果位置无效，则进入位置无效保护逻辑，并切换到相应的导航模式，在check_invalid_pos_nav_state()函数内部已经处理所有保护动作，并切换到相应的导航状态。

第45～47行判断如果遥控器信号未丢失并且位置有效，则将导航状态切换到位置模式。

第50行针对自动任务状态进行处理，切换相应的导航状态。

第51、52行调用check_invalid_pos_nav_state()函数判断当前位置是否无效。如果位置无效，则进入位置无效保护逻辑，并切换到相应的导航状态。

第53～55行判断引擎是否失效。如果引擎失效，则切换导航状态到自动降落模式。

第56～58行判断任务是否失效。如果任务失效，则切换导航状态到自动返航模式。

第59～61行判断遥控器信号是否丢失并且任务是否已经完成。如果遥控器信号丢失并且任务已经完成，则调用set_link_loss_nav_state()函数进行保护处理，并切换到相应的导航状态。

第62～64行判断如果没有发现异常问题，切换导航状态为自动任务模式。

第67行为其他导航状态切换功能代码（略），与上面所述的状态切换类似。

第72行判断如果新的导航状态与原导航状态不同，说明切换成功，返回true；如果相同，则返回false。

🜨 11.2.2 控制模式及其开关条件

导航状态不仅影响导航模块（Navigator）中的导航模式，同时还影响位置控制模块（MC_Position_Contrl）和姿态控制模块（MC_Att_Control）中的控制模式。控制模式定义在vehicle_control_mode这个uORB当中，一共有13个控制模式，内容如下：

```
bool flag_control_manual_enabled          #手动控制
bool flag_control_auto_enabled            #自动控制
bool flag_control_offboard_enabled        #离线控制
bool flag_control_rates_enabled           #角速度控制
bool flag_control_attitude_enabled        #角度（姿态）控制
bool flag_control_rattitude_enabled       #角度与角速度控制（手动特技）
bool flag_control_acceleration_enabled    #加速度控制
bool flag_control_velocity_enabled        #水平方向速度控制
bool flag_control_position_enabled        #位置控制
bool flag_control_altitude_enabled        #高度控制
bool flag_control_climb_rate_enabled      #垂直方向速度（爬升速度）控制
bool flag_control_termination_enabled     #终结（自毁）
bool flag_control_fixed_hdg_enabled       #用户航向控制
```

这些控制模式在位置控制模块和姿态控制模块中有着至关重要的作用。无人机在不同的控制模式下有着不同的控制方式，不同的控制方式会导致不同的飞行表现。同样，我们将导航状态与控制模式进行列表，说明在不同导航状态下启用或停用哪些不同的控制模式，如表11-8所示。

表11-8　导航状态与控制模式

导航状态＼控制模式	手动模式	自动模式	离线模式	角速度模式	角度模式	角度与角速度模式	加速度模式	水平速度模式	位置模式	高度模式	垂直速度模式	终结模式	用户航向模式
手动模式	√			√	√								
增稳模式	√			√	√								
手动特技	√			√	√	√							
高度模式	√			√	√					√	√		
位置模式	√			√	√			√	√	√	√		
返航模式		√		√	√			√	√	√	√		
遥控恢复		√		√	√			√	√	√	√		
目标跟随		√		√	√			√	√	√	√		
返回地面站		√		√	√			√	√	√	√		
着陆模式		√		√	√			√	√	√	√		
降落模式		√		√	√			√	√	√	√		
自动任务		√		√	√			√	√	√	√		
悬停模式		√		√	√			√	√	√	√		
起飞模式		√		√	√			√	√	√	√		
无GPS降落				√	√						√		
特技模式	√			√	√						√		
下降模式		√		√	√						√		
终结模式												√	
离线模式			√										

注："√" 表示当需要切换到某一个保护模式时需要达到的必要条件。例如：切换到降落模式时，本地高度必须是有效的。

在Commander模块的执行函数run()的主循环，每次循环都会调用set_control_mode()函数重新设置每个控制模式。具体代码如下：

```
75 void set_control_mode()
76 {
77    switch (status.nav_state) {
78    case vehicle_status_s：：NAVIGATION_STATE_MANUAL：
79        control_mode.flag_control_manual_enabled = true;
80        control_mode.flag_control_auto_enabled = false;
81        control_mode.flag_control_rates_enabled = true;
82        control_mode.flag_control_attitude_enabled = true;
83        control_mode.flag_control_rattitude_enabled = false;
84        control_mode.flag_control_altitude_enabled = false;
85        control_mode.flag_control_climb_rate_enabled = false;
86        control_mode.flag_control_position_enabled = false;
87        control_mode.flag_control_velocity_enabled = false;
88        control_mode.flag_control_acceleration_enabled = false;
89        control_mode.flag_control_termination_enabled = false;
90        break;
91
92    case vehicle_status_s：：NAVIGATION_STATE_STAB：
93        control_mode.flag_control_manual_enabled = true;
94        control_mode.flag_control_auto_enabled = false;
95        control_mode.flag_control_rates_enabled = true;
96        control_mode.flag_control_attitude_enabled = true;
97        control_mode.flag_control_rattitude_enabled = false;
98        control_mode.flag_control_altitude_enabled = false;
99        control_mode.flag_control_climb_rate_enabled = false;
100       control_mode.flag_control_position_enabled = false;
101       control_modc.flag_control_velocity_enabled = false;
102       control_mode.flag_control_acceleration_enabled = false;
103       control_mode.flag_control_termination_enabled = false;
104       break;
105
106   case vehicle_status_s：：NAVIGATION_STATE_ALTCTL：
107       control_mode.flag_control_manual_enabled = true;
108       control_mode.flag_control_auto_enabled = false;
109       control_mode.flag_control_rates_enabled = true;
110       control_mode.flag_control_attitude_enabled = true;
```

```
111        control_mode.flag_control_rattitude_enabled = false;
112        control_mode.flag_control_altitude_enabled = true;
113        control_mode.flag_control_climb_rate_enabled = true;
114        control_mode.flag_control_position_enabled = false;
115        control_mode.flag_control_velocity_enabled = false;
116        control_mode.flag_control_acceleration_enabled = false;
117        control_mode.flag_control_termination_enabled = false;
118        break;
119
120    case vehicle_status_s: : NAVIGATION_STATE_POSCTL:
121        control_mode.flag_control_manual_enabled = true;
122        control_mode.flag_control_auto_enabled = false;
123        control_mode.flag_control_rates_enabled = true;
124        control_mode.flag_control_attitude_enabled = true;
125        control_mode.flag_control_rattitude_enabled = false;
126        control_mode.flag_control_altitude_enabled = true;
127        control_mode.flag_control_climb_rate_enabled = true;
128        control_mode.flag_control_position_enabled = true;
129        control_mode.flag_control_velocity_enabled = true;
130        control_mode.flag_control_acceleration_enabled = false;
131        control_mode.flag_control_termination_enabled = false;
132        break;
133
134    //其他控制模式略
135
136    default:
137        break;
138    }
139 }
```

▶▶ 代码说明：

第75行定义了set_control_mode()函数，用于根据不同的导航状态设置控制模式。

第77行使用switch语句对导航状态进行判断，设置相应的控制模式。

第78～90行设置手动模式下的控制模式开关，每个控制模式的开关值参考表11-8。

第92～104行设置增稳模式下的控制模式开关，每个控制模式的开关值参考表11-8。

第106～118行设置高度模式下的控制模式开关，每个控制模式的开关值参考表11-8。

第120～132行设置位置模式下的控制模式开关，每个控制模式的开关值参考表11-8。

第134行为其他导航模式下的控制模式设置（代码略），设置方案参考表11-8。

11.3 飞控锁定与解锁

11.3.1 飞控锁定保护

　　飞控程序中有一个非常重要的保护处理，就是对无人机的锁定和解锁。通常情况下，在无人机上电之后，针对电调进行初始化，初始化之后，飞控进入锁定状态。在锁定状态下，不接受任何控制量，也不会将动力输出给电动机。而当飞控程序自检通过，按下安全开关之后，飞控进入准备就绪状态。此时飞控允许使用者通过地面站指令或者遥控器指令对飞控程序进行解锁，解锁之后，无人机可根据当前的主状态和导航状态进入不同的控制模式，进而产生不同的控制量输出到电调之上，电调驱动电机转动产生飞行动力。

　　飞控的锁定机制可以有效地保护使用者的人身安全以及其他人和物的安全。如果没有锁定机制，在无人机上电之后，可能因为使用者误触碰到地面站的起飞按钮或遥控器的油门通道，从而导致无人机立即意外起飞。无人机出现意外起飞是非常危险的，而飞控的锁定机制可以避免这种状态，避免造成不必要的损失。

　　在无人机上电、初始化并完成行前检查之后会进入准备就绪状态，此时需要按下安全开关，才能对飞控解锁（也可以不使用安全开关）。解锁可以通过地面站的解锁指令进行，如图11-2（a）所示，将滑块从左侧滑动到右侧即可。此外，还可以使用遥控器的主通道控制杆，使用"内八字"动作对飞控进行解锁，无论是美国手遥控器还是日本手遥控器，都是将垂直方向的主通道控杆置于最低，并将水平方向靠近遥控器中心，即"内八字"，如图11-2（b）所示。在解锁之后，可以使用遥控器将垂直方向的主通道控杆置于最低，并将水平方向远离遥控器中心，即"外八字"控制对飞控进行锁定，如图11-2（c）所示。

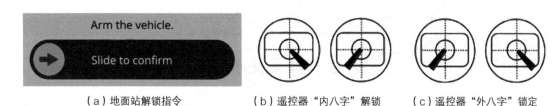

（a）地面站解锁指令　　　　（b）遥控器"内八字"解锁　　　　（c）遥控器"外八字"锁定

图11-2　通过地面站解锁指令和遥控器对飞控进行解锁和锁定

11.3.2 锁定与解锁状态

　　飞控程序中Arming state表示飞机当前处于解锁和锁定状态，它被定义成vehicle_status.msg

这个uORB中的uint8 arming_state属性，实际上arming_state并不仅仅表示"锁定"和"解锁"这两个状态，它一共有6个状态，也定义在vehicle_status.msg中，其内容如下：

```
uint8 ARMING_STATE_INIT = 0                    #初始化
uint8 ARMING_STATE_STANDBY = 1                 #准备就绪
uint8 ARMING_STATE_ARMED = 2                   #已解锁
uint8 ARMING_STATE_STANDBY_ERROR = 3          #就绪错误
uint8 ARMING_STATE_REBOOT = 4                  #重启
uint8 ARMING_STATE_IN_AIR_RESTORE = 5         #空中恢复
```

实际上，Arming state是为了表示无人机在整个飞行过程中可能出现的基本状态，其中只有ARMING_STATE_ARMED表示飞控解锁，也就是电机解锁。用于表示飞控实际对电机"锁定"和"解锁"状态的变量并非Arming state，而是actuator_armed.msg这个uORB的bool armed属性。注意：这个变量是一个布尔型变量，它只表示无人机系统"解锁"和"锁定"两个状态。图11-3所示为Arming state 6个状态的切换。

图11-3中描述了6个状态的相互切换关系，两个状态之间的箭头方向表示从一个状态可以切换到另一个状态，而没有箭头指向的两个状态之间不能进行状态切换。

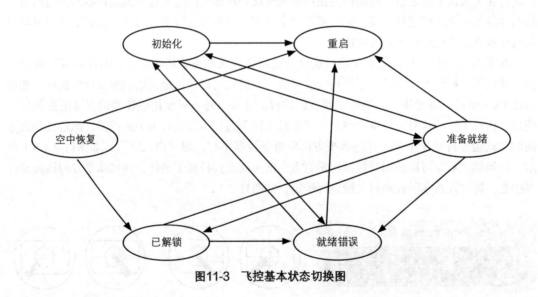

图11-3　飞控基本状态切换图

① 初始化状态。飞控上电之后会进入初始化状态，可以切换到准备就绪、就绪错误或重启状态，不能切换到其他状态。

② 准备就绪状态。可以切换到初始化、已解锁、就绪错误或重启状态。

③ 已解锁状态。可以切换到准备就绪或就绪错误状态。

④ 就绪错误状态。可以切换初始化或重启状态。

⑤ 重启状态。不可以切换到其他状态。

⑥ 空中恢复状态。可以切换到重启状态或已解锁状态。

在飞控程序中，使用了一个二维数组来表示6个状态的相互切换关系，实际上这个二维数组就是图11-3中的切换方式，其中，每行表示需要切换到的新状态，每列表示飞控程序当前的状态。具体定义如下：

```
bool arming_transitions[ARMING_STATE_MAX][ARMING_STATE_MAX] =
{
    //     INIT, STANDBY, ARMED, STANDBY_ERROR, REBOOT, IN_AIR_RESTORE
    /* INIT */          { true,  true,  false, true,  false, false },
    /* STANDBY */       { true,  true,  true,  false, false, false },
    /* ARMED */         { false, true,  true,  false, false, true  },
    /* STA_ERR */       { true,  true,  true,  true,  false, false },
    /* REBOOT */        { true,  true,  false, true,  true,  true  },
    /* AIR_RES*/        { false, false, false, false, false, false }
};
```

在这个表示Arming state的二维数组中，每一行表示无人机需要切换的新的状态，每一列表示当前状态。从当前状态切换到新状态时的限制条件就是arming_transitions这个二维数组的值。如果为true，表示允许切换；如果为false，表示不允许切换。

程序中使用arming_state_transition()函数来对整个飞控的锁定状态进行切换，具体代码如下：

```
1 transition_result_t arming_state_transition(vehicle_status_s *status, arming_state_t new_arming_
                          state, actuator_armed_s *armed, vehicle_status_
                          flags_s *status_flags, ...) {
2    transition_result_t ret = TRANSITION_DENIED;
3    arming_state_t current_arming_state = status->arming_state;
4    if (new_arming_state == current_arming_state) {
5      ret = TRANSITION_NOT_CHANGED;
6    }
7    else {
8      bool valid_transition = arming_transitions[new_arming_state][status->arming_state];
9      if (valid_transition) {
10       armed->armed = (new_arming_state == ARMING_STATE_ARMED);
11         ret = TRANSITION_CHANGED;
12         status->arming_state = new_arming_state;
13     }
14   }
```

```
15    return ret;
16 }
```

▶▶▶ 代码说明：

第1行定义了arming_state_transition()函数，用于切换解锁状态。

第2行定义了ret变量，用于存放本次切换结果。

第3行定义了current_arming_state变量，用于存放当前的解锁状态。

第4～6行通过条件判断语句判断需要切换的新状态是否与当前状态相同。如果相同，则设定返回结果为TRANSITION_NOT_CHANGED，表示解锁状态并未切换。

第8行使用arming_transitions二维数组来进行状态切换，将需要切换的新状态new_arming_state变量作为其行编号，而使用当前状态status->arming_state作为其列编号，来获取是否允许切换状态，并将结果保存在valid_transition变量当中。

第9行判断如果状态切换成功，则处理"锁定"与"解锁"状态。

第10行判断当前状态是否为已解锁ARMING_STATE_ARMED。如果为"解锁"，则将armed->armed变量设置为true；如果为"锁定"，则将armed->armed变量设置为false。

第11行将返回值变量ret设置为TRANSITION_CHANGED，表示状态切换成功。

第12行将当前状态变量赋值为新状态，表示完成状态切换。

第15行返回切换结果。

实际上，影响飞控程序控制电机锁定与解锁状态的是armed->armed变量，也就是在第10行中将当前状态与ARMING_STATE_ARMED进行比较。如果相同，则对无人机解锁；如果不同，则锁定无人机。对于控制启动和实际执行系统，则在产生PWM信号时，根据当前"锁定"或"解锁"状态对PWM信号进行控制，避免发生意外事故。

▶ **11.4** 其他功能 ◀

🚁 11.4.1 起飞点设置

起飞点（HomePosition）就是无人机在起飞前的位置，包括坐标系的经度（lon）、纬度（lat）、高度（alt），以及在本地坐标系下的三维坐标（x、y、z），同时还记录了无人机在起飞前的航向角（yaw）。飞控程序记录起飞点的目的是方便无人机在返航时，可以准确地将起飞点设置成当前目标点，并向起飞点飞行，如图11-4（a）所示。

起飞点的设定还可以使无人机在飞行自动任务时，计算任务航迹点的高度，航迹点的高度通常分为海拔高度（绝对高度）和相对于起飞点高度两种。如果在设定自动任务时，将任务航迹点设定为海拔高度，则表示由海平面到此航迹点的高度；如果是相对高度，则表示由起飞点到此航迹点的高度，如图11-4（b）所示。

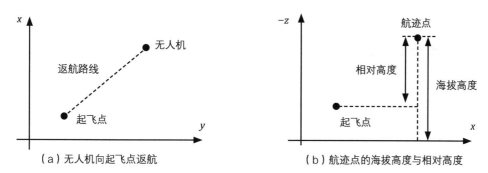

图11-4　起飞点的位置与高度

在Commander模块中可以对起飞点进行设置，并且分为手动设置与自动设置两种方式，手动设置与自动设置略有不同，具体区别如下。

（1）手动设置

通过地面站指令设置起飞点，设置时可以指定无人机将当前位置设置为起飞点，也可以指定任意的经度、纬度和高度作为起飞点。在Commander模块中通过handle_command()函数接收地面站的指令，并通过对指令的执行来设定无人机的起飞点，具体代码如下：

```
1 bool Commander：：handle_command(vehicle_command_s& cmd，...)
2 {
3   switch (cmd.command) {
4     case vehicle_command_s：：VEHICLE_CMD_DO_SET_HOME：{
5       bool use_current = cmd.param1 > 0.5f;
6       if (use_current) {
7         set_home_position(home_pub，home，false);
8       }
9       else {
10        const double lat = cmd.param5;
11        const double lon = cmd.param6;
12        const float alt = cmd.param7;
13        home->lat = lat;
14        home->lon = lon;
15        home->alt = alt;
16        home->valid_alt = true;
17        home->valid_hpos = true;
18        home->manual_home = true;
```

```
19        status_flags.condition_home_position_valid = true;
20        orb_publish(ORB_ID(home_position), *home_pub, home);
21      }
22      break;
23    }
24
25    //其他功能代码略
26  }
27  return ret;
28 }
```

▶ 代码说明：

第1行定义了handle_command()函数，用于处理地面站指令。

第3行通过switch语句判断cmd.command指令内容。

第4行判断如果当前指令为VEHICLE_CMD_DO_SET_HOME，即设定起飞点，进入设置起飞点逻辑。

第5行获取设置起飞点类型，并赋值给use_current变量当中，表示是否使用当前点作为起飞点。

第6～8行判断如果使用当前点作为起飞点，则直接调用set_home_position()函数设置起飞点。

第10～17行判断如果不使用当前点作为起飞点，则需要从cmd.param5、cmd.param6、cmd.param7中获取需要设定为起飞点的经度、纬度和高度。

第18行通过将home->manual_home变量设置为true，表示起飞点为手动设置。

第19行设置condition_home_position_valid变量的值为ture，表示起飞点有效。

第20行发布起飞点的uORB，也就是home_position.msg的具体内容。

第25行在handle_command()函数中还有其他很多功能，不再一一说明，其他功能代码略。

（2）自动设置

在无人机未解锁之前，全局坐标系生效之后，进行起飞点设置。如果当前位置与已经设定好的起飞点位置发生偏离，则重新设定起飞点。自动设置的功能代码在Commander模块的主循环函数run()当中，具体内容如下：

```
30 if (!_home.manual_home && !armed.armed) {
31    const vehicle_local_position_s &local_position = _local_position_sub.get();
32    if (status_flags.condition_home_position_valid) {
33    if (land_detector.landed && local_position.xy_valid && local_position.z_valid) {
34      float home_dist_xy = -1.0f;
35      float home_dist_z = -1.0f;
36      mavlink_wpm_distance_to_point_local(_home.x, _home.y, _home.z,
```

```
37              local_position.x，local_position.y，local_position.z，
38              &home_dist_xy，&home_dist_z);
39        if ((home_dist_xy > local_position.eph * 2)
                              || (home_dist_z > local_position.epv * 2)) {
40          set_home_position(home_pub，_home，false);
41        }
42      }
43    }
44    else {
45      set_home_position(home_pub，_home，false);
46    }
47 }
```

▶▶ 代码说明：

第30行判断当前起飞点的设置方式是自动设置还是手动设置，并且在锁定状态下自动设定起飞点。如果是手动设置，则不再进行自动设置。如果不是手动设置，则进入自动设置逻辑代码。

第31行获取本地坐标系相关信息，并保存到local_position结构体对象当中。

第32行判断当前起飞点是否有效。如果有效，则需要更新起飞点的坐标。

第33行判断本地坐标系有效并且无人机已经着陆。

第34~38行计算当前的起飞点与当前坐标位置的距离。

第39行判断如果距离偏差大于2倍的local_position.eph，则重新进行起飞点设定。

第40行调用set_home_position()函数，设定新的起飞点。

第45行判断如果当前起飞点无效，表示需要首次设置起飞点，调用set_home_position()函数设定的起飞点。

最后看一下set_home_position()函数的具体内容，设置起飞点的函数较为简单，就是将全局坐标系下的经度、纬度和高度以及本地坐标系下的位置x、y和z坐标还有航向yaw设置到home_position这个uORB消息当中，然后进行uORB发布：

```
49 bool Commander：：set_home_position(orb_advert_t &homePub，home_position_s &home)
50 {
51    const vehicle_local_position_s &localPosition = _local_position_sub.get();
52    const vehicle_global_position_s &globalPosition = _global_position_sub.get();
53
54    home.lat = globalPosition.lat;
55    home.lon = globalPosition.lon;
56    home.alt = globalPosition.alt;
```

```
57
58    home.x = localPosition.x;
59    home.y = localPosition.y;
60    home.z = localPosition.z;
61
62    home.yaw = localPosition.yaw;
63
64    orb_publish(ORB_ID(home_position), homePub, &home);
65    return true;
66 }
```

>> **代码说明：**

第49行定义了set_home_position()函数，用于设置无人机的起飞点。

第51、52行获取无人机当前在全局坐标系下的位置和本地坐标系下的位置。

第54~56行设置起飞点的全局位置，包括经度、纬度和高度。

第58~60航设置起飞点的本地位置，包括x、y和z。

第62行设置起飞点的航向角为yaw。

第64行发布起飞点的uORB消息内容，即home_position，表示起飞点数据更新。

11.4.2 航灯设置

在Pixhawk2自驾仪上安装了彩色的LED航灯，航灯用于显示不同的飞控状态。这可以让我们很直观地了解无人机飞控程序的当前状态，对于户外飞行来说非常重要。彩色航灯除通过不同颜色区分不同状态之外，还可以通过常亮、呼吸、闪烁等方式表示不同的状态。PX4飞控程序中通过彩色航灯所表示的状态如表11-9所示。

表11-9　彩色航灯所表示的状态

航灯颜色	显示方式	表示状态
蓝色	常亮	已解锁，无GPS
绿色	常亮	已解锁，有GPS
紫色	常亮	失效保护
琥珀	常亮	电量低
蓝色	呼吸	准备就绪，无GPS

续表

航灯颜色	显示方式	表示状态
绿色	呼吸	准备就绪，有GPS
红色	闪烁	系统故障

① 蓝色常亮。表示无人机并没有安装GPS或者GPS并没有生效，此时无人机已经解锁，可以进行飞行，但是由于没有GPS定位系统，无人机无法进入准确位置相关飞行模式，也无法进行自动飞行任务模式和返航等模式，因此在此模式飞行时，需要格外小心。

② 绿色常亮。表示无人机安装有GPS并且已经生效，起飞点已经设定。且无人机已经解锁，可以进行位置相关的模式飞行，可以执行自动飞行任务和返航等模式。

③ 紫色常亮。表示无人机已经进入失效保护模式，当无人机在飞行过程中遇到问题时，此模式被激活，在失效保护模式期间，无人机将尝试返回起飞点，或者简单地从当前位置直接下降并完成自动着陆。

④ 琥珀常亮。表示动力电池电量低警告，无人机在检测到低电警告后会进入此模式，提示使用者电量低，之后如果电量持续下降，则会进入失效保护模式。

⑤ 蓝色呼吸。表示无人机并没有安装GPS或者GPS并没有生效，此时无人机为保持锁定，电动机不会转动。此时使用者不能通过遥控器和地面站控制无人机。

⑥ 绿色呼吸。表示无人机安装有GPS并且已经生效，起飞点已经设定，此时无人机为保持锁定，电动机不会转动。此时使用者不能通过遥控器和地面站控制无人机。

⑦ 红色闪烁。表示无人机出现故障，通常情况是由于自驾仪并为执行航前校准。使用者可以使用地面站程序查看当前无人机的故障内容，并根据实际情况进行排查。通常在飞行前需要对无人机的传感器、水平仪、遥控器等进行校准。

Commander模块通过control_status_leds()函数会在不同的状态下对彩色航灯进行控制，具体内容如下：

```
68 void control_status_leds(vehicle_status_s *status，battery_status_s *battery)
69 {
70    if (status->arming_state = = vehicle_status_s：：ARMING_STATE_ARMED) {
71      led_mode = led_control_s：：MODE_ON;
72    }
73    else if (status->arming_state = = vehicle_status_s：：ARMING_STATE_STANDBY) {
74      led_mode = led_control_s：：MODE_BREATHE;
75    }
76    else {
77      led_mode = led_control_s：：MODE_BLINK_NORMAL;
78    }
79
80    if (status.failsafe) {
81      led_color = led_control_s：：COLOR_PURPLE;
```

```
82    }
83    else if (battery->warning = = battery_status_s：：BATTERY_WARNING_LOW) {
84        led_color = led_control_s：：COLOR_AMBER;
85    }
86    else if (battery->warning = = battery_status_s：：BATTERY_WARNING_CRITICAL) {
87        led_color = led_control_s：：COLOR_RED;
88    }
89    else {
90        if (status_flags.condition_home_position_valid
                              && status_flags.condition_global_position_valid) {
91            led_color = led_control_s：：COLOR_GREEN;
92        }
93        else {
94            led_color = led_control_s：：COLOR_BLUE;
95        }
96    }
97 }
```

>>> 代码说明：

第68行定义了control_status_leds()函数，用于根据不同的状态设置彩色航灯的显示模式与显示颜色。

第70~72行判断飞控程序当前是否是解锁状态，用来设置航灯的显示模式为常亮或其他。

第73~75行判断飞控程序当前是准备就绪状态，用来设置航灯的显示模式为呼吸。

第76~78行在其他异常状态下，表示无人机系统出现故障，进入快速闪烁模式。

第80~82行判断系统状态如果为失效保护，则将航灯设置为紫色。

第83~85行判断动力电源电压低，进入警告模式，将航灯设置为琥珀色。

第86~88行判断动力电源电压极低，进入故障模式，将航灯设置为红色。

第90~92行判断如果起飞点有效并且全局坐标系有效，表示GPS生效，可以进入位置控制模式，将航灯设置为绿色。

第93~95行判断如果起飞点无效，GPS也无效，则无法进入位置模式，将航灯设置为蓝色。

⊕ 11.4.3 安全开关

顾名思义，安全开关就是为了保障安全而采用的一种特殊的开关。无人机启动之后，使用者需要按下安全开关，无人机才会进入准备就绪状态，才允许使用者对其进行解锁操作，否则不能对无人机解锁。安全开关是由一个LED灯和一个按钮组成的，安全开关的LED灯一共有3个状态，如表11-10所示。

表11-10　安全开关LED灯状态

显示方式	表示状态
快闪	系统初始化中
双闪	安全开关未按下
常亮	安全开关已按下

① 快闪。安全开关快速闪烁表示无人机正在初始化过程当中，此时不能接受安全开关按下，也不能对飞控程序解锁。

② 双闪。安全开关双闪表示无人机初始化完成，等待安全开关按下。此时不能对飞控程序解锁，但是可接受安全开关按下。使用者需要持续按下安全开关3s以上。

③ 常亮。安全开关常亮表示安全开关已经按下，无人机进入准备就绪状态，此时可以对飞控程序进行解锁。

在Commander模块中处理安全开关的代码如下：

```
99 orb_check(safety_sub, &updated);
100 if (updated) {
101    orb_copy(ORB_ID(safety), safety_sub, &safety);
102    if (safety.safety_switch_available && !safety.safety_off) {
103       arming_state_transition(&status, safety, vehicle_status_s::ARMING_STATE_STANDBY
104    }
105 }
```

在Commander模块当中通过检测安全开关的状态，将飞控的Arming state状态切换到准备就绪状态。实际上安全开关不同状态与按下检测功能并不是在Commander模块中实现的，而是在IO控制板固件程序中的Firmware/src/modules/px4iofirmware/safety.c文件中实现的。请有兴趣的读者自行学习相关代码。

此外，飞控程序通过对参数CBRK_IO_SAFETY来对安全开关进行启用和禁用控制，在无人机启动之后，从CBRK_IO_SAFETY参数中取得参数值。如果参数值为22027，则表示禁用安全开关；否则表示启用安全开关。

注意：22027这个数值实际上是飞控程序所指定的随机数字，用于表示禁用安全开关，而数字本身并没有特殊意义。

```
107 bool circuit_breaker_enabled(const char *breaker, int32_t magic)
108 {
109        int32_t val = -1;
```

```
110          return (PX4_PARAM_GET_BYNAME(breaker，&val) = = 0) && (val = = magic);
111 }
```

　　circuit_breaker_enabled()函数用于通用的参数和特殊值的检测，并返回true或false。对于安全开关的启用和禁用功能来说，调用此函数时breaker中赋值为"CBRK_IO_SAFETY"，而magic中赋值为22027。如果此函数返回值为true，说明飞控程序中所设定CBRK_IO_SAFETY参数的值为22027，表示禁用安全开关，否则将启用安全开关。当飞控程序禁用安全开关时，无人机初始化之后，将直接进入准备就绪状态，并允许地面站或遥控器指令进行解锁操作。

第12章

状态估计

状态估计是整个无人机控制系统中最基础、最重要的部分。在无人机飞行过程中，我们需要实时计算其当前状态信息，并根据这些信息进行有效的控制，从而使无人机按照我们希望的状态进行飞行，并完成特定任务，并且可以脱离操控者的实时操作，实现全自动飞行任务等。

对无人机状态估计的主要工作是计算其当前的姿态、速度和位置。IMU惯性测量单元一般包括三轴加速度计和三轴陀螺仪。加速度计用于计算x、y、z 3个方向上的加速度值，而陀螺仪用于测量x、y、z 3个转轴上的角速度值。为了计算无人机当前的3个姿态角，可以将陀螺仪所测量到的角速度值进行积分，得到角度。之后再通过当前姿态配合加速度计所测量到的加速度值进行积分得到速度值。对速度值再次积分得到当前位置。实际上，加速度计和陀螺仪的测量值都是离散的，通常都是在很短的时间内进行采样，频率在200～250Hz之间。通过传感器积分得到的姿态、速度和位置值通常并不准确，因此需要使用其他外部测量部件进行修正，例如可以采用磁罗盘（又称磁力计）来修正航向角，而使用GPS定位系统来修正无人机的速度和位置。但是，由于GPS数据更新速度较IMU传感器慢得多，因此存在一定的滞后性，只能用于数据修正和融合。GPS测量得到的高度值也并不十分准确，因此还需要使用气压计对高度值进行修正。此外，还可以在无人机上搭载光流传感器，用于测量和修正速度值，使用雷达系统来测量高度等。

本章介绍无人机系统中的传感器校准、姿态解算、速度估计和位置估计等内容，学习如何使用扩展卡尔曼滤波对各项数据进行融合和解算，从而得到无人机较为准确的各个状态。

12.1 传感器校准

12.1.1 加速度计

加速度计是用于测量当前系统中加速度数值的传感器，可以分别测量x、y、z 3个轴的加速度值，例如MPU6000和MPU9250。其中MPU6000包括三轴加速度计以及三轴陀螺仪，而MPU9250除包括3轴加速度计以及3轴陀螺仪之外，还含有三轴磁罗盘用于测量3轴的磁场强度。关于陀螺仪和磁罗盘将在后面讲述，在这里先讨论关于加速度计测量与校准功能。

实际上，加速度计所测量到的加速度值并不是系统的实际加速度，下面通过一个原理模型来对三轴加速度计进行说明。假设加速度计测量值就是一个立方体盒子中的6个面对圆球作用力所产生的加速度值，如图12-1所示。

（a）在桌面静止　　　（b）自由落体　　　（c）向右加速　　　（d）向左加速

图12-1　加速度计原理模型

① 当加速度计处于水平桌面时，如图12-1（a）所示。由于重力影响圆球与盒子底部接触，盒子底部的平面会对圆球产生一个向上的力，我们规定向下为正，因此圆球受力为 $-f$，此时加速度计所测量得到的加速度为：

$$a_m = -\frac{f}{m} = -g \qquad (12\text{-}1)$$

式中　a_m——加速度测量值。

加速度计静止在桌面上，其实际加速度0，因此加速度计的测量值与实际值的关系为：

$$a_m = a_r - g \qquad (12\text{-}2)$$

$$a_r = a_m + g \qquad (12\text{-}3)$$

式中　a_r——实际加速度；

　　　g——重力加速度。

② 当加速度计处于自由落体运动时，如图12-1（b）所示。圆球不会与任何平面接触，其受力为0，此时加速度计所测量得到的加速度为：

$$a_m = \frac{0}{m} = 0$$

实际的加速度为：

$$a_r = 0 + g = g$$

③ 在水平方向上，当加速度计向右加速移动时，如图12-1（c）所示。圆球会受到盒子左侧平面的力，方向向右，其测量到的加速度为：

$$a = \frac{f}{m} \qquad (12\text{-}4)$$

④ 在水平方向上，当加速度计向左侧加速移动时，如图12-1（d）所示。圆球会受到盒子右侧平面的力，方向向左，其测量到的加速度为：

$$a = \frac{f}{m} \qquad (12\text{-}5)$$

水平方向上共有两个测量轴 x 和 y，其计算方式相同。而只有 z 轴需要额外移除重力加速度。我们所分析的 z 轴加速度计的测量值与实际值之间相差一个重力加速度 g，由于重力始终垂直于水平面且方向向下，因此在加速度计本身姿态没有变化的情况下，只需要对 z 轴的测量值进行处理，而不需要对 x 和 y 轴进行处理。而当加速度计姿态发生变化时，需要根据当前姿态对3轴加速度在机体坐标系的测量值通过变换矩阵变换到本地坐标系（local）当中，再对 z 轴移除重力加速度 g，从而得到实际加速度的值。

此外，加速度计的测量值，不等于加速度的实际值。加速度计所测量得出的结果与实际值有很大差别，主要体现在测量噪声上。为了对加速度计降噪，很多加速度计内部已经集成了较为成熟的滤波算法，使用者只需要选择合适的降噪方式和相关参数即可。加速度计并非实时检测当前的加速度，而是采用采样的方式离散式地测量当前系统的加速度。例如每秒采样200次或250次等。同样，很多加速度计都支持不同的采样频率，使用者可以根据需要自行设定。

实际的加速度计并不是由一个封闭的正方体盒子和一个圆球组成的，而是采用微机械结构来实现加速度测量。三轴加速度计在每一个轴上的测量原理都是一样的，它们测量的并不是实际的运动加速度，而是实际的受力，并除以质量得到加速度测量值。下面举一个最简单的例子作为加速度计的设计模型，如图12-2所示。

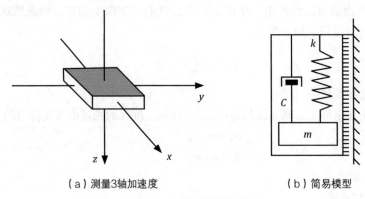

（a）测量3轴加速度　　　　　　（b）简易模型

图12-2　加速度计设计模型

简易的加速度计设计模型如图12-2（b）所示，由一个弹簧k和引着一个质量为m的质点组成。其中电容C的两端之间的距离会随着质点的位置变化而变化，流经电容的电流也会随之发生变化，通过测量电流的大小，就可以间接地测量质点的移动距离。当质点没有受到其他外力作用时，会处在"零点"位置上，表示加速度测量值为0；而当质点受到外力作用而产生加速度时，质点会被外力拉动，并移动一段距离，处在"非零点"位置上，此时就可以根据其位置来表示加速度的测量值。但是，加速度计所测量的原始加速度值并不十分准确，需要对其做相应的校准工作。

关于加速度计校准的方式，采用零偏（offset）和标度因数（scale）。零偏就是传感器的测量值相对于"零点"的偏移量；标度因数可以理解为一个比例系数，测量值乘以这个比例系数之后得到实际值。下面来看零偏的计算方法。假设分别将加速度计水平放置在桌面和水平倒置在桌面，如图12-3所示。

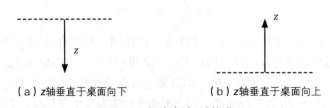

（a）z轴垂直于桌面向下　　　　　　（b）z轴垂直于桌面向上

图12-3　加速度计z轴校准

在加速度计z轴垂直于桌面向下和垂直于桌面向上时，测量到的2个加速度值分别为：

$$g_1 = -g + \Delta g \tag{12-6}$$

$$g_2 = g + \Delta g \tag{12-7}$$

式中　Δg——零偏。

将两次测量值相加得：

$$g_1 + g_2 = (-g + \Delta g) + (g + \Delta g) = 2\Delta g \tag{12-8}$$

于是得到z轴的零偏为：

$$\text{offset}_z = \Delta g = \frac{g_1 + g_2}{2} \tag{12-9}$$

同理，对于x轴和y轴都可以采用上面方法来得到它们的零偏值，将加速度计的x轴垂直于桌面向下得到其测量值，再将x轴垂直于桌面向上得到其测量值，然后计算其x轴的零偏值。y轴零偏的计算方法与x轴和z轴一致。

加速度计标度因数也可以采用将加速度计的x、y和z轴分别垂直于桌边并保持静止来计算。假设加速度计是一个正方体，我们可以将其6个面中的1个面朝下并放置在水平的桌面上。以其中一个面为例来讲述标度因数的具体计算方法：将加速度计正向放置在水平的桌面上，z轴向下（正方向）。设Y为3轴测量预期结果矩阵，X为3轴测量值矩阵，O为零偏矩阵。于是有：

$$Y = \begin{bmatrix} s_1 & a_1 & a_2 \\ a_3 & s_2 & a_4 \\ a_5 & a_6 & s_3 \end{bmatrix} [X - O] = \begin{bmatrix} 0 \\ 0 \\ -g \end{bmatrix} \tag{12-10}$$

$$\begin{bmatrix} y_1 \\ y_2 \\ y_3 \end{bmatrix} = \begin{bmatrix} s_1 & a_1 & a_2 \\ a_3 & s_2 & a_4 \\ a_5 & a_6 & s_3 \end{bmatrix} \begin{bmatrix} x_1 - o_1 \\ x_2 - o_2 \\ x_3 - o_3 \end{bmatrix} = \begin{bmatrix} 0 \\ 0 \\ -g \end{bmatrix} \tag{12-11}$$

式中　$s_1 \sim s_3$——x、y、z轴3个标度因数；

　　$a_1 \sim a_6$——加速度计的安装误差。

安装误差在飞控程序中并没有使用，我们不做过多介绍。

设等式右侧的矩阵计算为函数f(x)，于是上面的矩阵计算公式可以改写为函数方程形式：

$$y_1 = f(x_1) = 0$$
$$y_2 = f(x_2) = 0$$
$$y_3 = f(x_3) = -g$$

这样，将加速度计6个平面中的1个面放置在水平桌面上就可以得到上面3个方程，而将加速度计的6个面分别放置在水平桌面上，就可以得到18个方程，之后可以使用这18个方程来解出$s_1 \sim s_3$和$a_1 \sim a_6$这9个未知数的值。

在PX4飞控程序中，计算标度因数的方式与上面所介绍的方式略有不同。但其计算原理都是一样的，飞控程序中定义3个面的理论测量值矩阵为：

$$C = \begin{bmatrix} g & 0 & 0 \\ 0 & g & 0 \\ 0 & 0 & g \end{bmatrix}$$

矩阵C中的每一行表示测量一个平面，行中的3列表示x、y、z轴所测量到的理论值。定义其误差模型为：

$$\begin{bmatrix} x_1 - o_1 & y_1 - o_2 & z_1 - o_3 \\ x_2 - o_1 & y_2 - o_2 & z_2 - o_3 \\ x_3 - o_1 & y_3 - o_2 & z_3 - o_3 \end{bmatrix} \begin{bmatrix} s_1 \\ s_2 \\ s_3 \end{bmatrix} = \begin{bmatrix} g \\ g \\ g \end{bmatrix} \tag{12-12}$$

式中 x，y，z——加速度计3个测量轴所测量到的值；

下标1～3——当x轴、y轴、z轴分别垂直于水平桌面朝下时得到的测量值；

o_1～o_3——3个轴的零偏；

s_1～s_3——3个轴的标度因数。

等号右侧为矩阵C中对角线上的值组成的向量，也就是3个轴朝下时测量到的理论值。

设式（12-12）中由左到右3个矩阵分别为A、X和B，于是有：

$$AX = B$$

（12-13）

式中，A和B为已知量，X为未知量。

为了通过已知量A和B求出未知量X，可以将等号两边左乘A的逆矩阵，于是有：

$$A^{-1}AX = A^{-1}B$$
$$EX = A^{-1}B$$
$$X = A^{-1}B$$

即：

$$\begin{bmatrix} s_1 \\ s_2 \\ s_3 \end{bmatrix} = \begin{bmatrix} x_1 - o_1 & y_1 - o_2 & z_1 - o_3 \\ x_2 - o_1 & y_2 - o_2 & z_2 - o_3 \\ x_3 - o_1 & y_3 - o_2 & z_3 - o_3 \end{bmatrix}^{-1} \begin{bmatrix} g \\ g \\ g \end{bmatrix}$$

根据上面式子的计算方法，可以将3个面中3个轴的测量值加上其零偏，得到矩阵A，然后求出其逆矩A^{-1}，再乘以矩阵B就得到x、y、z这3个轴的标度因数。下面看一下程序实现代码：

```
 1 int calculate_calibration_values(float (&accel_ref)[6][3],
                                    float (&accel_T)[3][3],
                                    float (&accel_offs)[3])
 2 {
 3    for (unsigned i = 0; i < 3; i + +) {
 4      accel_offs[i] = (accel_ref[i * 2][i] + accel_ref[i * 2 + 1][i])/2;
 5    }
 6
 7    float mat_A[3][3];
 8    memset(mat_A, 0, sizeof(mat_A));
 9
10    for (unsigned i = 0; i < 3; i + +) {
11      for (unsigned j = 0; j < 3; j + +) {
12        float a = accel_ref[sensor][i * 2][j] - accel_offs[j];
13        mat_A[i][j] = a;
14      }
15    }
16
```

```
17    float mat_A_inv[3][3];
18    if (mat_invert3(mat_A, mat_A_inv) ! = OK) {
19      return -1;
20    }
21
22    for (unsigned i = 0; i < 3; i + +) {
23      for (unsigned j = 0; j < 3; j + +) {
24        accel_T[j][i] = mat_A_inv[j][i] * g;
25      }
26    }
27
28    return OK;
29 }
```

代码说明：

第1行定义了calculate_calibration_values()函数，用于计算加速度计零偏和标度因数，其中accel_ref为6个测量面中3个轴的实际读数；accel_T为计算结果；accel_offs为零偏。

第3～5行通过for语句循环计算3个轴的零偏值，并保存在accel_offs变量当中。

第7、8行定义了矩阵mat_A，并调用memset()函数将其内容清空为0，用于存放3个面的读数减去零偏的值，便于后续计算。

第10～15行使用两个for语句进行双循环嵌套，通过加速度计实际读数accel_ref减去零偏accel_offs并存放到矩阵*A*当中。

第17～20行定义了*A*的逆矩阵mat_A_inv，并调用mat_invert3()函数计算和保存矩阵mat_A的逆矩阵。如果计算逆矩阵失败，则返回-1，表示出错。

第22～26行使用两个for语句进行双循环嵌套，将mat_A_inv这个逆矩阵乘以重力加速度*g*，并将结果保存到accel_T当中，得到标度因数。

当得到*x*、*y*、*z*轴的3个零偏和3个标度因数之后，将这6个值作为参数存入飞控程序当中，在实际飞行中，将实际测量读数减去零偏，再乘以标度因数，就得到较为准确的加速度的测量值。加速度计校准相关参数说明如表12-1所示。

表12-1　加速度计校准相关参数说明

参数	说明
CAL_ACCn_XOFF	*x*轴零偏
CAL_ACCn_YOFF	*y*轴零偏
CAL_ACCn_ZOFF	*z*轴零偏

续表

参数	说明
CAL_ACCn_XSCALE	x轴标度因数
CAL_ACCn_YSCALE	y轴标度因数
CAL_ACCn_ZSCALE	z轴标度因数

注：n表示多个加速度计编号，如1、2、3等。

另外，由于加速度计的测量噪声较大，在对其校准时，往往是记录一段时间的测量数据，取其平均值进行计算。这也是使用地面站对加速度计校准时，需要分别将6个面朝下，并保持静止一段时间的原因。

12.1.2 陀螺仪

陀螺仪是一种可以测量系统的旋转角速度的传感器，它与加速度计类似，具有x、y、z 3个轴的角速度。从理论上讲，陀螺仪是由多组可以按任意方向旋转的转动装置所组成。转动轴不受外部系统的转动影响，根据角动量守恒原则，转动装置在旋转时，会保持恒定的大小和方向。当外部系统发生旋转时，内部转动装置仍然保持恒定的方向和速度旋转，测量这两个系统的差，就可以得到当前系统的旋转角速度。为了测量x、y、z 3个轴的角速度，通常采用万向节构成转动装置。陀螺仪的原理模型如图12-4所示。

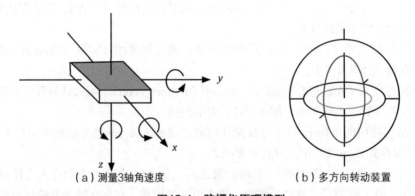

（a）测量3轴角速度   （b）多方向转动装置

图12-4   陀螺仪原理模型

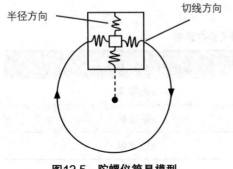

图12-5   陀螺仪简易模型

与加速度计类似，陀螺仪在测量角速度时，采用的方式也是通过微型机械结构在跟随旋转轴转动时所受到的力而计算出角速度的。其简易模型如图12-5所示。

当陀螺仪测量装置随着转动轴转动时，在半径方向上会有一个额外装置对其施加一个周期性变化的力，影响质点在半径方向上进行周期往复运动，并可以利用电容测量出其速度v。在切线方向上，受科里奥利力影响，质点会偏离"零点"位置，利用电容来测量质点的位移，进而得到科里奥利力的大小F，再根据F计算出当前旋转的角速度。科里奥利力F与角速度的关系如下：

$$F = -2m\omega v$$

式中　m——质点的质量；

　　　ω——旋转矢量，旋转参考系相对于惯性系的幅度；

　　　v——相对于旋转参考系的速度，也就是质点在径向上周期往复运动的速度。

于是有：

$$f_x = -2m\,\omega_x v_x$$
$$f_y = -2m\,\omega_y v_y$$
$$f_z = -2m\,\omega_z v_z$$

则：

$$\omega_x = -\frac{f_x}{2mv_x}$$

$$\omega_y = -\frac{f_y}{2mv_y}$$

$$\omega_z = -\frac{f_z}{2mv_z}$$

这样就得到3轴角速度的具体数值。

陀螺仪仍是使用零偏（offset）和标度因数（scale）进行校准。但是，由于陀螺仪的特殊性，标度因数需要使用非常复杂的办法来计算，但效果却并不理想，因此，在实际应用中，并不去处理标度因数，将3轴的标度因数都设定为1，而只去计算3轴的零偏。零偏的计算非常简单，具体方法如下。

① 将陀螺仪静止放置在桌面上，持续记录一段时间的数据。

② 将记录的多组数据求出平均值，作为陀螺仪的3轴零偏。

下面看一下陀螺仪校准的程序代码：

```
31 int gyro_calibration_worker(int gyro_sensor_sub)
32 {
33   unsigned count = 0;
34   const unsigned calibration_count = 5000;
35   struct sensor_gyro_s sensor_gyro = { 0 };
36
37   while (count < calibration_count) {
38     bool updated = false;
39     orb_check(gyro_sensor_sub, &updated);
40     if (updated) {
41       orb_copy(ORB_ID(sensor_gyro), gyro_sensor_sub, &gyro_report);
```

```
42
43        worker_data->gyro_scale.x_offset + = gyro_report.x;
44        worker_data->gyro_scale.y_offset + = gyro_report.y;
45        worker_data->gyro_scale.z_offset + = gyro_report.z;
46
47        count + +;
48     }
49  }
50
51  worker_data->gyro_scale.x_offset / = count;
52  worker_data->gyro_scale.y_offset / = count;
53  worker_data->gyro_scale.z_offset / = count;
54
55  return OK;
56 }
```

▶ 代码说明：

第31行定义了gyro_calibration_worker()函数，用于陀螺仪校准功能。

第33、34行定义了变量count，用于记录当前已经采集多少组数据，常量calibration_count的值为5000，表示一共需要采集5000组数据用于校准。

第35行定义了陀螺仪数据的uORB消息结构体对象，用于接收uORB的中陀螺仪中的值。

第37行使用while语句进入循环，通过对count的判断，循环5000次。

第38 ~ 41行判断sensor_gyro陀螺仪的uORB数据是否更新。如果更新，则将其内容复制到sensor_gyro对象当中，用于后续计算。

第43 ~ 45行将本次陀螺仪的读数累加到3轴零偏变量offset当中。

第47行将计数器count自增1，表示完成一次数据记录。

第51 ~ 53行将累加后的零偏变量offset除以数据记录个数count，并重新保存到offset变量当中，得到最终的零偏值，也就是5000组数据的平均值。

得到x、y、z轴的3个零偏之后，将零偏和标度因数以参数的形式存入飞控程序当中，陀螺仪校准相关参数说明如表12-2所示。

表12-2　陀螺仪校准相关参数说明（一）

参数	说明
CAL_GYROn_XOFF	x轴零偏
CAL_GYROn_YOFF	y轴零偏

参数	说明
CAL_GYROn_ZOFF	z轴零偏
CAL_GYROn_XSCALE	x轴标度因数
CAL_GYROn_YSCALE	y轴标度因数
CAL_GYROn_ZSCALE	z轴标度因数

注：n表示多个加速度计编号，如1、2、3等。

12.1.3 磁罗盘

磁罗盘又称磁力计，是一种可以测量当前磁场强度的传感器。磁罗盘同样可以测量x、y、z 3轴的磁场强度。但是磁罗盘测量的3轴磁场强度是地磁向量在三维空间中的分量。为了能够测量地磁的方向，通常将地磁向量分解为垂直和水平两个分量，而水平分量可以近似地表示地磁的方向。但是，在地球上磁轴与地轴之间还存在一个磁偏角。磁偏角在不同的地理位置上也是不同的，在无人机的航向计算时，可以通过GPS获取当前的经纬度，然后查表得到当前位置的磁偏角，对航向进行修正。

虽然地磁场在不同的地理位置上的强度和方向不同，但是，在固定区域内地磁场的变化很小，基本上可以认为是一个固定的向量。在不考虑垂直分量的情况下，其水平分量在x轴和y轴上的分量如图12-6所示。

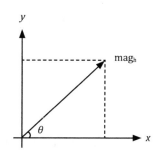

图12-6　地磁场向量的水平分量在x轴和y轴上的分量

mag_h—地磁场向量的水平分量；θ—地磁场向量与x轴的夹角

mag_h分别在x、y轴上的分量为：

$$mag_x = mag_h \cos\theta \tag{12-14}$$

$$mag_y = mag_h \sin\theta \tag{12-15}$$

将两个公式做平方和，得：

$$mag_x^2 + mag_y^2 = mag_h^2(\cos^2\theta + \sin^2\theta)$$

$$mag_x^2 + mag_y^2 = mag_h^2$$

因此，在理想状态且不考虑其他磁场干扰的情况下，磁罗盘在水平方向上旋转360°之后，x轴和y轴的读数为一个正圆形，如图12-7（a）所示。

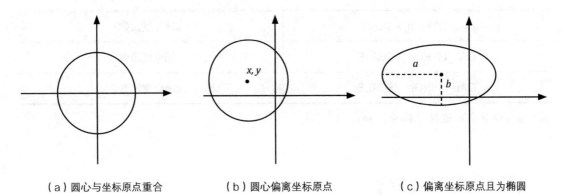

（a）圆心与坐标原点重合　　　　（b）圆心偏离坐标原点　　　　（c）偏离坐标原点且为椭圆

图12-7　磁罗盘在水平面内旋转

但是，如果无人机机体上存在磁场对磁罗盘的读数产生干扰，则磁罗盘在水平方向上旋转360°之后，读数所形成圆的圆心将偏离坐标原点的位置，如图12-7（b）所示。此时圆心坐标x、y就是水平方向上x轴和y轴的零偏。如果测量到的结果并不是一个正圆，而是一个椭圆，如图12-7（c）所示。那么，除圆心坐标作为零偏之外，其两个长短半径就表示x轴和y轴的标度因数。

上面对磁罗盘校准时，没有考虑地磁向量的垂直分量，但是在PX4程序中却引入了对垂直分量的处理。采用地面站对磁罗盘的校准时，需要将无人机的6个面在水平方向上进行旋转。进而拟合出一个椭球体，椭球体圆心坐标就是磁罗盘3轴的零偏，3个长短轴半径则是标度因数。

注意：磁罗盘的校准只能处理无人机机体本身磁场对磁罗盘的影响，而不能处理无人机外部其他磁场对磁罗盘的影响。但是，通常认为无人机在高空飞行时远离地面，因此地面设备的磁场对无人机磁罗盘的影响可以忽略不计。

下面看看磁罗盘的校准代码：

```
58 int mag_calibration_worker(void *data)
59 {
60   mag_worker_data_t *worker_data = (mag_worker_data_t *) (data);
61   int counter_side = 0;
62   while (counter_side < worker_data->points_perside) {
63     px4_pollfd_struct_t fds;
64     fds.fd = worker_data->sub_mag;
65     fds.events = POLLIN;
66     int poll_ret = px4_poll(&fds, 1, 1000);
67     if (poll_ret > 0) {
68       orb_copy(ORB_ID(sensor_mag), worker_data->sub_mag, &mag);
69
```

```
70        worker_data->x[counter_side] = mag.x;
71        worker_data->y[counter_side] = mag.y;
72        worker_data->z[counter_side] = mag.z;
73
74        counter_side + +;
75    }
76  }
77
78  float offset_x = 0.0f;
79  float offset_y = 0.0f;
80  float offset_z = 0.0f;
81  float scale_x = 1.0f;
82  float scale_y = 1.0f;
83  float scale_z = 1.0f;
84
85  ellipsoid_fit_least_squares(worker_data.x, worker_data.y, worker_data.z,
            &offset_x, &offset_y, &offset_z,
            &scale_x, &scale_y, &scale_z);
86
87  //其他代码略
88  return OK;
89 }
```

>> **代码说明：**

第58行定义了mag_calibration_worker()函数，用于磁罗盘的校准功能。

第60行驱动磁罗盘校准需要用到的变量worker_data。

第61行定义了counter_side变量，用于记录当前以及采集了多少组磁罗盘数据。

第62行使用while语句进行循环采集指定数目的磁罗盘数据。

第63～66行通过poll()函数对磁罗盘的uORB数据进行请求，判断是否存在数据更新。

第67、68行判断如果磁罗盘数据更新，则将snesor_mag这个uORB中的数据复制到mag结构体对象当中。

第70～72行将磁罗盘x、y、z 3轴的数据赋值到worker_data当中，准备进行校准。

第74行计数器counter_side自增，表示完成一组数据的记录。

第78～83行定义了3轴的零偏offset变量和标度因数scale变量，并将offset初始化为0，将scale初始化为1。

第85行通过调用ellipsoid_fit_least_squares()函数将磁罗盘的3轴数据拟合成一个椭球体，并计算出3轴的零偏offset和标度因数。其中椭球拟合函数的具体实现内容请读者自行阅读，这里不做过多介绍，仅将其作为一个工具函数使用。

得到x、y、z轴的3个零偏和标度因数之后，将它们以参数的形式存入飞控程序当中，陀螺仪校准相关参数说明如表12-3所示。

表12-3　陀螺仪校准相关参数说明（二）

参数	说明
CAL_MAGn_XOFF	x轴零偏
CAL_MAGn_YOFF	y轴零偏
CAL_MAGn_ZOFF	z轴零偏
CAL_MAGn_XSCALE	x轴标度因数
CAL_MAGn_YSCALE	y轴标度因数
CAL_MAGn_ZSCALE	z轴标度因数

注：n表示多个加速度计编号，如1、2、3等。

12.1.4　水平仪

首先，我们需要注意的是水平仪本身并不是一个真实存在的传感器，而是一个通过加速度计计算当前角度误差的软件程序。此外，水平仪并不是用于测量无人机机身在水平方向上的倾斜角度的，而是用于计算飞控与无人机之间安装误差，如图12-8所示。

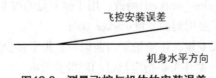

图12-8　测量飞控与机体的安装误差

由于机械结构、机身外壳、螺钉或胶固定等其他因素可能会导致飞控的安装平面并没有与无人机机身保持平行，因此飞控中传感器所测量出的姿态就只是飞控的姿态，而不是无人机机身的姿态，因此有必要将此安装的误差角消除，于是飞控程序引入一个叫做"水平仪"的校准功能，但实际上这并不是一个真正的传感器，也不是用于测量飞机水平姿态的传感器，而是用于计算飞控与机身的误差。

水平仪校准的方法也很简单，在校准时需要将无人机机身置于水平桌面上，并且持续一段时间，此时校准程序会根据当前加速度计和陀螺仪的读数对飞控当前的姿态进行解算，得到当前飞控的俯仰角和滚转角。校准程序持续采集俯仰角和滚转角一段时间，最后求出它们的平均数，就得到飞控与机身之间的安装误差。具体代码如下：

```
91 int do_level_calibration()
92 {
93    const unsigned cal_time = 10;
94    int att_sub = orb_subscribe(ORB_ID(vehicle_attitude));
95    struct vehicle_attitude_s att;
96    int counter = 0;
97    float roll_mean = 0.0f;
98    float pitch_mean = 0.0f;
99
100   while (hrt_elapsed_time(&start) < cal_time * 1000000) {
101     int pollret = px4_poll(&fds[0], (sizeof(fds)/sizeof(fds[0])), 100);
102     if (pollret <= 0) {
103       return -1;
104     }
105     orb_copy(ORB_ID(vehicle_attitude), att_sub, &att);
106
107     matrix：：Eulerf euler = matrix：：Quatf(att.q);
108     roll_mean += euler.phi();
109     pitch_mean += euler.theta();
110
111     counter++;
112   }
113
114   roll_mean /= counter;
115   pitch_mean /= counter;
116
117   if (fabsf(roll_mean) > 0.8f) {
118     calibration_log_critical(mavlink_log_pub, "excess roll angle");
119     retrun -1;
120   }
121   if (fabsf(pitch_mean) > 0.8f) {
122     calibration_log_critical(mavlink_log_pub, "excess pitch angle");
123     retrun -1;
124   }
125
```

```
126    roll_mean * = (float) M_RAD_TO_DEG;
127    pitch_mean * = (float) M_RAD_TO_DEG;
128
129    //其他代码略
130    return OK;
131 }
```

代码说明：

第91行定义了do_level_calibration()函数，用于对水平仪校准，即测量飞控与无人机之间的安装误差。

第93行定义了cal_time常量，表示一共采集10s的数据进行校准。

第94、95行定义了无人机姿态信息uORB消息vehicle_attitude和此uORB消息的结构体对象att。

第96行定义了变量counter，用于记录已经采集了多少组数据。

第97、98行定义了roll_mean和pitch_mean两个变量，用于记录10s内所采集到的滚转角和俯仰角，单位为弧度。

第100行使用while语句进行循环，采集10s的姿态数据。

第101～105行使用poll()函数获取无人机姿态uORB是否有数据更新。如果有，则将数据内容复制到att对象当中。

第107行调用matrix：：Quatf()函数，将姿态信息中的四元数q转为欧拉角。

第108、109行将roll_mean和pitch_mean分别累加滚转角和俯仰角。

第111行将counter自增1，表示采集了一组数据。

第114、115行将10s内所采集到的滚转角和俯仰角的累加和除以记录数据总数，得到各自的平均值，也就是得到了安装误差。

第117～124行通过判断安装误差是否大于0.8弧度，向地面站提示安装误差角度太大，且校准失败。

第126、127行将滚转角和俯仰角由弧度制转为角度制。

得到安装误差之后，将它们以参数的形式存入飞控程序当中，陀螺仪校准相关参数说明如表12-4所示。

表12-4　陀螺仪校准相关参数说明（三）

参数	说明
SENS_BOARD_X_OFF	x轴安装误差
SENS_BOARD_Y_OFF	y轴安装误差

12.2 卡尔曼滤波

12.2.1 卡尔曼滤波原理

　　无人机在飞行过程中依靠特定的传感器来进行系统状态的测量，例如使用加速度计、陀螺仪和磁罗盘可以测量出当前系统的加速度、角速度和航向等相关信息。为了得到无人机的姿态信息（俯仰、滚转和航向角），需要根据陀螺仪所测量到的角速度进行积分得到角度信息。为了得到无人机的速度信息和位置信息，需要根据加速度计所测量到的角速度进行积分得到速度，对速度再次积分得到位置信息。但是就很多采用MEMS传感器的无人机来说，传感器的噪声往往很大，加上无人机在飞行中的不确定性，将测量的结果直接进行计算所得到的误差往往很大，与无人机实际的状态偏差很大。

　　为了能够很好地对无人机的实时状态进行测量和估计，通常采用卡尔曼滤波器。卡尔曼滤波器可以很好地在控制系统中解决状态估计问题。卡尔曼滤波器要求系统的噪声误差满足高斯分布，在这个条件下，卡尔曼滤波器可以在此线性状态空间上将上一时刻的最优估计和当前时刻的加速度计、陀螺仪等传感器所测量到的数据进行融合得到当前时刻的预测值，再将当前时刻的预测值与磁罗盘、GPS等传感器所测量得到的数据进行融合得到当前时刻的最优估计。

　　为了能够让无人机脱离遥控器的控制，实现全自动导航，需要让无人机能够实时知道自己的当前状态。下面以速度和位置为例来阐述状态估计的问题：在不考虑无人机姿态变化的情况下，可以直接使用加速度计进行积分，得到速度和位置。也可以通过GPS的读数得到当前位置和速度。这两种测量方式有各自的好处和缺点。加速度计非常灵敏，测量频率高（250Hz左右），但是其噪声很大。而GPS虽然可以直接得到当前的速度和位置，但是其误差很大，测量频率也很低（10Hz左右）。因此不能通过加速度计和GPS直接得出无人机的当前速度与位置。

　　假设在理想状态下，无人机以匀速直线运动向前飞行，在t_0时刻其位置为p_0，在t_1时刻其位置为p_1，其速度、位置与时间的关系如图12-9所示。

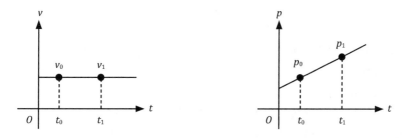

图12-9　匀速直线运动下的速度、位置与时间的关系

　　由于是匀速直线运动，因此在t_0和t_1时刻之间，无人机的速度都是相同的，也就是说v_0等于v_1。此外，我们知道在t_0时刻，无人机的位置为p_0，由此可以计算出在t_1时刻其位置p_1：

$$p_1 = p_0 + v_0(t_1 - t_2)$$

但是，在实际情况下，无人机由t_0时刻到达t_1时刻这一段时间内，并不是做匀速直线运动。无人机在飞行过程中，可能受到气流影响，其本身结构与安装误差，螺旋桨边缘破损，多个电动机存在细微差异等一系列问题会直接影响其正常飞行。因此，不能将其运动规律看成是匀速直线运动，也无法根据匀速直线运动公式计算出其准确的位置。但是，我们可以使用加速度计的读数作为无人机在短时间内速度的变化量。将此速度的变化量作为输入值与上一时刻的速度进行计算，得到当前时刻的预测值，之后将此预测值与GPS所得到的速度的测量值进行融合，最后得到无人机在当前时刻速度的最优估计值，这就是卡尔曼滤波器的工作原理。

在对无人机状态进行估计的过程中，我们将从加速度计和陀螺仪这样的传感器所得到的数值作为输入值。而将从磁罗盘、GPS和气压计所得到的数值作为测量值。

将卡尔曼滤波器的工作原理写成下式：

$$最优估计_{t1} = 预测值_{t1} + K（测量值_{t1} - 预测值_{t1}） \tag{12-16}$$

整理得：

$$最优估计_{t1} = K测量值_{t1} + （1 - K）预测值_{t1} \tag{12-17}$$

$$预测值_{t1} = 最优估计_{t0} + 输入值_{t1}$$

式中　　K——卡尔曼增益；

输入值$_{t1}$——加速度计或陀螺仪的测量读数。

例如：由加速度计测量得到加速度并积分得到速度。下面仍然以估计无人机的速度为例，对卡尔曼滤波器进行说明。

假设无人机在t_0时刻速度的最优估计为v_0；在t_1时刻加速度计读数为a_1，GPS测量得到的速度为v_1^a。为了得到其在t_1时刻速度的最优估计，首先需要得到在t_1时刻速度的输入值，我们对a_1积分，得到t_1时刻的速度增量为：

$$v_1^b = a_1\Delta t$$

其中：

$$\Delta t = t_1 - t_0$$

将v_0与v_1^b相加，得到t_1时刻速度的预测值：

$$v_1^c = v_0 + v_1^b$$

再将v_1^a和v_1^c代入式（12-17）中得：

$$v_1 = Kv_1^a + （1 - K）v_1^c \tag{12-18}$$

式中　v_1——在t_1时刻无人机速度的最优估计值。

将v_1在t_2时刻中与t_2时刻加速度积分所得到的输入值相加得到t_2时刻的预测值，之后再使用卡尔曼增益K与GPS测量所得到的t_2时刻的测量值进行融合，最终得到在t_2时刻的最优估计v_2，在之后的每一个时刻均如此进行最优估计。

下面将上面的例子用实际数值代入，观看其数据融合的过程。

假设在t_0时刻，速度的最优估计值v_0为2m/s；在t_1时刻使用加速度计测量到的加速度a_1为5m/s^2；而t_1与t_0之间的间隔Δt为0.01s；GPS测量得到的速度为2.1m/s。于是最优估计的计算过程如下：

① 输入值：$5 \times 0.01 = 0.05$（m/s）。

② 预测值：$2 + 0.05 = 2.05$（m/s）。

③ 设卡尔曼增益K为0.5。

④ 最优估计：$2.1 \times 0.5 + 0.5 \times 2.05 = 2.075$（m/s）。

在上面计算过程中，我们假设卡尔曼增益K为0.5，表示对测量值的信任程度和对预测值的信任程度相同，数据融合的结果测量值和预测值各占50%的比重。

如果K为0.9，表示对测量值更加信任，那么最优估计的计算结果为：

$$2.1 \times 0.9 + 0.1 \times 2.05 = 2.095（\text{m/s}）$$

如果K为0.1，表示对预测值更加信任，那么最优估计的计算结果为：

$$2.1 \times 0.1 + 0.9 \times 2.05 = 2.055（\text{m/s}）$$

由于卡尔曼滤波器对当前时刻状态的最优估计只依赖于上一时刻的最优估计，因此系统中只保留上一个状态的结果，而不需要保留之前多个状态的数据，因此内存占用少，计算速度却很快。

🜂 12.2.2 公式推导

卡尔曼滤波在无人机导航和控制系统中起着至关重要的作用。由于很多传感器的读数并不是十分准确，而且噪声很大，无人机的控制模型的不确定性，在许多情况下，传感器的不确定性可以假设其噪声误差满足高斯分布。卡尔曼滤波器是通过不断对上一时刻的状态进行迭代，得出当前时刻的状态，其在更新迭代过程中，用到5个重要的公式：

$$\hat{X}_t = F_t \hat{X}_{t-1} \tag{12-19}$$

$$P_t = F_t P_{t-1} F_t^{\mathrm{T}} + Q_t \tag{12-20}$$

$$K = P_t H_t^{\mathrm{T}} (H_t P_t H_t^{\mathrm{T}} + R_t)^{-1} \tag{12-21}$$

$$\hat{X}_t' = \hat{X}_t + K(Z_t - H_t \hat{X}_t) \tag{12-22}$$

$$P_t' = P_t - K H_t P_t \tag{12-23}$$

式中　$\hat{X}_t$——状态预测；

　　　F_t——状态转换矩阵；

　　　P_t——预测值协方差；

　　　R_t——测量噪声；

　　　H_t——观测矩阵；

　　　Q_t——系统噪声；

　　　K——卡尔曼增益；

　　　Z_t——系统测量；

　　　P_t'——状态值协方差。

由：

$$x_t = F x_{t-1} + \omega，\quad \omega \sim N(0, Q)$$

$$y_t = H x_t + v，\quad \omega \sim N(0, R)$$

设x和y符合高斯分布，于是有x和y的联合分布：

$$\begin{pmatrix} x \\ y \end{pmatrix} \sim N \left(\begin{bmatrix} \mu_x \\ \mu_y \end{bmatrix}, \begin{bmatrix} \Sigma_x & \Sigma_{xy}^{\mathrm{T}} \\ \Sigma_{xy} & \Sigma_y \end{bmatrix} \right)$$

根据高斯特性有：

$$P(x|y) \sim N[\mu_x + \Sigma_{xy}\Sigma_y^{-1}(y - \mu_y), \mu_x - \Sigma_{xy}\Sigma_y^{-1}\Sigma_{xy}^T]$$ （12-24）

求x、y分布：

$$x_{t-1}|y_1 \cdots y_{t-1} = E[x_{t-1}] + \Delta x_{t-1}$$

其中：

$$\Delta x_{t-1} \sim N(0, \hat{\Sigma}_{t-1})$$

先求x：

$$x_t | y_1 \cdots y_{t-1}$$
$$= Fx_{t-1} + \omega$$
$$= F(E[x_{t-1}] + \Delta x_{t-1}) + \omega$$
$$= FE[x_{t-1}] + F\Delta x_{t-1} + \omega$$
$$= FE[x_{t-1}] + F\Delta x_{t-1} + \omega$$

其中：

$$E[x_t] = FE[x_{t-1}]$$ （12-25）
$$\Delta x_t = F\Delta x_{t-1} + \omega$$ （12-26）

再求y：

$$y_t | y_1 \cdots y_{t-1}$$
$$= Hx_t + v$$
$$= H[FE[x_{t-1}] + F\Delta x_{t-1} + \omega] + v$$
$$= HFE[x_{t-1}] + HF\Delta x_{t-1} + H\omega + v$$

其中：

$$E[y_t] = HFE[x_{t-1}]$$
$$\Delta y_t = HF\Delta x_{t-1} + H\omega + v$$

于是，求期望：

$$\begin{bmatrix} \mu_x \\ \mu_y \end{bmatrix} = \begin{bmatrix} FE[x_{t-1}] \\ HFE[x_{t-1}] \end{bmatrix}$$

方差：

$$\begin{bmatrix} \Sigma_x & \Sigma_{xy}^T \\ \Sigma_{xy} & \Sigma_y \end{bmatrix} = \begin{bmatrix} E[(\Delta x_t)(\Delta x_t)^T] & E[(\Delta y_t)(\Delta x_t)^T] \\ E[(\Delta x_t)(\Delta y_t)^T] & E[(\Delta y_t)(\Delta y_t)^T] \end{bmatrix}$$ （12-27）

对式（12-27）中等号右边矩阵中的每一项分别进行计算：

（1）左上

$$E[(\Delta x_t)(\Delta x_t)^T]$$
$$= E[(F\Delta x_{t-1} + \omega)(F\Delta x_{t-1} + \omega)^T]$$
$$= E[(F\Delta x_{t-1} + \omega)(\Delta x_{t-1}^T F^T + \omega^T)]$$
$$= E[F\Delta x_{t-1}\Delta x_{t-1}^T F^T + F\Delta x_{t-1}\omega^T + \omega\Delta x_{t-1}^T F^T + \omega\omega^T]$$
$$= FE[(\Delta x_{t-1})(\Delta x_{t-1})^T]F^T + E[\omega\omega^T]$$
$$= F\hat{\Sigma}_{t-1}F^T + Q$$ （12-28）

（2）右下

$$E[(\Delta y_t)(\Delta y_t)^T]$$

$$= E[(HF\Delta x_{t-1} + H\omega + v)(\Delta x_{t-1}^T F^T + \omega^T H^T + v^T)]$$

$$= E[HF\Delta x_{t-1}\Delta x_{t-1}^T F^T H^T] + E[H\omega\omega^T H^T] + E[vv^T]$$

$$= HFE[\Delta x_{t-1}\Delta x_{t-1}^T]F^T H^T + HE[\omega\omega^T]H^T + E[vv^T]$$

$$= HF\hat{\Sigma}_{t-1}F^T H^T + HQH^T + R$$

$$= H[F\hat{\Sigma}_{t-1}F^T + Q]H^T + R$$

$$= H\hat{\Sigma}_{t-1}H^T + R$$

（3）左下

$$E[(\Delta x_t)(\Delta y_t)^T]$$

$$= E[(F\Delta x_{t-1} + \omega)(HF\Delta x_{t-1} + H\omega + v)^T]$$

$$= E[(F\Delta x_{t-1} + \omega)(\Delta x_{t-1}^T F^T H^T + \omega^T H^T v^T)]$$

$$= E[F\Delta x_{t-1}\Delta x_{t-1}^T F^T H^T] + E[\omega\omega^T H^T]$$

$$= FE[\Delta x_{t-1}\Delta x_{t-1}^T]F^T H^T + QH^T$$

$$= F\hat{\Sigma}_{t-1}F^T H^T + QH^T$$

$$= (F\hat{\Sigma}_{t-1}F^T + Q)H^T$$

$$= \hat{\Sigma}_t H^T$$

（4）右上

$$E[(\Delta y_t)(\Delta x_t)^T]$$

$$= E[(HF\Delta x_{t-1} + H\omega + v)(F\Delta x_{t-1} + \omega)^T]$$

$$= E[(HF\Delta x_{t-1} + H\omega + v)(\Delta x_{t-1}^T F^T \omega^T)]$$

$$= E[HF\Delta x_{t-1}\Delta x_{t-1}^T F^T] + E[H\omega\omega^T]$$

$$= HFE[\Delta x_{t-1}\Delta x_{t-1}^T]F^T + HE(\omega\omega^T)$$

$$= H[F\hat{\Sigma}_{t-1}F^T + Q]$$

$$= H\hat{\Sigma}_t$$

接下来计算式（12-24）中的期望：

$$\mu_x + \Sigma_{xy}\Sigma_y^{-1}(y-\mu_y)$$

$$= FE[x_{t-1}] + (\hat{\Sigma}_t H^T)(H\hat{\Sigma}_t H^T + R)^{-1}(y - HFE[x_{t-1}])$$

$$= F_t\hat{X}_{t-1} + (P_t H_t^T)(H_t P_t H_t^T + R_t)^{-1}(Z_t - H_t F_t\hat{X}_{t-1})$$

$$= \hat{X}_t + [P_t H_t^T(H_t P_t H_t^T + R_t)^{-1}][Z_t - H_t(F_t\hat{X}_{t-1})]$$

$$= \hat{X}_t + K(Z_t - H_t\hat{X}_t)$$

得到的结果就是式（12-22），而且K就是式（12-21）中的卡尔曼增益。再来计算式（12-24）中的方差：

$$\mu_x - \Sigma_{xy}\Sigma_y^{-1}\Sigma_{xy}^T$$

$$= \Sigma_t - (\hat{\Sigma}_t H^T)(H\hat{\Sigma}_t H^T + R)^{-1}(H\hat{\Sigma}_t)$$

$$= P_t - [(P_t H_t^T)(H_t P_t H_t^T + R)^{-1}]H_t P_t$$

$$= P_t - KH_t P_t$$

得到的式子就是式（12-23）。再由式（12-25）得出式（12-19）。由：

$$\Delta x_t \sim N(0, \hat{\Sigma}_t)$$

得到的式（12-28）就是式（12-20）。到此，卡尔曼滤波的5个重要公式推导完毕。

12.3 姿态解算与速度位置估计

12.3.1 坐标系变换

无人机的状态估计包括姿态解算和速度位置估计，为了进行状态估计，需要了解状态估计用到的4个坐标系。

① 传感器坐标系（sensor）。传感器本身具有自己的测量坐标系，由于传感器在安装到无人机机体时，安装误差会与机体存在安装误差角，因此传感器所测量到的读数是在传感器坐标系下的读数，为了能让无人机使用这些读数，需要将传感器坐标系变化到机体坐标系。当然在传感器与无人机机体中心位置和方向都重合时，可以粗略地认为传感器坐标系与无人机机体坐标系重合。

② 机体坐标系（body）。是指以无人机的几何中心为中心，根据右手定则所建立起来的三维直角坐标系。其中，x轴为无人机机体平面，且以无人机前进方向为正方向；y轴为在机体平面上垂直于x轴，向右为正方向；z轴为垂直于机体平面，且以向下为正方向，如图12-10（a）所示。

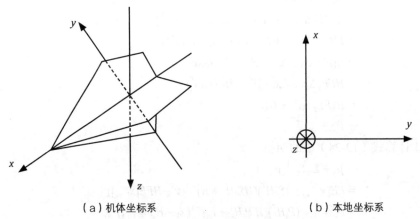

（a）机体坐标系　　　　　（b）本地坐标系

图12-10　机体坐标系与本地坐标系

③ 本地坐标系（local）。为了能够确定无人机相对于地面的速度和位置，需要引入本地坐标系。本地坐标系是以无人机的起飞点（HomePosition）为坐标中心，在水平面上正北方向为x轴的正方向；正东方向为y轴的正方向；垂直于地面向下为z轴的正方向，如图12-10（b）所示。由于x、y和z分别对应方向中的北（North）、东（East）和地（Down），因此本地坐标系也称为北东地（NED）坐标系。

④ 全局坐标系（global）。实际上在本地坐标系中，就可以确定无人机相对于起飞点的速度和位置了，但是，由于GPS的读数是基于地球经纬度的，因此，为了能将GPS与无人机当前的位置进行融合，还需要引入全局坐标系。在数据融合的过程中，需要将全局坐标系下GPS所得到的经度（lon）、纬度（lat）和高度（alt）转为无人机在本地坐标系下的位置（x、y、z），之后再对其进行融合处理，从而得到位置的最优估计值。

当然，除这4个坐标系之外，无人机所搭载的其他设备也具有自己的坐标系。例如，无人机云台上的照相机就具有自己的坐标系，在确定拍照角度时，还是需要进行坐标系变换。但是，在对无人机做状态估计时，只涉及上述4个坐标系。为了简化计算，我们忽略传感器与机体坐标系的安装角度误差，假设传感器坐标系与机体坐标系完全重合。

下面讨论坐标系变换的相关内容。假设在三维直角坐标系x^0、y^0、z^0中，坐标系以z^0为转轴，按逆时针旋转θ之后，得到新的坐标系x^1、y^1、z^1，那么，向量p在原坐标系下的坐标和在新坐标系下的坐标如图12-11所示。

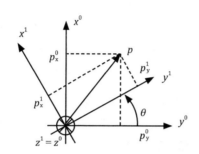

图12-11　向量p在不同坐标系下的坐标

于是有：

$$p^1 = \begin{bmatrix} p_x^1 \\ p_y^1 \\ p_z^1 \end{bmatrix} = \begin{bmatrix} x^1x^0 & x^1y^0 & x^1z^1 \\ y^1x^0 & y^1y^0 & y^1z^0 \\ z^1x^0 & z^1y^0 & z^1z^0 \end{bmatrix} \begin{bmatrix} p_x^0 \\ p_y^0 \\ p_z^0 \end{bmatrix}$$

$$p^1 = R_0^1 p^0$$

其中：

$$R_0^1 = \begin{bmatrix} \cos\theta & \sin\theta & 0 \\ -\sin\theta & \cos\theta & 0 \\ 0 & 0 & 1 \end{bmatrix} \tag{12-29}$$

式中，R_0^1为坐标系0变换到坐标系1的变换矩阵。

也就是说，坐标系变化后，向量p在原坐标系下的坐标左乘变换矩阵得到其在变换后的坐标系下的坐标。式（12-29）中的变换矩阵是以z轴为转轴的，下面给出分别以x轴和y轴为转轴的变换矩阵：

$$R_0^1 = \begin{bmatrix} 1 & 0 & 0 \\ 0 & \cos\theta & \sin\theta \\ 0 & -\sin\theta & \cos\theta \end{bmatrix} \tag{12-30}$$

$$R_0^1 = \begin{bmatrix} \cos\theta & 0 & -\sin\theta \\ 0 & 1 & 0 \\ \sin\theta & 0 & \cos\theta \end{bmatrix} \tag{12-31}$$

假设无人机的3个姿态角分别为：

ϕ：滚转角（Roll）；

θ：俯仰角（Pitch）；

φ：航向角（Yaw）。

于是，当无人机产生滚转角、俯仰角和航向角之后，其变换矩阵为：

$R(\phi, \theta, \varphi) = R(\phi)R(\theta)R(\varphi)$

$$= \begin{bmatrix} 1 & 0 & 0 \\ 0 & \cos\phi & \sin\phi \\ 0 & -\sin\phi & \cos\phi \end{bmatrix} \begin{bmatrix} \cos\theta & 0 & -\sin\theta \\ 0 & 1 & 0 \\ \sin\theta & 0 & \cos\theta \end{bmatrix} \begin{bmatrix} \cos\varphi & \sin\varphi & 0 \\ -\sin\varphi & \cos\varphi & 0 \\ 0 & 0 & 1 \end{bmatrix}$$

$$= \begin{bmatrix} \cos\theta\cos\varphi & \cos\theta\sin\varphi & -\sin\theta \\ \sin\phi\sin\theta\cos\varphi - \cos\phi\sin\varphi & \sin\phi\sin\theta\sin\varphi + \cos\phi\cos\varphi & \sin\phi\cos\theta \\ \cos\phi\sin\theta\cos\varphi + \sin\phi\sin\varphi & \cos\phi\sin\theta\sin\varphi - \sin\phi\cos\varphi & \cos\phi\cos\theta \end{bmatrix} \quad (12\text{-}32)$$

式（12-32）为由滚转到俯仰进而到航向的变换矩阵。注意：3个单坐标轴旋转的变换矩阵相乘的顺序不同，所得到变换矩阵的结果也是不同的。因此，在实际应用中，通常采用四元数进行坐标变换。由姿态角到四元数的转换公式如下：

$$q = \begin{bmatrix} q_0 \\ q_1 \\ q_2 \\ q_3 \end{bmatrix}$$

其中：

$q_0 = \cos\phi\cos\theta\cos\varphi + \sin\phi\sin\theta\sin\varphi$

$q_1 = \sin\phi\cos\theta\cos\varphi - \cos\phi\sin\theta\sin\varphi$

$q_2 = \cos\phi\sin\theta\cos\varphi + \sin\phi\cos\theta\sin\varphi$

$q_3 = \cos\phi\cos\theta\sin\varphi - \sin\phi\sin\theta\cos\varphi$

四元数的变换矩阵为：

$$R_q = \begin{bmatrix} 1 - 2(q_2^2 + q_3^2) & 2(q_1q_2 - q_0q_3) & 2(q_1q_3 + q_0q_2) \\ 2(q_1q_2 + q_0q_3) & 1 - 2(q_2^2 + 2q_3^2) & 2(q_2q_3 - q_0q_1) \\ 2(q_1q_3 - q_0q_2) & 2(q_2q_3 + q_0q_2) & 1 - 2(q_1^2 + q_2^2) \end{bmatrix} \quad (12\text{-}33)$$

下面通过一个例子简单说明变换矩阵的作用：假设在无人机机体坐标系中得到当前机体的速度v^b为：

$$v^b = \begin{bmatrix} v_x^b \\ v_y^b \\ v_z^b \end{bmatrix}$$

当前姿态角为ϕ、θ、φ，将姿态角转为四元数并得到其变换矩阵为式（12-23）中的R_q，于是无人机在本地坐标系下的速度v^l为：

$$v^l = R_q v^b$$

$$v^1 = \begin{bmatrix} v_x^b \\ v_y^b \\ v_z^b \end{bmatrix} = \begin{bmatrix} 1-2(q_2^2+q_3^2) & 2(q_1q_2-q_0q_3) & 2(q_1q_3+q_0q_2) \\ 2(q_1q_2+q_0q_3) & 1-2(q_2^2+2q_3^2) & 2(q_2q_3-q_0q_1) \\ 2(q_1q_3-q_0q_2) & 2(q_2q_3+q_0q_2) & 1-2(q_1^2+q_2^2) \end{bmatrix} \begin{bmatrix} v_x^b \\ v_y^b \\ v_z^b \end{bmatrix}$$

坐标变换是无人机姿态解算以及速度和位置估计的重要工具，在数据融合时，需要将各个传感器数据以及GPS所采集到的数据从各自的坐标系通过变换矩阵转换到本地坐标系当中，然后参与各项计算。

⊛ 12.3.2 姿态解算

由于四旋翼无人机的对称性，俯仰和滚转姿态可以采用相同的方式进行处理，在初始时刻，无人机处在地面位置上，可以根据加速度计测量出其在水平位置的姿态角，也就是俯仰角和滚转角的初始值；而航向角则需要通过磁罗盘的读数来确定，当然在计算时，还需要移除磁偏角。而当无人机起飞之后，可以根据陀螺仪的测量读数进行后续计算。

假设在上一时刻 t_0 无人机的姿态角为 θ_0；当前时刻 t_1 所得到的陀螺仪读数为 ω；其中从上一时刻到当前时刻的时间间隔 Δt 为：

$$\Delta t = t_1 - t_0$$

于是得到由 t_0 时刻到 t_1 时刻无人机的角度增量 $\Delta\theta$ 为：

$$\Delta\theta = \omega\Delta t$$

由此得无人机在 t_1 时刻的姿态角 θ_1 为：

$$\theta_1 = \theta_0 + \Delta\theta = \theta_0 + \omega(t_1 - t_0)$$

前面讲过无人机姿态解算的过程中，使用的是四元数，而不是姿态角。我们可以假设在 t_0 时刻表示无人机姿态的四元数为 q_0，设 x、y 和 z 轴的角增量分别为 $\Delta\theta_x$、$\Delta\theta_y$、$\Delta\theta_z$，而在 t_1 时刻四元数增量 Δq 的计算公式为：

$$\Delta\theta = \sqrt{\Delta\theta_x^2 + \Delta\theta_y^2 + \Delta\theta_z^2}$$

$$\Delta q_0 = \cos\frac{\Delta\theta}{2}$$

$$\Delta q_1 = \frac{\Delta\theta_x}{\Delta\theta}\cos\frac{\Delta\theta}{2}$$

$$\Delta q_2 = \frac{\Delta\theta_y}{\Delta\theta}\cos\frac{\Delta\theta}{2}$$

$$\Delta q_3 = \frac{\Delta\theta_z}{\Delta\theta}\cos\frac{\Delta\theta}{2}$$

$$\Delta q = \begin{bmatrix} \Delta q_0 \\ \Delta q_1 \\ \Delta q_2 \\ \Delta q_3 \end{bmatrix}$$

那么，在t_1时刻用于表示无人机姿态的四元数为：

$$q_1 = q_0 \otimes \Delta q$$

这样，我们就得到了在t_1时刻的四元数，也就得到在t_1时刻无人机的姿态角。注意：对于俯仰角和滚转角，只能通过陀螺仪的积分进行计算，而航向角还需要通过磁罗盘对其做融合，也就是进行卡尔曼滤波。在t_0时刻得到航向角的最优估计为yaw_0，在t_1时刻通过陀螺仪所得到的航向增量为Δyaw，而通过磁罗盘测量得到的航向角为yaw_{mag}，从而得到在t_1时刻航向角的预测值yaw_{pre}为：

$$yaw_{pre} = yaw_0 + \Delta yaw$$

根据卡尔曼滤波公式（12-22）得最优估计yaw_1为：

$$yaw_1 = yaw_{pre} + K(yaw_{mag} - yaw_{pre})$$

最后根据在t_1时刻无人机的姿态通过式（12-33）得出机体坐标系到本地坐标系的变换矩阵。得到变换矩阵之后，就可以进行下一步对速度和位置融合计算了。因为加速度计、气压计、GPS这些传感器所得到物理量读数都不在同一个坐标系下，为了将这些传感器数据融合在一起，得到当前时刻的最优估计值，需要将不同坐标系下的数据通过变换矩阵转到同一个坐标系下，因此变换矩阵就至关重要了。下面看一下姿态解算的相关代码：

```
1 void predictState()
2 {
3    calcEarthRateNED(_earth_rate_NED, _pos_ref.lat_rad);
4    Vector3f delta_ang = imu.delta_ang;
5    delta_ang -= -_R_to_earth.transpose() * _earth_rate_NED * imu.delta_ang_dt
6    Quatf dq;
7    dq.from_axis_angle(corrected_delta_ang);
8    _state.quat_nominal = _state.quat_nominal * dq;
9    _state.quat_nominal.normalize();
10
11   //其他代码略
12 }
13
14 void fuse(float *K, float innovation)
15 {
16   for (unsigned i = 0; i < 4; i++) {
17     _state.quat_nominal(i) = _state.quat_nominal(i) - K[i] * innovation;
18   }
19   _state.quat_nominal.normalize();
20
21   //其他代码略
22 }
```

>>> 代码说明：

第1行定义了predictState()函数，用于计算当前时刻的预测值。

第3行调用calcEarthRateNED()函数，计算地球自转的角速度。

第4行定义变量delta_ang，得到IMU传感器当前的角增量。

第5行消除地球自转对姿态解算的影响，通常来说，对无人机的姿态解算影响不大。

第6、7行将角增量转为四元数增量。

第8行将上一时刻的四元数乘以当前时刻的四元数增量，得到当前时刻的四元数。

第9行将四元数归一化。

第14行定义了fuse()函数，用于使用卡尔曼滤波进行数据融合，其中K为卡尔曼增益，innovation为更新残差，也就是测量值减去预测值的结果。

第16～18行使用式（12-22）得到当前时刻的最优估计。

第19行将四元数归一化，得到当前时刻用于表示无人机姿态的四元数。

🜨 12.3.3 速度位置估计

速度位置估计较姿态稍微复杂一些，但是其原理仍然是利用卡尔曼滤波进行最优状态估计。下面讨论速度估计的具体步骤。

① 将加速度计测量到的加速度乘以当前时刻距离上一时刻的时间间隔Δt，得到当前机体坐标系下的速度v_b增量：

$$\Delta v_b = a\,\Delta t$$

② 利用机体坐标系到本地坐标系的变换矩阵R_b^l将其转换为本地坐标系下的速度增量Δv_l，并将其与t_0时刻的最优估计v_0融合作为t_1时刻的预测值v_p：

$$\Delta v_l = R_b^l\,\Delta v_b$$

$$v_p = v_0 + \Delta v_l$$

③ 将GPS测量得到的速度v_m作为速度的测量值，由于GPS所测量得到的速度就是在本地坐标系下的速度，因此不需要进行坐标系转换。

④ 使用式（12-22）对t_1时刻的预测值和测量值进行数据融合，得到t_1时刻的最优估计v_1：

$$v_1 = v_p + K(v_m - v_p)$$

接下来讨论位置估计的具体方法。

① 通过对加速度计读数乘以时间间隔得到速度增量，再乘以时间间隔得到位置增量Δp_b。同样，Δp_b也是在机体坐标系下：

$$\Delta p_b = \Delta v_b\,\Delta t = a\,\Delta t \Delta t$$

② 利用机体坐标系到本地坐标系的变换矩阵R_b^l将其转换为本地坐标系下的位置增量Δp_1，并将其与t_0时刻的最优估计p_0融合，作为t_1时刻的预测值p_p：

$$\Delta p_1 = R_b^l\,\Delta p_b$$

$$p_p = p_0 + \Delta p_1$$

③ 将GPS测量得到的位置p_g，由于GPS测量得到的位置信息是在全局坐标系下的经度（longitude）、纬度（latitude）和高度（altitude），因此需要通过全局坐标系到本地坐标的变换矩阵R_g^1进行变换，得到的本地坐标系下位置的测量值p_m：

$$p_m = R_g^1 \, \Delta p_b$$

④ 使用式（12-22）对t_1时刻的预测值和测量值进行数据融合，得到t_1时刻的最优估计p_1：

$$p_1 = p_p + K(p_m - p_p)$$

需要注意的是，在对位置进行状态估计时，通常只将GPS测量到的精度和纬度进行融合，而高度的测量值来源是气压计读数。在转换到本地坐标系当中之后，x和y来源于GPS，而z来源于气压计。另外，在对加速度进行积分得到速度时，需要在本地坐标系下移除垂向的重力加速度对速度的影响。也就是说，需要移除垂向重力加速度g乘以Δt所得到的速度。

最后来看一下具体实现的代码：

```
24 void predictState()
25 {
26    //预测姿态代码略
27
28    Vector3f vel_last = _state.vel;
29    Vector3f delta_vel = _R_to_earth * corrected_delta_vel;
30    _state.vel + = delta_vel;
31    _state.vel(2) + = CONSTANTS_ONE_G * _imu.delta_vel_dt;
32    _state.pos + = (vel_last + _state.vel) * _imu.delta_vel_dt * 0.5f;
33
34    //其他代码略
35 }
36
37 void fuse(float *K，float innovation)
38 {
39    for (unsigned i = 0; i < 3; i + +) {
40       _state.vel(i) = _state.vel(i) - K[i + 4] * innovation;
41    }
42
43    for (unsigned i = 0; i < 3; i + +) {
44       _state.pos(i) = _state.pos(i) - K[i + 7] * innovation;
45    }
46
47    //其他代码略
48 }
```

代码说明：

第24行（与第1行是同一个函数）定义了predictState()函数，用于计算当前时刻的预测值。

第26行 省略了第3～9行代码，用于姿态解算。

第28行定义变量vel_last，用于记录上一次的速度读数。

第29行将机体坐标系下的速度增量转换到本地坐标系下。

第30行将上一时刻的速度加上速度增量得到当前时刻的速度。

第31行移除垂直方向上的重力加速度影响：z轴速度加上重力加速度CONSTANTS_ONE_G乘以时间间隔delta_vel_dt。

第32行将速度再次积分得到位置，这里的处理方式为将当前时刻的速度和上一时刻的速度的平均数乘以时间间隔。

第37行（与第14行是同一个函数）定义了fuse()函数，用于使用卡尔曼滤波进行数据融合。

第39～41行使用式（12-22）得到当前时刻速度的最优估计。

第43～45行使用式（12-22）得到当前时刻位置的最优估计。

上面给出的代码只有计算预测值和使用卡尔曼滤波器进行数据融合部分，并没有给出GPS和气压计的测量部分代码。实际上，对于如何得到测量值和坐标变换，前面已经讲述过了，其原理与上面代码大同小异，只是将全局坐标系中的变量左乘变换矩阵变换到本地坐标系，再减去预测值得到残差即可。请有兴趣的读者自行阅读相关代码。

第**13**章

飞行控制方法

无人机的控制属于自动控制系统。所谓自动控制系统是指整个系统在没有人参与的情况下可以根据具体情况自动调节输入和输出，达到人们预期的控制效果。自动控制理论和方法有很多，在无人机控制方面通常使用反馈控制。下面讨论无人机的自动控制原理和具体实现方法。

13.1 反馈、PID、串级控制

13.1.1 反馈控制

最常用的控制方法分为开环控制和闭环控制。

（1）开环控制

普通家用的电风扇中控制系统就属于开环控制系统。电风扇中的控制开关可以直接对电风扇的转动速度进行控制，可以达到低速、高速控制效果。但是，在这个控制系统当中，控制器仅仅对执行器（电动机）进行控制，而不关心执行器的执行结果。当按下低速按钮时，控制系统向电动机输出一个较低的电压，驱动电动机低速转动，但是，电动机是否能按预期的速度转动，取决于很多因素，例如风扇扇叶大小、转动轴摩擦力大小、气温等。当按下高速按钮时，控制系统向电动机输出一个较高的电压，驱动电动机高速转动，但是电动机的转速同样受很多因素影响，很难按预期转动速度转动。

执行器的输出结果不会影响到控制器输入的系统称为开环控制系统。开环控制只能按经验对控制器进行输入，但是执行器输出的结果不能真正符合预期的效果。所以，开环控制的控制效果并不理想，但是，由于开环控制系统的实现非常简单，可以大大降低生产成本，因此，在很多中小型电器中，使用的都是开环控制系统。

（2）闭环控制

普通家用电水壶中的控制系统就是一个最为简单的闭环控制系统。当按下开关时，控制系统给电水壶加热，同时利用温度传感器测量当前水壶的温度，当温度达到100℃时，控制系统会自动停止对电水壶加热，完成整个控制工作。与电风扇不同的是，电水壶中增加了一个温度传感器，用于将当期系统的输出（温度）反馈给控制系统。

将执行器的输出结果反馈给控制输入，从而形成闭合环路的系统称为闭环控制系统。闭环控制系统又称为反馈控制系统。由于引入了执行器的反馈，因此控制系统就可以根据当前执行结果自动调节控制输入，可以实现良好的控制效果。

通常反馈控制系统并不会像普通家用电水壶这样简单，而是由一系列复杂的模块单元组成，包括输入、输出、控制器、执行器和测量单元，如图13-1所示。

反馈信号与输入信号相减，使偏差逐渐变小，这个过程称为负反馈；否则称为正反馈。我们所讨论的反馈控制系统都是采用负反馈逐渐消除系统偏差的控制系统。

在无人机控制系统中，最基本的控制内容就是对无人机的姿态进行自动控制。接下来只考虑滚转姿态角的控制情况，来分别看看反馈控制系统中的各个模块的作用。

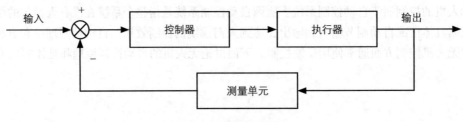

图13-1　反馈控制系统

① 输入。滚转姿态角期望，也就是我们希望无人机的滚转角处于什么状态。例如希望其处于水平状态，则期望为0，希望其保持10°的滚转角，则期望为10。输入的来源可以是遥控器的输出、位置控制的输出或者是其他模块的输出。

② 测量单元。从硬件结构上讲，测量单元应该是IMU惯导测量系统，但是在第12章中已经讨论过，无人机姿态的最优估计是由卡尔曼滤波对各个传感器进行数据融合的结果，因此，在控制系统中，测量单元是在状态估计模块中的输出结果，也就是滚转角的最优估计值。

③ 控制器。是根据当前的输入进行控制调节，控制器是整个控制系统中的核心部分。无人机控制系统中通过相应的控制方法对输入进行计算，从而得到相应控制量，并交给混合控制器得到的PWM控制信号，再将PWM信号交给执行器执行。

④ 执行器。用于执行控制器的计算结果并作用于整个系统当中。在四旋翼无人机中，执行器就是4个驱动电动机的电调和电动机，通过接收PWM信号，驱动电动机转动。

⑤ 输出。就是整个控制系统最后的状态。当电动机带动螺旋桨转动之后，产生不同的拉力影响到无人机的姿态，而无人机的姿态就是控制系统的输出。

无人机对横滚姿态角的反馈控制原理如下（图13-2）。

① 假设操控者通过拨动遥控器中的滚转通道控制杆，向控制系统发送一个期望为30°的滚转角，同时测量单元通过测量（实际上是通过卡尔曼滤波的姿态解算）得到当前的滚转角为0°并反馈给控制器，我们将期望减去反馈结果得到最终的控制误差为30°。控制器得到当前的控制输入为30°之后，再通过适当的控制方法得到最终的控制量，假设控制量为0.3，然后通过混合控制器得到PWM信号给控制滚转的左右2个电动机，使得左侧电动机转动减慢3%，右侧电动机转动加快3%，从而使无人机产生滚转动作，如图13-2（a）所示。

② 经过一小段时间之后，滚转期望不变，但是，由于无人机已经产生了滚转动作，测量单元得到当前的滚转角已经变为15°，于是将30°减去15°得到滚转角期望为15°。控制器通过控制方法将15°转为控制量0.15，然后再通过混合控制器得到PWM信号给左右2个电机，使得左侧电机转动减慢1.5%，右侧电机加快1.5%。由于左右两侧拉力不平衡，无人机仍然会继续产生滚转动作，如图13-2（b）所示。

③ 又经过一小段时间等候，滚转期望不变，测量单元得到当前的滚转角为30°，于是将30°减去30°得到滚转角期望为0°。控制器将0°转为控制量0，最后通过混合控制器得到PWM信号给左右两个电机，使它们转动速度相同，如图13-2（c）所示。

④ 无人机的滚转角虽然已经达到期望值，但是由于惯性缘故，仍然会继续旋转，又经过一小段时间，无人机的滚转角超过期望值。假设测量单元得到的姿态角为32°，30°减去32°得到控制误差为－2°，经过控制器得到的控制量为－0.02，再通过混合控制器得到PWM信

号，使得左侧电机转动稍高于右侧电机，从而使无人机减慢，进而停止滚转，然后再恢复到30°，如图13-2（d）所示。

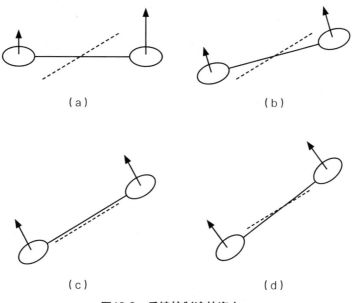

（a）   （b）

（c）   （d）

图13-2 反馈控制滚转姿态

在上述过程中，期望值减去测量值得到当前的误差值作为控制器的输入，并假设控制器是一个最为简单的比例控制器，按比例由输入得到控制量，由于反馈作用的存在，误差越大，输出的控制量就越大；误差越小，输出的控制量就越小，最后系统会在接近期望值附近达到稳定。实际上系统由于种种因素会阻碍控制系统达到期望值，例如无人机系统中电动机转动轴的摩擦力，螺旋桨高速转动的阻力，机体结构的不对称性等，因此，在只有比例控制的情况下，只能使系统接近期望值而难以达到与期望值一致，此时系统虽然达到稳定，但是与期望值之间还有一个误差，这个误差被称为稳态误差。

除输入会对控制结果产生影响之外，还有其他很多因素会对系统的稳定性造成影响。例如，在无人机姿态控制当中，假设无人机已经根据输入期望达到一个稳定状态，但是，由于侧风影响，无人机会偏离稳定状态。这种作用于系统本身并可能破坏系统稳定性的现象称为扰动。扰动现象在控制系统中普遍存在，如何自动克服扰动，并使系统快速恢复稳定，则是自动控制系统要达到的目的。

13.1.2 PID控制

PID控制是自动控制中较为成熟、使用广泛、效果较好的通用型控制方法。完整名称为比例（proportional）、积分（integral）、微分（differential）控制方法。或者单独采用它们的组合进行控制。例如：比例控制（P）、比例-微分控制（PD）、比例积分控制（PI）等。PID的数学公式为：

$$u(t) = K_\text{p}e(t) + K_\text{i}\int_0^t e(t)\mathrm{d}t + K_\text{d}\frac{\mathrm{d}e(t)}{\mathrm{d}t} \tag{13-1}$$

这是数学上的公式，积分和微分都需要在连续的函数上做计算，但在实际控制过程中，我们是无法做到数学上的"连续"的，因为反馈控制的参数是通过传感器读入数据，而传感器通常都是通过采样来获取数据的，但无论将采样频率设置成多么高，采样过程本身都是离散的，而不是数学上的"连续"过程。即使可以把采样频率提高到极限，让传感器的采样间隔无限接近于0（这是不可能的），计算机处理程序也不可能将这些连续的数据完全处理好，因为即使计算速度最快的计算机，它的处理器每处理一条指令，也是需要消耗时间的，所以，PID控制还是采用离散式控制方式，公式如下：

$$u_n = K_\text{p}e_n + K_\text{i}\sum_{j=0}^n e_n\,\Delta t + \frac{K_\text{d}(e_n - e_{n-1})}{\Delta t} \tag{13-2}$$

① 比例控制。比例控制实际上是将输入乘以一个比例系数K_p得到相应的结果：

$$u_n = K_\text{p}e_n \tag{13-3}$$

比例控制的控制方法是：将当前系统的误差乘以比例系数，从而得到对系统的控制量。这是一个线性系统，系统误差越大，控制结果就越大；系统误差小，控制结果就越小。增大比例系数可以减少系统稳态误差，提高控制精度，但是会降低系统的控制稳定性，过大的比例系数可能导致系统闭环不稳定，使系统在期望状态两侧震荡。

② 积分控制。根据当前系统的误差做累计和，使得系统在比例控制不足的情况下，快速消除系统的稳态误差：

$$u_n = K_\text{i}\sum_{j=0}^n e_n\,\Delta t \tag{13-4}$$

由于是由0到t的积分，因此当误差$e(t)$为0时，控制器输出的控制量$u(t)$并不一定为0，会对系统的稳定性造成一定影响。因此常用的控制系统中往往不会只使用积分控制，而是将比例和积分控制同时使用。

③ 微分控制。计算方式是当前误差e_n减去上一次控制的误差e_{n-1}，然后将这个结果乘以系数K_d，得到微分的控制量：

$$u_n = \frac{K_\text{d}(e_n - e_{n-1})}{\Delta t} \tag{13-5}$$

微分控制可以消除系统由于恢复平衡时速度过快的问题，可以对控制系统产生一个阻尼效果，使系统可以快速恢复平衡，而不会出现震荡的情况。

在无人机姿态控制系统中，采用的是比例-积分-微分控制方法，也就是PID控制方法。可以根据当前系统误差和期望快速响应达到稳态，并可以很好地消除稳态误差。

13.1.3 串级控制

普通单环反馈控制是在被控对象与期望值之间产生误差之后，将误差反馈给控制器，再由控制重新计算并做出相应的控制调整，重新向被控对象进行输出控制。这种控制系统只能是在系统出现误差之后，才会重新起到控制作用，对于抗扰动性较差，不能很好地对扰动进行预测和预先调整。

为了解决普通单环反馈控制不能快速感知扰动对系统影响的问题，引入了串级控制系统思想。串级控制是采用另外一个测量单元，并加入另外一个反馈回路形成第二个闭环来快速地感知和克服系统扰动。这个额外引入的测量单元，需要比原有测量单元更敏感，更能快速地感知到系统的扰动。这样才能在被控对象出现较大误差之前，快速地修正误差保持稳态，如图13-3所示。

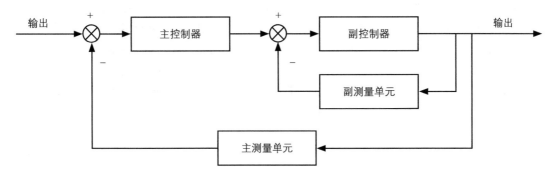

图13-3 串级反馈控制系统

其中主测量单元与主控制器组成一个闭合回路，由于这个回路是在外侧，因此也称为外环回路，简称外环；副测量单元和副控制器组成另一个闭合回路，因其在内侧，也称为内环回路，简称内环。外环和内环都有各自不同的输入和输出，也具有不同的控制方法。但是系统的期望值只会与主测量结果一同输入给外环主控制器，外环主控制器的输出与副测量结果一同作输入给内环副控制器。而副控制器的输出会最终影响执行器的执行结果。

在无人机的控制系统中，为了尽快感知和克服干扰，也采用串级控制系统。在姿态控制当中，采用"角度-角速度"双环串级反馈控制方法来达到稳定的姿态。

① 主测量单元。用于测量无人机系统中当前的姿态角。实际上，姿态角来源于姿态解算结果中的最优估计值。

② 主控制器。姿态角控制器，控制方法为比例控制（P），其输入为姿态角的误差，即姿态角期望减去当前姿态角，姿态角控制器的输出结果是角速度期望。

③ 副测量单元。用于测量无人机系统中当前的角速度。无人机的角速度值也是由状态估计得到其最优估计值。

④ 副控制器。角速度控制器，控制方法为比例-积分-微分控制（PID），其输入为角速度误差，即角速度期望减去当前角速度，角速度控制器的输出结果为电动机的控制量。

由于角速度的变化比角度要快，直接对角速度进行控制要优于直接对角度控制。因此在无人机的姿态控制中，采用双环串级反馈控制，外环控制角度，内环控制角速度。

当无人机在飞行过程中出现轻微扰动，其姿态角还没有发生变化时，主控制器没有办法预知系统的角度误差，因此不能进行快速控制，但是副控制器的测量单元可以快速感知角速度的变化，可以快速反馈给副控制器，副控制器针对角速度的误差进行PID控制得到输出，交给执行器，执行器使无人机快速消除误差，保持稳态。

下面考虑另一种主动控制情况：在主控制器得到一个期望姿态角度时，姿态期望减去主测量单元的测量值得到主控制器的输入误差，主控控制器通过P控制得到角速度期望，此时角速度期望减去副测量单元的测量值得到角速度误差，并将此误差输入给副控制器，副控制器通过PID控制得到输出，交给执行器，执行器使无人机快速消除角速度误差，使得无人机在期望的姿态角状态下保持稳定。

由于内环回路的存在，控制系统的控制精度和响应速度大大提高了，因而串级控制系统比单环反馈控制系统的控制效果有很大的提升。需要注意的是：内环控制的物理量应该比外环控制的物理量更敏感、更快速。例如，无人机的位置控制也是采用的串级反馈控制方法。为了对无人机的位置达到有效的控制，并且能够快速感知和消除扰动，将位置控制作为外环主控制器，而将速度控制作为内环副控制器，因为速度比位置变化更敏感、更快速。

同样，除"位置-速度"控制环和"角度-角速度"控制环之外，为了提高无人机的控制精度，还可以加速对电动机的"转速-电流"控制环。但是出于成本和控制复杂度，多数无人机控制系统中，并没有电动机的"转速-电流"控制环，只有"位置-速度"控制环和"角度-角速度"控制环。但是，对于无人机的控制来说，已经可以满足绝大多数使用者的需求了。

13.2 姿态控制

13.2.1 姿态控制原理

我们知道在无人机系统中，测量单元对角速度的感知要比角度更加灵敏，因此在串级反馈控制中，将角速度控制作为内环，将角度控制作为外环，组成一个双环串级反馈控制系统。整个姿态控制如图13-4所示。

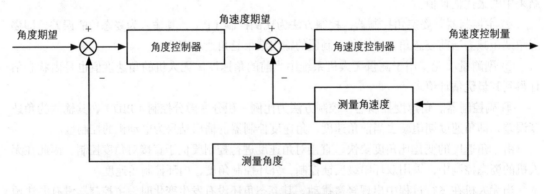

图13-4　姿态控制系统

① 角度期望。包括俯仰角、滚转角和航向角。这3个角的期望值来源于其他模块，如遥控器的控制杆量、位置控制模块的输出量、地面站系统的期望值等。角度的期望值就是系统中希望无人机达到的某一个角度，这也就是姿态控制中的目标状态，并且我们希望无人机在这个目标状态下保持稳定。例如，通过拨动遥控器的俯仰、滚转和航向控制杆，给出的俯仰、滚转和

航向角分别为5°、5°、10°，这3个角度则是姿态控制器的角度期望。但是在控制程序中往往使用的是弧度制，为了便于阅读和理解，我们还是采用角度制来进行说明。

② 测量角度。测量角度为无人机当前的姿态角。即俯仰角、滚转角和航向角，通常用四元数来表示。我们知道俯仰和滚转角是通过陀螺仪积分所得到的，航向角需要通过卡尔曼滤波将陀螺仪的积分值和磁罗盘的测量值进行融合才能得到。因此测量角度并不是直接从传感器得到的，而是由状态估计模块计算所得到的最优估计值。请读者注意，后续介绍的在控制系统中所需要用到的状态来源，包括角度、角速度、位置、速度等所有内容均来自卡尔曼滤波的最优状态估计，而不是直接来自传感器。

③ 角度控制器。外环P控制器，其输入内容为角度期望减去测量角度，也就是角度误差。然后通过"比例"控制方法对角度误差进行计算，得到其输出内容。需要注意的是，角度控制器的输入为角度误差，而输出却是角速度期望。也就是系统希望达到这样的角速度值，并且保持稳定。

④ 角速度期望。外环控制器的输出，并与内环测量角速度计算得到角速度误差，作为内环控制器的输入。

⑤ 测量角速度。测量角速度为无人机当前的旋转角速度，其来源于陀螺仪的读数，但是也需要通过卡尔曼滤波器得到它们的最优估计值。

⑥ 角速度控制器。内环PID控制器，其输入内容为角速度期望减去测量角速度，也就是角速度误差。然后通过"比例-积分-微分"控制方法对角速度误差进行计算，得到其输出内容。与角度控制器类似，角速度控制器的输入为角速度期望，而输出却是角速度控制量。

⑦ 角速度控制量。角速度控制量是一个控制数值，是角速度控制的输出值，这个控制量并不是角速度。这个控制量也不能直接作为PWM输出给电调，还需要经过无人机的混合控制器来进行混合调节控制，最后才能输出成最终的PWM信号。关于混合控制器的相关内容，我们将在13.4节中讨论。

13.2.2　姿态控制过程

多旋翼无人机的飞行过程是依靠其自身姿态改变而完成的。我们已经在第2章中讨论过四旋翼无人机的受力分析。因此姿态控制是多旋翼无人机最重要、最基础的控制模块。无人机是否能够达到快速、准确地控制，就是衡量其质量的一个重要标准。下面分析姿态控制从输入端输入一个期望到无人机做出姿态响应之后自动恢复稳态的过程。

假设无人机初始状态的滚转姿态角为0°，遥控器控制杆拨动之后，向其输入一个30°的滚转姿态期望，无人机的姿态控制系统的工作过程如下。

① 在t_0时刻主测量单元通过测量得到的滚转角为0°，滚转角的期望值为0。之后在t_1时刻通过遥控器输入一个30°的滚转角期望，于是得到角度误差为30°，并将其作为主控制器的输入。

② 主控制器得到输入值为30，假设主控制器中的比例参数P为0.5，于是根据式（13-3）得到主控制器的输出为：

$$30 \times 0.5 = 15$$

将15作为副控制器的角速度期望。

③ 副测量单元通过测量得到滚转角速度为0，滚角速度的期望值为15，于是得到角速度误差为15，并将其作为副控制器的输入。

④ 副控制器得到输入值为15，假设副控制器比例、积分、微分参数PID分别为0.3、0.02、0.005，Δt为0.004，根据式（13-2）得到副控制器的输出为：

$$u = (15 \times 0.3) + (15 \times 0.02) \times 0.004 + (15 - 0) \times 0.005 \div 0.004 = 23.2512$$

副控制器的输出结果23.2512就是对无人机的控制量，最后通过混合控制器得到多个电调的PWM信号。如果无人机的机型为四旋翼，则得到4路PWM信号；如果是六旋翼，则得到6路PWM信号。其他机型的情况相同。也就是说，最后得到的控制量是相同的，但是经过不同机型的混合控制器得到的PWM却是不同的。

⑤ 在t_2时刻，由于PWM信号输出给电调，电调根据PWM信号驱动电动机，使无人机的姿态发生了改变，产生了滚转角速度和滚转角。假设在t_2时刻主测量单元得到滚转角为0.1，滚转期望30减去滚转角0.1得滚转角误差为29.9，作为期望值，并根据比例控制计算得到输出为：

$$29.9 \times 0.5 = 14.95$$

⑥ 假设副测量单元测量得到的角速度为4.0，角速度期望14.95减去角速度4.0得到角速度误差为10.95，再根据式（13-2）得到副控制器输出为：

$$u = 10.95 \times 0.3 + [(10.95 \times 0.02) \times 0.004 + (15 \times 0.02) \times 0.004]$$
$$+ (10.95 - 15) \times (-0.005) \div 0.004$$
$$= 8.3475$$

得到的控制量再交给混合控制，最终输出给电调。

⑦ 在控制系统运行过程中，不断重复上面控制过程，直到无人机的滚转角接近30°，且滚转角速度重新恢复为0°。因为当测量得到滚转角和期望值相同之后，主控制器的输入为0，此时主控制器输出也为0，表示角速度期望为0，于是副控制器会进行角速度调节，直至无人机的滚转角速度为0为止。

下面看一下程序实现代码，首先是一些变量的定义：

```
ParamFloat _roll_p,              //滚转角比例参数
ParamFloat _roll_rate_p,         //滚转角速度比例参数
ParamFloat _roll_rate_i,         //滚转角速度积分参数
ParamFloat _roll_rate_d,         //滚转角速度微分参数


ParamFloat _pitch_p,             //俯仰角比例参数
ParamFloat _pitch_rate_p,        //俯仰角速度比例参数
ParamFloat _pitch_rate_i,        //俯仰角速度积分参数
ParamFloat _pitch_rate_d,        //俯仰角速度微分参数


ParamFloat _yaw_p,               //航向角比例参数
ParamFloat _yaw_rate_p,          //航向角速度比例参数
```

```
ParamFloat _yaw_rate_i,                                    //航向角速度积分参数
ParamFloat _yaw_rate_d,                                    //航向角速度微分参数

matrix：：Vector3f _attitude_p;                             //姿态角比例参数向量
matrix：：Vector3f _rate_p;                                 //角速度比例参数向量
matrix：：Vector3f _rate_i;                                 //角速度积分参数向量
matrix：：Vector3f _rate_d;                                 //角速度微分参数向量

matrix：：Vector3f _rates;                                  //当前角速度向量
matrix：：Vector3f _rates_sp;                               //角速度期望向量
matrix：：Vector3f _rates_int;                              //角速度积分向量
matrix：：Vector3f _att_control;                            //姿态控制量
```

姿态控制的核心功能就是通过获取无人机当前的姿态和姿态期望，然后通过外环姿态控制器得到角速度期望，再通过内环角速度控制器得到最终的控制量，具体代码如下：

```
1 void parameters_updated()
2 {
3    _attitude_p(0) = _roll_p.get();
4    _rate_p(0) = _roll_rate_p.get();
5    _rate_i(0) = _roll_rate_i.get();
6    _rate_d(0) = _roll_rate_d.get();
7
8    _attitude_p(1) = _pitch_p.get();
9    _rate_p(1) = _pitch_rate_p.get();
10   _rate_i(1) = _pitch_rate_i.get();
11   _rate_d(1) = _pitch_rate_d.get();
12
13   _attitude_p(2) = _yaw_p.get();
14   _rate_p(2) = _yaw_rate_p.get();
15   _rate_i(2) = _yaw_rate_i.get();
16   _rate_d(2) = _yaw_rate_d.get();
17 }
18
19 void control_attitude(float dt)
20 {
21   Quatf q(_v_att.q);
22   Quatf qd(_v_att_sp.q_d);
23   q.normalize();
```

```
24    qd.normalize();

25

26    Quatf qe = q.inversed() * qd;

27    Vector3f eq = 2.f * math：：signNoZero(qe(0)) * qe.imag();

28

29    _rates_sp = eq.emult(_attitude_p);

30

31    //其他代码略

32 }

33

34 void control_attitude_rates(float dt)

35 {

36    rates(0) - = _sensor_bias.gyro_x_bias;

37    rates(1) - = _sensor_bias.gyro_y_bias;

38    rates(2) - = _sensor_bias.gyro_z_bias;

39

40    Vector3f rates_err = rates_sp - _rates;

41

42    _att_control = _rate_p.emult(rates_err) +

43                   _rates_int +

44                   _rate_d.emult(rates_err - _rates_err_p

45

46    _rates_int(i) = _rates_int(i) + _rate_i.emult(rates_err) * dt;

47

48    //其他代码略

49 }
```

>>> **代码说明：**

第1行定义了parameters_updated()函数，用于更新当前姿态控制的所有参数。为了便于无人机在飞行过程中进行实时的参数调节，程序中总是会根据最新调整后的参数进行计算。

第3~6行取得滚转角的4个参数，包括姿态环的P参数和角速度环的PID参数。

第8~11行取得俯仰角的4个参数，包括姿态环的P参数和角速度环的PID参数。

第13~16行取得航向角的4个参数，包括姿态环的P参数和角速度环的PID参数。

第19行定义了control_attitude()函数，用于进行姿态控制，此函数会被姿态控制中的主循环函数周期性调用执行，其中dt为周期执行此函数的时间间隔。

第21~24行分别从vehicle_attitude和vehicle_attitude_setpoint这两个uORB中取得无人机当前的姿态四元数和姿态期望四元数，并对这两个四元数进行归一化。

第26、27行利用四元数使用缩放旋转轴的方式作为姿态误差，作为外环姿态主控制器的输入。

第29行将误差与比例参数_attitude_p相乘，得到最终的角速度期望_rates_sp。

第34行定义了control_attitude_rates()函数，用于进行角速度控制，此函数同样会被主循环函数周期性执行，其中dt为轴系执行此函数的时间间隔。

第36～38行从_sensor_bias这个uORB中取得无人机当前的旋转角速度作为测量单元的测量结果。

第40行将当前角速度减去角速度期望得到角速度误差，角速度误差作为内环角速度控制器的输入。其中角速度期望来源于外环角度控制器的输出。

第42～44行使用比例、积分、微分将角速度误差计算得到姿态的控制量_att_control。其中第42行计算比例项；第43行计算积分项；第44行计算微分项。

第46行更新积分项，将上一次的积分结果与本次积分的结果求和，再保存到_rates_int当中，也就是保存整个积分项的累加和。

此外，在讨论导航模式时已经介绍过了，在特技控制模式下遥控器控制杆所对应的就是角速度期望，而在手动控制模式下遥控器所对应的是角度期望。在姿态控制的主循环程序中，通过对控制模式进行判断，执行不同的控制方法。代码如下：

```
51 void run()
52 {
53   //预先初始化相关变量
54
55   while (!should_exit()) {
56     if (_v_control_mode.flag_control_attitude_enabled) {
57       control_attitude(dt);
58       //其他代码略
59     }
60     if (_v_control_mode.flag_control_rates_enabled) {
61       control_attitude_rates(dt);
62       //其他代码略
63     }
64
65     //其他代码略
66   }
67 }
```

》 代码说明：

第56～59行通过判断控制模式中flag_control_attitude_enabled是否启用来进行姿态控制。

第60~63行通过判断控制模式中flag_control_rates_enabled是否启用来进行角速度控制。需要注意的是，当无人机在执行特技控制模式时，flag_control_attitude_enabled为false，而flag_control_rates_enabled为true。也就是说，在特技控制模式下，只进行内环角速度控制，而不进行外环角度控制。

常用姿态控制相关参数说明如表13-1所示。

表13-1　常用姿态控制相关参数说明

参数	说明	参数	说明
MC_ROLL_P	滚转角比例	MC_PITCH_P	俯仰角比例
MC_ROLLRATE_P	滚转角速度比例	MC_PITCHRATE_P	俯仰角速度比例
MC_ROLLRATE_I	滚转角速度积分	MC_PITCHRATE_I	俯仰角速度积分
MC_RR_INT_LIM	滚转角速度积分最大值	MC_PR_INT_LIM	俯仰角速度积分最大值
MC_ROLLRATE_D	滚转角速度微分	MC_PITCHRATE_D	俯仰角速度微分
MC_ROLLRATE_MAX	滚转角速度限幅	MC_PITCHRATE_MAX	俯仰角速度限幅
MC_YAW_P	航向角比例	MC_YR_INT_LIM	航向角速度积分最大值
MC_YAWRATE_P	航向角速度比例	MC_YAWRATE_D	航向角速度微分
MC_YAWRATE_I	航向角速度积分	MC_YAWRATE_MAX	航向角速度限幅

13.3 位置控制

与姿态控制类似，位置控制同样是无人机控制系统中非常重要的控制系统。位置控制实际上就是控制无人机飞行的位置。我们希望可以准确地控制无人机按预期的速度飞往指定的目标位置，这也是无人机全自动飞行的基础。为了确定无人机的位置，需要使用在本地坐标系下的x、y、z 3个维度的坐标。但是，在控制方面上，往往将x轴和y轴上的控制方法称为水平位置控制，而将z轴上的坐标控制方法称为高度控制。但是，这里两个控制方法需要同时进行，最终达到对三维坐标系内无人机准确飞行控制目的。

13.3.1 位置控制原理

由于无人机测量系统对速度较位置更为敏感，因此位置控制也采用双环反馈控制方法。其内环为速度控制环，外环为位置控制环，如图13-5所示。

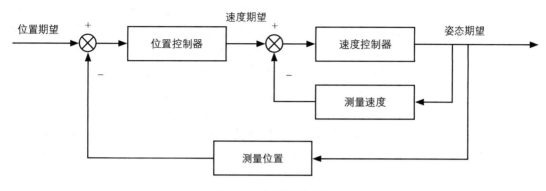

图13-5 位置控制系统

① 位置期望。包括x、y、z 3个轴的坐标，也就是系统希望无人机所到达的一个位置。这个位置可以是无人机自行读取的任务点坐标，也可以是地面站向无人机所指定的坐标，或者是在定点飞行模式中无人机当前的位置。例如我们希望无人机达到某一个坐标点，于是这个坐标点就可以作为位置期望交给位置控制器。

② 测量位置。为无人机当前的位置，同样也是在本地三维坐标系中的坐标。测量位置实际上也不是直接通过传感器所得到的，而是通过卡尔曼滤波所得到位置的最优估计值。这个位置的最优估计在控制系统中被作为一个准确值，也就是可以表示控制系统中测量位置的结果。测量位置将位置期望一起交给位置控制器。

③ 位置控制器。外环P控制器，其输入内容为位置期望减去测量位置，也就是位置误差。然后通过"比例"控制方法对位置误差进行计算，得到其输出内容。需要注意的是，位置控制器的输入为位置误差，而输出却是速度期望。也就是系统希望达到这样的速度值，并且保持稳定。

④ 速度期望。外环控制器的输出，并与内环测量速度计算得到速度误差，同时作为内环控制器的输入。

⑤ 测量速度。测量角速度为无人机当前的飞行速度，其来源为卡尔曼滤波器得到的最优估计值。

⑥ 速度控制器。内环PID控制器，其输入内容为速度期望减去测量速度，得到速度误差。然后通过"比例-积分-微分"控制方法对速度误差进行计算，得到其输出内容。速度控制器的输入为速度期望，而输出却是姿态角期望。

⑦ 姿态期望。是速度控制的输出值，这个姿态角期望作为姿态控制的输入。也就是说，姿态期望就是位置控制的输出结果，这个结果交给姿态控制，使无人机达到相应的姿态期望，最后通过姿态控制器得到相应的控制量。

注意：对于水平位置控制，其输入是水平位置期望，而其输出是姿态期望，包括滚转、俯仰、航向角，如图13-6所示。

假设无人机当前位置在A点处，而其期望为B点。为了使无人机由A点飞往B点，想使无人机向右前飞行，则需要其达

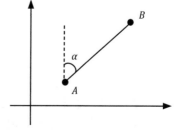

图13-6 无人机水平位置期望

到一定的俯仰和滚转姿态，使拉力方不再垂直于地面，进而产生前进的方向的拉力分量，从而使无人机向前飞行，因此位置期望经过位置-速度控制器的输出变为姿态期望，姿态期望经角度-角速度控制器输出为电机控制量，从而使无人机由A点飞往B点。此外，还可以将无人机的航向角进行控制，使航向角转过α，使无人机的机头指向飞行方向。由多旋翼无人机的动力原理可知，其由A点飞往B点时，根据实际情况，可以进行航向角控制，也可以不进行控制。

假设四旋翼机控制保持悬停，其总拉力F等于自身受到的重力mg，且总拉力F的水平分量为0，如图13-7（a）所示。而当四旋翼产生滚转或俯仰姿态时，如果4个螺旋桨的总拉力不变，仅仅改变姿态时，无人机在垂直方向上的拉力分量f_b将减小，因此无人机将会出现"掉高"现象，如图13-7（b）所示。

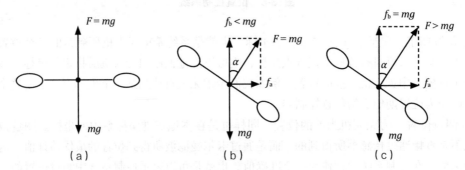

图13-7　悬停时受力分析

为了使无人机不"掉高"，也就是希望可以很好地控制其高度，因此需要同时增加4个螺旋桨的拉力，使其在水平方向上的分量f_b等于自身重量mg，如图13-7（c）所示。问题是当无人机出现滚转和俯仰角值之后，螺旋桨的拉力增加多少才能刚好使无人机保持一定的高度飞行，既不下降，也不上升？我们可以对无人机的高度进行串级反馈控制，其控制原理如图13-8所示。

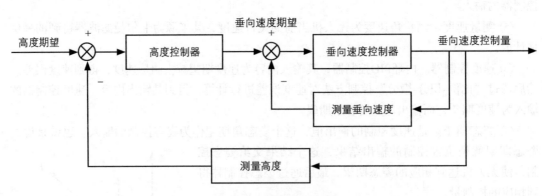

图13-8　高度控制系统

实际上，高度控制器与水平控制器和姿态控制器的原理都相同，只是其测量的物理量不同。对于高度控制器来说，其最终输出为垂向速度控制量。垂向速度控制量将与姿态控制器的输出姿态控制量一起输出给混合控制器，最终得到电动机的控制量。

13.3.2 位置控制过程

下面分析无人机的位置控制过程，以图13-6中的水平位置期望为例，对无人机由A点飞往B点的整个过程进行说明。在水平位置控制当中，先不考虑高度控制，而只在平面坐标系中进行位置控制，设A点的坐标为（10，5），B点的坐标为（30，25）。

① 在t_0时刻，主测量单元所得到无人机的位置在A点上，坐标为（10，5），此时其位置期望与当前位置相同，因此其位置误差为（0，0）；之后在t_1时刻，我们希望无人机飞往B点，坐标为（30，25）。于是得到位置误差为（20，20），并将其作为主控制器的输入。

② 主控制器得到输入值为（20，20），假设主控制的比例参数P为0.5，于是根据式（13-3）得到主控制器的输出为：

$$20 \times 0.5 = 10$$

将（10，10）作为副控制器的速度期望。

③ 副测量单元通过测量得到当前的速度为（0，0），而速度期望为（10，10），于是得到速度误差为（10，10），并作为副控制器的输入。

④ 副控制器得到输入值为（10，10），假设副控制器的比例、积分、微分参数PID分别为0.3、0.02、0.005，Δt为0.004。根据式（13-2）得到副控制器的输出为：

$$u = (10 \times 0.3) + (10 \times 0.02) \times 0.004 + (10 - 0) \times 0.005 \div 0.004 = 15.5008$$

副控制器输出的结果（15.5008，15.5008）就是对无人机的姿态期望，也就是说，在t_1时刻经过位置控制器所得到的俯仰角期望和滚转角期望都为15.5008。

⑤ 将此姿态期望（15.5008，15.5008）输入给姿态控制器，姿态控制器将根据此姿态期望通过串级PID控制得到电机的控制量，最后使电动机产生不同的拉力，进而产生相应的俯仰姿态和滚转姿态。

⑥ 在t_2时刻，由于无人机的姿态改变，其速度和位置也发生了变化，假设主测量单元所得到的位置为（10.02，5.02），于是得到位置误差为（19.98，19.98），作为主控制器输入计算得到速度期望为：

$$19.98 \times 0.5 = 9.99$$

⑦ 假设副测量单元得到的速度为（0.14，0.14），速度期望减去测量速度得到速度误差为（9.85，9.85），再根据式（13-2）得到副控制器的输出为：

$$u = 9.85 \times 0.3 + [(10 \times 0.02) \times 0.004 + (9.85 \times 0.02) \times 0.004]$$
$$+ (9.85 - 10.0) \times 0.005 \div 0.004$$
$$= 2.7675$$

得到的姿态期望为2.7675，然后输出给姿态控制器。

⑧ 在位置控制器和姿态控制器的串级控制作用下，无人机为了消除位置误差，将会产生俯仰和滚转角，进而由A点向B点飞行。

⑨ 当无人机到达B点之后，其位置误差变为0，主控制器输出速度期望为0。此时，由于无人机还在正常飞行，因此其速度为正，于是得到速度误差为负的副控制器输入值，经过PID控制之后，得到一个负的姿态角期望。使无人机产生"刹车"效果，进而将速度降至0。之后无人机将在B点保持不同。

无人机由A点飞往B点，一共经过5个阶段，如图13-9所示。

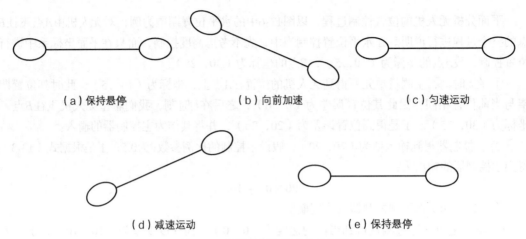

（a）保持悬停   （b）向前加速   （c）匀速运动

（d）减速运动   （e）保持悬停

图13-9   位置控制与姿态变化过程

① 在A点，位置误差和速度误差都为0，无人机姿态角为0°，保持在A点悬停。

② 在A点得到B点作为位置期望，产生位置误差，进而产生姿态角，向前加速运动。

③ 由于速度限幅，无人机匀速向B点运动。由于惯性作用，在不考虑空气阻力的情况下，无人机的姿态角将恢复为0°，但保持匀速运动。

④ 到达B点后，位置误差为0，速度误差为负，进而产生反向姿态角，减速运动。

⑤ 位置误差和速度误差都为0，在B点保持悬停。

我们可以将整个位置和姿态控制配合的控制系统看作是一个串级反馈控制系统。其外环为位置控制，内环为姿态控制，如图13-10所示。

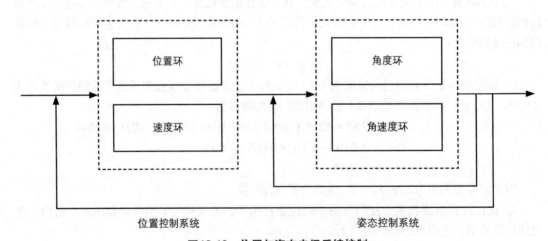

位置控制系统   姿态控制系统

图13-10   位置与姿态串级反馈控制

其中位置控制系统中包含"位置-速度"双环控制器，姿态控制系统中包含"角度-角速度"双环控制器。

下面看看位置控制的相关代码：

```
ParamFloat _z_p,              //z轴比例参数
ParamFloat _z_vel_p,          //z轴速度比例参数
ParamFloat _z_vel_i,          //z轴速度积分参数
ParamFloat _z_vel_d,          //z轴速度微分参数
ParamFloat _xy_p,             //水平位置比例参数
ParamFloat _xy_vel_p,         //水平速度比例参数
ParamFloat _xy_vel_i,         //水平速度积分参数
ParamFloat _xy_vel_d,         //水平速度微分参数

matrix：：Vector3f _pos_p;     //位置比例参数向量
matrix：：Vector3f _vel_p;     //速度比例参数向量
matrix：：Vector3f _vel_i;     //速度积分参数向量
matrix：：Vector3f _vel_d;     //速度微分参数向量

matrix：：Vector3f _pos;       //当前位置（位置测量）
matrix：：Vector3f _pos_sp;    //位置期望
matrix：：Vector3f _vel;       //当前速度（速度测量）
matrix：：Vector3f _vel_sp;    //速度期望
```

实际上，在"位置-速度"控制系统中是通过位置期望得到速度期望，再由速度期望得到无人机在本地坐标系下的矢量力期望，再经过转换得到姿态期望输出给"角度-角速度"控制系统。具体代码如下：

```
1 void parameters_update()
2 {
3    _pos_p(0) = _xy_p.get();
4    _pos_p(1) = _xy_p.get();
5    _pos_p(2) = _z_p.get();
6
7    _vel_p(0) = _xy_vel_p.get();
8    _vel_p(1) = _xy_vel_p.get();
9    _vel_p(2) = _z_vel_p.get();
10
11   _vel_i(0) = _xy_vel_i.get();
12   _vel_i(1) = _xy_vel_i.get();
13   _vel_i(2) = _z_vel_i.get();
14
15   _vel_d(0) = _xy_vel_d.get();
16   _vel_d(1) = _xy_vel_d.get();
```

```
17    _vel_d(2) = _z_vel_d.get();
18 }
19
20 void calculate_velocity_setpoint()
21 {
22    if (_run_pos_control) {
23      _vel_sp(0) = (_pos_sp(0) - _pos(0)) * _pos_p(0);
24      _vel_sp(1) = (_pos_sp(1) - _pos(1)) * _pos_p(1);
25    }
26
27    if (_run_alt_control) {
28      _vel_sp(2) = (_pos_sp(2) - _pos(2)) * _pos_p(2);
29    }
30
31    //其他代码略
32 }
33
34 void calculate_thrust_setpoint()
35 {
36    matrix∶∶Vector3f vel_err = _vel_sp - _vel;
37
38    matrix∶∶Vector3f thrust_sp;
39    thrust_sp = vel_err.emult(_vel_p) + _thrust_int + _vel_err_d.emult(_vel_d);
40
41    if (_control_mode.flag_control_velocity_enabled) {
42      _thrust_int(0) += vel_err(0) * _vel_i(0) * _dt;
43      _thrust_int(1) += vel_err(1) * _vel_i(1) * _dt;
44    }
45
46    if (_control_mode.flag_control_climb_rate_enabled) {
47      _thrust_int(2) += vel_err(2) * _vel_i(2) * _dt;
48    }
49
50    matrix∶∶Vector3f body_x;
51    matrix∶∶Vector3f body_y;
52    matrix∶∶Vector3f body_z;
53
```

```
54    body_z = -thrust_sp.normalized();
55    matrix：：Vector3f y_C(-sin(_att_sp.yaw_body)，cos(_att_sp.yaw_body)，0);
56
57    body_x = y_C % body_z;
58    body_x.normalize();
59
60    body_y = body_z % body_x;
61        body_y.normalize();
62
63    for (int i = 0; i < 3; i + + ) {
64      _R_setpoint(i，0) = body_x(i);
65      _R_setpoint(i，1) = body_y(i);
66      _R_setpoint(i，2) = body_z(i);
67    }
68
69    matrix：：Quatf q_sp = _R_setpoint;
70    q_sp.copyTo(_att_sp.q_d);
71
72    //其他代码略
73 }
```

▓▒░➤ **代码说明：**

第1行定义了parameters_updated()函数，用于更新当前姿态控制的所有参数。为了便于无人机在飞行过程中进行实时的参数调节，程序中总是会根据最新调整后的参数进行计算。

第3~5行取得位置控制的3个比例参数。

第7~17行取得速度控制的3个比例参数、3个积分参数、3个微分参数。

第20行定义了calculate_velocity_setpoint()函数，用于进行外环位置控制。

第22~25行判断是否启用位置控制，并使用位置期望减去当前位置得到位置误差，再乘以比例控制参数，最后得到水平方向上的速度期望。

第27~29行判断是否启用高度控制，并使用高度期望减去当前高度得到高度误差，再乘以比例控制系数，最后得到垂直方向上的速度期望。

第34行定义了calculate_thrust_setpoint()函数，用于进行内环速度控制，内环控制输出为矢量力期望值，再通过矢量力期望得到无人机的姿态期望，因此我们可以大致认为速度环的输出就是姿态期望。

第36行将速度期望_vel_sp减去当前速度_vel得到速度误差vel_err。

第37行通过比例、积分、微分控制得到矢量力期望，其中_thrust_int为积分项向量。

第41~43行判断如果启用了速度控制，再进行矢量力的积分项计算。

第46～48行判断如果启用了垂直方向的速度控制，则进行矢量力在垂直方向上的积分项计算。

第50～52行定义了x、y、z轴的期望向量。

第54行通过对矢量力的归一化得到z轴期望向量。注意：此处由于矢量力与z轴期望向量的方向相反，因此需要一个负号。

第55行定义y_C为水平方向上航向向量旋转90°。

第57、58行通过y_C与z轴的期望向量body_z进行叉乘得到z轴的向量期望body_x，并做归一化处理。

第60、61行通过z轴的期望向量body_z与x轴的期望向量body_x进行叉乘得到y轴的向量期望body_t，并做归一化处理。

第63～67行将期望向量填充到旋转矩阵_R_setpoint当中，以便后续计算。

第69、70行通过旋转矩阵得到姿态期望的四元数，并复制到_att_sp.q_d当中。

注意：在进行向量计算时，运算符"%"是向量类Vector3的运算符重载方法，表示向量的叉乘，而不是普通的求模运算。

常用的位置控制参数说明如表13-2所示。

表13-2　常用的位置控制参数说明

参数	说明	参数	说明
MPC_Z_P	高度比例	MPC_XY_VEL_P	水平方向速度比例
MPC_Z_VEL_P	垂直方向速度比例	MPC_XY_VEL_I	水平方向速度积分
MPC_Z_VEL_I	垂直方向速度积分	MPC_XY_VEL_D	水平方向速度微分
MPC_Z_VEL_D	垂直方向速度微分	MPC_XY_CRUISE	水平方向任务速度限幅
MPC_Z_VEL_MAX_UP	垂直方向上升速度限幅	MPC_VEL_MANUAL	水平方向手动速度限幅
MPC_Z_VEL_MAX_DN	垂直方向下降速度限幅	MPC_XY_VEL_MAX	水平方向速度限幅
MPC_XY_P	水平方向位置比例		

13.4 混合控制器

13.4.1 多旋翼混控原理

经过位置控制和姿态控制之后，控制量将通过actuator_controls这个uORB发布到内部通信总线上，这个uORB中的control数组变量中存放了滚转、俯仰、航向以及油门的控制量，其索引号的定义如下：

```
uint8 INDEX_ROLL = 0              #滚转索引
uint8 INDEX_PITCH = 1             #俯仰索引
uint8 INDEX_YAW = 2               #航向索引
uint8 INDEX_THROTTLE = 3          #油门
float32[4] control                #控制量数组
```

对于不同的多旋翼机型，它们的控制量都是相同的，但是混合控制方案却不同。下面介绍不同机型的多旋翼的混合控制原理。首先设滚转、俯仰、航向、油门这4个控制量分别为：

```
float roll  = control[INDEX_ROLL];
float pitch = control[INDEX_PITCH];
float yaw   = control[INDEX_YAW];
float thro  = control[INDEX_THROTTLE];
```

（1）十字形四旋翼

如图13-11（a）所示，由于十字形四旋翼的4个螺旋桨与滚转、俯仰轴重合，因此，可以将向量（0，1）和（0，-1）投影到轴臂上作为滚转控制系数，结果为：

$$-1, 1, 0, 0$$

将向量（1，0）和（-1，0）投影到轴臂上作为滚转控制系数为：

$$0, 0, 1, -1$$

航向控制系数为：

$$1, 1, -1, -1$$

油门控制系数为：

$$1, 1, 1, 1$$

于是，将控制量系数写成一个4行4列的矩阵形式，其中每一列就是一组控制量系数，并将控制量roll、pitch、yaw、thro写成向量形式。于是有：

$$K_{q+} = \begin{bmatrix} -1 & -0 & 1 & 1 \\ 1 & -0 & 1 & 1 \\ 0 & -1 & -1 & 1 \\ 0 & -1 & -1 & 1 \end{bmatrix}$$

$$C = \begin{bmatrix} r \\ p \\ y \\ t \end{bmatrix}$$

将控制量 C 左乘混控矩阵 K_{q+} 得到最终的控制结果：

$$O_{q+} = K_{q+}C = \begin{bmatrix} -1 & 0 & 1 & 1 \\ 1 & 0 & 1 & 1 \\ 0 & 1 & -1 & 1 \\ 0 & -1 & -1 & 1 \end{bmatrix} \begin{bmatrix} r \\ p \\ y \\ t \end{bmatrix} = \begin{bmatrix} -r+y+t \\ +r+y+t \\ +p-y+t \\ -p-y+t \end{bmatrix}$$

其中O_{q+}的每一行就是混合控制器输出到每一个电机的控制结果。

（2）叉形四旋翼

与十字形四旋翼类似，我们只需要计算4个控制量投影到轴臂上的分量得到混控矩阵即可。于是，如图13-11（b）所示，叉形四旋翼的混控矩阵为：

$$K_{q\times} = \begin{bmatrix} -\dfrac{\sqrt{2}}{2} & \dfrac{\sqrt{2}}{2} & 1 & 1 \\ \dfrac{\sqrt{2}}{2} & -\dfrac{\sqrt{2}}{2} & 1 & 1 \\ \dfrac{\sqrt{2}}{2} & \dfrac{\sqrt{2}}{2} & -1 & 1 \\ -\dfrac{\sqrt{2}}{2} & -\dfrac{\sqrt{2}}{2} & -1 & 1 \end{bmatrix}$$

同样，将控制量C左乘混控矩阵K_q得到最终的控制结果：

$$O_{q\times} = K_{q\times}C = \begin{bmatrix} -\dfrac{\sqrt{2}}{2} & \dfrac{\sqrt{2}}{2} & 1 & 1 \\ \dfrac{\sqrt{2}}{2} & -\dfrac{\sqrt{2}}{2} & 1 & 1 \\ \dfrac{\sqrt{2}}{2} & \dfrac{\sqrt{2}}{2} & -1 & 1 \\ -\dfrac{\sqrt{2}}{2} & -\dfrac{\sqrt{2}}{2} & -1 & 1 \end{bmatrix} \begin{bmatrix} r \\ p \\ y \\ t \end{bmatrix} = \begin{bmatrix} -\dfrac{\sqrt{2}}{2}r+\dfrac{\sqrt{2}}{2}p+y+t \\ +\dfrac{\sqrt{2}}{2}r-\dfrac{\sqrt{2}}{2}p+y+t \\ +\dfrac{\sqrt{2}}{2}r+\dfrac{\sqrt{2}}{2}p-y+t \\ -\dfrac{\sqrt{2}}{2}r-\dfrac{\sqrt{2}}{2}p-y+t \end{bmatrix}$$

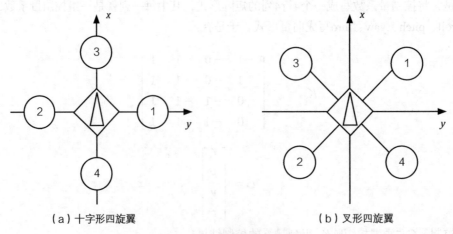

（a）十字形四旋翼　　　　　　　　　　　（b）叉形四旋翼

图13-11　四旋翼混合控制

（3）十字形六旋翼

与四旋翼相同，六旋翼机型的混合控制矩阵计算方法同样是将4个控制量在6个轴臂上进行投影。如图13-12（a）所示，十字形六旋翼的混控矩阵为：

$$K_{h+} = \begin{bmatrix} 0 & 1 & -1 & 1 \\ 0 & -1 & 1 & 1 \\ \dfrac{\sqrt{3}}{2} & -\dfrac{1}{2} & -1 & 1 \\ -\dfrac{\sqrt{3}}{2} & \dfrac{1}{2} & 1 & 1 \\ \dfrac{\sqrt{3}}{2} & \dfrac{1}{2} & 1 & 1 \\ -\dfrac{\sqrt{3}}{2} & -\dfrac{1}{2} & -1 & 1 \end{bmatrix}$$

同样，将控制量C左乘混控矩阵K_{h+}得到最终的控制结果：

$$O_{h+} = K_{h+}C = \begin{bmatrix} 0 & 1 & -1 & 1 \\ 0 & -1 & 1 & 1 \\ \dfrac{\sqrt{3}}{2} & -\dfrac{1}{2} & -1 & 1 \\ -\dfrac{\sqrt{3}}{2} & \dfrac{1}{2} & 1 & 1 \\ \dfrac{\sqrt{3}}{2} & \dfrac{1}{2} & 1 & 1 \\ -\dfrac{\sqrt{3}}{2} & -\dfrac{1}{2} & -1 & 1 \end{bmatrix} \begin{bmatrix} r \\ p \\ y \\ t \end{bmatrix} = \begin{bmatrix} +p-y+t \\ -p+y+t \\ +\dfrac{\sqrt{3}}{2}r-\dfrac{1}{2}p-y+t \\ -\dfrac{\sqrt{3}}{2}r+\dfrac{1}{2}p+y+t \\ +\dfrac{\sqrt{3}}{2}r+\dfrac{1}{2}p+y+t \\ -\dfrac{\sqrt{3}}{2}r-\dfrac{1}{2}p-y+t \end{bmatrix}$$

（4）叉形六旋翼

如图13-12（b）所示，叉形六旋翼的混控矩阵为：

$$K_{h\times} = \begin{bmatrix} -1 & 0 & -1 & 1 \\ 1 & 0 & 1 & 1 \\ \dfrac{1}{2} & \dfrac{\sqrt{3}}{2} & -1 & 1 \\ -\dfrac{1}{2} & -\dfrac{\sqrt{3}}{2} & 1 & 1 \\ -\dfrac{1}{2} & \dfrac{\sqrt{3}}{2} & 1 & 1 \\ \dfrac{1}{2} & -\dfrac{\sqrt{3}}{2} & -1 & 1 \end{bmatrix}$$

同样，将控制量C左乘混控矩阵K_{hx}得到最终的控制结果：

$$O_{hx}=K_{hx}C=\begin{bmatrix}-1 & 0 & -1 & 1\\ 1 & 0 & 1 & 1\\ \dfrac{1}{2} & \dfrac{\sqrt{3}}{2} & -1 & 1\\ -\dfrac{1}{2} & -\dfrac{\sqrt{3}}{2} & 1 & 1\\ -\dfrac{1}{2} & \dfrac{\sqrt{3}}{2} & 1 & 1\\ \dfrac{1}{2} & -\dfrac{\sqrt{3}}{2} & -1 & 1\end{bmatrix}\begin{bmatrix}r\\ p\\ y\\ t\end{bmatrix}=\begin{bmatrix}-r-y+t\\ +r+y+t\\ +\dfrac{1}{2}r+\dfrac{\sqrt{3}}{2}p-y+t\\ -\dfrac{1}{2}r-\dfrac{\sqrt{3}}{2}p+y+t\\ -\dfrac{1}{2}r+\dfrac{\sqrt{3}}{2}p+y+t\\ +\dfrac{1}{2}r-\dfrac{\sqrt{3}}{2}p-y+t\end{bmatrix}$$

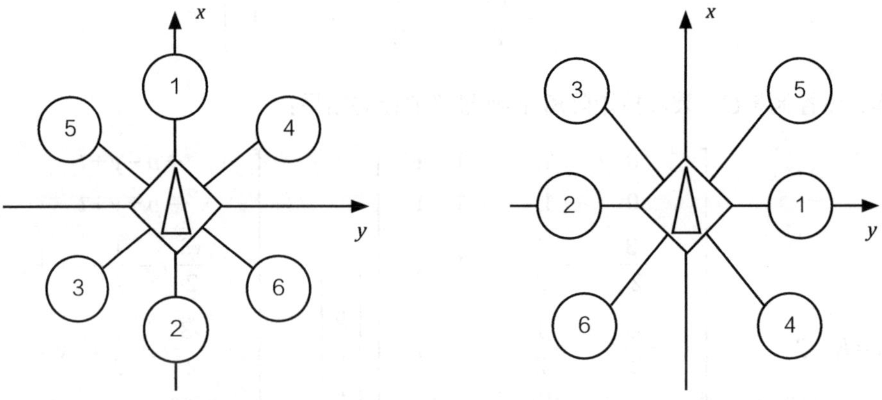

（a）十字形六旋翼　　　　　　　　（b）叉形六旋翼

图13-12　六旋翼混合控制

其他机型的混合控制原理与四旋翼和六旋翼都相同，就是将模长为1的向量由x轴和y轴向多个轴臂上作投影，得到的分量就是应该向此电机输出的控制量。下面给出十字形八旋翼和叉形八旋翼的混控矩阵：

$$K_{o+}=\begin{bmatrix}0 & 1 & -1 & 1\\ 0 & -1 & -1 & 1\\ -\dfrac{\sqrt{2}}{2} & \dfrac{\sqrt{2}}{2} & 1 & 1\\ -\dfrac{\sqrt{2}}{2} & -\dfrac{\sqrt{2}}{2} & 1 & 1\\ \dfrac{\sqrt{2}}{2} & \dfrac{\sqrt{2}}{2} & 1 & 1\\ \dfrac{\sqrt{2}}{2} & -\dfrac{\sqrt{2}}{2} & 1 & 1\\ 1 & 0 & -1 & 1\\ -1 & 0 & -1 & 1\end{bmatrix}$$

$$K_{ox} = \begin{bmatrix}
-\sqrt{\dfrac{1}{2}-\dfrac{\sqrt{2}}{4}} & \dfrac{\sqrt{2+\sqrt{2}}}{2} & -1 & 1 \\[2ex]
\sqrt{\dfrac{1}{2}-\dfrac{\sqrt{2}}{4}} & -\dfrac{\sqrt{2+\sqrt{2}}}{2} & -1 & 1 \\[2ex]
-\dfrac{\sqrt{2+\sqrt{2}}}{2} & \sqrt{\dfrac{1}{2}-\dfrac{\sqrt{2}}{4}} & 1 & 1 \\[2ex]
-\sqrt{\dfrac{1}{2}-\dfrac{\sqrt{2}}{4}} & -\dfrac{\sqrt{2+\sqrt{2}}}{2} & 1 & 1 \\[2ex]
\sqrt{\dfrac{1}{2}-\dfrac{\sqrt{2}}{4}} & -\dfrac{\sqrt{2+\sqrt{2}}}{2} & 1 & 1 \\[2ex]
\dfrac{\sqrt{2+\sqrt{2}}}{2} & -\sqrt{\dfrac{1}{2}-\dfrac{\sqrt{2}}{4}} & 1 & 1 \\[2ex]
\dfrac{\sqrt{2+\sqrt{2}}}{2} & -\sqrt{\dfrac{1}{2}-\dfrac{\sqrt{2}}{4}} & -1 & 1 \\[2ex]
-\dfrac{\sqrt{2+\sqrt{2}}}{2} & -\sqrt{\dfrac{1}{2}-\dfrac{\sqrt{2}}{4}} & -1 & 1
\end{bmatrix}$$

🚁 13.4.2 混控配置文件

在PX4程序当中，通过订阅actuator_controls这个uORB得到控制系统所输出的控制量，然后经过混合控制器（简称混控，Mixer）得到实际输出的PWM信号。在PX4程序中，根据不同的机型定义了不同的混控文件，存放在Firmware/ROMFS/px4fmu_common/mixers目录当中，多旋翼机型常用的混控配置文件有：

```
quad_ + .main.mix          # 十字形四旋翼
quad_x.main.mix            # 叉形四旋翼
hexa_ + .main.mix          # 十字形六旋翼
hexa_x.main.mix            # 叉形六旋翼
octo_ + .main.mix          # 十字形八旋翼
octo_x.main.mix            # 叉形八旋翼
```

混控配置文件包括空混控器、简单混控器和机型布局混控器。配置文件中的混控器有着特定的格式：

```
<tag>: <args>
```

其中，tag表示混控器类型，args表示混控器参数。

① 空混控器。可以接收任何的输入，但是其输出始终为0。空混控器在配置文件中可以起

到占位的作用：

```
Z:
```

② 简单混控器。将0个或多个输入通道的控制量进行混合，再经过缩放和限幅得到1个通道的输出结果：

```
M: <control count>
S: <group> <index> <-ve scale> < + ve scale> <offset> <lower limit> <upper limit>
```

其中，control count表示混控器输入通道数；group表示控制量来源于actuator_controls这个uORB中的组号；index表示控制量来源于控制量数组control的索引号；scale表示将控制量放大的系数；offset表示偏离量；limit表示对混控的输出结果进行限幅。

③ 机型布局混控器。包括多旋翼、直升机、固定翼、垂起固定翼、倾转旋翼等多种机型。下面主要讨论多旋翼常用机型的混控器：

```
R: <geometry> <roll scale> <pitch scale> <yaw scale> <deadband>
```

其中，geometry表示多旋翼机型布局，不同的布局需要使用不同的混控矩阵；roll scale、pitch scale、yaw scale分别表示多滚转通道、俯仰通道和航向通道的放大系数；deadband表示当某一个通道的执行器饱和时，为了保证此数值不超出有效范围，其他执行器将会被重新缩放到一个安全范围内，整体比例关系不变。

混控器的程序代码是在src/lib/mixer中实现的，其中定义了不同机型的混控矩阵，并根据当前混控配置文件的混控策略进行混合控制。例如，对于上述6轴多旋翼机型的混控矩阵定义为：

```
//十字形四旋翼混控矩阵
const MultirotorMixer: : Rotor _config_quad_plus[] = {
    { -1.000000, -0.000000,  1.000000,  1.000000 },
    {  1.000000, -0.000000,  1.000000,  1.000000 },
    { -0.000000,  1.000000, -1.000000,  1.000000 },
    { -0.000000, -1.000000, -1.000000,  1.000000 },
};
//叉形四旋翼混控矩阵
const MultirotorMixer: : Rotor _config_quad_x[] = {
    { -0.707107,  0.707107,  1.000000,  1.000000 },
    {  0.707107, -0.707107,  1.000000,  1.000000 },
    {  0.707107,  0.707107, -1.000000,  1.000000 },
```

```
    { -0.707107, -0.707107, -1.000000, 1.000000 },
};
//十字形六旋翼混控矩阵
const MultirotorMixer: : Rotor _config_hex_plus[] = {
    { -0.000000, 1.000000, -1.000000, 1.000000 },
    { -0.000000, -1.000000, 1.000000, 1.000000 },
    { 0.866025, -0.500000, -1.000000, 1.000000 },
    { -0.866025, 0.500000, 1.000000, 1.000000 },
    { 0.866025, 0.500000, 1.000000, 1.000000 },
    { -0.866025, -0.500000, -1.000000, 1.000000 },
};
//叉形六旋翼混控矩阵
const MultirotorMixer: : Rotor _config_hex_x[] = {
    { -1.000000, 0.000000, -1.000000, 1.000000 },
    { 1.000000, -0.000000, 1.000000, 1.000000 },
    { 0.500000, 0.866025, -1.000000, 1.000000 },
    { -0.500000, -0.866025, 1.000000, 1.000000 },
    { -0.500000, 0.866025, 1.000000, 1.000000 },
    { 0.500000, -0.866025, -1.000000, 1.000000 },
};
//十字形八旋翼混控矩阵
const MultirotorMixer: : Rotor _config_octa_plus[] = {
    { -0.000000, 1.000000, -1.000000, 1.000000 },
    { 0.000000, -1.000000, -1.000000, 1.000000 },
    { -0.707107, 0.707107, 1.000000, 1.000000 },
    { -0.707107, -0.707107, 1.000000, 1.000000 },
    { 0.707107, 0.707107, 1.000000, 1.000000 },
    { 0.707107, -0.707107, 1.000000, 1.000000 },
    { 1.000000, 0.000000, -1.000000, 1.000000 },
    { -1.000000, -0.000000, -1.000000, 1.000000 },
};
//叉形八旋翼混控矩阵
const MultirotorMixer: : Rotor _config_octa_x[] = {
    { -0.382683, 0.923880, -1.000000, 1.000000 },
    { 0.382683, -0.923880, -1.000000, 1.000000 },
    { -0.923880, 0.382683, 1.000000, 1.000000 },
    { -0.382683, -0.923880, 1.000000, 1.000000 },
```

```
  { 0.382683,  0.923880,  1.000000,  1.000000 },
  { 0.923880, -0.382683,  1.000000,  1.000000 }
  { 0.923880,  0.382683, -1.000000,  1.000000 },
  { -0.923880, -0.382683, -1.000000,  1.000000 },
};
```

上面列出来的6个常用机型的混控矩阵与前面讨论多旋翼机型混控原理所讲述的混控矩阵一致，其他机型的混控矩阵请有兴趣的读者自行计算。下面看一看混控程序中简单混控器和多旋翼混控器的具体实现代码：

```
76 void simpleMixer(float *outputs)
77 {
78     float sum = 0.0f;
79     for (unsigned i = 0; i < control_count; i + +) {
80       sum + = controls[i];
81     }
82     *outputs = scale(output_scaler, sum);
83
84     //其他代码略
85 }
86
87 void multirotorMixer(float *outputs)
88 {
89     float roll = math：：constrain(get_control(0, 0) * _roll_scale, -1.0f, 1.0f);
90     float pitch = math：：constrain(get_control(0, 1) * _pitch_scale, -1.0f, 1.0f);
91     float yaw = math：：constrain(get_control(0, 2) * _yaw_scale, -1.0f, 1.0f);
92     float thrust = math：：constrain(get_control(0, 3), 0.0f, 1.0f);
93
94     for (unsigned i = 0; i < _rotor_count; i + +) {
95       outputs[i] = roll   * _rotors[i].roll_scale +
96               pitch  * _rotors[i].pitch_scale +
97               yaw    * _rotors[i].yaw_scale +
98               thrust * _rotors[i].thrust_scale;
99     }
100
101    //其他代码略
102 }
```

代码说明：

第76行定义了sampleMixer()函数，用于进行简单混控。

第78行定义了sum变量，用于记录混控的输出结果。

第79～81行通过for语句在多个混控输入通道中进行循环，混合多路输入，并将其累加存放在sum变量当中。

第82行将sum经过放大器得到最终的输出结果并保存到outputs当中。

第87行定义了multirotorMixer()函数，用于针对不同机型的多旋翼进行混合控制。

第89～92行分别取得滚转、俯仰、航向、油门（推力）控制量，并进行归一化。姿态控制量的范围为[-1，1]，而油门的控制量永远为正，因此其归一化后的范围为[0，1]。

第94～99行针对指定机型的多旋翼混控矩阵进行计算，得到最终的结果并保存到outputs当中，计算方法为将控制量左乘混控矩阵，得到最终的控制量。

13.4.3　PWM输出

在第4章Pixhawk自驾仪时已经介绍过，Pixhawk支持8路主PWM信号输出和6路辅助PWM信号输出。其中8路主PWM信号由IO控制板中的STM32F103产生，另外6路辅助PWM信号由FMU控制板中的STM32F427产生。通常主PWM通道用于控制主动力电机，驱动无人机进行飞行，并完成相应的姿态控制响应，而辅助通道的PWM通常用于其他外部设备的控制，例如云台控制器、相机开关、农药喷洒开关等。

PX4程序中使用的STM32中定时器生成PWM信号。在FMU程序中，定时器的初始化配置在Firmware/src/drivers/boards/px4fmu-v2文件夹下的程序代码中完成。其中PWM的管脚定义与定时器配置内容如下：

```
//配置辅助通道PWM输出管脚
#define GPIO_TIM1_CH1OUT          (GPIO_SPEED_50MHz|GPIO_PUSHPULL|GPIO_
PORTE|GPIO_PIN9)
#define GPIO_TIM1_CH2OUT          (GPIO_SPEED_50MHz|GPIO_PUSHPULL|GPIO_
PORTE|GPIO_PIN11)
#define GPIO_TIM1_CH3OUT          (GPIO_SPEED_50MHz|GPIO_PUSHPULL|GPIO_
PORTE|GPIO_PIN13)
#define GPIO_TIM1_CH4OUT          (GPIO_SPEED_50MHz|GPIO_PUSHPULL|GPIO_
PORTE|GPIO_PIN14)
#define GPIO_TIM4_CH2OUT          (GPIO_SPEED_50MHz|GPIO_PUSHPULL|GPIO_
PORTD|GPIO_PIN13)
#define GPIO_TIM4_CH3OUT          (GPIO_SPEED_50MHz|GPIO_PUSHPULL|GPIO_
PORTD|GPIO_PIN14)
```

```
//配置TIM1和TIM4作为辅助通道的PWM定时器
const io_timers_t io_timers[MAX_IO_TIMERS] = {
    {  .base = STM32_TIM1_BASE,
       .first_channel_index = 0,
       .last_channel_index = 3
    },
    {  .base = STM32_TIM4_BASE,
       .first_channel_index = 4,
       .last_channel_index = 5
    }
};


//分别配置TIM1的通道1～4和TIM4的通道2～3作为PWM输出通道
const timer_io_channels_t timer_io_channels[MAX_TIMER_IO_CHANNELS] = {
    {  .gpio_out = GPIO_TIM1_CH4OUT,
       .timer_index = 0,
       .timer_channel = 4
    },
    {  .gpio_out = GPIO_TIM1_CH3OUT,
       .timer_index = 0,
       .timer_channel = 3
    },
    {  .gpio_out = GPIO_TIM1_CH2OUT,
       .timer_index = 0,
       .timer_channel = 2
    },
    {  .gpio_out = GPIO_TIM1_CH1OUT,
       .timer_index = 0,
       .timer_channel = 1
    },
    {  .gpio_out = GPIO_TIM4_CH2OUT,
       .timer_index = 1,
       .timer_channel = 2
    },
    {  .gpio_out = GPIO_TIM4_CH3OUT,
       .timer_index = 1,
       .timer_channel = 3
    }
};
```

与辅助通道类似，IO控制板中的PWM输出管脚定义与初始化在Firmware/src/drivers/boards/px4io-v2文件夹下的程序代码中完成。其中PWM的管脚定义与定时器配置内容如下：

```
//配置主通道PWM输出管脚
#define GPIO_PWM1 (GPIO_OUTPUT|GPIO_MODE_50MHz|GPIO_PORTA|GPIO_PIN0)
#define GPIO_PWM2 (GPIO_OUTPUT|GPIO_MODE_50MHz|GPIO_PORTA|GPIO_PIN1)
#define GPIO_PWM3 (GPIO_OUTPUT|GPIO_MODE_50MHz|GPIO_PORTB|GPIO_PIN8)
#define GPIO_PWM4 (GPIO_OUTPUT|GPIO_MODE_50MHz|GPIO_PORTB|GPIO_PIN9)
#define GPIO_PWM5 (GPIO_OUTPUT|GPIO_MODE_50MHz|GPIO_PORTA|GPIO_PIN6)
#define GPIO_PWM6 (GPIO_OUTPUT|GPIO_MODE_50MHz|GPIO_PORTA|GPIO_PIN7)
#define GPIO_PWM7 (GPIO_OUTPUT|GPIO_MODE_50MHz|GPIO_PORTB|GPIO_PIN0)
#define GPIO_PWM8 (GPIO_OUTPUT|GPIO_MODE_50MHz|GPIO_PORTB|GPIO_PIN1)

//配置TIM1、TIM1和TIM4作为主通道的PWM定时器
const io_timers_t io_timers[MAX_IO_TIMERS] = {
    {
        .base = STM32_TIM2_BASE,
        .first_channel_index = 0,
        .last_channel_index = 1
    },
    {
        .base = STM32_TIM3_BASE,
        .first_channel_index = 4,
        .last_channel_index = 7
    },
    {
        .base = STM32_TIM4_BASE,
        .first_channel_index = 2,
        .last_channel_index = 3
    }
};

//分别配置TIM2的1~2通道、TIM4的3~4通道和TIM3的1~4作为PWM输出通道
const timer_io_channels_t timer_io_channels[MAX_TIMER_IO_CHANNELS] = {
    {   .gpio_out = GPIO_TIM2_CH1OUT,
        .timer_index = 0,
        .timer_channel = 1
    },
    {   .gpio_out = GPIO_TIM2_CH2OUT,
```

```
                .timer_index = 0,
                .timer_channel = 2
        },
        {  .gpio_out = GPIO_TIM4_CH3OUT,
                .timer_index = 2,
                .timer_channel = 3
        },
        {  .gpio_out = GPIO_TIM4_CH4OUT,
                .timer_index = 2,
                .timer_channel = 4
        },
        {  .gpio_out = GPIO_TIM3_CH1OUT,
                .timer_index = 1,
                .timer_channel = 1
        },
        {  .gpio_out = GPIO_TIM3_CH2OUT,
                .timer_index = 1,
                .timer_channel = 2
        },
        {  .gpio_out = GPIO_TIM3_CH3OUT,
                .timer_index = 1,
                .timer_channel = 3
        },
        {  .gpio_out = GPIO_TIM3_CH4OUT,
                .timer_index = 1,
                .timer_channel = 4
        }
};
```

在控制量经过混控器得到输出值之后，还需要经过FMU和IO的PWM限幅控制器，才能最终输出到上述定时器的各个PWM通道当中去。例如，在无人机锁定时，不允许相应任何控制量输出，而只允许输出一个较低的PWM作为电机锁定值，当无人机解锁之后，允许并接收控制量输出，按实际混控后的输出设定PWM的控制信号。这就需要PWM限幅控制器按不同状态进行不同的控制。在px4fmu和px4iofirmware两个模块当中，将控制量输出给PWM之前，都调用了pwm_limit进行PWM的限幅处理。下面简单看一下PWM限幅控制器的具体功能。程序中定义了PWM的4个状态：

```
enum pwm_limit_state {
```

```
PWM_LIMIT_STATE_OFF = 0,              //关闭状态
PWM_LIMIT_STATE_INIT,                 //初始化状态
PWM_LIMIT_STATE_RAMP,                 //最小值过渡状态
PWM_LIMIT_STATE_ON                    //打开状态
};
```

其中，在关闭状态和初始化状态中，飞控程序输出的PWM信号为一个固定的保护值，也就是电机锁定值；最小值过渡状态会将飞控程序所输出的PWM信号变为PWM所设定的最小值，也就是在无人机飞行过程中允许输出的最小值（通常最小值大于保护值）；打开状态就是允许通过控制系统的控制量对PWM信号进行控制，也就是无人机的正常飞行的控制模式。具体实现代码如下：

```
104 void pwm_limit_calc(const bool armed, const uint16_t *disarmed_pwm,
105        const uint16_t *min_pwm, const uint16_t *max_pwm,
106        const float *output, uint16_t *effective_pwm)
107 {
108    switch (limit->state) {
109    case PWM_LIMIT_STATE_INIT:
110      if (armed) {
111        if (limit->time_armed == 0) {
112          limit->time_armed = hrt_absolute_time();
113        }
114        if (hrt_elapsed_time(&limit->time_armed) >= INIT_TIME_US) {
115          limit->state = PWM_LIMIT_STATE_OFF;
116        }
117      }
118      break;
119
120    case PWM_LIMIT_STATE_OFF:
121      if (armed) {
122        limit->state = PWM_LIMIT_STATE_RAMP;
123        limit->time_armed = hrt_absolute_time();
124      }
125      break;
126
127    case PWM_LIMIT_STATE_RAMP:
128      if (!armed) {
129        limit->state = PWM_LIMIT_STATE_OFF;
```

```
130        }
131        else if (hrt_elapsed_time(&limit->time_armed) > = RAMP_TIME_US) {
132            limit->state = PWM_LIMIT_STATE_ON;
133        }
134        break;
135
136    case PWM_LIMIT_STATE_ON:
137        if (!armed) {
138            limit->state = PWM_LIMIT_STATE_OFF;
139        }
140        break;
141
142    default:
143        break;
144    }
145
146    switch (limit->state) {
147    case PWM_LIMIT_STATE_OFF:
148    case PWM_LIMIT_STATE_INIT:
149        for (unsigned i = 0; i < num_channels; i + +) {
150            effective_pwm[i] = disarmed_pwm[i];
151        }
152        break;
153
154    case PWM_LIMIT_STATE_RAMP:
155        for (unsigned i = 0; i < num_channels; i + +) {
156            float control_value = output[i];
157            effective_pwm[i] = control_value * (max_pwm[i] - min_
               pwm[i])/2 + (max_pwm[i] + min_pwm[i])/2;
158        }
159        break;
160
161    case PWM_LIMIT_STATE_ON:
162        for (unsigned i = 0; i < num_channels; i + +) {
163            effective_pwm[i] = output[i] * (max_pwm[i] - min_
               pwm[i])/2 + (max_pwm[i] + min_pwm[i])/2;
164        }
165        break;
```

```
166
167    default:
168        break;
169    }
170 }
```

代码说明:

第104～106行定义了函数pwm_limit_calc(),用于对PWM进行限幅控制,其中armed为是否解锁;disarmed_pwm为锁定值;min_pwm为最小值;max_pwm为最大值;output为混控器输出值;effective_pwm为PWM限幅控制器运行后的结果。

第108行通过对limit->state进行条件判断,在不同的状态下进行切换。

第109～118行判断如果是初始化状态,再进行是否解锁判断。如果已经解锁,则在50ms后进入关闭状态。如果未解锁,则保持初始化状态。

第120～125行判断如果是关闭状态,再进行是否解锁判断。如果已经解锁,则进入过渡状态。如果未解锁,则保持关闭状态。

第127～134行判断如果是过渡状态,再进行是否解锁判断。如果未解锁,则进入关闭状态。如果已经解锁,则在500ms后进入打开状态。

第136～140行判断如果是打开状态,再进行是否解锁判断。如果未解锁,则进入关闭状态。如果已经解锁,则保持在打开状态。

第146行通过对limit->state进行条件判断,在不同的状态下进行PWM的输出限幅。

第147～152行将关闭状态和初始化状态下输出的PWM设定为锁定值。

第154～159行在过渡状态下将输出的PWM信号设定为最小值。

第161～166行在打开状态下将输出的PWM信号设定成由output所提供的控制值,并在最大值和最小值之间进行限幅。

第14章

航线规划
全自动飞行

本章介绍PX4飞控当中自动航线的实现原理。它相当于日常生活中的路径规划，此代码在Firmware/src/modules/navigator当中，即无人机的导航系统。例如：按规划好的航迹点飞行、多航线任务飞行、自动返航、一键起降等功能都是在此模块中实现的。下面讨论Navigator导航模块中的自动飞行原理和较为典型的路径规划问题。

14.1 导航基本原理

14.1.1 导航目标

简单来说，导航的目的就是从当前位置移动到目标位置。例如，我们每天上班时由家出发，经过中间多种交通方式到达公司（工作地点），就可以认为是一次导航。当然，其关键内容在于交通方式的选择。我们可以选择步行、搭乘公交、搭乘出租、搭乘地铁或者自驾等不同的导航方案，如图14-1所示。

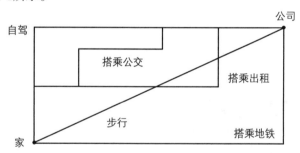

图14-1　上班时的多个导航方案

对于不同的导航方案，其起点与终点都相同，但是其导航的路径并不相同。因为不同的导航方案会直接影响执行效果。例如，从价格成本上来考虑，步行是最省钱的方案，而搭乘出租和自驾则是最贵的；从时间成本上讲，搭乘地铁时间最短，而步行时间最长；从舒适程度上考虑，搭乘出租和自驾最为合适；从综合因素考虑，搭乘公交和地铁则较为符合人们日常的交通习惯，

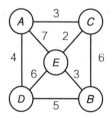

图14-2　由A点到达B点的导航方案

因为时间成本较低，价格成本也较低。这个问题我们可以简单地归纳为由A点到达B点的最优的导航方案选择问题。在多种方案并存时，如何选择一个最优的方案，则是导航模块需要考虑的问题。假设由A点到达B点有n个方案，如图14-2所示。

实际上这是一个带权无向图。其中A、B、C、D、E为图的顶点，带有权重的线为图的弧。A为起点，B为终点，C、D、E为途经点。在这个带权无向图中，由A点出发可以由很多个不同的路线到达B点，例如：A—C—B、A—D—B、A—E—B、A—C—E—B、A—C—E—D—B、

$A—E—D—B$、$A—D—E—C—B$等。图中每一条弧的权重表示与其关联的两个顶点之间的成本。成本可以是价格、时间、舒适度等，从无人机飞行的角度来讲，权重可以是航时、风力、气温、遮挡程度等。于是就可以归纳为求带权无向图中某两个顶点之间的最短路径的问题，其中最短路径就是找到的路径上所有弧的权重和最小。

Dijkstra提出了一种按路径长度向外扩散的搜索方法来找到图中两个顶点之间的最短路径。其算法引入一个向量Dis[n]用于记录由起点到其他所有点的距离。其中，n为图中顶点的个数。假设弧的权重为Arc[i, j]，其中i和j表示弧上的两个顶点编号，设所有顶点集合为U，已经找到最短路径的顶点集合为V。

① 由当前点i出发，在未找到最短路径的顶点集合U-V中进行遍历，找到当前点i距离其他点的最短距离d，如果Arc[i, j]小于d，则Dis[i] = Arc[i, j]，并将j加入集合V。

② 由j点出发，在未找到最短路径的顶点集合U-V中进行遍历，找到i点经由j点到达其他点的最短距离d，如果Arc[j, k]小于d，则Dis[k] = Dis[j] + Arc[j, k]，并将k加入集合V。

③ 重复步骤②就可以计算出图中顶点i到达其他点的最短路径。

我们可以使用Dijkstra搜索算法找到图14-2中的最短路径为$A—C—E—B$，路径权重和为8。

实际上Dijkstra所提出的这种算法可以保证在带权无向图（带权有向图也适用）上能够找到由某一顶点到达另一个顶点之间的最短路径。但是，此算法在每个顶点上都要去遍历其他顶点，因此其时间复杂度为$O(n^2)$。这对于顶点很多的图来说，计算时间较长。

14.1.2　搜索算法

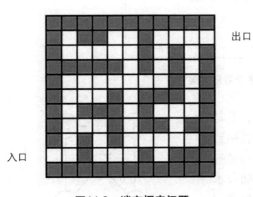

图14-3　迷宫探索问题

除自动找到最短路径之外，很多时候我们只需要找到一条可以到达目的地的路径即可，而并不特别关心其路径是否最短。这与走迷宫很类似，我们只关心从迷宫的入口进入，并到达另一个出口即可，而并不关心迷宫中多条通路中哪条最短、哪条最长，如图14-3所示。

迷宫探索问题有很多种实现算法，常用的简单探索算法有广度优先和深度优先。广度优先和深度优先都属于对图中顶点的遍历问题，可以归纳为由某一个顶点出发，沿着顶点间的弧进行遍历，最终访问到所有顶点。对于迷宫探索问题，可以是由迷宫的入口开始对相邻格子中可行走的区域进行遍历，直到被访问的格子为迷宫出口为止。

这两种探索算法各有各的特点，假设所有顶点的集合为U，已经访问的顶点集合为V，两种算法如下。

① 广度优先。从当前顶点出发，遍历其所有相邻的顶点且这些顶点在U—V中，然后将已经访问的顶点加入集合V中；从当前节点的相邻顶点继续遍历，访问其相邻节点，并加入V当中；直到与顶点直接相连的顶点全部遍历结束，再依次访问其他相邻的节点。图14-4中从顶点

A开始进行广度优先遍历的结果为A—B—C—D—E—F—G。

② 深度优先。从当前顶点出发，找到其相邻的顶点且顶点在U—V中，并将已经访问的顶点加入集合A中，然后再从此顶点出发，再次找到下一个相邻的顶点，若当前顶点的相邻顶点都不在U—A中，于是再由其他相邻顶点开始遍历，同样采用深度优先方式。图14-4中从顶点A出发进行深度优先遍历的结果为A—B—E—F—C—D—G。

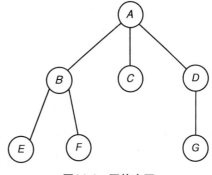

图14-4 图的遍历

🪛 14.1.3 预设航线

实际上，在PX4飞控中，并没有实现无人机自动计算最优路径的程序，其做法是预设好几条固定的航线，在不同的导航模式下执行不同的飞行航线程序。例如，可以执行起飞航线、降落航线、返航航线等。

最典型的任务航线为航迹点任务，PX4飞控程序可以从Mavlink总线上接收由地面站程序上传的航迹点任务，并在自动任务模式下，按预设好的航线进行飞行，如图14-5所示。

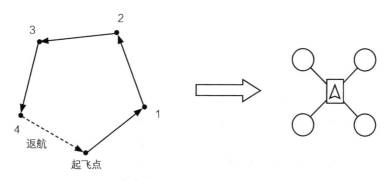

图14-5 利用地面站规划航迹点任务并上传至无人机

无人机接收到地面站上传的航迹点任务之后，将这些航迹点任务根据原始顺序保存到SDCard当中，当地面站向无人机发送执行航迹点任务指令，或操控者通过遥控器拨动遥控器上的任务开关控制杆时，无人机会切换到自动任务模式，并根据当前任务点进行飞行，当到达某一个任务点之后，根据任务指令执行相关功能命令，如拍照、射击、喷洒等，执行完毕之后，再飞往下一个任务点，到达后同样执行相关功能命令，完成后继续飞往下一个任务点。直到全部任务点都已执行完毕，最后返航到起飞点。自动航迹点任务是无人机飞行模式中最为典型的自动飞行，但是需要配合地面站进行预先规划航迹点和上传。

此外，除地面站向无人机上传预先规划好的航迹点任务之外，还通过程序设定了一些固定模式的航线。例如，在电量较低或遥控器信号丢失时，无人机将自动返航至起飞点，并自动着陆。这个返航航线由无人机自动完成，但是其设计过程则是一个固定模式。

① 爬升至返航高度。

② 以返航高度返航至起飞点。

③ 下降至安全高度。

④ 悬停指定时间。

⑤ 下降，直至着陆。

实际上，无论在什么情况下，无人机的返航都遵循这个固定模式。只是使用者可以根据需要，对不同的返航参数进行设置，例如返航高度和返航悬停时间等。但是无论怎样设置，无人机也是同样按照上述固定模式进行返航，而不会根据实际环境进行自动飞行。

14.2 导航模块设计

14.2.1 导航引擎

Navigator模块中要使用的核心状态就是我们在前面所讲述的导航状态，飞控程序根据当前所执行的导航状态执行相关的导航功能。而当导航状态发生改变时，立即切换到其他导航功能中，从而实现在不同导航状态下，完成不同的飞行任务。下面再来回顾一下导航状态：

```
uint8 NAVIGATION_STATE_MANUAL = 0              //手动模式
uint8 NAVIGATION_STATE_ALTCTL = 1             //高度控制模式
uint8 NAVIGATION_STATE_POSCTL = 2             //位置控制模式
uint8 NAVIGATION_STATE_AUTO_MISSION = 3       //自动任务模式
uint8 NAVIGATION_STATE_AUTO_LOITER = 4        //自动悬停模式
uint8 NAVIGATION_STATE_AUTO_RTL = 5           //自动返航模式
uint8 NAVIGATION_STATE_AUTO_RCRECOVER = 6     //遥控器恢复
uint8 NAVIGATION_STATE_AUTO_RTGS = 7          //数传信号丢失自动返回地面站
uint8 NAVIGATION_STATE_AUTO_LANDENGFAIL = 8   //自动降落当引擎失效
uint8 NAVIGATION_STATE_AUTO_LANDGPSFAIL = 9   //自动降落当GPS失效
uint8 NAVIGATION_STATE_ACRO = 10              //特技模式
uint8 NAVIGATION_STATE_UNUSED = 11            //预留
uint8 NAVIGATION_STATE_DESCEND = 12           //下降模式
uint8 NAVIGATION_STATE_TERMINATION = 13       //自毁模式
uint8 NAVIGATION_STATE_OFFBOARD = 14          //离线模式
uint8 NAVIGATION_STATE_STAB = 15              //增稳模式
uint8 NAVIGATION_STATE_RATTITUDE = 16         //手动特技模式
```

uint8 NAVIGATION_STATE_AUTO_TAKEOFF = 17	//自动起飞模式
uint8 NAVIGATION_STATE_AUTO_LAND = 18	//自动着陆模式
uint8 NAVIGATION_STATE_AUTO_FOLLOW_TARGET = 19	//目标跟随模式

导航模块中是采用C＋＋的多态机制来完成导航功能切换的。在导航模块中，定义了一个叫做NavigatorMode的基类，用于定义最上层的、公共的、抽象的导航方法，而后又定义了一个叫做MissionBlock的类，继承了NavigatorMode，用于定义跟自动任务相关的公共的方法，最后实现了多个导航模式的子类，继承NavigatorMode完成不同的导航功能。其类的继承关系如图14-6所示。

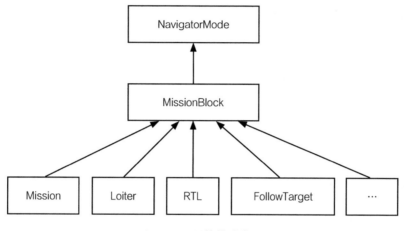

图14-6　导航模式类图

MissionBlock的子类一共有DataLinkLoss、EngineFailure、FollowTarget、GpsFailure、Land、Loiter、Mission、PrecLand、RCLoss、RTL、Takeoff等11个。分别负责相应的状态的执行功能。例如：Loiter负责悬停；RTL负责返航；Mission负责执行自动任务；FollowTarget负责目标跟随等。

整个导航模块的主功能函数在Navigator：：run()中执行，主要负责订阅并获取相关的uORB内容，包括全局坐标系（vehicle_global_position）和本地坐标系（vehicle_local_position）的位置数据、GPS导航（vehicle_gps_position）位置数据和无人机状态（ve hicle_status）等相关数据。在主循环中接收无人机命令（vehicle_command）这个uORB的相关指令并做出响应。然后根据最终的导航状态（vehicle_status中的nav_state）完成导航系统。

下面主要分析MissionBlock的多个子类在不同导航状态下的切换方式：

```
1 class Navigator
2 {
3 public：
4    void run();
5
```

```
 6    //其他函数略
 7
 8 private：
 9    Mission            _mission;
10    Loiter             _loiter;
11    Takeoff            _takeoff;
12    Land               _land;
13    PrecLand           _precland;
14    RTL                _rtl;
15    RCLoss             _rcLoss;
16    DataLinkLoss       _dataLinkLoss;
17    EngineFailure      _engineFailure;
18    GpsFailure         _gpsFailure;
19    FollowTarget       _follow_target;
20
21    //其他成员变量略
22 }
23
24 void Navigator：：run()
25 {
26    //初始化代码略
27
28    while(true)
29    {
30       NavigatorMode *old_mode = { nullptr };
31       NavigatorMode *navigation_mode { nullptr };
32
33       switch (nav_state) {
34         case vehicle_status_s：：NAVIGATION_STATE_AUTO_MISSION：
35              navigation_mode = &_mission;
36              break;
37         case vehicle_status_s：：NAVIGATION_STATE_AUTO_LOITER：
38              navigation_mode = &_loiter;
39              break;
40         case vehicle_status_s：：NAVIGATION_STATE_AUTO_RCRECOVER：
41              navigation_mode = &_rcLoss;
42              break;
43         case vehicle_status_s：：NAVIGATION_STATE_AUTO_RTL：
```

```
44              navigation_mode = &_rtl;
45              break;
46      case vehicle_status_s：：NAVIGATION_STATE_AUTO_TAKEOFF:
47              navigation_mode = &_takeoff;
48              break;
49      case vehicle_status_s：：NAVIGATION_STATE_AUTO_LAND:
50              navigation_mode = &_land;
51              break;
52      case vehicle_status_s：：NAVIGATION_STATE_AUTO_FOLLOW_TARGET:
53              navigation_mode = &_follow_target;
54              break;
55
56      // 其他模式略
57
58      default：
59              navigation_mode = nullptr;
60              break;
61      }
62
63      if (navigation_mode != nullptr) {
64          navigation_mode->run(_navigation_mode == old_mode);
65      }
66
67      old_mode = navigation_mode;
68
69      //其他代码略
70  }
71 }
```

>> **代码说明：**

第1行定义了导航类Navigator，用于完成整个导航模块的引擎功能。

第4行定义了主循环函数run()。

第9～19行定义了11个不同的导航任务子类对象，例如：_mission为任务，_loiter为悬停，_rtl为返航等，此处代码命名可参考导航状态的命名。

第24行定义了导航模块run()函数，用于完成导航模块中的主功能函数，以及主循环。

第28行使用while语句进入主循环结构。

　　第30、31行定义了用于执行当前导航模式类的对象指针navigation_mode以及上一次导航模式old_mode变量。由于这两个变量都是NavigatorMode的对象指针，因此使用此指针可实现基类中虚函数在子类中的实现，从而达到多态效果。

　　第33～61行进入switch语句，根据导航状态nav_state来确定当前需要执行哪个导航功能。根据不同的导航状态将navigation_mode指针赋值为不同的导航对象。

　　第63～65行通过navigation_mode对象指针来执行NavigatorMode中的run()函数，并根据当前导航模式与上一次导航模式进行比较，判断是否有导航模式切换，并将切换状态作为参数传入run()函数当中。

　　第67行将当前导航状态对象指针navigation_mode赋值给old_mode，用于下一次的导航模式切换判断。

　　需要注意的是：NavigatorMode *navigation_mode是一个基类的对象指针，而不同的子类_mission、_rtl、_follow_target等，都是NavigatorMode的子类。在C＋＋中使用基类对象指针指向子类对象后，执行基类的run()函数，从而实现多态的效果。

　　此外，run()函数是在NavigatorMode类中定义的，但是它并不是一个虚函数。多态的效果实际上是通过run()函数内部调用其他虚函数实现的。下面看看NavigatorMode类中的几个虚函数的定义，以及run()函数的内容：

```
73 class NavigatorMode
74 {
75 public：
76    void run(bool active);
77    virtual void on_inactive();
78    virtual void on_activation();
79    virtual void on_inactivation();
80    virtual void on_active();
81 private：
82    bool _active { false };
83 };
84
85 void NavigatorMode：：run(bool active)
86 {
87    if (active) {
88      if (!_active)
89        on_activation();
90      else
91        on_active();
92    }
93    else {
```

```
94      if (_active)
95         on_inactivation();
96      else
97         on_inactive();
98    }
99    _active = active;
100 }
```

>> **代码说明：**

第73行定义了NavigatorMode基类，用于完成导航引擎中不同导航模式下的不同功能。

第76行定义了run()函数，用于执行导航功能。

第77～80行定义了on_inactive()、on_activation()、on_inactivation()、on_active()4个函数，分别为首次激活、激活、首次禁用、禁用4个状态下的功能函数。这4个函数都是虚函数，也就是可以通过这4个函数完成多态效果，执行不同子类的不同功能函数。

第82行定义了_active变量，用于标记当前模式是否已经激活。

第85行实现了NavigatorMode类中的run()函数。

第87～92行判断如果传入参数active激活，则根据当前激活状态_active执行首次激活on_activation()函数或者激活on_active()函数。

第93～98行判断如果传入参数active禁用，则根据当前激活状态_active执行首次禁用on_inactivation()函数或禁用on_inactive()函数。

第99行将参数active赋值给_active变量，用于记录当前激活状态。

由上面run()函数中代码逻辑可以分析出：on_activation()函数和on_inactivation()函数只有在模式切换时，执行一次；而on_active()函数和on_inactive()函数在每次执行run()函数时都会执行。

✈ 14.2.2　自动任务设计

无人机在不同的导航状态下有着不同的导航模式，下面主要分析其中比较重要的一个执行模式——自动飞行任务Mission，也就是航迹点任务模式。当飞控进入航迹点任务模式之后，Navigator就会切换到Mission这个执行类，并进行相应的自动飞行任务。MissionBlock类是Mission的基类，其中实现了一些关于航迹点飞行的公用处理函数，例如：is_mission_item_reached()、reset_mission_item_reached()、mission_item_to_position_setpoint()、set_loiter_item()、set_takeoff_item()、set_land_item()等。在本节中主要介绍与自动飞行任务Mission相关的一些函数的具体内容。航迹点任务模式的核心功能可以概括为以下3点。

① 设定当前飞行的目标航迹点。

② 判断无人机是否已经到达目标航迹点。

③ 到达目标点后执行指定动作，并设定下一个目标航迹点。

实际上，自动飞行任务的程序需要处理的功能远远不止这3点，但是其核心功能就是上述内容，其他功能就是在这些核心功能的基础上做了很多扩展功能，用来提高程序的稳定性、扩展性等。在navigation.h文件中，定义了航迹点结构体的具体内容：

```
struct mission_item_s {
    double lat;                          //航迹点纬度
    double lon;                          //航迹点经度
    union {
        struct {
            union {
                float time_inside;       //在航迹点半径范围内停留时间
                float pitch_min;         //固定翼起飞最小俯仰角
                float circle_radius;     //电子围栏圆周半径
            };
            float acceptance_radius;     //航迹点到达半径
            float loiter_radius;         //固定翼盘旋半径
            float yaw;                   //航向角
            float altitude;              //航迹点高度
        };
    };
    uint16_t nav_cmd;                    //导航命令
    int16_t do_jump_mission_index;       //任务跳转索引号
    uint16_t do_jump_repeat_count;       //重复执行跳转数
    union {
        uint16_t do_jump_current_count;  //任务跳转当前索引号
        uint16_t vertex_count;           //多边形电子围栏顶点个数
        uint16_t land_precision;         //精准着陆方式
    };
};
```

为了使用方便，MissionBlock类中已经实现了2个函数：mission_item_to_position_setpoint()函数用于设定一个任务点作为飞行的目标点；is_mission_item_reached()函数用于判断无人机的当前位置是否已经到达目标点。

这两个函数是自动飞行最为关键的函数，例如无人机在空中飞行，其当前的坐标为$A(x_0, y_0)$，此时我们希望无人机自动飞往$B(x_1, y_1)$点，于是调用mission_item_to_position_setpoint()函数将无人机的目标航点设置成(x_1, y_1)，并设置此航迹点的到达半径为R（单位：米），如图14-7所示。

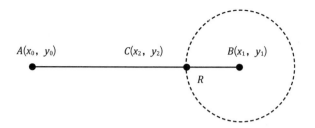

图14-7 航迹点与到达半径

当无人机在 A 点时，我们为无人机指定了一个目标航迹点 B，于是无人机开始向 B 点飞行，之后飞控程序会不停地对当前位置和目标航迹点位置的距离进行判断，如果距离小于指定的到达半径 R，则表示已经到达目标点。于是，当无人机从 A 点向 B 点飞行，途中经过 C 点时，飞控程序的 is_mission_item_reached() 函数会返回 true，表示已经到达目标点 B，并且执行后续功能。如果还有其他航迹点，则转向其他航迹点执行，否则继续向 B 点飞行，直到完全与 B 点重合为止。下面看一看 mission_item_to_position_setpoint() 函数的具体实现内容：

```
102 bool mission_item_to_position_setpoint(mission_item_s &item，position_setpoint_s *sp)
103 {
104     sp->lat = item.lat;
105     sp->lon = item.lon;
106     sp->alt = item.altitude;
107     sp->yaw = item.yaw;
108     sp->acceptance_radius = item.acceptance_radius;
109     switch (item.nav_cmd) {
110       case NAV_CMD_TAKEOFF：
111         sp->type = position_setpoint_s：：SETPOINT_TYPE_TAKEOFF;
112         break;
113
114       case NAV_CMD_LAND：
115         sp->type = position_setpoint_s：：SETPOINT_TYPE_LAND;
116         break;
117
118       case NAV_CMD_LOITER：
119         sp->type = position_setpoint_s：：SETPOINT_TYPE_LOITER;
120         break;
121
122       default：
123         sp->type = position_setpoint_s：：SETPOINT_TYPE_POSITION;
124         break;
125     }
```

```
126    sp->valid = true;
127    return sp->valid;
128 }
```

代码说明:

第102行定义了mission_item_to_position_setpoint()函数,用于将一个任务点设置成无人机的飞行目标。其中,item为任务点,也就是航迹点,sp则为当前目标点。

第104~107行将任务点的经度、纬度、高度以及航向设置为当前目标。

第108行设置此任务点的到达半径。到达半径会直接影响无人机到达目标点的判断。

第109~125行使用switch语句对任务点的导航命令进行判断,并设置相应的导航命令。

第126、127行设置当前目标点为有效,并返回有效标识。

对于到点判断函数is_mission_item_reached()来说,需要根据不同的导航命令来判断飞机当前位置是否已经到达目标点,例如普通航迹点飞行的到点判断,与起飞和降落的到点判断逻辑都不相同,因此需要根据实际情况进行不同的处理,具体代码如下:

```
130 bool is_mission_item_reached()
131 {
132    bool _waypoint_position_reached = false;
133
134    if (!_navigator->get_land_detected()->landed && !_waypoint_position_reached) {
135        float dist = -1.0f;
136        float dist_xy = -1.0f;
137        float dist_z = -1.0f;
138        float altitude = _mission_item.altitude;
139        dist = get_distance_to_point_global_wgs84(_mission_item.lat,
140            _mission_item.lon,
141            altitude,
142            _navigator->get_global_position()->lat,
143            _navigator->get_global_position()->lon,
144            _navigator->get_global_position()->alt,
145            &dist_xy, &dist_z);
146
147        if (_mission_item.nav_cmd == NAV_CMD_WAYPOINT) {
148            float mission_acceptance_radius = _navigator->get_
                acceptance_radius(_mission_item.acceptance_radius);
149            if (dist >= 0.0f && dist <= mission_acceptance_radius
```

```
150            && dist_z <= _navigator->get_altitude_acceptance_radius()) {
151            _waypoint_position_reached = true;
152        }
153    }
154    else if (_mission_item.nav_cmd == NAV_CMD_TAKEOFF) {
155        //代码略
156    }
157    else if (_mission_item.nav_cmd == NAV_CMD_LAND) {
158        //代码略
159    }
160    //其他导航命令判断逻辑代码略
161 }
162 return _waypoint_position_reached;
163 }
```

⫸ 代码说明：

第130行定义了is_mission_item_reached()函数，用于判断无人机是否已经到达当前目标位置，也就是到点判断。

第132行定义了_waypoint_position_reached变量，用于记录无人机的到达状态。

第134行将非着陆状态（飞行状态）和尚未到达任务点作为判断条件，进行后续的到点判断。其中，"进行后续的到点判断"指第135～137行内容。

第135～137行定义了无人机到目标位置的距离变量dist。包括水平距离dist_xy和垂直距离dist_z变量。

第138行定义了altitude变量，用于记录目标点的高度。

第139～145行调用get_distance_to_point_global_wgs84()工具函数，用于计算无人机当前位置与目标任务点之间的距离，并将结果存储到dist、dist_xy、dist_z当中。

第147行根据导航命令进行判断，如果是普通任务点任务，则进入任务点到点判断逻辑。

第148行取得当前任务的到达半径，并保存到mission_acceptance_radius变量当中。

第149～152行根据无人机距离目标点的距离dist和垂向距离dist_z与到达半径相比较，判断无人机是否已经到达此任务点。

第154～160行是其他导航命令判断到点逻辑（略）。

第162行返回到达状态。

如果将航迹点的到达半径设置得非常小，无人机很可能一直在目标点附近徘徊，而判断一直没有到达，因为在普通GPS定点飞行过程中，飞机的控制精度不是特别精准，在位置测量的估计上会有一些误差；如果我们将航迹点的到达半径设置得非常大，则会导致飞机刚刚进入到达半径附近就会得出已经达到的结果，于是执行当前任务点相关命令后，会继续飞往下一个航迹点，如图14-8所示。

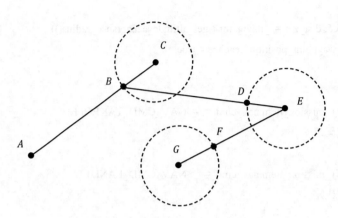

图14-8　无人机航迹点任务飞行路线

在无人机起飞前，我们设定好的航迹点为A—C—E—G。实际上，无人机在到达B点后，就会判断已经到达当前航迹点，于是会从B点直接飞往E点；而当达到D点后，同样会判断已经达到当前航迹点，于是直接飞往G点。因此，无人机的飞行轨迹并非是由各个航迹点所连接起来的航线，而是跟每一个航迹点的到达半径相关。因此达到半径需要根据实际情况进行灵活设置，不能太大，也不能太小。

14.2.3　自动起飞与降落

无人机在导航模式中完成的自动起飞和自动降落功能很简单，自动起飞时，只需要将水平方向上的目标位置设定为当前位置，而将垂直方向上的高度设置为起飞高度。于是无人机将从地面起飞，并在当前位置上升至指定的起飞高度。而自动降落也是类似的，将水平方向上的位置设置成当前位置，而将垂直方向上的高度设置为起飞点高度，并且在降落时，需要控制其下降速度。

需要注意的是，垂直方向上的高度可以是绝对高度（海拔高度），也可以是相对高度（相对于起飞点）。通常在使用绝对高度时，降落模式所设定的高度就是起飞点的高度，而在使用相对高度时，降落模式所设定的高度往往都是0。

与航迹点任务类似，自动起飞和自动降落也需要判断无人机是否已经到达目标位置，同样也是计算出无人机当前位置和目标位置的水平距离、垂直距离、实际距离等，然后根据到达半径进行判断。

自动起飞与降落的代码实现很简单，不再赘述。

14.2.4　自动航迹点任务

航迹点任务是无人机自动飞行中最为常用，也是最具有灵活性的飞行模式，使用者可以根据需要在地面上规划出无人机飞行的多个任务点，然后将这些任务点上传到无人机当中，然后通过遥控器或地面站命令使无人机切换至航迹点任务模式，之后无人机会根据当前任务进行飞行。具体的执行过程如下。

① 首次切换到自动航迹点任务模式：取得需要执行的任务点mission_item，根据此任务点的经度、纬度、高度和航向等信息设定无人机的当前飞行目标位置。

② 根据当前目标位置向位置控制模块（mc_position_control）发送目标位置期望，即使无人机飞往目标点。

③ 判断无人机当前位置与目标任务点的距离是否小于到达半径，进而判断无人机是否已经到达该任务点。

④ 如果无人机到达当前任务点，则取得下一个任务点，并执行当前任务命令（悬停、拍照等）。

⑤ 将下一个任务点作为无人机当前的飞行目标点，根据此任务点的经度、纬度、高度和航向等信息设定无人机的当前飞行目标位置。

⑥ 重复步骤②，直到所有任务均已完成，最后在当前位置悬停。

下面看看具体代码实现：

```
165 void Mission：：on_activation()
166 {
167    set_mission_items();
168    //其他代码略
169 }
170
171 void Mission：：on_active()
172 {
173    check_mission_valid();
174    if (is_mission_item_reached()) {
175       set_mission_item_reached();
176       set_mission_items();
177    }
178    //其他代码略
179 }
180
181 void Mission：：set_mission_items()
182 {
183    if (prepare_mission_items(&_mission_item, &mission_item_next_position)) {
184    }
185    else {
186       set_loiter_item (&_mission_item);
187       return;
188    }
```

```
189    //执行任务点相关命令代码略
190 }
```

▶▶ 代码说明：

第165行定义了任务模式下首次激活函数on_activation()。

第167行设置任务点，也就是将任务点设置为当前目标位置。

第171行定义了任务模式下重复执行的激活函数on_active()。

第173行校验任务点是否有效。如果无效，则根据实际情况返航或悬停等。

第174～177行调用is_mission_item_reached()函数，判断无人机是否已经到达此任务点位置。如果已经到达，则调用set_mission_item_reached()函数设定到达状态为已到达。再调用set_mission_items()函数设置下一个任务点。

🚁 14.2.5　自动返航

与自动航迹点任务不同，自动返航模式属于保护性动作。前面已经介绍过，可以通过配置相关参数来设定无人机的安全保护动作，例如低电量返航、遥控器信号丢失返航等。除此之外，自动返航也可以通过遥控器的辅助通道和地面站指令主动触发。自动返航动作一共有以下几个阶段。

① 爬升（RTL_STATE_CLIMB）。从当前位置爬升到一定高度，为了避免返航图中与其他建筑物或树木等物体相撞，因此需要进行一定高度的爬升动作。

② 返航（RTL_STATE_RETURN）。掉转航向，向起飞点（home_position）返航。

③ 下降（RTL_STATE_DESCEND）。到达起飞点后，无人机开始下降到悬停高度。

④ 悬停（RTL_STATE_LOITER）。在当前悬停高度悬停一定时间，如果设定的悬停时间小于0，则不悬停。

⑤ 着陆（RTL_STATE_LAND）。从悬停高度继续下降，直到着陆为止。

⑥ 已着陆（RTL_STATE_LANDED）。完成返航动作。

下面看看具体代码实现：

```
192 void RTL： ： on_active()
193 {
194    if (_rtl_state ! = RTL_STATE_LANDED && is_mission_item_reached()) {
195        advance_rtl();
196        set_rtl_item();
197    }
198 }
199
```

```
200 void RTL： ： set_rtl_item()
201 {
202    switch (_rtl_state) {
203        case RTL_STATE_CLIMB：
204            _mission_item.lat = gpos.lat;
205            _mission_item.lon = gpos.lon;
206            _mission_item.altitude = return_alt;
207            break;
208        case RTL_STATE_RETURN：
209            _mission_item.lat = home.lat;
210            _mission_item.lon = home.lon;
211            _mission_item.altitude = return_alt;
212            _mission_item.yaw = home.yaw;
213            break;
214        case RTL_STATE_DESCEND：
215            _mission_item.altitude = loiter_altitude;
216            break;
217        case RTL_STATE_LOITER：
218            _mission_item.time_inside = _param_land_delay.get();
219            break;
220        case RTL_STATE_LAND：
221            _mission_item.lat = home.lat;
222            _mission_item.lon = home.lon;
223            _mission_item.yaw = home.yaw;
224            _mission_item.altitude = home.alt;
225            break;
226        case RTL_STATE_LANDED：
227            break;
228    }
229 }
230
231 void RTL： ： advance_rtl()
232 {
233    switch (_rtl_state) {
234        case RTL_STATE_CLIMB：
235            _rtl_state = RTL_STATE_RETURN;
236            break;
237        case RTL_STATE_RETURN：
```

```
238         _rtl_state = RTL_STATE_DESCEND;
239       break;
240     case RTL_STATE_DESCEND:
241       if (_param_land_delay.get()<-0.01f||_param_land_delay.get()>0.01f) {
242          _rtl_state = RTL_STATE_LOITER;
243       }
244       else {
245          _rtl_state = RTL_STATE_LAND;
246       }
247       break;
248     case RTL_STATE_LOITER:
249       _rtl_state = RTL_STATE_LAND;
250       break;
251     case RTL_STATE_LAND:
252       _rtl_state = RTL_STATE_LANDED;
253       break;
254   }
255   //其他代码略
256 }
```

>> **代码说明:**

第192定义了返航模式下激活执行函数on_active()。

第194～196行判断在起飞着陆情况下,如果到达当前目标点,则更新返航状态,并重新设置在新的返航状态下的目标点。

第200行定义了set_rtl_item()函数,用于根据不同的返航状态设定不同的目标点。

第202行使用switch语句对返航状态进行判断。

第203～207行在爬升状态下设定目标点为水平方向上的当前位置,高度为返航高度。

第208～213行在返航状态下设定目标为水平方向上的起飞点坐标,高度为返航高度。

第214～216行在下降阶段设定目标高度为下降高度。

第217～219行在悬停阶段设定悬停时间。

第220～225行在着陆阶段设定目标点为起飞点。

第226、227行在已着陆状态下不做其他处理。

第231行定义了advance_rtl()函数,用于在返航过程中到达目标点之后设定下一个返航状态。

第233行使用switch语句对返航状态进行判断。

第234～236行判断如果完成爬升,则切换到返航状态。

第237～239行判断如果完成返航,则切换到下降状态。

第240～246行判断如果完成下降,则切换到悬停状态。其中根据参数确定悬停时间,如果参数为0，则切换到着陆状态。

第248～250行判断如果完成悬停，则切换到着陆状态。

第251～253判断如果完成着陆，则不做其他处理。整个返航过程结束。

🦋 14.2.6　目标跟随与其他导航模式

对于目标跟随模式，实际上并没有在无人机中实现目标识别和跟随的功能，而仅仅是通过地面站向无人机发送一个目标位置点，无人机将此目标点作为飞行目标，向此点飞行。所以，从这个角度上来说，无人机无法独立完成目标跟随动作，而是需要配合其他设备进行协同工作。例如在无人机上安装云台并搭载一个摄像头，将摄像头所捕获的视频流通过无线电发送给地面站程序，地面站程序通过机器视觉等相关记录分析出需要跟随目标的位置，再通过地面站将目标位置发送给无人机，无人机才会向目标位置飞行，从而达到"目标跟随"，如图14-9所示。

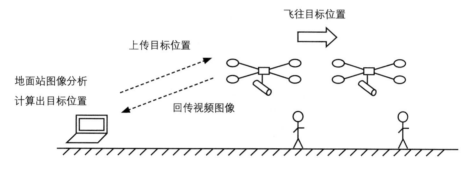

图14-9　目标跟随模式

也就是说，PX4飞控程序中的目标跟随模式，是使无人机飞往由地面站程序所发送的目标位置，而不是真正意义上的自主发现并跟随目标。其实现方式是：地面站通过Mavlink协议向无人机发送一个目标位置，Mavlink模块会将此目标位置封装到follow_target这个uORB当中，之后在Navigator导航模块中的FollowTarget类中订阅此uORB，并将其中的位置信息作为无人机的目标位置，从而实现目标跟随功能。

除前面讲述的几种导航模式之外，导航模块中还有很多其他导航模式，例如悬停（Loilter）、起飞（Takeoff）、着陆（Land）等。这些导航模式从本质上讲，实现方式与上述两种导航模式没有区别，只是在不同的模式下，完成不同的目标点设定，并使无人机向目标点飞行，并执行相关指令动作。对于其他导航模式，功能虽然不同，但是从实现原理上讲也都大同小异，不做过多的介绍，请有兴趣的读者自行阅读源代码并学习相关内容。

第15章

动力学建模及半物理仿真

由于传统的无人机程序测试工作需要到户外进行实际飞行。这样频繁修改无人机程序、频繁进行试飞测试非常麻烦，而且会浪费大量的时间，如果程序出现控制错误或应用错误，很可能导致无人机坠毁，产生额外损失。好的做法是建立起一套无人机的动力学模型，并通过计算机程序对无人机的动力系统进行半物理仿真，使得无人机飞控程序可通过计算机直接进行模拟飞行。程序开发者可以通过半物理仿真飞行任意地调试控制程序和应用程序，在进行仿真测试时发现问题及时修正，确认无误之后，再烧写到自驾仪当中，使用无人机进行实际测试。这样既节省了开发与测试时间，又能很好地保证测试安全。

本章讨论四旋翼无人机的动力学建模过程和使用计算机程序进行半物理仿真。利用计算机程序模拟四旋翼无人机的飞行过程，有效地将程序开发和测试工作成本降到最低，并尽可能避免由于程序逻辑问题而导致的无人机意外。

▶ **15.1** 动力学建模 ◀

✿ **15.1.1** 动力模型

第2章中已经简单介绍过，多旋翼无人机的动力来源于螺旋桨的高速转动。螺旋桨在转动过程中，由于迎角与空气作用的关系，气流会对螺旋桨产生一个垂直于桨平面的推力，此推力可以分解为一个垂直于机体平面方向的力f_t和一个平行于机体平面方向的力f_m，如图15-1所示。

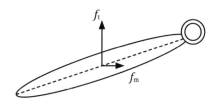

图15-1　螺旋桨动力来源

假设四旋翼无人机为均匀对称的刚体，且不受阻力、气压、材料等其他因素影响。于是对于十字形四旋翼动力模型有：

$$\begin{bmatrix} f_t \\ f_{mx} \\ f_{my} \\ f_{mz} \end{bmatrix} = \begin{bmatrix} f_{t1} + f_{t2} + f_{t3} + f_{t4} \\ f_{m1} - f_{m2} \\ f_{m3} - f_{m4} \\ f_{m1} + f_{m2} - f_{m3} - f_{m4} \end{bmatrix} \qquad (15\text{-}1)$$

式中　　　　　f_t——十字形四旋翼的总拉力；

f_{mx}，f_{my}，f_{mz}——十字形四旋翼的力矩。

由于螺旋桨所产生的拉力总与其转速ω的平方成正比，因此拉力和力矩为：

$$\begin{bmatrix} f_t \\ f_{mx} \\ f_{my} \\ f_{mz} \end{bmatrix} = \begin{bmatrix} C_t \sum_{k=1}^{4} \omega_k^2 \\ C_{mx}(\omega_1^2 - \omega_2^2) \\ C_{my}(\omega_3^2 - \omega_4^2) \\ C_{mz}(\omega_1^2 + \omega_2^2 - \omega_3^2 - \omega_4^2) \end{bmatrix} \qquad (15\text{-}2)$$

式中　C_t——拉力系数；

　　　C_m——转矩系数。

如图15-2（a）所示，我们所得到的四旋翼的力矩是针对十字形四旋翼机型的。而图15-2（b）中叉形四旋翼的力矩为：

$$\begin{bmatrix} f_t \\ f_{mx} \\ f_{my} \\ f_{mz} \end{bmatrix} = \begin{bmatrix} C_t \sum_{k=1}^{4} \omega_k^2 \\ \dfrac{\sqrt{2}}{2} C_{mx}(\omega_1^2 + \omega_4^2 - \omega_2^2 - \omega_3^2) \\ \dfrac{\sqrt{2}}{2} C_{my}(\omega_1^2 + \omega_3^2 - \omega_2^2 - \omega_4^2) \\ C_{mz}(\omega_1^2 + \omega_2^2 - \omega_3^2 - \omega_4^2) \end{bmatrix} \qquad (15\text{-}3)$$

也就是说，十字形四旋翼与叉形四旋翼在总拉力和z轴力矩上是相同的，但是由于不同的布局，在x轴和y轴上的力矩不同。

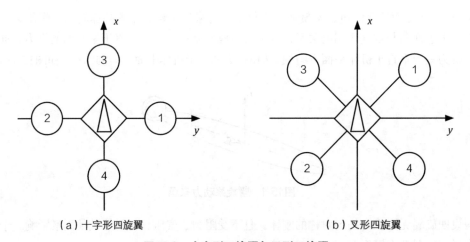

（a）十字形四旋翼　　　　　　　　　　（b）叉形四旋翼

图15-2　十字形四旋翼与叉形四旋翼

♻ 15.1.2　受力运动

我们知道，多旋翼无人机的运动存在6个自由度，分别为在x、y、z这3个坐标轴上的平移和转动运动方式。在坐标轴上的平移运动可以看作是无人机的速度和位置变化；而坐标轴为轴的转动可以看作是无人机的角速度和姿态变化。下面分别对无人机的姿态和位置进行相应的受力分析。

（1）角速度与姿态

假设力矩和转动惯量分别为：

$$\begin{bmatrix} f_{mx} \\ f_{my} \\ f_{mz} \end{bmatrix}, \quad \begin{bmatrix} I_x \\ I_y \\ I_z \end{bmatrix}$$

于是角加速度为：

$$\begin{bmatrix} a_x \\ a_y \\ a_z \end{bmatrix} = \begin{bmatrix} \dfrac{f_{mx}}{I_x} \\[2ex] \dfrac{f_{my}}{I_y} \\[2ex] \dfrac{f_{mz}}{I_z} \end{bmatrix}$$

对角加速度进行积分得到角速度：

$$\begin{bmatrix} v_x \\ v_y \\ v_z \end{bmatrix} = \begin{bmatrix} \int a_x dt \\ \int a_y dt \\ \int a_z dt \end{bmatrix}$$

对角速度进行积分得到欧拉角：

$$\begin{bmatrix} \phi \\ \theta \\ \varphi \end{bmatrix} = \begin{bmatrix} \int v_x dt \\ \int v_y dt \\ \int v_z dt \end{bmatrix}$$

得到欧拉角之后，就得出由机体坐系到本地坐标系的变换矩阵，此变换矩阵为第12章中的式（12-32）：

$$R(\phi, \theta, \varphi) = R(\phi)R(\theta)R(\varphi)$$

在使用变换矩阵时，通常将欧拉角转为四元数，并使用四元数的变换矩阵来进行后续计算，四元数的变换矩阵 R_q 公式即式（12-33）。

（2）速度与位置

我们需要在本地坐标系下得到无人机的速度和位置，因此将无人机总拉力 f 左乘变换矩阵，得到在本地坐标系下的受力：

$$\begin{bmatrix} f_x \\ f_y \\ f_z \end{bmatrix} = R_q \begin{bmatrix} f_t \\ 0 \\ 0 \end{bmatrix}$$

注意：四旋翼无人机的4个螺旋桨产生的拉力始终垂直于机体平面，也就是说，在机体坐标系下，z 轴上的拉力为 f_t，x、y 轴上的受力始终为0。

设无人机的质量为 m，于是在本地坐标系下的加速度为：

$$\begin{bmatrix} a_x \\ a_y \\ a_z \end{bmatrix} = \begin{bmatrix} \dfrac{f_x}{m} \\ \dfrac{f_y}{m} \\ \dfrac{f_z}{m} \end{bmatrix}$$

对加速度做积分得到速度：

$$\begin{bmatrix} v_x \\ v_y \\ v_z \end{bmatrix} = \begin{bmatrix} \int a_x dt \\ \int a_y dt \\ \int a_z dt \end{bmatrix}$$

对速度做积分得到位置：

$$\begin{bmatrix} p_x \\ p_y \\ p_z \end{bmatrix} = \begin{bmatrix} \int v_x dt \\ \int v_y dt \\ \int v_z dt \end{bmatrix}$$

也就是说，我们可以根据四旋翼螺旋桨的转速 ω 得到无人机的角加速度、角速度、姿态、移动速度和位置。计算过程中，需要确定拉力系数 C_t 和转矩系数 C_m，这两个系数通常使用经验值进行设定。

15.2 半物理仿真

15.2.1 使用jMavSim仿真程序

无人机半物理仿真程序就是通过软件程序模拟无人机的实际飞行状态，这使得我们可以在计算机上直接运行飞控程序，使得程序编写、测试工作省时省力。在PX4飞控程序中提供了一种简单有效的半物理仿真程序jMavSim。它使用Java程序模拟并运行无人机的仿真程序，并提供一个可视化的窗口程序方便使用者进行查看。

对于PX4飞控程序需要使用Posix编译选项，运行在普通PC电脑上，并使用jMavSim编译选项。具体命令如下：

```
make posix_sitl_default jmavsim
```

编译完成后，就会在build/posix_sitl_default目录下生成一个可以在PC电脑上运行的可执行程序px4，并通过jMavSim模拟器运行，其运行效果如图15-3所示。

（a）启动仿真　　　　　　　　　　　　（b）自动起飞

图15-3　使用jMavSim半物理仿真程序

启动jMavSim半物理仿真之后，可以在px4程序控制台下执行自动起飞命令：

```
pxh> commander takeoff

INFO  [navigator] RTL HOME activated
INFO  [navigator] RTL：climb to 55 m (5 m above home)
INFO  [navigator] RTL：return at 55 m (5 m above home)
INFO  [navigator] RTL：descend to 55 m (5 m above home)
INFO  [navigator] RTL：loiter 5.0s
INFO  [navigator] RTL：land at home
INFO  [commander] Landing detected
```

执行上面命令之后，无人机会自动起飞，悬停5s之后自动着陆。我们可以通过jMavSim仿真窗口看到无人机的整个起飞、悬停、降落的全部过程。

此外，我们还可以为jMavSim仿真程序设定起飞点，并通过地面站进行航迹点任务规划和执行。首先在Linux系统的终端中设置环境变量，指定无人机的起飞点：

```
export PX4_HOME_LAT = 41.7028393070
export PX4_HOME_LON = 122.8985487988
export PX4_HOME_ALT = 500.000
make posix_sitl_default jmavsim
```

其中，PX4_HOME_LAT为起飞点纬度，PX4_HOME_LON为起飞点经度，PX4_HOME_ALT为起飞点海拔高度。最后，再次执行编译并启动半物理仿真程序，然后打开地面站程序，可以看到当前无人机所在的位置，如图15-4所示。

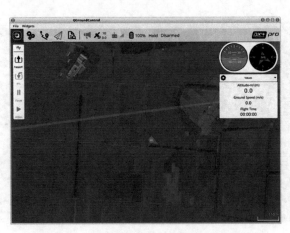

图15-4 使用地面站连接半物理仿真程序

注意：此时PX4程序是使用Posix标准编译并运行在普通PC电脑上的，并没有烧写到Pixhawk当中，PX4程序与地面站程序采用的是UDP网络通信来传输的Mavlink消息。

可以通过地面站程序在地图上设定几个航迹点，并上传到无人机，然后通过鼠标在"Start Mission"上由左至右滑动启动航迹点任务。于是PX4飞控程序可以通过jMavSim仿真程序执行航迹点飞行任务，如图15-5所示。

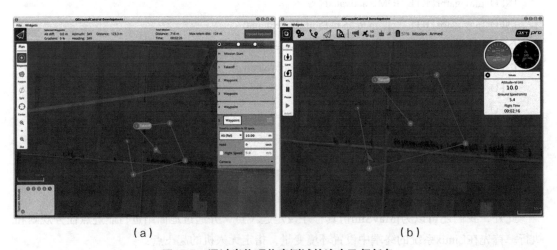

(a)   (b)

图15-5 通过半物理仿真测试航迹点飞行任务

🚁 15.2.2 自行编写仿真程序

实际上，使用PX4固件程序中的半物理仿真程序可以达到方便测试的目的，但是，为了深入理解多旋翼无人机的动力学模型，我们可以自行编写一套在PX4中直接运行的半物理仿真程序。可以在src/modules目录下创建一个新的模块叫做hil，并创建hil_main.h、hil_main.c和CMakeList.txt文件：

```
hil
├──── CMakeLists.txt
├──── hil_main.c
└──── hil_main.h
```

与编写驱动程序一样，我们创建了一个叫做hil的模块，CMakeLists.txt中定义了此模块的名称和入口函数：

```
px4_add_module(              #添加一个模块
    MODULE modules_hil       #模块名称为hil
    MAIN hil                 #入口函数为hil_main()
    STACK_MAIN 1200          #栈内存大小
    SRCS                     #源代码列表
        hil_main.c
    DEPENDS                  #依赖模块
        platforms_common
    )
```

之后编写半物理仿真代码：

```
1  int hil_task_main(int argc，char *argv[])
2  {
3      float theta_t = 0.0f;
4      long curr_time = 0;
5      long last_time = 0;
6
7      int output_sub = orb_subscribe(ORB_ID(actuator_outputs));
8      int armed_sub = orb_subscribe(ORB_ID(actuator_armed));
9
10     struct actuator_armed_s s_armed = { 0 };
11     struct actuator_outputs_s s_output = { 0 };
12
13     while (1) {
14         usleep(10 * 1000);
15         bool updated = false;
16
17         curr_time = hrt_absolute_time();
18         theta_t = (float)(curr_time - last_time)/(float)(1000.0 * 1000.0);
```

```
19      last_time = curr_time;
20
21      orb_check(output_sub，&updated);
22      if (updated) {
23        orb_copy(ORB_ID(actuator_outputs)，output_sub，&s_output);
24      }
25      orb_check(armed_sub，&updated);
26      if (updated) {
27        orb_copy(ORB_ID(actuator_armed)，armed_sub，&s_armed);
28      }
29
30      output.v[0] = s_output.output[0];
31      output.v[1] = s_output.output[1];
32      output.v[2] = s_output.output[2];
33      output.v[3] = s_output.output[3];
34
35      hil_cal(theta_t);
36
37      if (!s_armed.armed) {
38        hil_zero();
39      }
40      if (Pos_global.v[AT(2，0，Pos_global.n)] < = 0) { hil_zero();
41
42      }
43      hil_pub_att();              //函数内部实现略
44      hil_pub_local_pos();        //函数内部实现略
45      hil_pub_global_pos();       //函数内部实现略
46    }
47
48    return 0;
49  }
50
51  void hil_cal(double theta_t)
52  {
53    omega.v[0] = (output.v[0] + 1.0)/2.0;
54    omega.v[1] = (output.v[1] + 1.0)/2.0;
55    omega.v[2] = (output.v[2] + 1.0)/2.0;
56    omega.v[3] = (output.v[3] + 1.0)/2.0;
```

```
57
58    Angular_Acc_from_omega(omega.v, &AngularVel_body.v[0],
                             &AngularVel_body.v[1], &AngularVel_body.v[2]);
59
60    AngularVel_body.v[0] + = AngularVel_body.v[0] * theta_t;
61    AngularVel_body.v[1] + = AngularVel_body.v[1] * theta_t;
62    AngularVel_body.v[2] + = AngularVel_body.v[2] * theta_t;
63
64    Angular_body.v[0] + = AngularVel_body.v[0] * theta_t;
65    Angular_body.v[1] + = AngularVel_body.v[1] * theta_t;
66    Angular_body.v[2] + = AngularVel_body.v[2] * theta_t;
67
68    struct quat q_value = { 0 };
69    double angle[3];
70    angle[0] = Angular_body.v[0];
71    angle[1] = Angular_body.v[1];
72    angle[2] = Angular_body.v[2];
73    hil_angle2q(angle, &q_value);
74    TransMatrix_R_Q_set_value(&R_trans_matrix, q_value.w, q_value.x, q_value.y, q_value.z);
75
76    F_body_from_omega(omega.v, &F_body.v[0], &F_body.v[1], &F_body.v[2]);
77    matrix_mult(&F_local, &R_trans_matrix, &F_body);
78    F_local.v[2] - = M_KG * G_MS2;
79
80    Acc_local.v[0] = F_local.v[0]/M_KG;
81    Acc_local.v[1] = F_local.v[1]/M_KG;
82    Acc_local.v[2] = F_local.v[2]/M_KG;
83
84    Vel_local.v[0] + = Acc_ local.v[0] * theta_t;
85    Vel_local.v[1] + = Acc_ local.v[1] * theta_t;
86    Vel_local.v[2] + = Acc_ local.v[2] * theta_t;
87
88    Pos_local.v[0] + = Vel_local.v[0] * theta_t;
89    Pos_local.v[1] + = Vel_local.v[1] * theta_t;
90    Pos_local.v[2] + = Vel_local.v[2] * theta_t;
91 }
92
```

```
93 void TransMatrix_R_Q_set_value(s_Matrix *R_vb，double w，double x，double y，double z)
94 {
95    R_vb->v[AT(0，0，R_vb->n)] = 1.0 - 2.0 * y * y - 2.0 * z * z;
96    R_vb->v[AT(0，1，R_vb->n)] = 2.0 * x * y - 2.0 * w * z;
97    R_vb->v[AT(0，2，R_vb->n)] = 2.0 * x * z + 2.0 * w * y;
98
99    R_vb->v[AT(1，0，R_vb->n)] = 2.0 * x * y + 2.0 * w * z;
100   R_vb->v[AT(1，1，R_vb->n)] = 1.0 - 2.0 * x * x - 2.0 * z * z;
101   R_vb->v[AT(1，2，R_vb->n)] = 2.0 * y * z - 2.0 * w * x;
102
103   R_vb->v[AT(2，0，R_vb->n)] = 2.0 * x * z - 2.0 * w * y;
104   R_vb->v[AT(2，1，R_vb->n)] = 2.0 * y * z + 2.0 * w * x;
105   R_vb->v[AT(2，2，R_vb->n)] = 1.0 - 2.0 * x * x - 2.0 * y * y;
106 }
107
108 void F_body_from_omega(double *omega_val，double *f_body_x,
                           double *f_body_y，double *f_body_z)
109 {
110   *f_body_x = 0.0;
111   *f_body_y = 0.0;
112   *f_body_z = Ct * (omega_val[0] * omega_val[0] + omega_val[1] *
                     omega_val[1] + omega_val[2] * omega_val[2] +
                     omega_val[3] * omega_val[3]);
113 }
114
115 void Angular_Acc_from_omega(double *omega_val，double *angular_acc_x,
                              double *angular_acc_y，double *angular_acc_z)
116 {
117   *angular_acc_x = Cmxy * (omega_val[0] * omega_val[0]
                            - omega_val[1] * omega_val[1]);
118   *angular_acc_y = Cmxy * (omega_val[2] * omega_val[2]
                            - omega_val[3] * omega_val[3]);
119   *angular_acc_z = Cmz * (omega_val[0] * omega_val[0]
                           + omega_val[1] * omega_val[1]
                           - omega_val[2] * omega_val[2]
                           - omega_val[3] * omega_val[3]);
120 }
```

⬙ 代码说明：

第1行定义了hil_task_main()函数作为半物理仿真的主函数。

第3～5行定义了时间间隔变量theta_t和用于存放当前时间的变量curr_time以及用于存放上一次时间的变量last_time。

第7、8行通过调用orb_subscribe()函数订阅由控制系统所发布的最终混控结果和是否解锁的uORB，我们可以将混控结果看作是最终输出给电调的控制量，也就可以将其看作是螺旋桨的转速。

第10、11行定义了是否解锁和混控输出的结构体对象。

第13行通过while语句进入主循环。

第14行调用usleep()来控制每次循环的时间间隔，此处设置为10ms。

第15行定义了updated变量，用于记录uORB的更新状态。

第17～19行通过调用hrt_absolute_time()函数获取系统当前时间，并通过当前时间减去上一次时间来获取到相邻两次执行的时间间隔保存到变量theta_t当中去。

第21～28行检查控制输出和是否解锁的uORB是否更新。如更新，则将更新数据输入到相应的结构体对象当中，以便后续使用。

第30～33行将s_output结构体对象中的控制输出值赋值到output当中，以便后续计算。

第35行调用hil_cal()函数进行半物理仿真计算。

第37～39行判断如果无人机未解锁，则将所有仿真数据清零。

第40～42行判断如果无人机未起飞，则将所有仿真数据清零。

第43行将半物理仿真计算的姿态信息通过uORB发布。

第44行将半物理仿真计算的本地坐标系信息通过uORB发布。

第45行将半物理仿真计算的全局坐标系信息通过uORB发布。

第51行定义了hil_cal()函数，用于进行所有的半物理仿真计算。

第53～56行将控制输出数据归一化且限幅到0～1.0范围内，并复制到omega变量中，表示4个螺旋桨的转速。

第58行调用Angular_Acc_from_omega()函数，通过4个螺旋桨转速得到机体的角加速度，并将结果保存到变量AngularVel_body当中。

第60～62行对角加速度进行积分，得到角速度，并保存到变量AngularVel_body当中。

第64～66行对角速度进行积分，得到3轴的欧拉角，并保存到变量Angular_body当中。

第68～74行根据变量Angular_body中存放的欧拉角转为四元数，并通过调用TransMatrix_R_Q_set_value()函数得到由机体坐标系到本地坐标系的四元数变换矩阵，并保存到变量R_trans_matrix当中。

第76行调用F_body_from_omega()函数，通过4个螺旋桨的转速得到在机体坐标系下的拉力，并保存到变量F_body当中。

第77行将机体拉力F_body左乘变换矩阵，得到在本地坐标系下的拉力，并保存到变量F_local当中。

第78行将垂直方向的拉力减去无人机自身重力，得到垂直方向上的拉力。

第80～82行将本地坐标系下的拉力除以无人机质量得到无人机在本地坐标系下的加速度，

并保存到变量Acc_local当中。

第84~86行对加速度进行积分得到速度，并保存到变量Vel_local当中。

第88~90行对速度进行积分得到位置，并保存到变量Pos_local当中。

第93~106行定义了函数TransMatrix_R_Q_set_value()，根据式（12-33）由四元数得到机体坐标系到本地坐标系下的变换矩阵。

第108~113行定义了函数F_body_from_omega()，通过螺旋桨的转速omega得到在机体坐标系下3轴方向上的拉力，其中x、y轴为0。

第115~120行定义了函数Angular_Acc_from_omega()，通过螺旋桨的转速omega得到无人机的3轴上的旋转角加速度。

上面所给出的程序中，无人机质量M_KG、拉力系数Cmt、转矩系数Cmxy、Cmz实际上是根据经验值给定的，我们可以根据实际情况进行调整，直到半物理仿真程序中无人机的姿态、速度和位置信息相对稳定合理即可。

另外，在开启半物理仿真模块hil之后，直接发布无人机的姿态、速度、位置等相关的uORB，因此需要将EKF2模块关闭。最后在cmake/configs/nuttx_px4fmu-v3_default.cmake编译选项中加入hil模块，通过Posix编译选项，即可进行半物理仿真，其最终效果与使用jMavSim类似。

第16章

外部控制与
趣味航线

在本书中所使用的自驾仪是Pixhawk2，到2018年秋季Pixhawk4上市，其处理器由STM32F427升级到STM32F765，可用内存也从256KB上升到512KB。对于嵌入式程序来说，512KB的内存已经算是比较大的了，但是在很多时候，我们还是希望飞控系统可以完成更加复杂的飞行任务，实现更加强大的系统功能，因此，如果将所有的功能都交给Pixhawk来完成，无论是Pixhaw2还是Pixhawk4都很难完成。因此在本章我们提出一个改良方案——外部控制系统，并充分利用外部控制系统完成一系列无人机的趣味航线的规划与飞行功能。

16.1 外部控制系统

16.1.1 方案设计

为解决Pixhawk处理器性能和内存较小的问题，我们提出一种改良方案，采用树莓派3B（简称为树莓派）作为一个外部控制器与Pixhawk自驾仪合理地组装到一起，形成一个带有外部控制器的新型飞控系统（表16-1）。我们先来对树莓派做一些简单的介绍。

表16-1　树莓派3B硬件配置

参数	配置	参数	配置
SOC	Broadcom BCM2837	Wifi	有
CPU	ARMv8 A 1.2GHz 64bit Cortex四核	蓝牙	有
内存	1GB RAM	HDMI	有
USB	4个	GPIO	40PIN

从表16-1中可以看到，相比Pixhawk来说，树莓派的处理器性能较高，内存也大得多。实际上PX4飞控程序也支持编译成可以在树莓派运行上的版本（树莓派上运行的是Linux操作系统），编译命令如下：

```
make posix_rpi_cross
```

但是，如果将PX4飞控程序直接编译成在树莓派上运行的程序，就需要为树莓派接入所有飞行所需要的传感器，例如MPU6000或MPU9250、MS5611、GPS等，这需要使用者手动接线、焊接、固定等，最终的效果并不理想。因此我们并不推荐这种方案。

另一种方案就是我们所提到的带有外部控制器的Pixhawk自驾仪，也就是将Pixhawk和树莓派结合起来，将Pixhawk的一个串口4与树莓派的GPIO串口通过导线连接，如图16-1所示。

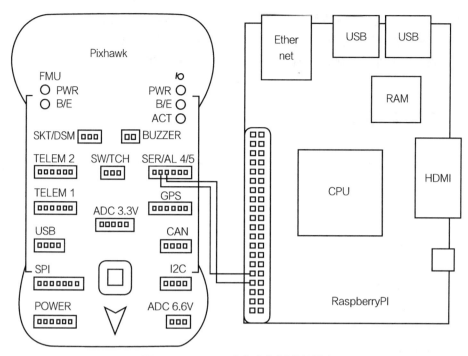

图16-1　Pixhawk自驾仪与树莓派结合

除了解决Pixhawk处理器性能和内存较小的问题之外，这种结构还有另外一个好处，就是可以将飞控程序中的驱动、状态估计、控制等部分与导航和其他业务分离。Pixhawk只负责控制无人机的稳定飞行，而树莓派负责航线规划与其他更为复杂的功能放在树莓派中运行。

实际上，在对无人机飞控程序开发的过程当中，控制无人机稳定飞行的驱动、状态估计、控制系统等修改频率较小，而对导航、业务等修改和追加的功能频率较高。甚至大多数情况下都是在修改导航和其他业务功能，因此我们也有必要将这两部分内容与无人机的控制系统分离。而在高频修改的程序中出现错误的概率大大增加。将控制系统与业务系统分离也会保证在业务程序出现意外错误时不会影响到控制系统对无人机的稳定控制。这也保证在业务系统出现错误时，不至于导致无人机坠毁，而可以利用稳定的控制系统使无人机返航。

在实际飞行过程中，Pixhawk通过串口4将当前无人机的主状态、导航状态、姿态、速度、位置等相关信息发送给树莓派；树莓派根据无人机的这些相关数据进行合理的规划，并通过串口Pixhawk发送无人机的实时期望。

实时期望包括对无人机进行水平速度期望、垂直速度期望、水平位置期望和垂直高度期望，其中不对无人机的姿态进行实时控制。因为无人机的姿态控制相对敏感，自动控制无人机的姿态无法很好地对无人机当前的速度和位置进行控制，可能导致不确定性的危险。

对于PX4飞控程序来讲，需要完成3个部分的功能。

① 实现外部控制通信模块（extctl），用于通过串口设备与树莓派进行通信，通过订阅、接收相关uORB数据并向树莓派发送无人机当前的实时状态，同时接收树莓派对飞控程序的指令和控制期望，公告并发布外部控制的期望uORB。

② 实现新的外部控制模式，同时加入主状态（MAIN_STATE_EXTCTL）、导航状态（NAVIGATION_STATE_EXTCTL）和控制状态（FLAG_CONTROL_EXTCTL_ENABLED），

用于无人机根据需要通过地面站程序或遥控器控制杆来切换到外部控制模式。

③ 实现外部控制模式的控制功能，在位置控制模块中进行判断，如果当前控制模式为外部控制，则通过订阅外部控制的uORB数据并根据此数据执行相关的位置期望或速度期望。

16.1.2　功能实现

首先实现在PX4飞控程序中与树莓派通信用的外部控制模块。在src/modules文件夹下创建extctl文件夹，并在其中新建以下文件：

```
extctl
├──── CMakeLists.txt
├──── extctl_main.c
├──── extctl_main.h
├──── extctl_pos.c
├──── extctl_pos.h
├──── extctl_sp.c
├──── extctl_sp.h
├──── extctl_status.c
├──── extctl_status.h
└──── extctl_typedef.h
```

在CMakeList.txt中加入如下内容：

```
px4_add_module(                     #添加新模块
    MODULE modules_extctl           #模块名称
    MAIN extctl                     #入口函数
    STACK_MAIN 1200                 #函数栈内存
    SRCS                            #源代码文件
        extctl_main.c               #主函数
        extctl_pos.c                #速度位置发送相关
        extctl_sp.c                 #速度位置期望相关
        extctl_status.c             #状态相关
    DEPENDS                         #依赖模块
        platforms_common
)
```

我们需要在extctl_pos.c中完成接收当前无人机速度和位置的uORB数据，并将其中有效的数据通过串口发送给树莓派，具体实现功能代码如下：

```
1  int extctl_pos_send(void)
2  {
3      int pos_sub_local = orb_subscribe(ORB_ID(vehicle_local_position));
4      int pos_sub_global = orb_subscribe(ORB_ID(vehicle_global_position));
5
6      struct vehicle_local_position_s pos_local;
7      struct vehicle_global_position_s pos_global;
8
9      struct ext_vehicle_pos_s pos = { 0 };
10
11     while (!_extctl_should_exit) {
12         uint8_t status_pos = 0;
13         bool updated = false;
14
15         orb_check(pos_sub_local, &updated);
16         if (updated) {
17             orb_copy(ORB_ID(vehicle_local_position), pos_sub_local, &pos_local);
18
19             pos.x = pos_local.x;
20             pos.y = pos_local.y;
21             pos.z = pos_local.z;
22
23             pos.vx = pos_local.vx;
24             pos.vy = pos_local.vy;
25             pos.vz = pos_local.vz;
26
27             pos.yaw = pos_local.yaw;
28
29             status_pos |= (1 << 0);
30         }
31
32         orb_check(pos_sub_global, &updated);
33         if (updated) {
34             orb_copy(ORB_ID(vehicle_global_position), pos_sub_global, global);
35
36             pos.lat = pos_global.lat;
37             pos.lon = pos_global.lon;
```

```
38        pos.alt = pos_global.alt;
39
40        pos.vel_n = pos_global.vel_n;
41        pos.vel_e = pos_global.vel_e;
42        pos.vel_d = pos_global.vel_d;
43
44        status_pos |= (1 << 1);
45      }
46
47      if (status_pos) {
48        extctl_protocal_write(&pos, DATA_TYPE_POS, sizeof(pos));
49      }
50      usleep (DEV_RATE_POS);
51    }
52  return 0;
53 }
```

▶ 代码说明：

第1行定义了extctl_pos_send()函数，用于将无人机的当前速度和位置信息发送给外部控制系统。

第3、4行调用orb_subscribe()函数分别订阅本地坐标系下的位置信息和全局坐标系下的位置信息。

第6、7行定义了本地坐标系下无人机位置信息的结构体对象pos_local和在全局坐标系下无人机位置信息的结构体对象pos_global。

第9行定义了需要与外部控制系统通信的结构体对象pos。

第11行使用while语句进行主循环处理。

第12行定义了status_pos变量，默认值为0，用于记录本次循环是否需要向外部控制其发送位置信息。其中0表示不需要发送，非0表示需要发送。

第13行定义了updated变量用于记录uORB是否存在数据更新。

第15～17行调用orb_check()和orb_copy()函数用于判断本地坐标系下无人机的位置信息是否发生更新，如果更新，则将数据复制到pos_local对象当中。

第19～27行分别将本地坐标系下的位置信息、速度信息、航向信息分别赋值给外部控制器需要的结构体对象pos当中。

第29行将status_pos的第0个bit位置设置成1，表示本地坐标系下的位置更新。

第32～34行调用orb_check()和orb_copy()函数用于判断全局坐标系下无人机的位置信息是否发生更新，如果更新，则将数据复制到pos_global对象当中。

第36～42行分别将本地坐标系下的位置信息（经度、纬度、高度）、速度（北、东、地）信息分别赋值给外部控制器需要的结构体对象pos当中。

第44行将status_pos的第1个bit位置设置成1，表示全局坐标系下的位置更新。

第47～49行通过对变量status_pos的判断，如果其值非0，则将pos对象中的数据通过串口协议发送给外部控制器。

第50行调用usleep()函数休眠一小段时间。

此外，还需要编写程序，将无人机的当前状态信息发送给外部控制器，例如：主状态、导航状态、解锁/锁定状态、着陆状态、起飞点信息等相关内容。这部分程序在extctl_status.c文件中实现，其代码与extctl_pos.c类似，内容如下：

```
133  int extctl_status_send(void)
134  {
135    int cmd_state_sub = orb_subscribe(ORB_ID(commander_state));
136    int vec_state_sub = orb_subscribe(ORB_ID(vehicle_status));
137    int armed_state_sub = orb_subscribe(ORB_ID(actuator_armed));
138    int land_state_sub = orb_subscribe(ORB_ID(vehicle_land_detected));
139    int home_pos_sub = orb_subscribe(ORB_ID(home_position));
140
141    struct commander_state_s cmd_state;
142    struct vehicle_status_s vec_state;
143    struct actuator_armed_s arm_state;
144    struct vehicle_land_detected_s land_state;
145    struct home_position_s home_pos;
146
147    struct ext_sys_status_s sys_status = { 0 };
148
149    while (!_extctl_should_exit) {
150      uint8_t status = 0;
151      bool updated = false;
152
153      orb_check(cmd_state_sub, &updated);
154      if (updated) {
155        orb_copy(ORB_ID(commander_state), cmd_state_sub, &cmd_state);
156        sys_status.main_state = cmd_state.main_state;
157        status |= (1 << 0);
158      }
159
160      orb_check(vec_state_sub, &updated);
```

```
161      if (updated) {
162        orb_copy(ORB_ID(vehicle_status), vec_state_sub, &vec_state);
163        sys_status.nav_state = vec_state.nav_state;
164        sys_status.arming_state = vec_state.arming_state;
165        status |= (1 << 1);
166      }
167
168      orb_check(armed_state_sub, &updated);
169      if (updated) {
170        orb_copy(ORB_ID(actuator_armed), armed_state_sub, &arm_state);
171        sys_status.armed = arm_state.armed;
172        status |= (1 << 2);
173      }
174
175      orb_check(land_state_sub, &updated);
176      if (updated) {
177        orb_copy(ORB_ID(vehicle_land_detected), land_state_sub, &land_state);
178        sys_status.landed = land_state.landed;
179        status |= (1 << 3);
180      }
181
182      orb_check(home_pos_sub, &updated);
183      if (updated || !sys_status.homed) {
184        orb_copy(ORB_ID(home_position), home_pos_sub, &home_pos);
185        if (fabs(home_pos.lat + home_pos.lon) > DBL_EPSILON) {
186          sys_status.home_lat = home_pos.lat;
187          sys_status.home_lon = home_pos.lon;
188          sys_status.home_alt = home_pos.alt;
189          sys_status.homed = true;
190          status |= (1 << 4);
191        }
192      }
193
194      if (status) {
195        extctl_protocal_write(&sys_status, DATA_TYPE_STATUS,
                                  sizeof(struct ext_sys_status_s));
196      }
```

```
197     usleep (DEV_RATE_STATUS);
198   }
199
200   return 0;
201 }
```

▶ 代码说明：

第133行定义了extctl_status_send()函数用于向外部控制器发送无人机的当前状态。

第135~139行分别订阅无人机的主状态、导航状态、锁定/解锁状态、着陆状态和起飞点信息等相关uORB。

第141~145行定义分别用于存储主状态、导航状态、锁定/解锁状态、着陆状态和起飞点信息等相关uORB的结构体对象。

第147行定义了需要与外部控制系统通信的结构体对象sys_status。

第149行使用while语句进入线程主循环。

第150行定义了status变量，默认值为0，用于记录本次循环是否需要向外部控制其发送位置信息。其中0表示不需要发送，非0表示需要发送。

第151行定义了updated变量用于记录uORB是否存在数据更新。

第153~158行收取主状态uORB数据并赋值到sys_status当中，并更新status状态。

第160~166行收取导航态uORB数据并赋值到sys_status当中，并更新status状态。

第168~173行收取锁定/解锁态uORB数据并赋值到sys_status当中，并更新status状态。

第175~180行收取着陆状态uORB数据并赋值到sys_status当中，并更新status状态。

第182~192行收取起飞点信息uORB数据并赋值到sys_status当中，并更新status状态。

第194~196行对status变量进行判断，如果非0，则向外部控制其发送当前状态信息。

第197行调用usleep()函数休眠一小段时间。

除了发送无人机数据到外部控制器当中之外，还需要编写接收外部控制器对无人机的控制数据，也就是对无人机的速度和位置期望。代码在extctl_sp.c中实现，具体内容如下：

```
203 int extctl_sp_handle(void *data)
204 {
205   struct ext_vehicle_sp_s *sp = data;
206   if (sp = = NULL) {
207     return -1;
208   }
209
210   _orb_sp.run_pos_control = sp->run_pos_control;
211   _orb_sp.run_alt_control = sp->run_alt_control;
```

```
212    _orb_sp.run_yaw_control = sp->run_yaw_control;

213

214    _orb_sp.sp_yaw = sp->sp_yaw;

215

216    _orb_sp.sp_x = sp->sp_x;

217    _orb_sp.sp_y = sp->sp_y;

218    _orb_sp.sp_z = sp->sp_z;

219

220    _orb_sp.vel_sp_x = sp->vel_sp_x;

221    _orb_sp.vel_sp_y = sp->vel_sp_y;

222    _orb_sp.vel_sp_z = sp->vel_sp_z;

223

224    if (_orb_sp_topic < 0) {

225      _orb_sp_topic = orb_advertise_multi(ORB_ID(extctl_sp),
         & _orb_sp, & _orb_sp_instance, ORB_PRIO_DEFAULT);

226    }

227    else {

228      orb_publish(ORB_ID(extctl_sp), _orb_sp_topic, & _orb_sp);

229    }

230    return 0;

231 }
```

>>> **代码说明：**

第203行定义了extctl_sp_handle()函数用于接收外部控制系统的相关数据并进行后续处理。

第205～208行将接收到的数据通过ext_vehicle_sp_s结构体指针进行解析并判断，如果为空，则直接返回，解析失败。

第210～212行从外部控制期望中取得是否执行位置控制、高度控制、航向控制等相关状态，并复制到_orb_sp当中。

第214行从外部控制器中取得航向期望。

第216～218行从外部控制器中取得位置期望。

第220～222行从外部控制器中取得速度期望。

第224～229行发布外部控制器的uORB并将extctl_sp这个外部控制器通过uORB发布到控制模块当中去。

此外，还需要在extctl_main.c中实现基本的多线程机制启动上述3个线程，实时地读取串口设备当中的数据并进行解析和处理，这部分代码略。

之后，需要在主状态、导航状态、控制状态中分别加入外部控制模式，代码如下：

```
#commander_state.msg
uint8 MAIN_STATE_EXTCTL = 13


#vehicle_status.msg
uint8 NAVIGATION_STATE_EXTCTL = 20


vehicle_control_mode.msg
bool flag_control_extctl_enabled
```

然后在Commander模块中加入对外部控制模式的切换和超时保护功能。首先接收地面站或遥控器的外部控制切换命令，然后再设置导航模式和控制模式，具体代码如下：

```
233 bool Commander∷handle_command(...)
234 {
235   if (custom_main_mode == PX4_CUSTOM_MAIN_MODE_EXTCTL) {
236     main_ret = main_state_transition(status_local,
                    commander_state_s∷MAIN_STATE_EXTCTL, ...);
237     mavlink_log_info(&mavlink_log_pub, "cmd handle extmode");
238   }
239   //其他代码略
240 }
241
242 bool Commander∷set_nav_state(...)
243 {
244   switch (internal_state->main_state) {
245   case commander_state_s∷MAIN_STATE_EXTCTL:
246     status->nav_state = vehicle_status_s∷NAVIGATION_STATE_EXTCTL;
247     break;
248   }
249   //其他代码略
250 }
251
252 void Commander∷set_control_mode()
253 {
254   switch (status.nav_state) {
255   case vehicle_status_s∷NAVIGATION_STATE_EXTCTL:
256     control_mode.flag_control_extctl_enabled = true;
```

```
257      break;
258    }
259    //其他代码略
260 }
261
262 void Commander：：run()
263 {
264    while (1) {
265      orb_check(extctl_sp_sub，&updated);
266      if (updated) {
267        orb_copy(ORB_ID(extctl_sp)，extctl_sp_sub，&extctl_sp_s);
268        time_at_extctl = hrt_absolute_time();
269      }
270      else {
271        if (internal_state.main_state == commander_state_s：：MAIN_STATE_EXTCTL
272            && hrt_absolute_time() - time_at_extctl > TIMEOUT_EXTCTL_SP) {
273          main_state_transition(&status，commander_state_s：：MAIN_STATE_AUTO_RTL);
274        }
275      }
276      //其他代码略
277    }
278 }
```

▶▶ **代码说明：**

　　此部分功能已经在第11章进行了说明，这里只是在原来代码的基础上增加了外部控制模式，因此只做简单的说明。

　　第233～240行在handle_command()函数中加入对外部控制模式切换的处理。

　　第242～250行在set_nav_state()函数中通过外部控制的主状态设置导航状态。

　　第252～260行在set_control_mode()函数中通过外部控制模式的导航状态设置控制状态。

　　第265～275行在主循环中通过对外部控制uORB的接收时间进行判断，如果超时，表示外部控制系统通信中断，自动切换到返航模式。

　　之后还需要在位置控制系统中对外部控制模式进行处理，在启动了外部控制模式之后，执行外部控制系统对无人机的所有期望内容，具体代码如下：

```
280 void MulticopterPositionControl：：poll_subscriptions()
281 {
```

```
282    //其他代码略
283
284    orb_check(_extctl_sp_sub，&updated);
285    if (updated) {
286      orb_copy(ORB_ID(extctl_sp)，_extctl_sp_sub，&_extctl_sp);
287      _last_extctl = hrt_absolute_time();
288    }
289  }
290
291  void MulticopterPositionControl：：calculate_velocity_setpoint(float dt)
292  {
293    if (_control_mode.flag_control_extctl_enabled) {
294      _run_alt_control = _extctl_sp.run_alt_control;
295      _run_pos_control = _extctl_sp.run_pos_control;
296
297      if (_extctl_sp.run_yaw_control) {
298        _att_sp.yaw_body = _extctl_sp.sp_yaw;
299      }
300      _pos_sp(0) = _extctl_sp.sp_x;
301      _pos_sp(1) = _extctl_sp.sp_y;
302      _pos_sp(2) = _extctl_sp.sp_z;
303
304      _vel_sp(0) = _extctl_sp.vel_sp_x;
305      _vel_sp(1) = _extctl_sp.vel_sp_y;
306      _vel_sp(2) = _extctl_sp.vel_sp_z;
307    }
308
309    //其他代码略
310  }
```

代码说明：

第280～289行收取由extctl模块发布的外部控制模式的uORB，主要用于接收外部控制器对无人机的速度期望、航向期望、高度期望和位置期望。

第291行在calculate_velocity_setpoint()函数当中加入外部控制功能。

第293行根据是否已经启动外部控制模式，来对无人机的期望位置和期望速度进行设置。

第294、295行设定是否启用高度控制和位置控制。

第297～299行通过对外部控制的航向是否启用进行判断，设置航向期望。

第300～302行从外部控制系统的期望位置中设置位置控制模块中的位置期望。

第304～306行从外部控制系统的期望速度中设置位置控制模块中的速度期望。

最后，还需要在树莓派上编写一个可以与Pixhawk进行通信并处理相关功能的外部控制系统程序。此部分程序的功能与PX4中所编写的extctl模块功能类似，只不过在数据收发上是相反的，外部控制程序需要从树莓派的串口上读取无人机当前的状态信息、速度信息和位置信息，然后根据行程规划和业务需要通过串口向Pixhawk中的PX4飞控程序发送速度期望和位置期望等。这部分代码略，请有兴趣的读者自行完成。

16.2 趣味航线规划

有了外部控制系统，就可以在树莓派上编写很多有趣的程序来控制无人机的飞行了。本节将利用数学函数规划出几个无人机的飞行航线，并通过半物理仿真完成这些航线的飞行。

16.2.1 等边三角形

为了使无人机能够按一个等边三角形进行飞行，只需要设定三角形的3个顶点坐标作为无人机的目标点即可。在本地坐标系下设等边三角形的3个顶点坐标分别为（30，0）、（-15，-25.9）、（15，-25.9），如图16-2所示。

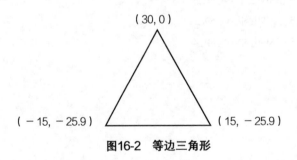

图16-2　等边三角形

编写程序为无人机设定其目标行点：

```
312 float alt = -10.0f;
313 float yaw = 0.0;
314 int secs = 2;
315 int i = 0;
316 waypoint_s waypoints[4];
```

```
317
318 waypoints[i].is_local_sp = true;
319 waypoints[i].x = 30.0;
320 waypoints[i].y = 0.0;
321 waypoints[i].z = alt;
322 waypoints[i].yaw = yaw;
323 waypoints[i].accept_opt = WP_ACCEPT_OPT_XY | WP_ACCEPT_OPT_Z | WP_
    ACCEPT_OPT_YAW;
324 waypoints[i].loiter_secs = secs;
325 i + +;
326
327 waypoints[i].is_local_sp = true;
328 waypoints[i].x = -15.0;
329 waypoints[i].y = -25.9;
330 waypoints[i].z = alt;
331 waypoints[i].yaw = yaw;
332 waypoints[i].accept_opt = WP_ACCEPT_OPT_XY | WP_ACCEPT_OPT_Z | WP_
    ACCEPT_OPT_YAW;
333 waypoints[i].loiter_secs = secs;
334 i + +;
335
336 waypoints[i].is_local_sp = true;
337 waypoints[i].x = -15.0;
338 waypoints[i].y = 25.9;
339 waypoints[i].z = alt;
340 waypoints[i].yaw = yaw;
341 waypoints[i].accept_opt = WP_ACCEPT_OPT_XY | WP_ACCEPT_OPT_Z | WP_
    ACCEPT_OPT_YAW;
342 waypoints[i].loiter_secs = secs;
343 i + +;
344
345 waypoints[i].is_local_sp = true;
346 waypoints[i].x = 30.0;
347 waypoints[i].y = 0.0;
348 waypoints[i].z = alt;
349 waypoints[i].yaw = yaw;
350 waypoints[i].accept_opt = WP_ACCEPT_OPT_XY | WP_ACCEPT_OPT_Z | WP_
```

```
    ACCEPT_OPT_YAW;
351 waypoints[i].loiter_secs = secs;
352 i + + ;
```

>>> **代码说明：**

第312行定义了飞行高度为10m，因为向下为正方向，所以 – 10表示高度为10m。

第313行定义了航向期望为0，表示无人机机头方向始终为正北方向。

第314行定义了无人在到达目标点后悬停时间为2s。

第315行定义了航迹点变量的索引编号 i。

第316行定义了4个航迹点变量用于存放等边三角形的3个顶点坐标，最后第3点的坐标与第1个点位置相同，希望无人机再返回第1点。

第318行设定本地位置期望有效。

第319～322行设定位置期望坐标和航向期望。

第323行设定无人机到达条件判断，需要水平位置、垂向位置、航向同时满足条件才认为无人机已经到达此航迹点。

第324行设定到达航迹点之后的悬停时间。

第325行将索引编号 i 自增1。

第327～351行代码与第318～352行代码功能完全一致，只不过航迹点位置不同。

将这4个航迹点通过外部控制系统发送给无人机，并通过半物理仿真可以看到无人机的飞行线路，如图16-3所示。

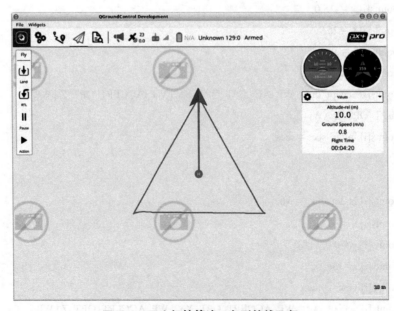

图16-3　无人机按等边三角形航线飞行

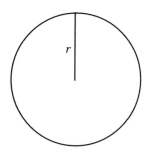 16.2.2 圆形

为了使无人机的飞行航线是一个标准的圆形，可以将目标位置写成关于角度的参数方程：

$$x = r\sin\theta$$
$$y = r\cos\theta$$

式中，x和y就是圆形航线上的坐标点；r为圆弧半径；θ为随时间增大的角度。半径为r的圆形如图16-4所示。

图16-4　半径为r的圆形

可以使用一个循环来完成无人机圆形航线的规划：

```
354 for (float angle = M_PI/2.0; angle < M_PI * 2.0 + M_PI/2.0; angle + = 0.001)
355 {
356    float x = r * sinf(angle) + r;
357    float y = r * cosf(angle);
358
359    waypoints[i].is_local_sp = true;
360    waypoints[i].x = x;
361    waypoints[i].y = y;
362    waypoints[i].z = alt;
363    waypoints[i].yaw = yaw;
364    waypoints[i].accept_opt = 0;
365    waypoints[i].loiter_secs = 0;
366    i + +;
367 }
```

》》 代码说明：

第354行使用for语句进行循环生成航线，角度angle由π/2开始，一直飞行两个圆周后结束，每次循环angle增加0.001弧度。

第356、357行使用圆的参数方程生成圆周上的点坐标，并存放在变量*x*和*y*当中。

第359～366将*x*和*y*坐标赋值到航迹点当中，并设定高度和航向、悬停时间。注意：在第364行中没有设置到达条件，也就是向无人机发送位置期望，而不做到点判断。

通过半物理仿真可以看到运行结果如图16-5所示。

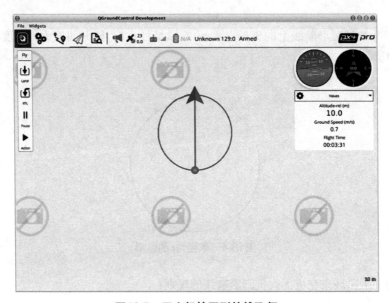

图16-5　无人机按圆形航线飞行

🌀 16.2.3　三叶草

与圆形类似，可以利用三叶草图形的极坐标方程和参数方程来计算航线：

$$p = r\cos 3\theta$$
$$x = p\sin \theta$$
$$y = p\cos \theta$$

三叶草的图形如图16-6所示。

图16-6　半径为*r*的三叶草

可以使用一个循环来完成无人机三叶草航线的规划：

```
369 for (float angle = M_PI/2.0; angle < M_PI + M_PI/2.0; angle + = 0.001)
370 {
371     float p = r * cosf(3 * angle);
372     float x = p * sinf(angle);
373     float y = p * cosf(angle);
374
375     waypoints[i].is_local_sp = true;
376     waypoints[i].x = x;
377     waypoints[i].y = y;
378     waypoints[i].z = alt;
379     waypoints[i].yaw = yaw;
380     waypoints[i].accept_opt = 0;
381     waypoints[i].loiter_secs = 0;
382     i + +;
383 }
```

与圆形航线类似，将圆形航线的参数方程修改为371～373行的三叶草参数方程，并将三叶草上的点作为无人机的目标航迹点。

通过半物理仿真可以看到运行结果如图16-7所示。

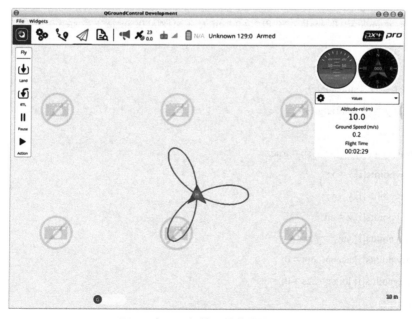

图16-7　无人机按三叶草航线飞行

16.2.4 阿基米德螺旋线

与三叶草类似，阿基米德螺旋线的参数方程为：

$$r = a + b\theta$$
$$x = p\sin\theta$$
$$y = p\cos\theta$$

式中，a为角度为0时起点到原点的距离；b为相邻曲线的距离。阿基米德螺旋线的图形如图16-8所示。

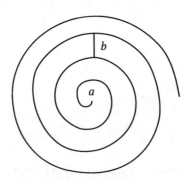

图16-8   阿基米德螺旋线

可以使用一个循环来完成无人机阿基米德螺旋线的航线规划。

```
385 for (float angle = 0.0; angle < M_PI * 2.0 * circle + M_PI/2.0; angle + = step)
386 {
387    float r = a + b * angle;
388    float x = r * sinf(angle);
389    float y = r * cosf(angle);
390
391    waypoints[i].is_local_sp = true;
392    waypoints[i].x = x;
393    waypoints[i].y = y;
394    waypoints[i].z = alt;
395    waypoints[i].yaw = yaw;
396    waypoints[i].accept_opt = 0;
397    waypoints[i].loiter_secs = 0;
398    i + +;
399 }
```

与圆形航线类似，将圆形航线的参数方程修改为387～389行的阿基米德螺旋线参数方程，并将阿基米德螺旋线上的点作为无人机的目标航迹点。

通过半物理仿真可以看到运行结果如图16-9所示。

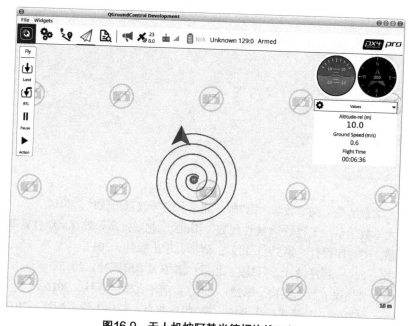

图16-9　无人机按阿基米德螺旋线飞行

最后将上述的4条航线串联到一起，形成由一系列集合图形所组成的趣味航线，并通过半物理仿真查看其运行结果，如图16-10所示。

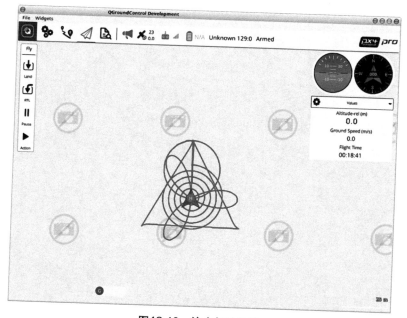

图16-10　综合趣味航线

参考文献

[1] 同济大学数学系. 高等数学. 第7版. 北京：高等教育出版社，2014.

[2] 同济大学数学系. 工程数学 线性代数. 第6版. 北京：高等教育出版社，2014.

[3] 谭浩强. C程序设计. 第5版. 北京：清华大学出版社，2017.

[4] 谭浩强. C＋＋程序设计. 第3版. 北京：清华大学出版社，2015.

[5] 严蔚敏，吴伟民. 数据结构. 第2版. 北京：清华大学出版社，2016.

[6] 郁红英，李春强. 计算机操作系统. 第2版. 北京：清华大学出版社，2014.

[7] 全权. 多旋翼飞行器设计. 北京：电子工业出版社，2018.

[8] 秦永元，张洪钺，汪叔华. 卡尔曼滤波与组合导航原理. 第3版. 西安：西北工业大学出版社，2015.

[9] 胡寿松. 自动控制原理. 北京：科学出版社，2017.